CONTROL Y USOS DEL AGUA EN LA PENÍNSULA IBÉRICA

CONTROL Y USOS DEL AGUA EN LA PENÍNSULA IBÉRICA:
PERSPECTIVAS DIVERSIFICADAS A LARGO PLAZO

Juan Manuel Matés-Barco
Ana Cardoso de Matos
María Ana Bernardo
(eds.)

Sílex

Editor: Ramiro Domínguez Hernanz

C/ San Gregorio, 8, 2, 2ª Madrid
España
www.silexediciones.com

ISBN: 978-84-19661-51-7
Depósito Legal: M-34387-2023
Colección:

Impreso y encuadernado en España

CONTENIDO

II.
CONTROL Y USOS DEL AGUA EN ESPAÑA

Juan Manuel Matés-Barco. Catedrático de Historia e Instituciones Económicas en la Universidad de Jaén. Licenciado en Geografía e Historia por la Universidad de Zaragoza. Doctor en Historia por la Universidad de Granada. Cuenta con experiencia investigadora en el campo de los servicios públicos y la evolución económica de la España contemporánea. Ha realizado estancias de investigaciones en varias universidades europeas (Universitá degli Studi di Firenze y European University Institute en Italia, Michel de Montaigne-Bordeaux III en Francia y Universidad de Évora en Portugal). Director de la Revista *Agua y Territorio / Water and Landscape* https://revistaselectronicas.ujaen.es/index.php/atma. Colaborador de varias revistas internacionales. Investigador Responsable del *Grupo de Estudios Históricos sobre la Empresa* (GEHESE) https://www.ujaen.es/investigacion-y-transferencia/grupos-de-investigacion/estudios-historicos-sobre-la-empresa-gehese. Investigador del Seminario Permanente *Agua, Territorio y Medio Ambiente: Políticas públicas y participación ciudadana* (https://www.juanmanuelmatesbarco.com/). Coordinador de diversos proyectos de investigación.

Ana Cardoso de Matos Professora na Universidade de Évora, ECS Departamento de História e investigadora do Centro de investigação CIDEHUS/UE. Desde 2007 é a coordenadora na Universidade de Évora do mestrado Erasmus Mundus Master TPTI – Techniques, patrimoines, territoires de l'industrie, um programa lecionado na Universidades Paris 1– Panthéon Sorbonne (França-coordenadora), na Universidade de Évora (Portugal) e na Universita degli Studi di Padova (Itália) e que integra 6 outras universidades. É desde 2012 membro do *Comité d'historie de l'electricité et de l'enérgie* de la Fondation EDF, desde 2013 membro do board da *International Railways History Association (IRHA)/Association internationale d'Histoire des chemins de fer* (AIHCF) e desde 2016

Membro da *Associação Ibérica de História Ferroviária.* É membro do editorial board da revista TST– *Transportes, Servicios y Telecomunicaciones,* e *Journal of Energy History* (*JEHRHE*), e membro do Comité Cientifico das revistas *Patrimonio Industriale AIPAI* (Italy); *e-Phasistos. Revue d'histoire des techniques* ; *Midas-Museus e Estudos Interdisciplinares.* Integra vários projectos nacionais e internacionais e publica regularmente tanto em revistas com referee como em livros de editoras reconhecidas no meio científico.

Maria Ana Bernardo. Professora auxiliar na Universidade de Évora, Escola de Ciências Sociais. Departamento de História e investigadora do Centro de investigação CIDEHUS/EU. É doutorada em História pela Universidade de Évora. Os seus interesses de investigação estão centrados na História Urbana, Práticas de Sociabilidade, História do Lazer e do Turismo, Elites Políticas e Estratificação Social. Tem participado em alguns projetos financiados pela Fundação de Ciência e Tecnologia de Portugal, entre os quais: "Cidades em Rede": Infraestruturas urbanas em Portugal 1850-1950" e "Vida cultural em cidades provinciais. Espaço público, sociabilidade e representações (1840-1926)". Publica tanto em revistas nacionais como internacionais e é autora ou coautora de alguns livros e participou em livros coletivos.

Ana García-Moral. Estudiante del Programa de Doctorado en Ciencias Económicas, Empresariales y Jurídicas de la Universidad de Jaén. Cuenta con la doble Licenciatura en Administración y Dirección de Empresas y Derecho por la Universidad de Jaén, Becaria Séneca en la Universidad CEU San Pablo, Postgrado en Compliance por la Universidad Carlos III de Madrid, Certificación de Compliance CESCOM/IFCA. Premio Nacional de fin de carrera otorgado por el Ministerio de Educación, Cultura y Deporte. (Nota media: 9.66), Premio Real Academia de Jurisprudencia y Legislación de Granada al mejor expediente académico (Julio 2014). Actualmente desarrolla su actividad profesional como Senior ManagerRisk & Regulatory – Financial Services Consulting en KPMG España.

Antónia Fialho Conde. (CIÊNCIA ID: 5811-DF13-3CD0; Scopus Author ID: 56001670400). Professora Associada com Agregação no Departamento de História da Universidade de Évora. É Membro integrado CIDEHUS e colaboradora do CEHR/UCP e do LEM-CERCOR. Os seus interesses de investigação situam-se na História de Portugal (período moderno), na História do monaquismo cisterciense, no Património Histórico-Cultural e na Cultura Material (período moderno), domínios onde tem vindo a publicar diversos trabalhos, a dirigir e a colaborar em projectos de investigação financiados a nível nacional e internacional, e a orientar teses e dissertações. É Diretora do Mestrado em Gestão e Valorização do Património Histórico e Cultural da Universidade de Évora e vice–coordenadora do Master Erasmus Mundus TPTI (*Téchniques, Patrimoine, Territoires de l'Industrie: Histoire, Valorization, Didactique* – Universidades de Évora, Paris 1-Sorbonne e Pádua).

Camilo R. Darias-Rodríguez. La Habana 1991. Arquitecto. Graduado de arquitectura por la Universidad Tecnológica de La Habana en 2014. Trabajó como especialista en Obras de Arquitectura y Urbanismo en la Empresa de Proyectos de la Oficina del Historiador de la Ciudad de La Habana. Investigador sobre el patrimonio industrial, concentrando sus estudios sobre el entorno construido de la Bahía de la Habana. Máster en Conservación del Patrimonio Arquitectónico por la Universidad Autónoma de Yucatán, México, 2018. Coordinador de la Oficina de Proyectos de la Facultad de Arquitectura de la UADY. Máster *Erasmus Mundus Techniques, Patrimoine et Territoires de l'Industrie* por la *Université Paris 1 Panthéon-Sorbonne Paris 1, Università degli Studi di Padova* y *la Universidade de Évora*, 2021. Doctorando de Historia por la *Universidade de Évora* con los estudios sobre la transmisión de conocimientos sobre la electricidad y miembro del *Centro Interdisciplinar de História, Culturas e Sociedades, CIDEHUS.*

Carlos Manuel Faísca. Graduado en Historia por la Universidade Nova de Lisboa (2007) y doctor en Economía por la Universidad de Extremadura (2019). Su tesis doctoral, *El negocio corchero en*

Alentejo: explotación forestal, industria y política económica, 1848-1914, aborda el desarrollo del negocio corchero ibérico en el siglo XIX y obtuvo el Premio Extraordinario de Doctorado de la Universidad Extremadura y la primera Mención de Honor de la Sociedad de Estudios de Historia Agraria a la mejor tesis doctoral de Iberoamérica (2018-2019). Centrando sus investigaciones en la historia económica y agraria del sur de la península ibérica, ha publicado varios artículos sobre estos temas en revistas como Revista de Historia Industrial, Ler História, Rubrica Contemporanea y Revista Portuguesa de História. Actualmente es Investigador Auxiliar (2022.08206.CEECIND) en el Centro de Estudios Interdisciplinares (UIDB/00460/2020) de la Unversidad de Coimbra y Profesor Auxiliar Convidado en la Facultad de Letras de la misma Universidad.

Cristina Joanaz de Melo. Investigadora a tempo inteiro na Universidade NOVA de Lisboa (IHC-Lab:in2past) e Professora Convidada na Universidade Autónoma de Lisboa, onde leciona a disciplina de "História do Ambiente". É membro fundador da Rede Portuguesa de História do Ambiente (REPORTHA 2015). Realizou o PHD doutoramento em Políticas Hidrológicas e Florestais em Portugal (e sul da Europa) entre 1830 e 1880, no Instituto Universitário Europeu (Florença-2010). Trabalhando e publicando sobre recursos naturais, caça e florestas desde a década de 1990, os interesses atuais residem no resgate, renovação e compensação de recursos naturais obtidos por intervenção humana, de 1400 a 1800, na península ibérica e respetivos impérios.

Dina Borges Pereira. Licenciada en Arqueología por la Universidad de Évora y tiene una maestria en Arqueología y Medio Ambiente por la misma universidad. A lo largo de su carrera profesional ha sido arqueóloga en el Ayuntamiento de Sabrosa y posteriormente desarrolló funciones como arqueóloga en varias empresas de arqueología. En la actualidad es autora de varios artículos científicos en el ámbito de la arqueología y el patrimonio, y preside la Asociación de Historia y Arqueología de Sabrosa.

Eduardo Jiménez-Rayado. Licenciado en Historia por la Universidad Complutense de Madrid y Doctor en Historia medieval por la Universidad de Valladolid, desde 2016 es profesor en el área Historia Medieval de la Universidad Rey Juan Carlos. Forma parte de los Grupos de Investigación "Agua, Espacio y Sociedad en la Edad Media" (UVa) e "ITEM. Identidad y Territorio en la Edad Media" (URJC) y fue secretario de la Asociación Cultural Almudayna (UCM). Cuenta con más de cuarenta publicaciones, incluyendo revistas científicas, participaciones en obras colectivas y monografías como "Agua y Sociedad en Madrid durante la Edad Media" (Universidad de Cádiz, 2021). Ha organizado congresos en el ámbito nacional e internacional y participado en más de una treintena de encuentros científicos en universidades nacionales y extranjeras. Sus principales líneas de investigación versan sobre Historia hidráulica, la explotación del territorio, Historia medieval de Madrid, las comunidades mudéjares castellanas, las identidades urbanas, o la historia de las mujeres.

Encarnación Moral-Pajares. Doctora en Ciencias Económicas y Empresariales y profesora Titular de Economía Aplicada en la Universidad de Jaén, miembro del grupo de investigación Estudios Históricos sobre la Empresa (GEHESE). El análisis y estudio de diferentes aspectos económicos vinculados a las aguas residuales urbanas centran sus últimos trabajos de investigación, publicados en revistas de ámbito internacional. Ha sido responsable principal de diferentes proyectos de investigación financiados por instituciones nacionales y profesora visitante en la Universidad Autónoma de Lisboa en Portugal y en la Hochschule Furtwangen University en Alemania. Premio Arco Iris 2014, Premio José Luis Sampedro a la mejor comunicación presentada en la XVI Reunión de Economía Mundial celebrada en Cádiz, Premio UNICAJA 2007 de Investigación Agraria; Premio Ensayo Jaén 2001. Ha sido Vicedecana de la Facultad de Ciencias Sociales y Jurídicas de la Universidad de Jaén y Directora del Secretariado de Becas Ayudas y Atención al Estudiante en la Universidad de Jaén.

Ester Penas González. Graduada en Arqueología (2012-2016), Máster en Estudios Medievales (2016-2017) por la Universidad Complutense de Madrid, y doctora en Arqueología y Patrimonio por la Universidad Autónoma de Madrid (2023). Ha sido Becaria de Colaboración en el Departamento de Ciencias y Técnicas Historiográficas y de Arqueología (UCM) y recibido el Premio Extraordinario de Grado UCM (2016) y un Tercer Premio Nacional de Fin de Carrera (MECD). Es miembro fundador y de la junta directiva de la Asociación JIMENA y miembro de la Asociación Española de Arqueología Medieval (AEAM). Es autora de distintos artículos científicos y ha impartido varias conferencias relacionadas con sus líneas de investigación: la hidráulica, la arquitectura y la historia política del monacato cisterciense femenino en el antiguo reino de Castilla.

Filipe Themudo Barata. Profesor Catedrático jubilado de la Universidad de Évora; especialidad en historia medieval y del Mediterráneo. Fundador y primer coordinador de la Cátedra UNESCO en Patrimonio Intangible e Saber-Fazer Tradicional. Actualmente es Coordinador emérito de la misma Cátedra y, entre otras instituciones, miembro del Instituto de Estudios Ceuties y del Observatorio del Mundo Islámico.

Francisco Hidalgo-Crespo. Profesor universitario en Estados Unidos. Doctor en Historia Medieval por la Universidad de Valladolid, realizó sus estudios, además de en la capital castellana, en la universidad alemana Bayreuth Universität y en la francesa Université Lumière Lyon 2. Desde 2005 reside en Indianápolis, donde ha llevado a cabo su labor docente en los centros International School of Indiana, Park Tudor School e Indiana University. En el año 2012 recibió el galardón International Educator of the Year, en el estado de Indiana. Desde 2016 es profesor en Butler University. Como autor cuenta con numerosas publicaciones tanto de ficción como académicas, escritas en español y en inglés. Además de múltiples artículos y colaboraciones históricas, es autor del libro de finanzas personales *Finalcial Freedom: A guide to grow your wealth in times of crisis* y del libro de historia *Influencia y usos del agua en la guerra bajomedieval*

Gerardo Gonçalves. Licenciado en Historia por la Universidad de Évora con especialización curricular en arqueología, posee un Máster en Arqueología y Medio Ambiente, título conferido por la Universidad de Évora e actualmente está a preparar uma tese de doutoramento. También tiene un posgrado en Prehistoria y Arqueología por la Facultad de Letras de la Universidad Clásica de Lisboa, y dos especializaciones en dendrocronología y dendroarqueología en el Swiss Federal Institute for Forest, Snow and Landscape Research, en Suiza, y en el Departamento de Ciencias Ambientales y Ecológicas de la Universidad de Indiana, en los Estados Unidos de América. También realizó una pasantía científica en el IANIGLA/CONICET, en Mendoza, Argentina. Asimismo, realizó una formación avanzada en fotogrametría (digitalización multidimensional de elementos patrimoniales y arqueológicos) aplicada a la prospección de elementos arqueológicos y patrimoniales en la Universidad de Burgos, España, y ha realizado diversos cursos de formación on-line en el campo de las humanidades digitales. Inició su carrera profesional como técnico superior (arqueología) en el Laboratorio de Arqueología Pinho Monteiro de la Universidad de Évora. Es el investigador principal y coordinador del proyecto "Necrópole Medieval das Touças", proyecto aprobado por la Dirección General de Patrimonio Cultural (DGPC). También ha coordinado varios proyectos e iniciativas científicas y culturales, exposiciones y reuniones científicas a través de la Associação ed História e Arqueologia ed Sabrosa (www.ahas.pt: AHAS) y es colaborador del CIDEHUS | Universidade de Évora e de EROS Environment Research on Science Consulting.

Ignacio García-Pereda (1980). Licenciado en Ingeniería de Montes por la Universidad Politécnica de Madrid, con máster en Política Forestal Internacional por la École Nationale du Génie Rural des Eaux et des Forêts de Montpellier, Francia. Es doctor en Historia y Filosofía de la Ciencia, por la Universidad de Évora (2018), con la tesis Expertos forestales en el sur de Europa: los primeros selvicultores de Portugal. Es investigador integrado del Centro de Historia de la Ciencias (CIUHCT) de la Facultad de Ciencias de la Universidad de Lisboa. Sus intereses de investigación se centran en la historia forestal y la historia de la jardinería, la ingeniería y la industria. Coordinó varios proyectos sobre la historia de la cultura del corcho en Portugal, España y Francia. En 2007 creó el Laboratorio de Historia y Política Forestal de Euronatura, del que es responsable de su coordinación.

Inês Amorim. Professora catedrática do Departamento de História e de Estudos Políticos e Internacionais (DHEPI) da Faculdade de Letras da Universidade do Porto (FLUP). Ocupou vários cargos na direção da FLUP (Diretora, Presidente do Conselho de Representantes, membro do Conselho Científico e do Senado, Diretora do DHEPI) e na direção de cursos (Mestrado em História e Património). Investigadora da I&D CITCEM (Centro de Investigação Transdisciplinar Cultura, Espaço e Memória) http://www.citcem.org/ e investigadora responsável da linha de investigação *Transformações Ambientais*. Membro fundador da rede Portuguesa de História Ambiental (REPORT(H)A http://www.reportha.org/en/, e foi representante regional, por Portugal, da *European Society for Environmental History*. http://eseh.org/about-us/regions/portugal/. Tem várias publicações e projetos nos domínio(s) de especialidade em *História Moderna e Contemporânea*, com interesses e publicações em história do ambiente (recursos marítimos, evolução das paisagens, sal, pesca, portos); história do clima, dos preços, do trabalho, do crédito e do bem-estar social.

Jesús Raúl Navarro-García. Investigador científico del CSIC, destinado en el Instituto de Historia, Departamento de Historia del Arte y Patrimonio. Es investigador principal del grupo de investigación *Naturaleza, territorio e imaginarios culturales*, formando parte del grupo de investigación *GIEST* (Estructuras y sistemas territoriales). Fundó el Seminario Permanente *Agua, Territorio y Medio Ambiente*, del que surgió la revista *Agua y Territorio*, siendo su cofundador y primer codirector. Su área de investigación aborda la gestión del agua en el ámbito rural español, así como las cuestiones históricas y paisajísticas en torno al termalismo nacional. Entre sus últimos trabajos destacamos los libros: *Paisaje y salud: enfoques y perspectivas del termalismo en España* (2019), así como *Esclavos, penados y exiliados en Puerto Rico, siglo XIX* (2022), esperando que se publique este año otro libro sobre la sostenibilidad del termalismo en la Villa Termal de Alhama de Granada.

José Manuel de Mascarenhas. Profesor Asociado (Universidad de Évora), retirado desde julio de 2007 y miembro de la Cátedra UNESCO de Patrimonio Intangible y Saber-Hacer Tradicional. Colaborador del Centro CIDEHUS de la Universidad de Évora. Es *Diplôme d'Études Supérieurs Spécialisées (DESS)* en Ecología y Gestión del Medio Natural (Universidad de Montpellier, 1977); *Docteur-Ingénieur* en Biogeografía y Ordenación del Medio Natural (Universidad de Toulouse, 1981). Cuenta con una Equivalencia a Doctorado en Artes y Técnicas del Paisaje (Universidad de Évora, 1991). Asimismo, en la Universidad de Évora ha sido Presidente del Consejo del Departamento de Ecología (1995-1997); Presidente del Consejo Directivo del Área de Ciencias Naturales y Ambientales (1995-1997); Delegado Nacional en el Consejo de Administración del Programa COST G2 "*Ancient Landscapes and Rural Structures*" (Comunidad Europea, DGXII), mayo 1995 – dic. 2001; Director del Máster en Ecología Humana (1997-2007). Su principal área de investigación es el Patrimonio Cultural y Medio Ambiente, Paisaje cultural e Hidráulica antigua.

José Rodríguez-Fernández. Departamento de Geografía, Prehistoria y Arqueología. Universidad del País Vasco-Euskal Herriko Unibertsitatea (UPV-EHU). Durante los últimos años, su investigación ha estado centrada en dos temáticas principales que a menudo convergen. Por un lado, los sistemas hídricos históricos que se relacionen con cuestiones variadas como el abastecimiento de boca, la agricultura irrigada, la ganadería, los usos industriales, militares o la eliminación de residuos urbanos. Por otro lado, las arquitecturas vernáculas y los paisajes tradicionales, especialmente en ambientes agrarios y montaña. Muestra de ello es su participación en el catálogo (7 vols.) de Patrimonio Arquitectónico en Álava. Elementos Menores (2004-2022) o la revisión de la candidatura UNESCO Paisaje del Vino y del Viñedo del País Vasco, La Rioja y Navarra (2018-2019). Siguiendo las líneas de investigación, y generalmente desde un punto de vista arqueológico, cuenta con numerosas publicaciones dedicadas a la gestión histórica del agua en el País Vasco (especialmente en el territorio de Álava) y a los paisajes productivos agrícolas, ganaderos y forestales (a menudo en áreas montañosas y de propiedad comunal).

Juan Antonio Parrilla-González. Diplomado en Ciencias Empresariales y Licenciado en Administración y Dirección de Empresas por la Universidad de Jaén. Máster Oficial en Economía y Desarrollo Territorial y Doctor en Ciencias Sociales y Jurídicas con calificación Sobresaliente Cum Laude por la Universidad de Jaén. Profesor del Departamento de Economía de la Universidad de Jaén en el área de Historia e Instituciones Económicas. Sus líneas de investigación se centran en el sector del olivar y los aceites de oliva desde una perspectiva multidisciplinar destacando trabajos relacionados con la historia y las instituciones cooperativas oleícolas, el oleoturismo, y el desarrollo de almazaras como entidades para desarrollar iniciativas económicas, patrimoniales y diversificadoras. Autor de diversos capítulos de libro y monografías en torno a las cooperativas desde el punto de vista económico e histórico, así como diferentes artículos de investigación de impacto en el Journal Citation Index relacionados con la economía y el sector del olivar.

Leticia Gallego-Valero. Profesora-investigadora en la Universidad de Jaén, adscrita al departamento de Economía, miembro del grupo de investigación Economía Aplicada Jaén. Licenciada en Administración y Dirección de Empresas y Derecho, y Doctora en Ciencias Económicas, Empresariales y Jurídicas por la Universidad de Jaén. El análisis y estudio de diferentes aspectos económicos y fiscales en el ámbito medioambiental centran sus investigaciones, publicadas en revistas de ámbito internacional.

Luis Garrido-González. Catedrático de Historia Económica de la Universidad de Jaén. Ha sido el coordinador del libro *Nueva Historia Contemporánea de la provincia de Jaén (1808-1950)*, Jaén: IEG, 1995. Entre los últimos libros en los que ha colaborado como coautor se pueden destacar: *Economía y Economistas Españoles en la Guerra Civil*, Madrid: Real Academia de Ciencias Morales y Políticas, 2008. *Sobre un hito jurídico. La Constitución de 1812*, Jaén: Universidad de Jaén, 2012. *Crisis y desarrollo económico*, Madrid: Pirámide, 2013. *Cambio y crecimiento económico*, Madrid: Pirámide, 2017. *Empresas y empresarios en España. De mercaderes a industriales*, Madrid: Pirámide, 2019. También ha publicado diversos artículos en revistas como *Estudios de Historia Social*; *Historia Contemporánea*; *Historia Social*; *Historia Industrial*; *Investigaciones de Historia Económica*; *Revista de Historia Agraria*; *Revista de Historia de la Economía y de la Empresa, Alcores; Investigaciones Históricas, época moderna y contemporánea*; y *Ayer*.

María-Luz De-Prado-Herrera. De 1998 a 2018. ha sido profesora de Historia Contemporánea en la Pontificia Universidad de Salamanca. Desde 2020 está en la Universidad de Málaga. Ha investigado la Guerra Civil Española (1936-1939) y la historia de la mujer. Cuenta con una treintena de publicaciones nacionales e internacionales, entre las que destaca el libro: *La contribución popular a la financiación de la Guerra Civil: Salamanca, 1936-1939*. Salamanca: Editorial Universidad de Salamanca, 2012. Varios capítulos de libro en: Robledo, R. (cord.), *Esa salvaje pesadilla. Salamanca en la Guerra Civil Española*, Barcelona: Crítica, 2007; Cuesta, J. (cord.), *La purga de funcionarios bajo la dictadura franquista (1939-1975)*. Madrid: Fundación Largo Caballero, 2009; Cuesta, J. & otros (coords.), ¿Mujeres sabias? Mujeres universitarias en España y América Latina, Limoges: Presses Universitaires de Limoges, 2015. Artículos en revistas como: *Revista Digital cultura e historia*, CSIC – Consejo Superior de Investigaciones Científicas; *Studia Histórica – Historia*

Contemporánea, Universidad de Salamanca; *Cahiers du PROHEMIO*, Press Universitaires D'Orleans; *Pasado y Memoria*, Universidad de Alicante; *Historia y Política*, Centro de Estudios Políticos y Constitucionales; *Salamanca: revista provincial de estudios*, CES – Centro de Estudios de Salamanca; *Boletín del Instituto de Estudios Giennenses*, CECEL–CSIC.

Miriam Parra-Villaescusa es historiadora y arqueóloga, doctora internacional en Historia Medieval por la Universidad de Alicante. En el presente, es Profesora en el Área de Historia Medieval del Departamento de Historia Medieval, Historia Moderna y Ciencias y Técnicas Historiográficas de la Universidad de Alicante. Con el inicio de su tesis doctoral inicia su andadura en el campo de la investigación científica de la historia y la arqueología bajomedieval del sur de la Corona de Aragón. Entre sus principales líneas de investigación, enmarcadas dentro de la Historia Rural, Agraria y Medioambiental, pueden citarse el estudio de los procesos de cambio y transformación de la organización social del espacio y del paisaje examinando las mutaciones medioambientales, los sistemas de poblamiento, los mecanismos de gestión y explotación del agua, la tierra y otros recursos naturales, la actividad ganadera, y las prácticas y técnicas agrarias e hidráulicas, como asimismo el abordaje del papel, los perfiles sociales y los grados de actuación de las sociedades en el mundo rural de las tierras del sureste ibérico, principalmente, en cronología bajomedieval. Durante el desempeño de su actividad investigadora ha participado en encuentros científicos en distintas universidades nacionales e internacionales y realizado estancias de investigación en el *Department of Archaeology* de la *University of Durham* o en el *Centre National de la Recherche Scientifique* en la ciudad de Paris. Del mismo modo, ha acometido varias publicaciones de carácter científico y participa en la actualidad en proyectos de investigación de ámbito internacional, nacional y local, entre ellos: Proyecto de investigación «Órdenes agrarios y conquistas ibéricas (siglos XII– XVI). Estudios comparativos (OACIS)» (PID2020-1127646BI00), dirigido por los profesores Félix Retamero y Helena Kirchner (IP) y financiado por el Ministerio de Ciencia e Innovación; Proyecto de investigación *Frontera, identidad y transferencias en las transformaciones del sur del reino de Valencia en la Edad Media (siglos XIII– XVI)* (FROMEDVAL) (CIAICO/2021/348) IP José Vicente Cabezuelo Pliego; Proyecto de investigación *Modelos de organización, transformación y evolución de los paisajes ganaderos alicantinos en clave histórico-geográfica* (MOEPAG) (GRE21-16) IP Miriam Parra-Villaescusa.

Sheila Palomares-Alarcón. Arquitecta, Doctora Internacional y Doctora en Historia con competencias específicas en Patrimonio Cultural. En este momento es investigadora postdoctoral del programa Margarita Salas en la Universidad de Jaén. Ha sido profesora auxiliar invitada en la Universidad de Évora (Portugal); colaboradora en el Máster Erasmus Mundus TPTI. *Techniques, Heritage, and Territories of Industry* (Universidad de Évora; Université Paris 1 Phantéon-Sorbonne; Università degli Studi di Padova) e investigadora contratada en el proyecto ReARQ.IB (*ERC Starting Grant*) por el Iscte-Instituto Universitário de Lisboa. Es investigadora colaboradora del CIDEHUS-Universidad de Évora y sus líneas principales de investigación versan sobre la arquitectura y el patrimonio cultural. Su interés principal es el patrimonio industrial y sus nuevos usos en el ámbito geográfico del sur de la península ibérica y la cuenca del Mediterráneo. En este contexto coopera con organizaciones de defensa del Patrimonio Industrial como TICCIH-España y es secretaria de Fabricando el sur.

PRÓLOGO

Juan Manuel Matés-Barco
Ana Cardoso de Matos
Maria Ana Bernardo

Este libro tiene como objetivo principal analizar el origen, desarrollo y evolución del servicio público de abastecimiento de agua potable en la península ibérica. La prestación de este servicio presenta cuestiones de gran importancia y en los años recientes ha adquirido una gran relevancia. Con este trabajo se desea facilitar que los responsables de los gobiernos y administraciones locales, tanto políticos como técnicos, dispongan de una reflexión útil y una información ilustrativa, que permita conocer cómo a lo largo del tiempo se ha utilizado el agua y cómo se ha legislado para intentar regular y controlar el uso de este recurso natural.

Para lograr tal objetivo, estimamos que es preciso abordar el libro desde varias perspectivas. En primer lugar, la histórica, para conocer la evolución que ha experimentado la gestión de este recurso natural en una perspectiva a largo plazo con el propósito de entender los conflictos de intereses entre los diferentes agentes que están implicados en su uso. En buena medida, ese conocimiento permite entender muchas de las actuaciones del momento presente. En segundo lugar, económica, puesto que conviene vislumbrar el nivel de eficiencia del servicio de abastecimiento de agua potable en ambos países; sin olvidar su importancia para el desarrollo agrario e industrial, así como para los usos urbanos. En tercer lugar, la legislativa, pues el marco regulador de cada época ha determinado los modelos de gestión y prestación del servicio. Y, por último, la perspectiva ecológica y medio ambiental, cuestión de gran importancia en la *Nueva Cultura del Agua* y en la protección del recurso.

Las autoras y autores son personas de reconocido prestigio, dilatada experiencia en este tipo de trabajos y con gran difusión de sus investigaciones. Cuentan con investigaciones valoradas por agencias nacionales de acreditación. Asimismo, sus trabajos han sido publicados en revistas académicas de calidad y en editoriales de gran prestigio en España y Portugal. A su vez, es una selección de trabajos de profesoras y profesores de varias universidades portuguesas (Évora, Porto, Nova de Lisboa, Coimbra y Lisboa) españolas (Autónoma de Madrid, Alicante, Rey Juan Carlos, País Vasco, Málaga y Jaén), americanas (Butler University) y del Consejo Superior de Investigaciones Científicas de España.

El nacimiento de estos trabajos cabe enmarcarlos en el contexto de las Ayudas a la Movilidad de Estancias Senior Salvador de Madariaga, que otorga el Ministerio de Educación y Formación Profesional del Gobierno de España. Esta beca permitió al profesor Juan Manuel Matés-Barco realizar en 2022 una estancia de investigación en el Centro Interdisciplinar de Historia, Cultura e Sociedades (CIDEHUS) de la Universidad de Évora (Portugal). Esta estadía facilitó la estrecha colaboración con las profesoras Ana Cardoso de Matos y Maria Ana Bernardo a través de diversos seminarios, clases y reuniones de trabajo. Fruto de estos estudios e intercambios de ideas, surgió el proyecto de estos libros. En primer lugar, este que ahora presentamos y que plantea una perspectiva a largo plazo del control y los usos del agua en Portugal y España.

El libro se ha dividido en dos grandes bloques correspondientes a cada uno de los países. En primer lugar, en la sección dedicada a Portugal, se inicia con un trabajo de Filipe Themudo Barata y José Manuel de Mascarenhas, ambos de la Cátedra Unesco de la Universidad de Évora. En su estudio, titulado "Estructuras y usos del agua a finales del siglo XV y principios del XVI, a partir de los dibujos del *Livro das Fortalezas* de Duarte d'Armas", tratan de mostrar las morfologías y los tipos de estructuras hidráulicas, así como los usos del agua en lugares fronterizos a finales del siglo XV y principios del XVI. Este análisis es posible porque Duarte d'Armas, el autor de los dibujos, se encargaba de ir a cada uno de los lugares y dibujar el estado de las aproximadamente 50 fortificaciones que defendían la frontera, para que el monarca pudiera evaluar las obras y los gastos que había de acometer. Como muchas de las fortalezas estaban situadas en lugares aislados y alejados de los grandes centros urbanos, los dibujos de cada una de ellas muestran muchas veces estructuras hidráulicas, ya que estas eran esenciales para la supervivencia de los militares y de las poblaciones vecinas. Dado el elevado número de fortalezas, se optó, en este artículo, por hacer el análisis a partir de estudios de casos de usos y estructuras, geográficamente distribuidos y temáticamente variados.

Por su parte, Inês Amorim (Universidade do Porto), realiza un estudio sobre las "Estrategias de gestión de agua dulce por instituciones monásticas y conventuales en el Noroeste y la Costa Central de Portugal en la segunda mitad del siglo XVIII". Este estudio es una revisión historiográfica de los procesos de control del agua dulce por parte de las instituciones monásticas y conventuales asentadas en las citadas regiones portuguesas. El planteamiento parte de una cuestión fundamental: hasta que puento estas instituciones señoriales representan una gestión específica sobre el agua, dados sus derechos jurisdiccionales ancestrales y siendo grandes propietarios. Los objetivos centrales de este enfoque son: comprender cómo manejaron el agua en sus áreas de explotación directa, así como en las de explotación indirecta, y conocer cómo resolvieron los conflictos con las comunidades en las que estaban insertadas, tanto rurales como urbanas. La autora concluye que invirtieron en la asignación de agua para las necesidades funcionales y agrícolas dentro del monasterio, mientras que en las áreas de administración indirecta hubo algunos conflictos.

En tercer lugar, Antónia Fialho Conde (Universidade do Évora-CIDEHUS), estudia la gestión del agua en la capital del Alentejo en la época moderna y plantea diversas vías de investigación. Tras una ingeniosa cita de Bernardo de Claraval, y partiendo del *Regimento* felipino de 1606, se estudia la importancia del agua en los espacios monástico-conventuales de la ciudad, presentando en detalle el caso del monasterio cisterciense femenino de Évora, S. Bento de Cástris. Desde la cerca hasta al claustro, la presencia del agua y su recorrido estaban planificados y regulados. Más lejos del monasterio, en un espacio periurbano, al final de la ciudad o ya fuera de ella, el agua era utilizada en molinos, huertas, granjas, recursos esenciales para el abastecimiento de la comunidad monástica, marcando la relación del monasterio no solo con la ciudad de Évora y su término, sino con todo el territorio.

En el cuarto capítulo, "El agua en las "antigas terras de Pannonias": Patrimonio protoindustrial, industrial y humanidades digitales", Gerardo Vidal Gonçalves (Universidade de Évora-CIDEHUS) y Dina Borges Pereira (Associação de História e Arqueologia de Sabrosa) muestran cómo el agua y el patrimonio tienen una relación intrínseca, ancestral y dinámica. Sin embargo, a juzgar por el estado del arte, esta relación ha quedado, en el caso de la investigación, el estudio y la valoración, algo olvidada e disfuncional. De hecho, con el uso de humanidades digitales y herramientas de código abierto, se logró, en una fase preliminar, obtener un panorama muy interesante desde el punto de vista del fenómeno del agua y su antropización en los actuales municipios de Vila Real, Sabrosa y Alijo, en la región de Trás-os-Montes y Alto Douro. En este trabajo, los autores han tratado de estudiar la antropización del agua en el interior de los municipios de Vila Real, Sabrosa y Alijo y su evolución especial y tipológica, a partir tanto de datos cartográficos y del terreno, como a través de las Humanidades Digitales.

En el quinto capítulo, Cristina Joanaz-de-Melo (Universidade Nova de Lisboa), estudia el régimen de las aguas en Portugal y especialmente referido a los problemas causados por las inundaciones originadas por el río Tajo. Según la cantidad de lluvia y la concentración o dispersión de la lluvia a lo largo del año, las inundaciones agrícolas, fluviales y sus efectos sobre el territorio, en las zonas altas y bajas, difieren sustancialmente. El grado de erosión, destrucción, regadío o fertilización de sus aguas forman así parte de la incertidumbre anual. Para minimizar el impacto de las inundaciones torrenciales, con el tiempo se hicieron varios intentos de regular las aguas del gigante acuático peninsular, con diversos grados de éxito y fracaso. Dado lo anterior, este texto analiza la reflexión desarrollada en torno al problema de las inundaciones torrenciales y los dispositivos aplicados en Portugal, para minimizar sus efectos, en los siglos XVIII y XIX.

A continuación, Ana Cardoso de Matos (Universidade de Évora-CIDEHUS) realiza un interesante estudio sobre los "Usos industriales y urbanos del agua en Portugal y sus consecuencias medioambientales en la época contemporánea". El agua y el medio ambiente son dos preocupaciones constantes de la sociedad actual, dada la escasez y contaminación de los recursos hídricos derivados de su mala utilización y del cambio climático, lo que genera una gran inquietud en los poderes públicos, los agricultores, los industriales y la población en general, que temen la falta de agua de la calidad necesaria para los diversos usos a los que se destina. Los problemas y preocupaciones enumerados ya estaban presentes en el siglo XIX, aunque con la dimensión y realidad del contexto histórico de la época. En este texto comenzamos haciendo una breve aproximación al desarrollo de la historia ambiental en Portugal. Después se analizan las complejas y diversificadas relaciones entre el agua y la industria. En una tercera parte se aborda el complejo reparto entre usos industriales y otros usos en las ciudades, que tratamos de ilustrar con el caso de Lisboa. Por último, se mencionan algunas de las medidas estatales adoptadas durante el siglo XIX para regular y mejorar el uso de los recursos hídricos.

Carlos Manuel Faisca (Universidade de Coimbra), centra su estudio en los regadíos en la región del Alentejo entre los siglos XVIII a XXI. Situada al sur de la península ibérica, esta hermosa región y una de las más extensas de Portugal, está sometida a condiciones agroecológicas que condicionan la actividad agrícola. La escasez de lluvias y un estío prolongado, las elevadas oscilaciones térmicas diarias y estacionales y el predominio de suelos finos han provocado, entre otras razones, un histórico bajo rendimiento de la producción agrícola. Dado que el sector agrícola fue el principal empleador de la región hasta la década de 1980, no es de extrañar que, al menos desde el siglo XVII, la expansión del regadío se considerase una solución a algunos de los principales problemas del Alentejo. En concreto, al aumentar la producción agrícola como consecuencia de la ampliación del suministro de agua sería posible simultáneamente dividir la estructura latifundista, colonizar el territorio con la llegada de poblaciones del noroeste de Portugal, elevar el nivel de vida de los alentejanos e incluso garantizar la autosuficiencia alimentaria de Portugal. Sin embargo, debido a limitaciones técnicas y financieras, solo a partir de mediados del siglo XX fue posible ampliar significativamente las zonas de regadío. Después de más de siete décadas, este capítulo, tras presentar las principales ideas asociadas a la expansión del regadío en el clima mediterráneo, analiza los cambios económicos y sociales que se produjeron en el Alentejo como consecuencia del extraordinario aumento de la superficie de regadío. Centrándose en el sector agrícola, se analiza la evolución de esta producción, pero también se identifica posibles impactos en aspectos económico-sociales como la demografía, la estructura de la propiedad y la evolución del nivel de vida. Por último, concluyendo que no se alcanzaran varios objetivos de lo regadío, se discuten las perspectivas de futuro de una investigación necesaria en un momento en que se anuncia la construcción de nuevas presas en el Alentejo.

Por último, en este primer bloque dedicado a Portugal, Ignacio García-Pereda (Universidade de Lisboa) y Camilo Darias (Universidade de Évora-CIDEHUS), realizan una aproximación al "El Estado Novo de Portugal, sus presas y regadíos: ejemplos mediáticos cercanos a la frontera con España". Este estudio se centra en la inauguración de varias presas portuguesas, todas cercanas a la frontera con España, durante el Estado Novo. Tiene como objetivo investigar la relación entre los medios de comunicación y las políticas agrarias de la dictadura, y cómo estas eran representadas en la prensa escrita. Los autores realizan un análisis de noticias publicadas durante las décadas de 1940, 1950 y 1960, en periódicos y revistas portuguesas como Diário de Lisboa y Vida Rural, con el objetivo de identificar los aspectos más relevantes. Cabe recordar que la fuente de información procedía de los gabinetes de comunicación del gobierno y especialmente del secretario de Estado Domingos Victória Pires. En este estudio destacan las noticias sobre el Plan de Irrigación del Alentejo, promovido en 1957, y las nuevas presas inauguradas en lugares como Campina (Idanha-a-Nova), Duero fronterizo, Badajoz o Caia (Elvas).

La segunda parte de este libro comprende los trabajos referidos a los estudios sobre la gestión del agua en España. El primero de sus capítulos lo presenta Ester Penas González con el título de "La gestión del agua en el Císter femenino de Castilla: Poder, administración y emplazamiento". En este capítulo se expone el patrimonio hidráulico del coto de seis cenobios femeninos de la Orden Cisterciense en Castilla, con la finalidad de analizar sus elementos y vías de administración. Estos monasterios, para implantar el edificio claustral y sus áreas económicas circundantes, necesitaban contar con recursos hídricos y esto suponía en ocasiones un proceso de transformación del paisaje y del control poblacional.

En esta línea, Francisco Hidalgo-Crespo (Butler University) presenta un trabajo sobre "Agua, gestión y conflictos en el Valladolid bajomedieval". La ciudad castellana es única en muchos sentidos y, especialmente, en la abundancia de agua. Situada en el corazón de la árida Castilla, esta proliferación, sin duda, fue determinante en el origen de los primeros asentamientos. Asimismo, resultó definitivo en la elección de este enclave en su fundación en el siglo XI. Se trata de una ciudad con la inusual característica de contar con tres ríos, todos con caudales y características diferentes. Una ciudad que, paradójicamente, ha sufrido insalubridad causada por sus inundaciones, al tiempo que ha tenido que idear medios para garantizar el abastecimiento de agua potable para sus habitantes. Contradicción que ha generado conflictos y la intervención de los poderes en su gestión. El presente artículo se centra en esos conflictos y regulaciones consecuentes, que ayudan a entender la evolución de la ciudad.

Un nueva aportación la presenta Miriam Parra-Villaescusa, profesora de la Universidad de Alicante, que aborda la "Institucionalización, resolución y regulación en la administración de las aguas de regadío en el curso bajo del río Segura entre los siglos XIII– XV". La autora examina la gestión y el aparato institucional creado para la utilización de las aguas destinadas a regadío. Para tal fin, estudia el curso bajo del río Segura, en el sudeste de la Península, durante la Edad Media. Estas tierras que alternaron su adscripción entre la corona de Castilla y la de Aragón, evidencian las realidades sociopolíticas articuladas en las últimas centurias medievales y, especialmente, el gobierno del aprovechamiento hidráulico, el origen de su estructura administrativa; así como su proceso de constitución y definición.

En el capítulo doce, Eduardo Jiménez-Rayado (Universidad Rey Juan Carlos) estudia los sistemas de abastecimiento en las ciudades andalusíes de la cuenca del Tajo. La composición del suelo y la disponibilidad de los recursos hídricos del territorio condicionaron los sistemas de extracción y suministro que las autoridades islámicas establecieron en sus asentamientos urbanos. Estas adaptaron sus conocimientos tecnológicos de la manera más eficiente, que incluía no solo obtener la mayor cantidad de agua posible, sino hacerlo invirtiendo el menor esfuerzo sin que ello supusiera una desatención de las necesidades vitales, religiosas y militares de los recintos. A lo largo del capítulo analiza la aparición de diferentes sistemas de abastecimiento, no solo de una localidad a otra, sino dentro de una misma ciudad, empleando el ejemplo de tres ciudades: Toledo, Guadalajara y Madrid.

En el siguiente trabajo, José Rodríguez-Fernández (Universidad del País Vasco), se centra en la historia del abastecimiento de agua potable en la ciudad de Vitoria entre los siglos XV al XIX. Este largo y complejo recorrido combina fuentes documentales escritas y arqueológicas, con la finalidad de describir los cambios técnicos, económicos, sociales y culturales. El autor señala que no es posible separar los sistemas de abastecimiento de agua del paisaje urbano en el que se integran, ni de la mentalidad de las élites o de las políticas sanitarias desarrolladas por los respectivos gobiernos.

El capítulo catorce aborda la gestión del agua en las ciudades preindustriales españolas entre los siglos XVI y XVIII. El autor, Juan Manuel Matés-Barco (Univesidad de Jaén), se centra esencialmente en el progresivo protagonismo de los ayuntamientos en la gestión de este servicio público. Asimismo, se analizan los derechos de propiedad y usos del agua, así como su evolución en los primeros estadios de la revolución liberal.

Sheila Palomares-Alarcón (Investigadora postdoctoral Margarita Salas. Universidad de Jaén), en el siguiente capítulo, realiza un estudio sobre la influencia de la regulación de la gestión del agua en la construcción de los mercados de abastos andaluces durante el siglo XIX. Aunque existen mercados cubiertos desde la Antigüedad como los mercados de Trajano (Roma), en el sur de Europa la actividad comercial se desarrolló principalmente al aire libre, hasta que no comenzó el *boom* de la construcción de los mercados municipales durante el último tercio del siglo XIX, la mayoría, inspirados en *Les Halles* de París. Varios fueron los motivos que justificaron la edificación de estos servicios cubiertos. Por ejemplo, las necesidades de la ciudad industrial y la mejora de las condiciones higiénicas. En este contexto, la autora analiza la regulación de la gestión del agua; así como su influencia en la proyección y construcción de los primeros mercados en Andalucía.

Por su parte, Luis Garrido-González (Universidad de Jaén) y María Luz de-Prado-Herrera (Universidad de Málaga), presentan un trabajo sobre las propuestas de José del Prado y Palacio para el abastecimiento y tratamiento de agua en entornos rurales y urbanos entre los años 1900 y 1917. Concretamente, los autores, analizan la obra publicada del político giennense sobre los problemas planteados para la puesta en regadío de las tierras de cultivo en la provincia de Jaén y sobre el aprovechamiento de las aguas residuales para el riego de las huertas cercanas a la ciudad de Madrid. Las interesantes soluciones sugeridas y el rigor de sus conocimientos destacan en dichas aportaciones, que se anticiparon a los problemas actuales de la sostenibilidad del medio ambiente y su compatibilidad con un crecimiento económico sustentable.

Jesús Raúl Navarro-García, investigador del Consejo Superior de Investigaciones Científicas en el Instituto de Historia, aborda en su estudio "El abastecimiento de agua en El Aljarafe sevillano: Castilleja de Guzmán como ejemplo de la crisis del modelo de gestión de la oferta durante la sequía de 1991-1995". El autor muestra cómo la gestión municipal del agua en las poblaciones de El Aljarafe, en la provincia española de Sevilla, se basó durante siglos en los recursos autóctonos de la comarca. Cuando este sistema entró en crisis en la segunda mitad del siglo xx fue sustituido por otro que se fundamentaba en el uso de recursos foráneos y en una gestión mancomunada del agua. No obstante, el nuevo sistema de gestión y el uso de recursos pertenecientes a otras cuencas hidrográficas no fueron suficientes para hacer frente al incremento de la demanda y a la disminución de la oferta por la sequía de 1991-1995.

A continuación, Juan Antonio Parrilla-González, centra su trabajo en "La gestión del agua en el sector del olivar desde una perspectiva histórica: evolución del último siglo y retos futuros". El autor plantea que el agua es un recurso necesario para el desarrollo de la actividad oleícola y analiza la evolución de los usos del agua en el olivar en el último siglo, prestando especial atención a los últimos 50 años con la modernización de los cultivos. Por tal motivo, toma como referencia la provincia de Jaén, principal región productora de aceites de oliva del mundo. Asimismo, plantea retos futuros para utilizar de manera eficiente el uso del agua en el sector oleícola de acuerdo con la información prevista en el último borrador del Plan Hidrográfico Nacional, la Directiva Marco del Agua (D.M.A.) y su influencia en el cultivo del olivar.

Un último capítulo estudia la "Gestión de aguas residuales urbanas y olivar de regadío en el sur de España". Las autoras –Ana García Moral, Leticia Gallego Valero y Encarnación Moral Pajares– son expertas en el tema y cuentan con una larga trayectoria investigadora en la Universidad de Jaén. La situación de estrés hídrico que caracteriza al sur de España condiciona la productividad de su sector agrícola. La reutilización de aguas residuales urbanas constituye una fuente adicional de recursos hídricos que pueden ser utilizados en la agricultura. Es preciso tener en cuenta que la provincia de Jaén concentra el 34,16% de la producción de aceite de oliva virgen que se producen en el conjunto de la península ibérica y cuenta con 233.176 hectáreas de olivar de regadío. Por estas cuestiones, el objetivo de este trabajo ha sido analizar cómo se utiliza el agua para el riego.

Para concluir es esencial mostrar nuestro sincero agradecimiento a los evaluadores externos por todas las sugerencias que han realizado para mejorar los contenidos de este libro. Asimismo, queremos agradecer a Ramiro Domínguez y a la editorial Silex, su disponibilidad para optimizar la publicación de estos textos. Esta investigación forma parte de los resultados del Proyecto FEDER-UJA-1381621 (2021-2022): "La gestión sostenible de los servicios públicos: Agua en Andalucía (1800-2020", dentro del Programa Operativo FEDER Andalucía I+D+i (2014-2020) y ha sido financiado por la Junta de Andalucía y los Fondos FEDER; así como del desarrollado en el Centro Interdisciplinar de História, Culturas e Sociedades (CIDEHUS) de la Universidad de Évora en Portugal (FCT– project UIDB/00057/2020).

I.
CONTROL Y USOS DEL AGUA EN PORTUGAL

1.
ESTRUCTURAS Y USOS DEL AGUA A FINALES DEL SIGLO XV Y PRINCIPIOS DEL XVI, A PARTIR DE LOS DIBUJOS DEL *LIVRO DAS FORTALEZAS* DE DUARTE D'ARMAS

Filipe Themudo Barata
Cátedra Unesco da Universidad de Évora
José Manuel de Mascarenhas
Cátedra Unesco da Universidad de Évora

INTRODUCCIÓN

En un libro publicado en julio de 2021 (Barata, Capelo & Mascarenhas 2021), los autores retaban a los lectores a prestar especial atención al *Livro das Fortalezas*, esta obra de Duarte d'Armas que ahora nos ocupa. Es cierto que se dispone de cierta bibliografía (Freitas, 2012) e incluso de algunos análisis de la obra, pero rara vez se ha utilizado como fuente histórica primaria, que es lo que pretendemos hacer en este ejercicio.

Dedicaremos la mayor parte de nuestra atención a la evaluación de los sistemas hidráulicos existentes a finales del siglo XV, pero no podemos dejar de parte los comentarios más generales sobre esta obra, al parecer terminada por el año de 1510 (Armas, 2006). Nótese que, también en este caso, hay cierta discusión sobre la fecha exacta de finalización y la entrega de la obra, pero eso, ahora, no nos ocupará. Por otra parte, saber quién fue Duarte d'Armas y en qué condiciones produjo su famosa obra merece algunas observaciones. Sin embargo, un lector menos atento podría preguntarse qué tipo de manuscritos eran una rareza en aquel siglo XV, por lo que los autores no pueden evitar algunas comparaciones con obras de otros reinos en las que el diseño ocupaba un lugar central.

Después de leer y hojear estas páginas, es imposible para cualquier persona dejar de preguntarse qué queda de todas estas construcciones que se pueden ver. Naturalmente, la respuesta exigiría que realizásemos el corrido que hizo Duarte d'Armas, ósea, recorrer las 53 fortificaciones que acompañaban la frontera entre Portugal y Castilla, más Sintra e Barcelos, anotando el destino de cada estructura. Por supuesto eso no es posible en este artículo, pero entre las que conocen los autores y las imágenes que podemos observar en soporte digital, al menos para las estructuras hidráulicas podemos organizar algunas conclusiones sobre su estado actual.

Este punto puede parecer casi marginal, pero nos remite a un aspecto esencial relativo a las prácticas de preservación y conservación del patrimonio cultural que los grupos, las comunidades y sobre todo las autoridades locales y nacionales han tenido a lo largo del tiempo.

EL AUTOR Y LA OBRA

Duarte de Armas fue escudero de la Casa Real y, antes del reinado de Manuel I, donde fue notario apostólico, habría sido escribano de João I y receptor de la Corte (Barroca, 2018). Ciertamente, además de otras cualidades, habría poseído una de carácter técnico, como el dibujo, que incluía el conocimiento de escalas, o al menos de proporciones y perspectivas, además de saber hacer mediciones, muy similares a las que haría un topógrafo[1].

El encargo parece haber sido muy claro: había que diseñar las fortalezas fronterizas, incluidas las casas, los elementos de todo tipo, los hitos paisajísticos pertinentes y, por supuesto, el castillo, que debía verse desde dos puntos opuestos y a menudo debía tener una planta con medidas. Claro que, para poder analizar esta obra

1 Se trata de una expresión medieval importada del francés, donde un "arpenteur" es –era– un especialista en geometría que, en la época, sabía realizar un tipo de levantamiento próximo a lo que hoy llamaríamos levantamientos topográficos, definir los límites de las propiedades y calcular las superficies. En Portugal existe el concepto de agrimensor, pero hoy incluye un concepto científico que no existía en aquellos siglos. En nuestro país, según las regiones, existen varias nomenclaturas para identificar esta función, que por regla, no exigía formación especial más allá de un profundo conocimiento del terreno (por ejemplo, en las regiones de Beira Alta, esta sería la función del llamado "Louvado").

debemos responder a una primera pregunta: ¿cuál era el margen de libertad o imaginación artística de Duarte d'Armas?

Es importante no olvidar el encargo que estaba en juego, por lo que sería cuanto menos extraño que el autor decidiera incluir elementos del paisaje relevante que simplemente no existían. Por lo tanto, las ruinas de algunas casas, iglesias, edificios, muros y puentes son bastante precisos y el agua, siendo, ayer como hoy, un recurso esencial, no podía ser objeto de "fantasías", como trataremos de demostrar con cierto detalle a continuación.

Algunas marcas o bocetos serían aceptables si fueran, ante todo, formas de identificación. Cuando Duarte d'Armas quiere indicar que el castillo pertenece al señorío del Rey, la inclusión de banderas es una forma de poner leyendas a la imagen, sobre todo en el caso de estas fortificaciones fronterizas, donde las localidades españolas necesitan ser identificadas de la misma forma. Cuando el autor quiere señalar la navegabilidad de un río a barcos de mayor calado y dibuja una carabela, esta puede ser la libertad del autor a la hora de presentar el potencial de navegación. Del mismo modo, algunos de los barrios que aparecen en torno a las murallas pueden no ser precisos con respecto a las casas o su número, pero los ejes viarios que parten de las puertas de las murallas y que estructuran estas casas, muchas de ellas, pueden identificarse todavía hoy.

En cuanto al paisaje rural propiamente dicho, la libertad de anotaciones podría ser menos precisa, aunque la situación no parece tan diferente de la relativa a los recursos hídricos. Incluso las eventuales libertades del artista se acercan siempre a la forma en que se percibe la realidad. Quizá podamos admitir un único caso en el que el autor asume una especie de libertad personal en muchos de estos dibujos. De hecho, es frecuente ver un pequeño esbozo de un hombre a caballo –el propio autor– acompañado de un escudero. Este tipo de intervención creativa no era infrecuente en la pintura de la época.

Resulta evidente que Duarte d'Armas no podía eludir la misión que se le había encomendado, que era mostrar el estado de las fortalezas en las fronteras del reino y sus condiciones de mantenimiento y funcionamiento. Pero aquí, una vez más, surge otra pregunta: aparte de las murallas, ¿cuáles eran los elementos que había que destacar dibujándolos? ¿Qué se consideraría un recurso esencial?

Por supuesto, la respuesta solo puede encontrarse en la forma en que la propia Corona miró y "leyó" el territorio. Así, es visible que todas las fortalezas presentan, de forma muy visible, la bandera de la Corona portuguesa, además de las murallas y las torres de homenaje; también están las torres de vigilancia relacionadas con la fortaleza que se dibuja; en otras, en lugares bien percibidos en el paisaje, también se dibujan las estructuras de las fortalezas de las localidades y, en algunas de ellas, percibimos un sentenciado.

Del mismo modo, raramente faltan otros elementos: se indican las vías de comunicación, que en la mayoría de los casos eran simples caminos, así como las conducciones de agua y los puentes, y los sistemas hidráulicos en general, incluyendo pozos, depósitos y estanques represados. Por supuesto, se indican construcciones religiosas y marcas en el terreno, como *cruzeiros*[2], iglesias y monasterios, y, en general, hay dibujos de casas, aunque surgen problemas especiales en su interpretación.

Por supuesto, en muchos casos hay diseños más variados y temas específicos de cada lugar, como cultivos agrícolas, cercados o no, hitos especiales del territorio, alcantarillas, embarcaciones de muchos tipos, molinos y muchos otros. Pero, como se ha dicho, las propias embarcaciones que navegan por los ríos no son el resultado de una elección estética, ya que dan al monarca la posibilidad, al evaluar las condiciones de navegabilidad, de hacerse una mejor idea de la movilidad económica del territorio.

Es fácil y tentador, a partir de una fuente como esta, extender las conclusiones. Por lo tanto, es importante tener en cuenta las limitaciones que transmiten estos dibujos. De hecho, estamos en presencia de fortalezas y localidades, en la mayoría de los casos, aisladas y alejadas de los centros, por lo que la complejidad de las construcciones puede ser menor y las necesidades de defensa militar se superponían fácilmente sobre todas las otras.

2 Grandes cruces de piedra al aire libre.

MANUSCRITOS EUROPEOS Y DISEÑO

Téngase en cuenta que, en términos europeos, esta obra no es única. En la cartografía, la arquitectura, la pintura, el propio paisaje y los famosos libros de horas, el dibujo se convirtió en un recurso para la descripción y el análisis. Por poner solo un ejemplo, en Francia existe el "Armorial d'Auvergne", comúnmente llamado "L'Armorial de Guillaume Revel", escrito en el siglo XV y realizado a petición del duque de Borbón, Carlos I (1401.-1456), pero dedicado al rey Carlos VII. En realidad, se trata de un libro de blasones familiares de las posesiones de las que el duque era señor en Auvernia, Forez y Borbón y, para casi todos los lugares, incluye magníficos dibujos, muchos en color, de fortalezas y centros urbanos y ha sido objeto de estudios muy interesantes por parte de investigadores[3].

Por supuesto, Duarte d'Armas no podía eludir la misión que se le había encargado, es decir, mostrar el estado de las fortalezas en las fronteras del reino y sus condiciones de mantenimiento y funcionamiento. Pero aquí surge la primera pregunta: aparte de los muros, ¿cuáles eran los elementos que en aquella época era importante destacar dibujándolos? La respuesta a esta pregunta ayuda al lector del siglo XXI a ver el paisaje, pero también a "leer" la forma en que, a principios del siglo XVI, se veían y percibían el territorio y el paisaje. Como cabe imaginar, los detalles, fruto de los intereses propios del siglo XVI, no serían los mismos que los que señalaría un "especialista" de otros tiempos.

DIBUJAR, MEDIR Y CONTAR

Para poder leer la obra de Duarte d'Armas, también es importante disponer de algunos datos indispensables. En las escasas, o nulas,

3 Existen pocas transcripciones completas de este manuscrito con cientos de folios, pero hay algunos estudios magníficos sobre él. Ver: (Laffont, 2011). Accesible a través de la web en file:///C:/Users/pc/Desktop/Santarém%20mais/alpara-2910.pdf Consultado el 1 de noviembre de 2021.

obras existentes, de repente aparece una que muestra el uso de conocimientos bastante especializados.

Las páginas dibujadas sobre las distintas localidades muestran que Duarte d'Armas tenía una noción específica de la perspectiva, la proporción e incluso de la escala. Se ve claramente el lugar de las casas, los cultivos agrícolas, los árboles, las pendientes y los afloramientos rocosos que no se mezclan entre sí. Por otra parte, la precisión con la que trata uno de los objetivos de su obra, mostrar el estado de mantenimiento de las estructuras militares, es bastante clara y precisa, señalando los lugares de ruina de las murallas, el derrumbe de partes de algunos componentes de las torres del homenaje e incluso de otras estructuras exteriores.

Nótese que el objetivo de defender el reino llevó incluso al autor a señalar las debilidades de los sistemas defensivos del lado castellano. Hay muchas murallas y torres del homenaje en estado degradado y ruinoso. A partir de esta información, el rey podría hacerse una idea más precisa de los puntos débiles del reino en materia de seguridad y medir los gastos que había que realizar. El siguiente ejemplo, la fortaleza de Castelo Mendo, es quizás donde los problemas de mantenimiento se hacen evidentes.

Figuras 1 y 2 – En la figura de arriba, detalle de una torre en Galicia, con una parte de uno de los lados derribada. Abajo, Castelo Mendo, en el que se percibe claramente los innumerables derrumbes a lo largo de la muralla y de las propias torres

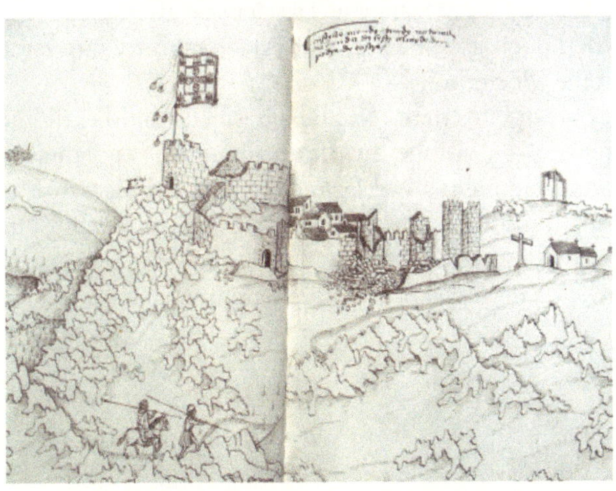

Fuente: *Livro das Fortalezas* respectivamente folios 102 e 68v/69.

Del mismo modo, observando las formas de varias propiedades, algunas amuralladas, se percibe que tiene una capacidad muy sorprendente para evaluar el espacio. En los dibujos y planos no hay escalas, pero queda clara la capacidad de utilizar el concepto de proporción.

Además, esta competencia específica en la medición queda demostrada en los planos de los castillos que inspeccionó. El dibujo de la planta, las mediciones de las superficies, incluyendo incluso, en algunos casos, las alturas y el análisis de las estructuras apuntan a competencias evidentes que hacen referencia a la arquitectura.

En este contexto, es importante recordar que, en la Baja Edad Media, ya existían técnicas de dibujo, medición y demarcación de propiedades que son, hoy en día, fuentes preciosas para apreciar el propio *Libro de las Fortalezas*. En un excelente artículo presentado por Paula André en 2011, se muestra cómo la tradición de tratar las áreas de las tierras venía de antiguo y recuerda las actuaciones que se llevaron a cabo en los reinos de la península ibérica en el *Libro del Repartimiento* y las desarrolladas por Alfonso X para la colonización del territorio de Murcia (André, 2011, p.5). También recuerda que en Francia la obra de Bertrand Boysset, un ciudadano de Arles que vivió entre 1355 y 1415, dejó dos obras de gran importancia: "La sciensa de destrar" (*La ciencia de medir*) y "La sciensa d'afermenar" (*La ciencia de marcar*), que Pierre Portet ha dado a conocer y que estudió con gran detalle (Portet 1995)[4].

Si en los diseños de las localidades, incluyendo el diseño de las fortalezas, no son visibles esos conocimientos, las plantas apuntan en otra dirección, en la que las mediciones, debidamente anotadas y explicadas, implicaban el uso de instrumentos sencillos, incluidas las cuerdas. Pero estas leyendas son fuentes de información muy relevantes, como muestra la siguiente figura.

4 El autor de este artículo tiene incluso en su poder algunas notas personales de Pierre Portet que este le facilitó hace muchos años en proyectos conjuntos.

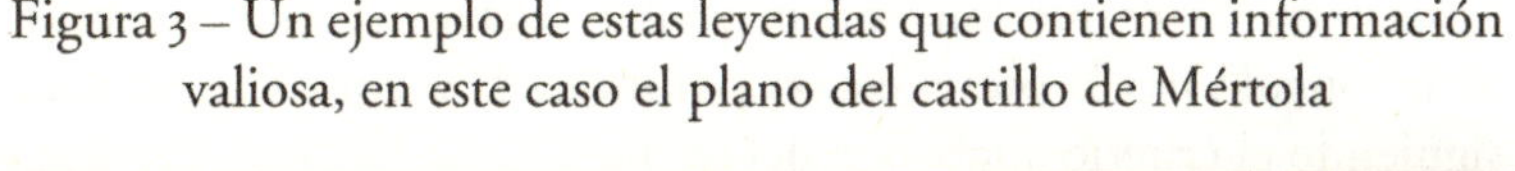
Figura 3 – Un ejemplo de estas leyendas que contienen información valiosa, en este caso el plano del castillo de Mértola

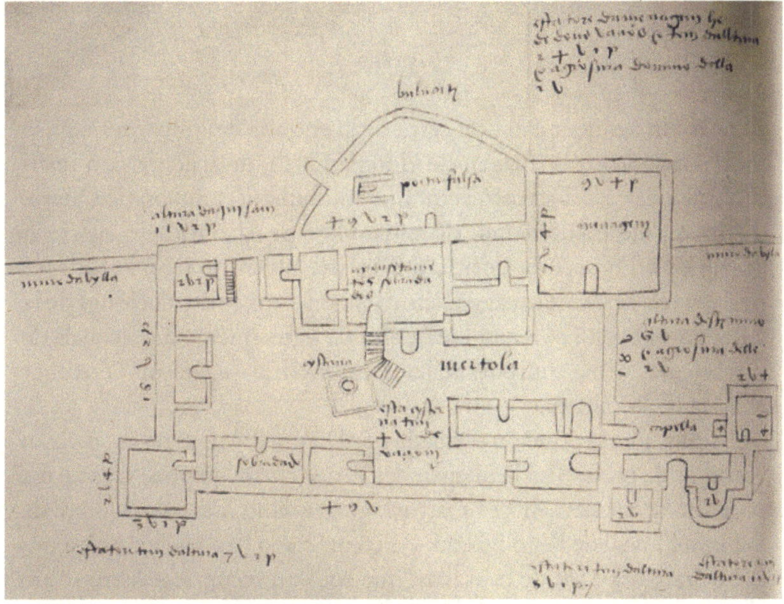

Fuente: *Livro das Fortalezas*, fol. 121v.

ANÁLISIS DE ESTRUCTURAS HIDRÁULICAS

Como ya se ha mencionado, no fue posible seguir la trayectoria de los dibujos de Duarte d'Armas a lo largo de la frontera. Por ello, optamos por una metodología de trabajo más simplificada. Así, el análisis de cada estructura hidráulica, la confirmación de su existencia y desaparición se realizó a través de herramientas digitales, como *Google Maps* o *Google Earth*, o comparando con cartografía antigua. Cuando ha sido posible, hemos intentado ponernos en contacto con los usuarios, o residentes, que viven y están cerca de las estructuras hidráulicas en cuestión.

Las siguientes observaciones no abarcan todos los lugares y estructuras relacionados con el agua, sino que representan tipos o casos particulares que conviene presentar y debatir, como ejemplos. Se ha optado por la presentación por localidades, que se presentan siguiendo el criterio alfabético del lugar.

ALCOUTIM – POZO Y MOLINO DE MAREAS

El pozo monumental existía cerca de la entrada del cementerio en el local señalado en la imagen de Google Earth, de acuerdo con testimonios locales. En cuanto al molino hidráulico, el dibujo de Duarte d'Armas muestra un detalle de este molino de Alcoutim del siglo XV, que pudo ser el sucesor de otro que existía allí en 1304. Se trata de un molino con tejado a un agua, similar al de otras construcciones de la villa. La imagen se ve con corrientes de agua que pasan a través de dos bocines y una compuerta, lateral al molino que permitía retener el agua de la caldera.

Aunque en la posición señalada por Duarte d'Armas no se aprecian vestigios de molino en la imagen de *Google Earth*, un poco más arriba parecen existir elementos de un antiguo molino hidráulico, cerca de la Playa Fluvial de Pego Fundo. Pero como a lo largo de los márgenes del delta hay restos de murallas, que solo un reconocimiento sobre el terreno podría confirmar la relación con la estructura en cuestión.

Figuras 4 y 5 – A En la figura de arriba, el pozo de Alcoutim, obra de Duarte d'Armas. (fol. 3) Abajo, una imagen de Google Earth con la ubicación actual del pozo.

Fuente: Livro das Fortalezas, fol. 3 (izquierda); Imagen Google Earth (derecha).

Figura 6 – Imagen de un molino hidráulico existente en un delta al norte de Alcoutim, hoy desaparecido (fol.4).

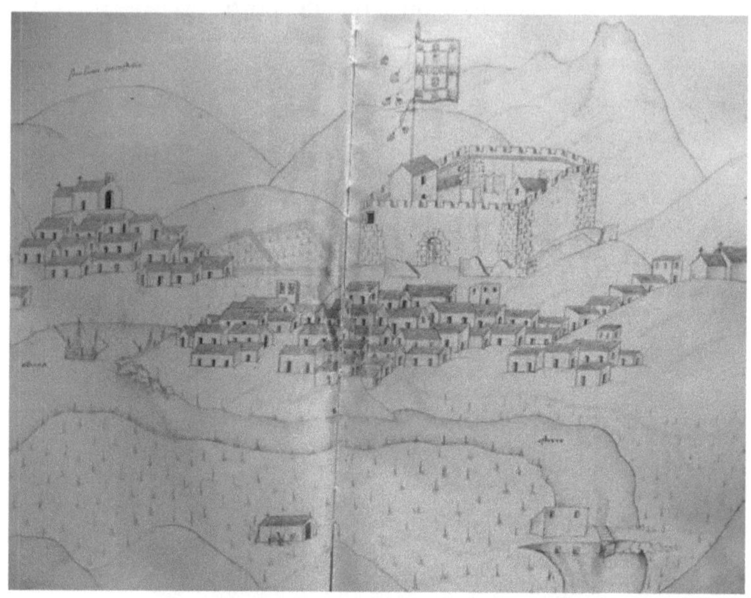

Fuente: Livro das Fortalezas, fol. 4.

CASTRO MARIM – MOLINO HIDRÁULICO

Para Castro Marim, Duarte d'Armas presenta un molino de mareas de dos ruedas, al pie de la parte norte de la colina del castillo (Fig. 7).

En un mapa (Vasconcellos sec. XVIII), al norte de C. Marim, hay una referencia a un molino hidráulico, llamado *Moinho da Morgada*. Sin embargo, no parece estar situado en la posición indicada en el *Livro das Fortalezas*. Sin embargo, en el mapa de Sande Vasconcelos no se menciona ningún molino, aunque sí se representan edificios y un muelle de embarque en el lugar.

En otra obra, de 1763, se representa un molino hidráulico, que parece corresponder al representado por Duarte d'Armas (Bassenond 1763) (Fig 8). Entonces, todo parece indicar que este molino, aún referenciado en la época, ya no estaría en funcionamiento a finales del siglo XVIII. Sin embargo, no se vislumbra ninguna prueba de ello en *Google Earth* ni en las imágenes de *Maps*.

Figura 7 – Imagen del molino hidráulico de Castro Marim del Libro de las Fortalezas (fol. I).

Fuente: Livro das Fortalezas, fol. I.

Figura 8 y 9 – En las imágenes de los mapas dibujados por Robert de Bassenond (1763) y Sande de Vasconcelos (finales del siglo XVIII), se puede ver cómo, poco a poco, el molino hidráulico desapareció del paisaje y perdió sus referencias cartográficas

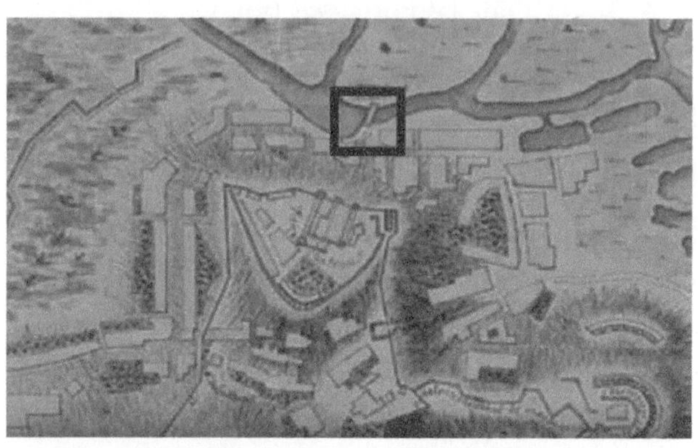

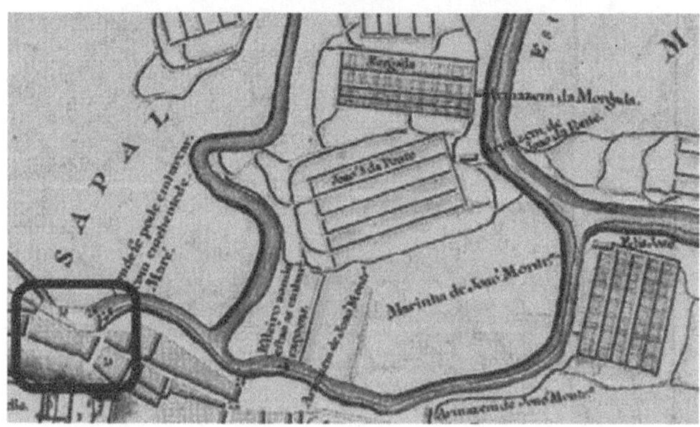

Fuentes: Vasconcelos, José de Sande. *Mappa da Praça de CastroMarim com seo terreno 500 braças em roda Tirada por Ordem do ILL. Mo e EX.MO SNR Armador de Sua MAG de GOR e CAP. AM GNAL D'este Reyno*, Gabinete de Estudos Arqueológico de Engenharia Militar/DIE, Doc. 94 – 21A – 105 (abajo); Bassenond, Pierre Robert de *Plan de Castro Marim en Algarves & de ses environs levé par ordre de Son Altesse Monseigneur le Conte Regnant de de Schaubourg Lippe, Maréchal Général par Pierre Robert de Bassenond Major Ingénieur*, Gabinete de Estudos Arqueológicos de Engenharia Militar/DIE, Doc. 279 (1 – 6 – 10) (arriba).

CHAVES – ACEÑA Y AZUD DEL PUENTE ROMANO

Junto al conocido puente romano de Chaves existía una hermosa aceña con su azud (Fig 10), que hace mucho tiempo ha desaparecido, como muestran fotografías antiguas.

Figura 10 – En el lugar de esta aceña de rueda vertical accionada desde abajo y su respectivo azud, que habría estado en funcionamiento a principios del siglo XVI, probablemente desde el siglo XIX no quede nada de ella (fols. 95/96)

Fuente: Livro das Fortalezas, fols. 95/96.

LAPELA (CASTILLO) – PROTECCIÓN PARA RECOGER AGUA DEL RÍO

Según los dibujos de Duarte D'Armas, el castillo de Lapela tendría, a principios del siglo XVI, una planta rectangular irregular, con una cara curva hacia el SE, donde una torre cuadrada reforzaba la muralla circundante, flanqueada por un balcón. Interiormente, el castillo estaba subdividido en varias zonas por muros; a O. tenía dos torres cuadradas, con 12 varas de altura, techadas, la de la derecha con dos vanos, que estaban interconectadas por una muralla dispuesta a E., pertenecía a una residencia de dos *sobrados* [pisos], perforada por varios vanos, sobre un gran arco de paso, que comunicaba con las torres, teniendo un muro que se unía a SE. a la muralla del castillo, y un muro prolongado a la derecha a partir del cual se conectaba con la torre del homenaje, quizá por un pasadizo superior. La torre del homenaje, también conocida como "Torre da Vara", tenía 22 varas de altura, sus fachadas perforadas por tres fosos superpuestos, estaba techada y bien enmaderada y tenía una escalera de acceso al E. Por el dibujo que representa el castillo de E., parece haber una torre de vigilancia junto al río Miño, que, a pesar de no estar dibujada en el plano del castillo, se menciona en las *Memórias Paroquiais* de 1755 como otro pequeño castillo, para poder traer agua de forma segura a la plaza militar (Noé, 2023).

Aunque en *Google Earth* es posible identificar muros en ruinas en las orillas del río Miño, parece difícil hacer coincidir algunos de estos muros con la atalaya del río, que permitiría no solo proteger el puerto, sino también obtener agua del río en caso de necesidad. Esta hipótesis implica un trabajo de campo más profundo.

Figuras 11 y 12 – Arriba, la torre de protección para recoger el agua (fol. 107). Abajo, al norte de la torre del homenaje, en una imagen de *Google Earth*, podemos ver vestigios del sistema amurallado.

Fuente: Livro das Fortalezas, fol. 107 (arriba). Imagen Google Earth (abajo).

MELGAÇO – POZO DEL PUEBLO

Hay mucha información sobre este pozo en Melgaço. Así, un plano de 1758, elaborado por el sargento Gonçallo Luís da Sylva Brandão, representa claramente los tres principales puntos de abastecimiento de agua de la época: el aljibe, un pozo en el interior de la ciudad y la fuente municipal. Posteriormente, otro plano de 1859 muestra que la "armadura nova" diseñada por Duarte d'Armas en el siglo XVI seguía existiendo, aunque ahora tenía adosada una casa en el exterior y tres edificios en el interior. Este hecho es relevante porque atestigua cómo progresó la degradación de las estructuras.

Es importante recordar que, todavía en la segunda mitad del siglo XV, durante el reinado de D. João II, se decidió construir una nueva armería (coraza), separada de la barbacana y rematada por una torre semicircular, con puerta al sur, para defender la entrada a la ciudad y proteger un importante pozo para el abastecimiento de agua (Noé, 1992/2008).

También entre 2000 y 2002, el Ayuntamiento de Melgaço promovió una serie de excavaciones arqueológicas, obras de conservación y restauración, así como la musealización del espacio, que incluyó la intervención arqueológica en la Praça da República y tuvo como objetivo descubrir lo que quedaba de la nueva cerca amurallada, los muros de las *falsas bragas*[5] y los cimientos que habían estado en el interior de la *tenalha*[6], más tarde Feria y Plaza del Comercio. Se excavaron cinco pozos de excavación, que dejaron al descubierto los vestigios del nuevo blindaje y de un pavimento, que conducían a la ampliación de la intervención; a continuación, se descubrió un foso ancho y profundo, excavado hacia el exterior de la muralla del castillo y de la cerca, el nuevo blindaje y cuatro niveles de pavimentos y la cimentación de uno de los muros de la falsa braga, que, en el siglo XVII, inutilizaba la circulación dentro del foso. Las excavaciones en el interior de la casa esquinera, entre la Praça da República y la Rua Afonso Costa, también permitieron descubrir los cimientos de

5 Muros construidos entre la muralla y el foso o, más concretamente, una especie de segundos muros, que permitía defender el foso.
6 Obra exterior construida en foso con dos caras reentrantes.

la *tenalha* (Noé, 1992/2008, cap 2 e 3). En conclusión, aunque la localización del pozo es prácticamente segura, la existencia de vestigios o ruinas implicaría una visita al lugar y un contacto con los trabajos arqueológicos y museísticos de la nueva armadura, ya que actualmente no hay puntos visibles desde este pozo.

Figura 13 – Pozo del pueblo junto a la cerca amurallada (fol. 104v).

Fuente: Livro das Fortalezas, fol. 104v.

MIRANDA DO DOURO – FUENTE DE LOS CANOS, PUENTE DE LOS CANOS MOLINOS DE LA RIBEIRA DO FRESNO

La Fuente dos Canos era una fuente barroca de cantería, de tipo relicario, sostenida por pilares de planta cuadrada y con un pórtico de planta también cuadrada. Está cubierta por un tejado piramidal, de escamas. Está en la orilla derecha de la Ribeira do Fresno, mientras que la fuente de respaldo, representada por Duarte d'Armas, está en la orilla izquierda, y en *Google Earth* se pueden ver ruinas de muros que podrían corresponder a esta fuente en esa zona.

Figura 14 – En el dibujo de Duarte d'Armas, los tres elementos mencionados están muy bien dibujados: la fuente, los molinos de agua y el puente (fols 83v/84). De todos ellos, solo queda el puente.

Fuente: Livro das Fortalezas, fols.83v/84.

El Puente de Canos, de época medieval, tiene un tablero plano con una anchura máxima de 4 metros, basado en tres arcos quebrados desiguales, siendo el central el de mayor tamaño. También tiene dos altos pilares tallados y barandillas de mampostería de esquisto rematadas por alféizares de granito.

Situado en la Ribeira do Fresno, forma parte de un antiguo camino que unía Miranda do Douro con Duas Igrejas. La primitiva construcción medieval fue reconstruida en el siglo XVIII.

Por último, los Molinos de Ribeira do Fresno han desaparecido por completo, y no hay ni rastro de ellos en *Google Earth*.

MONÇÃO – TORRE DE PROTECCIÓN DEL ACCESO AL RÍO

Paula Noé ha interpretado sucintamente la imagen de Duarte d'Armas de Monção, destacando la muralla primitiva (muro) que estaba interrumpida por dos puertas simétricas, abriendo para el terreno la puerta principal. La *barbacana* con algunos tramos ya sin coronación, incluía tres puertas, dos diseñadas en codo y dotadas de montantes cruzados y otra (la única que se conserva en la actualidad) que conectaba con la coraza que daba acceso a la torre que protegía el puerto fluvial, desde donde se embarcaba una considerable cantidad de vino con destino a los mercados ingleses; fuera de las murallas solo queda la capilla de Santa Maria do Outeiro y algunas huertas en el lado que da al río"(Noé 1992/2008).

Aunque no se puede ver nada en *Google Earth*, aún existe la puerta (tapiada) de la armadura que daba acceso a la torre que protegía el puerto fluvial, según la misma autora. Una galería en la base de esta torre permitía a los habitantes de Monção recoger agua de forma segura en caso de necesidad (Freitas, 2012). Aún no está claro si, en la actualidad, quedan restos de esta torre, junto al río.

Figura 15 – Como en Lapela, también en Monção había una torre de protección para los que querían recoger agua del río. Así se muestra en la imagen del Libro de las Fortalezas (fol. 107).

Fuente: Livro das Fortalezas, fol. 107.

OUGUELA – FUENTE SANTA

Existe una amplia bibliografía que analiza esta Fuente Santa, o de Nuestra Señora de Gracia, diseñada por Duarte d'Armas, tal y como sigue existiendo en la actualidad, a pesar de algunas obras de adaptación que se han realizado. (Keil 1943; Ramalho1996; Conceição 1997; Conceição 2017)[7].

7 Arquivo Nacional da Torre do Tombo (DGARQ/TT) *Memórias paroquiais*, vol. 26 (1758), nº 47, pp. 371-374.

Figuras 16 y 17 – Fuente Santa o Fuente de Nossa Senhora da Graça de Ouguela. Todavía el fuente existe hoy en día, como muestra la fotografía de abajo, de los ochenta

Fuente: Livro das Fortalezas, fol. 30 (arriba); abajo: fotografía de José Manuel de Mascarenhas.

SABUGAL — ACEÑAS

Comparando el grabado del *Livro das Fortalezas* con una imagen actual de *Google Earth*, se observa que la aceña allí representada, al sur del puente, puede corresponder a una casa situada entre el puente y el actual molino de "Ti Zé Ricardo" (ver la marca circular de la Fig.19), no descartándose que pueda corresponderse a este último. En cuanto a las aceñas al norte del puente, de la que está más al norte, no hay evidencias; la ubicación del otro puede corresponder al edificio donde hoy se encuentra el restaurante Sol-Rio. En la imagen podemos ver un azud inmediatamente al norte de este último edificio, que, probablemente, podría estar relacionado con una de las dos aceñas al norte (aguas abajo) del mismo.

Figura 18 y 19 – Arriba, pero aún en esta página, en el río Côa, además del puente medieval, se perciben dos molinos aguas abajo y otro, aguas arriba (fol. 64v). Abajo (página siguiente), la imagen de Google Earth muestra las alteraciones del río con vestígios de al menos un azud y edificios que podrían corresponder a los molinos proyectados por Duarte d'Armas (ver las marcas)

Fuente: Livro das Fortalezas, fol. 64v (página anterior); Imagen Google Earth (abajo, en esta página).

PATRIMONIO DESAPARECIDO Y POLÍTICAS PÚBLICAS AUSENTES

Cualquier lector que lea hoy el *Libro de las Fortalezas* con un mínimo de atención se preguntará: ¿qué queda de todo el vasto patrimonio que Duarte d'Armas diseñó? Este patrimonio incluye estructuras mayores como castillos y monasterios, por ejemplo, pero también se pueden ver innumerables estructuras menores como capillas, galerías, atalayas, murallas, propiedades cerradas e incluso pequeños edificios con diversas funciones.

Sabemos que incluso algunos castillos y murallas desaparecieron por diferentes razones, entre otras porque estaban lejos de todo y la defensa del reino evolucionó hacia formas diferentes que no necesitaban estas estructuras. Ahora solo interesan las estructuras hidráulicas que, por muchas razones, tenían muchas más dificultades para sobrevivir en un mundo que estaba cambiando.

Como conclusión del punto anterior, al tratar de buscar las estructuras hidráulicas que aún es posible identificar, es fácil concluir que, probable y desafortunadamente, la mayoría de ellas han desaparecido. Quienes, como los autores, han recorrido el terreno durante mucho tiempo, han podido comprender algunas de las razones de esta situación, que refleja la falta, durante mucho tiempo, de políticas públicas claras de conservación y preservación del patrimonio y cierto desinterés, o incapacidad, por parte del propio sector privado para hacerlo.

En la década de 1980, en el momento de la elaboración obligatoria de los Planes Directores Municipales (PDM), existían en muchos municipios pequeñas listas de estructuras locales que habían sido clasificadas como de Valor Comarcal. Esta clasificación se realizó en virtud de la Ley nº 2032 de 11 de junio de 1949, que permitía a las autoridades municipales locales clasificar estructuras con interés arqueológico, histórico, artístico y paisajístico que no tuvieran la suficiente importancia, o dignidad, para ser protegidas como "Monumento Nacional" o "Bien de Interés Público". Con el tiempo, en muchas localidades, estas estructuras se deterioraron y los ayuntamientos llegaron a perder la memoria de su valor, su estado de clasificación e incluso su ubicación, por lo que, en aquellos años de elaboración de los PDM, a menudo resultaba difícil identificarlas.

Esta situación era el resultado de la falta de políticas públicas que tenían una visión más limitada del patrimonio y de su función cultural y social, a lo que no ayudaba la propia organización de los servicios, ya que este "pequeño" patrimonio, que incluía muchas de las estructuras hidráulicas, quedaba fuera de las competencias de las autoridades que llevaban a cabo los procesos de clasificación. En otras palabras, las autoridades centrales solo eran responsables de la conservación del patrimonio clasificado. Por otro lado, los particulares, unas veces por desconocimiento, otras por miedo a la intervención de las autoridades sobre sus propiedades, no se implicaban en estas acciones de protección.

Evidentemente, esta afirmación es injusta con aquellos ciudadanos que se preocuparon por preservar los valores patrimoniales que guardaban. En Sabugal, aún hoy, se mantiene en pie uno de los molinos del río Côa que pueden verse en el Libro de las Fortalezas, gracias al duro trabajo de una familia. También llama la atención que las localidades que tuvieron menos ocupación y que, con el tiempo, se fueron despoblando, aún consiguieron mantener estas estructuras hidráulicas, algunas de gran interés. Es el caso de Ouguela, donde se conserva casi intacta la fuente diseñada por Duarte d'Armas,

CONCLUSIÓN

Para la elaboración de este texto no fue posible, por supuesto, rehacer el circuito que hizo Duarte d'Armas. Por lo tanto, existen dudas sobre la persistencia de muchas de estas estructuras hidráulicas. Pero eso no impide que se reúnan algunas informaciones y se saquen conclusiones.

En primer lugar, sobre la sofisticación técnica de las obras observadas. En la mayoría de los casos, se trata de estructuras sencillas que buscan garantizar el abastecimiento de la manera más eficaz posible. Los sistemas de almacenamiento y retención de agua son los aljibes. No solo porque desde los castillos se garantizaba el abastecimiento a los militares, sino porque no existen presas ni siquiera abrevaderos en el paisaje; la única excepción es el caso de Alandroal, ya que el foso del castillo se abre a una zona inundada, que podría utilizarse para la agricultura. Las formas alternativas de captación de agua son las de los pozos y manantiales, más comunes en el norte que en el sur, seguramente aprovechando la capacidad de los acuíferos que salían más a la superficie.

En segundo lugar, se perciben muy pocas obras de conducción de agua, ya sean canales o acequias. Una vez más, las excepciones, que las hay, se refieren a molinos construidos junto a grandes ríos. Es el caso de Castro Marim, Miranda do Douro y Melgaço, donde los molinos de agua necesitaban obras más dirigidas para funcionar.

Una tercera nota para reconocer que los mayores medios financieros necesarios se destinaron a la construcción de castillos y murallas, en detrimento de todos los demás. No por casualidad, gran parte de los puentes proyectados se construyeron en siglos anteriores, incluso en época romana. La percepción es, por supuesto, que cada localidad y comunidad procuraba mantener y reparar, cuando podía, las estructuras hidráulicas extramuros y no había una actividad regular por parte del poder central.

Aún no habíamos llegado al momento en que los concejos y la propia Corona comenzaron a poner a disposición recursos financieros, humanos y técnicos para las grandes obras que permitían un abastecimiento regular a pueblos y ciudades, como acueductos, canales de riego, acequias y fuentes y molinos de agua con circuitos integrados. Curiosamente, esto había empezado a suceder en el siglo XVI, pero Duarte d'Armas ya no sería testigo de este proceso.

BIBLIOGRAFIA

André, P. (2011). Cartografia Histórica: da fonte documental à página on-line. In *Atas do IV Simpósio LusoBrasileiro de Cartografia Histórica* (Porto, 9 a 12 novembro de 2011). Universidade do Porto, p. 5.

Armas, D. d'. (2006). *Livro das Fortalezas.* ANTT/INAPA.

Arquivo Nacional da Torre do Tombo (DGARQ/TT) *Memórias paroquiais*, vol. 26 (1758), 47, 371-374

Barata, F. T., Capelo, S., & Mascarenhas, J. (2021). *Património Cultural e Sustentabilidade. Uma relação nem sempre fácil.* (F. T. Barata, S. Capelo, & J. M. Mascarenhas, Edits.). Cátedra UNESCO da Universidade de Évora em "Património Imaterial e Saber Fazer Tradicional".

Barroca, M. J. (2018). O Livro das Fortalezas de Duarte Darmas. Contributos para uma análise comparativa dos manuscritos de Lisboa e de Madrid. En *Actas da Conferência Internacional Genius Loci – Lugares e Significados/Places and Meanings* (Vol. 2, pp. 183-205). CITCEM.

Bassenond, P. R. de (1763). *Plan de Castro Marim en Algarves & de ses environs levé par ordre de Son Altesse Monseigneur le Conte Regnant de de Schaubourg Lippe, Maréchal Général par Pierre Robert de Bassenond Major Ingénieur.* Gabinete de Estudos Arqueológicos de Engenharia Militar/DIE, Doc. 279 (1 – 6 – 10).

Conceição, L. F. P. da (1997). *A consagração da água através da arquitectura, Para uma arquitectura da água.* [Tese de Doutoramento, Universidade Técnica de Lisboa, Faculdade de Arquitetura].

Conceição, L. (2017). *Prosápias Geométricas.* Âncora Ed.

Laffont, J-Y. (2011). *L'Armorial de Guillaume Revel : Châteaux, villes et bourgs du Forez au XVe siècle.* Lyon : Alpara, 2011. file:///C:/Users/pc/Desktop/Santarém%20mais/alpara-2910.pdf

Freitas, I. V. de. (2012). A água no Livro das Fortalezas de Duarte d'Armas. In Martins, Manuela; Freitas, Isabel Vaz de; Val Valdivieso, Maria Isabel del, *Caminhos da Água – Passagens e Usos na Longa Duração* (pp. 163-176). Universidade do Minho, edição CITCEM.

Keil, L. (1943). *Inventário Artístico de Portugal – Distrito de Portalegre.* Lisboa.

Noé, P. (1992/2007). Castelo de Lapela (1992/2007) Torre de Lapela, SIPA, DGPC. Monumentos.

Noé, P. (1992/2008). Castelo de Melgaço e muralha / Castelo e cerca urbana de Melgaço, SIPA / DGPC. Monumentos.

Noé, P. (1992 /2008). Castelo de Monção / Fortaleza de Monção, SIPA / DGPC. Monumentos.

Portet, P. (1995). *Bertrand Boysset, Arpenteur arlésien de la fin du Moyen Âge (vers 1355/1358 – vers 1416) et ses traités techniques d'arpentage et de bornage.* [Thèse de Doctorat, Université de Toulouse II Le Mirail].

Ramalho, J. F. (1996). Ouguela, Metodologia para o projecto de salvaguarda e valorização. *Monumentos*, 5, 72-77.

Vasconcelos, J. de S. (s/d). *Mappa da Praça de CastroMarim com seo terreno 500 braças em roda Tirada por Ordem do ILL. Mo e EX.MO SNR Armador de Sua MAG de GOR e CAP. AM GNAL D'este Reyno.* Gabinete de Estudos Arqueológico de Engenharia Militar/DIE, Doc. 94 – 21A – 105, (finais do século XVIII).

Estructuras y usos del agua a finales del siglo xv y principios del xvi, a partir de los dibujos del *Livro das Fortalezas* de Duarte d'Armas

Resumen: El artículo trata de mostrar las morfologías y los tipos de estructuras hidráulicas, así como los usos del agua en lugares fronterizos a finales del siglo xv y principios del xvi. Este análisis es posible porque Duarte d'Armas, el autor de los dibujos, se encargaba de ir a cada uno de los lugares y dibujar el estado de las aproximadamente 50 fortificaciones que defendían la frontera, para que el monarca pudiera evaluar las obras y los gastos que había de acometer. Como muchas de las fortalezas estaban situadas en lugares aislados y alejados de los grandes centros urbanos, los dibujos de cada una de ellas muestran muchas veces estructuras hidráulicas, ya que estas eran esenciales para la supervivencia de los militares y de las poblaciones vecinas. Dado el elevado número de fortalezas, se optó, en este artículo, por hacer el análisis a partir de estudios de casos de usos y estructuras, geográficamente distribuidos y temáticamente variados.

Palabras clave: Sistemas hidráulicos; paisaje; Duarte d'Armas; diseño medieval y moderno.

Structures and water uses at the late 15th century and early 16th, based on the drawings of the *Livro das Fortalezas* (Fortresses Book) by Duarte d'Armas

Abstract: The article aims to show the morphologies and types of hydraulic structures, as well as the water uses at fortified places which were defending the border in the late 15th century and early 16th. This analysis is possible thanks to the drawings by Duarte d'Armas, who was put in charge of going to each of the approximately 50 fortifications and draw their maintenance status, so that the monarch could evaluate the works and expenses to be incurred. The drawings often show hydraulic structures which were essential for the survival of the military and the neighboring populations, since most fortresses were located in isolated places, far from larger urban centers. Given the high number of fortresses, it was decided, in this article, to base the analysis on case studies of uses and structures geographically distributed and typologically varied.

Key words: Hydraulic systems; landscape; Duarte d'Armas; medieval and modern drawing.

Estruturas e usos da água no final do século XV e início do século XVI, a partir dos desenhos do Livro das Fortalezas de Duarte d'Armas

Resumo: O artigo procura acompanhar as formas e os tipos de estruturas hidráulicas bem como os usos da água em locais de fronteira, nos finais do século XV, inícios do XVI. Esta análise é possível porque Duarte d'Armas, o autor dos desenhos, tinha como encargo ir a cada um dos locais e desenhar o estado das cerca de 50 fortificações que defendiam a fronteira, com o propósito de que o monarca pudesse avaliar as obras e despesas que era necessário realizar. Como muitas essas fortalezas se encontravam em locais isolados e longe de grandes centros urbanos, nos desenhos de cada uma mostram-se estruturas hidráulicas, pois estas constituíam condições essenciais de sobrevivência das guarnições e das populações vizinhas. Dado o elevado número de fortalezas, optou-se, neste artigo, por se fazer a análise a partir de estudos de caso de usos e estruturas, que se procuraram distribuir geograficamente e variados do ponto de vista temático.

Palavras-chave: Sistemas hidráulicos; paisagem; Duarte d'Armas; design medieval e moderno.

2.
ESTRATÉGIAS DE GESTÃO DA ÁGUA DOCE PELAS INSTITUIÇÕES MONÁSTICAS E CONVENTUAIS DO NOROESTE E CENTRO LITORAL DE PORTUGAL NA SEGUNDA METADE DO SÉCULO XVIII

Inês Amorim
Universidade do Porto/CITCEM

INTRODUÇÃO: A GESTÃO DA ÁGUA DOCE – UM OBSERVATÓRIO DE CONFLITOS NA LONGA DURAÇÃO

O estudo da água, e do seu valor, resulta, em grande medida, da consciência crescente do seu significado na estruturação de qualquer território. Seja pela sua escassez (de água doce e salgada), seja pelos extremos climáticos que desregulam sistemas hidrológicos, seja pelas difíceis negociações de recursos aquíferos a uma escala internacional, agudizados por contextos de desastres ambientais e guerras pela água (Lassere y Brun, 2018). A História tem a sua responsabilidade na monitorização das transformações ocorridas. O editorial do primeiro número da revista *Water History*, surgido em 2007 (Tempelhoff et al., 2009), decorrente da criação da *International Water History Association* em 2001, justifica o surgimento do periódico pela necessidade de estudos que aumentem a compreensão do uso quotidiano e do sentido espiritual da água, numa conexão entre humanidade e natureza. Outras intuições internacionais, como *The International Water Resources Association*, criada nos anos 70 do século XX, que organizou congressos com alguma espessura temporal, nem sempre valorizou aspetos passíveis de acrescentarem uma gama de configurações históricas nas relações entre sociedade e ambiente e na interpretação do agudizar de conflitos pela partilha da água doce (Fournier y Lavaud, 2012).

Esta reflexão tem animado dossiês temáticos e atas de congressos, que se referem a uma complexa tipologia de conflitos entre proprietários da água, a sobreposições de poderes e como estes se perfilam ao longo dos tempos (Fournier y Lavaud, 2012). É esta perspetiva que impulsiona a nossa abordagem, procurando contribuir para o estudo das estratégias de gestão da água doce, sobretudo no mundo rural, como observatório de interesses diversificados, de equilíbrios delicados, tanto ambientais como sociais, políticos e económicos (Barca, 2010; Bevilacqua, 1993; Juuti et al., 2007). Encaixa num quadro temporalmente mais lato, que se estruturou desde o século V a.C. até finais de XVIII, quando a agricultura suportava o sustento de qualquer centro urbano e o tendencial, embora lento, crescimento geral da população. Genericamente, poder-se-á afirmar que, por um lado, existia uma agricultura alimentada pelas chuvas, de acordo com as estações do ano e a ligação a culturas sazonais, por outro, emergem novas culturas, exigentes em água, implicando algum tipo de irrigação ou direcionamento dos recursos hídricos. E se a transformação das florestas é, nalguns casos, um dos reflexos do alargamento da área agrícola, esses bancos de solos acabam por perder parte dos nutrientes usados pelas culturas, necessitando de alargamentos e conquistas de áreas e terrenos alternativos. A água é disputada, entre os jardins, um pouco disseminados pelas granjas monásticas ou palacianas e os diferentes consumos, domésticos e proto industriais, ou palacianas, à medida que os ritmos de erosão se aceleravam com as culturas exigentes e a desbastação florestal (Simmons, 2007, p. 36).

Em particular na segunda metade do século XVIII, a possibilidade de um tendencial aumento de conflituosidade é provável. Vários fatores, entre os quais o crescimento das taxas de urbanização nas cidades europeias (Wrigley, 2010, p. 56-68), assim como em Portugal, país de pequenas cidades, mais acentuado nos núcleos populacionais do litoral do que nos do interior (Moreira, 2008, p. 273), pode justificar disputas da água, embora as grandes questões pareçam acentuar-se no século XIX, dada a crescente consciência higiénica e sanitária, como alguns balanços historiográficos apontam (McMichael, 2001, 285; Massard-Guilbaud y Thorsheim, 2007).

Já a distribuição da população rural não agrícola terá decrescido na Europa ocidental, graças ao aumento da produtividade. E mesmo que o caso português não seja mensurável e comparável com os níveis europeus, há sinais de uma reconfiguração da agricultura portuguesa, com a importância crescente do milho, batata e outras culturas vegetais (Serrão, 2017, p. 144), tal como ocorreu em outras parte da Europa (Perez Garcia, 1992), embora más colheitas por razões climáticas e bélicas, e a instabilidade dos preços, justifiquem uma tendência de abrandamento do crescimento da população portuguesa durante a segunda metade do século XVIII (Moreira, 2008, p. 255).

O UNIVERSO DE ANÁLISE E AS QUESTÕES DE PARTIDA: AS ESTRUTURAS MONÁSTICAS E CONVENTUAIS DO NOROESTE E CENTRO LITORAL PORTUGUÊS

No presente estudo focamo-nos apenas em conflitos de água doce que envolvam estruturas monásticas e conventuais, sobretudo em espaços rurais, apontando alguns exemplos que a historiografia portuguesa nos permite identificar. Tendo grande parte daquelas instituições raízes no século XII (Inglês Fontes et al., 2020), em meados do século XVI, altura de grandes reformas de diferentes congregações, eram já mais de 200, fundamentalmente pertencentes às ordens antigas, Beneditinos, Cistercienses e Agostinhos. Distribuíam-se os Beneditinos essencialmente nas dioceses de Braga, Porto e Coimbra, mas sobretudo a norte do Douro (norte e noroeste de Portugal); os Cistercienses nesta área apenas tinham quatro mosteiros, preferindo a região que se situa entre Douro e Tejo; os Agostinhos, Crúzios e os Eremitas de Santo Agostinho irradiaram de Coimbra, para o Norte de Portugal e para o Sul até Lisboa, os primeiros com forte presença na arquidiocese de Braga e na diocese do Porto, e os segundos na zona centro-sul do reino.

De preferência urbana eram as comunidades mendicantes conventuais franciscanas e dominicanas, o que contrasta com a predominância da dispersão rural das ordens antigas. Ao longo do tempo, reflexo da reforma de congregações várias, no século XVI (Dias, 2010, p. 75), e o surgimento de outras instituições (jesuítas, agostinhos descalços e oratorianos), o número de beneditinos, cistercienses e crúzios continua a ser expressivo, mais de 80, alguns instalando-se em centros urbanos e com funções de formação do clero, num universo de mais de 500 (e mais de trinta tipologias de comunidades religiosas) (Fonseca, 2000, p. 48). (ver mapas em anexo).

Trata-se, assim, de um vasto universo que, sendo estudado do ponto de vista agrícola, raramente é observado no que diz respeito à questão da conflitualidade de usos de água, embora se possa sublinhar a importância de alguns estudos acerca da relação da água com a arquitetura dos cenóbios. Os estudos que conseguimos reunir cobrem, predominantemente, o litoral norte e centro de Portugal, ficando de fora estruturas implantadas no interior, Alentejo ou Algarve, regiões cujo quadro hidrográfico e climático é muito diferente, não nos permitindo tecer comparações com estudos relativos a realidades peninsulares com um regime climático e hidrológico mais aproximado, como são os que se referem à Andaluzia, Múrcia, Aragão e Catalunha (Malpica Cuello, 2012; Lemeunier, 2006: Pérez Sarrión, 1984; Congost y Pellicer, 2012).

Assim sendo, é no Noroeste e Centro litoral português que se situa o nosso observatório, à volta de instituições implantadas em lugares com elevados quantitativos pluviométricos, sobretudo nas bacias hidrográficas, sensivelmente superiores à média nacional, com precipitações excecionalmente elevadas (as maiores da Europa), a inexistência de meses secos, a possibilidade de ocorrência de fortes chuvadas em qualquer momento do ano, em que o Verão é curto, seco e fresco, e o Inverno é longo, frio, abundante em chuvas. A precipitação alcança nas áreas montanhosas expostas aos ventos do Atlântico de 2000 a 3000 mm e em todas as partes é superior a 1500 mm, sendo tanto mais abundantes de chuvas quanto mais próximas do mar (Silva, 2019, p. 120). Tais características climáticas específicas podem condicionar, historicamente, comportamentos de gestão da água (por princípio mais abundante), nomeadamente a natureza dos conflitos e a sua cronologia, sendo que na segunda metade do século XVIII se observaram extremos climáticos significativos, como sejam, uma forte variabilidade pluviométrica e reduzido número de paroxismos térmicos entre 1732 e 1781, forte pluviosidade e aumento dos paroxismos térmicos entre 1782 e 1789, forte variabilidade pluviométrica e aumento dos episódios de frio intenso de 1790 a 1827 (Silva, 2019, p. 367-455).

Se o quadro climático poderá ter condicionado as formas de gestão da água, um outro elemento que se deverá tomar em consideração, como chave interpretativa de possíveis conflitos, é o da definição jurídica do acesso à água e a sua interpretação no quotidiano, que poderá ter aberto a porta a indefinições, propositadas ou involuntárias no difícil condomínio da água. Não é apenas em Portugal que permaneceu o direito romano na classificação das águas (Le Fichant, 2007; Brugidou et al. 2022) e que vigorou até meados do século XIX (código civil de 1867). De acordo com a legislação vigente, distinguiam-se as águas do estado/coroa, dos concelhos (régios e senhoriais), comuns e de particulares. Eram do estado/coroa as navegáveis e flutuáveis, os rios perenes quando formados por correntes com aquelas características, assim como as fontes, nascentes, reservatórios e águas pluviais existentes em terrenos públicos, bem como as marítimas; dos concelhos, as águas retiradas dos rios públicos para fins de uso público, ainda as das nascentes e reservatórios pluviais em terrenos públicos do concelho, para uso público ou comum; eram comuns as que não pertenciam a ninguém em exclusivo, podendo ser apropriadas por alguns de forma provisória ou temporária, como as dos rios, pluviais, mas sempre de acordo com os demais; dos particulares, as águas que brotavam ou corriam em prédios particulares, retidas em reservatórios, ou deles eram derivadas para alcançarem outros prédios (Lobão, 1835; Pinho, 1985).

Esta diversidade de critérios abria a possibilidade a múltiplas variáveis: ora tratava-se de propriedade pública (a propriedade e gestão estão nas mãos do Estado/Coroa, mas os direitos de acesso poderiam variar de acordo com as autorizações concedidas); ora a propriedade era comunal, com regras ancestralmente definidas relativamente a quem podia usar ou ser excluído naquela comunidade, ou era livre para todos (regras definidas de acordo com o direito costumeiro e/ ou consuetudinário); ora era propriedade privada (os recursos como propriedade de pessoas, que têm direitos exclusivos de uso dentro de determinados parâmetros de acesso e cedência a outros usufrutuários). Estes múltiplos cenários ultrapassam a tradicional visão dicotómica, segundo a leitura das ciências políticas, entre uma apropriação privada dos recursos e uma intervenção estatal como solução de conflitos de uso (Keohane y Ostrom, 1995, p. 2-3).

Trata-se de uma realidade complexa, de longa duração, plasmada nas evidências documentais que os cartórios de várias instituições senhoriais, laicas ou religiosas reúnem, nalguns casos livros exclusivamente criados para reivindicarem direitos sobre a água, não só reafirmando os privilégios conseguidos junto do rei, como evidenciando as disputas com outras instituições e comunidades, quer se trate de zonas urbanas quer rurais. No presente estudo cingimo-nos a conflitos que envolvem a ligação ao consumo doméstico e à atividade agrícola ou de transformação, não se tomando em consideração a disputa de rios e estuários para a prática de pesca ou exploração salícola, não obstante esta conflituosidade ter sido significativa, se não mesmo dominante (Amorim y Polónia, 2001).

Pretendemos, assim, dar atenção aos conflitos pelos usos da água em ambiente predominantemente rural, embora com alguma incursão em espaço urbanos, usando uma historiografia que tem explorado o papel de estruturas senhoriais monásticas e a sua relação com as comunidades envolventes. Se tivermos em consideração a dinâmica da implantação de ordens religiosas anteriores à fundação de Portugal, grande parte delas com responsabilidades no povoamento, pareceu-nos ser bem provável tornarem-se bons observatórios do ambiente conflitual que ocorre no território português na segunda metade do século XVIII. A questão em aberto é a de verificar em que medida estas instituições senhoriais representam comportamentos específicos de gestão sobre as águas doces, dada a posse de ancestrais direitos jurisdicionais sobre a água e de um vasto património fundiário. Como objetivos centrais procuramos perceber como geriam a água nas suas áreas de exploração direta, a cerca, e nas de exploração indireta, e em que medida enfrentaram conflitos com as comunidades em que se inseriam, em particular num contexto de impulso agrícola. Teremos em consideração, sempre que possível, elementos de comparabilidade do regime de uso de água com outras estruturas senhoriais laicas e com o que ocorre na Galiza, no prolongamento do norte de Portugal, com um enquadramento geográfico, climático e social bem aproximado (Rey Castelao, 2012).

A GESTÃO DA ÁGUA NO ESPAÇO DE ADMINISTRAÇÃO DIRETA – A CERCA, UM "PARAÍSO TERREAL"

Do ponto de vista de organização do domínio da propriedade de qualquer centro monástico e conventual, sabemos bem como se estruturou: um conjunto de bens à volta dum núcleo primitivo, fruto de doações fundacionais, que se foi alargando ao longo dos séculos. XII e XIII através de doações reais ou particulares, compras, permutas, testamentos, etc.. Verificou-se uma concentração de bens em torno do núcleo fundacional (o edifício, a cerca, a área de exploração direta, cuja dimensão variava de acordo com a ordem religiosa), à volta de algumas unidades paroquiais em que detinha o direito de padroado (direito de nomeação de párocos e cobrança de dízimos), assim como lugares onde exerciam direitos jurisdicionais (os coutos). Acresce a este núcleo central, terras em exploração indireta, obtendo foros, rações, dízimos, domínios, lutuosas, em géneros e ou dinheiro a partir de contratos de arrendamentos e emprazamentos com comunidades rurais. Acrescem benefícios decorrentes de direitos de jurisdição e de direitos dominiais ou dominicais, tais como os pagamentos sobre utilização da água para moinhos e azenhas, lenhas, serviços em dias de trabalho de pessoas ou animais na área de domínio direto, direitos foralengos sobre o gado perdido, terras incultas, portagem, lenha, águas, moinhos, azenhas, lenhas, dízima do pescado, maninhos, montados, etc.) (Oliveira, 1980, p. 6; Neto, 2010, p. 53-90).

As preocupações destas instituições na regulação da água eram centrais na sua implantação, por razões de funcionalidade material e espiritual (Dias, 2010). A decisão de instalação do cenóbio, num determinado lugar, obedecia a uma avaliação prévia da sua localização e dos recursos existentes em redor (isolamento, abundância de água, pedra, madeira, fertilidade dos solos a terras a arrotear) (Jorge, 2012, p. 38; 2020). O planeamento da gestão da água iniciava-se pelas necessidades funcionais do imóvel e dos seus ocupantes, pela avaliação do sistema de saneamento das águas pluviais e domésticas, fatores de degradação do edifício construído, que punham em causa a sua durabilidade, como constatam as atuais equipas de conservação e restauro (Santos, 2017, 50), frente ao abandono de muitos dos edifícios, após o processo de desamortização eclesiástica que ocorreu em Portugal com a extinção das Ordens Religiosas masculinas na década de 30 no século XIX (Decreto de 30 de maio de 1834) e as femininas nos anos 60 (Lei de 4 de abril de 1861) (Silva, 1997).

Uma outra vertente funcional é a da distribuição de água potável pelo edifício, para a cozinha, para beber, para a higiene corporal (abluções, barbear, tonsurar, etc.) e para o saneamento das latrinas. Finalmente, a captação de águas subterrâneas e superficiais, o seu armazenamento e distribuição, seja para as funções anteriores, seja para a rega agrícola (não apenas de abastecimento, mas de recreação – jardins, hortas, pomares e animais) e as atividades de transformação, ditas "industriais" (como sejam, o acionamento de noras, moinhos, forjas, etc.) (Jorge, 2020, p.14).

Em zonas urbanas, como acontece com o Convento masculino de S. Francisco da cidade do Porto, a segunda maior cidade de Portugal, na margem norte e foz do rio Douro, a disputa do espaço, a partir do interior das muralhas da cidade onde se situava o convento, aponta para uma realidade de conflito de uso da água. É certo que existiam muitas fontes e chafarizes de mosteiro e conventos femininos e masculinos na cidade, e grande parte era de serventia pública, mas as características geológicas da urbe, fundada sobre granito, inviabilizavam a construção de poços individuais. A análise sistemática do "Tombo de Águas" e de livros de sentenças do Convento de S. Francisco permitiu avaliar como geria a água que lhe vinha de fora das muralhas da cidade, a mais de 500 metros, de um lugar designado por praça das hortas e sítio do laranjal (toponímia alusiva a uma utilização agrícola), conduzida por encanamentos complexos. O convento, embora invocasse o direito consuetudinário sobre o uso da água, não confiava na fragilidade de memória, e, por isso, obtinha sucessivas confirmações régias defendendo os seus direitos sobre a água canalizada, ao mesmo tempo que obtinha cartas de sentença contra os que plantavam árvores ou construíam perto do aqueduto da água (Amorim y Osswald, 1982, p. 15-16). Neste contexto, e ao longo do tempo, enfrentou vários processos de negociação com a administração local (a câmara da cidade), outras instituições monásticas (o Convento dos Loios), irmandades (a Misericórdia do Porto) e particulares (Amorim y Osswald, 1982, p. 12). Neste último caso, a análise de livros de sentenças e litígios permite-nos obter algumas tendências temporais e avaliar a natureza da tipologia dos conflitos.

Tabela 1 – Tipologia dos conflitos por água do Convento de S. Francisco da cidade do Porto na época moderna

Tipologia	Séc. XV	Séc. XVI	Séc. XVII	Séc. XVIII	Total
Construções		1	1	12	14
Danificações e lixos	1	1	2		4
Desistência de direitos		1		1	2
Danificações naturais	1	2		1	4
Acessos				3	3
Abusos			2		2
Construções e lixos		1	2	2	5
Acessos e direitos				3	3
Total	2	6	7	22	37

Fonte: Amorim y Osswald, 1982, 28-29.

A análise da tabela 1, que sistematiza, dos séculos XV a XVIII, a natureza dos conflitos, permite-nos retirar algumas conclusões. Em primeiro lugar, assinale-se o peso crescente dos litígios no século XVIII, em número (22 dos 37) e na diversidade tipológica, sendo que as construções e os lixos associados às construções são as razões principais (12). Nitidamente, o crescimento populacional no século XVIII explica a expansão para fora de portas da cidade medieval, dado que em 1732 eram 34 251 os habitantes do Porto, valor que duplicou nos últimos 70 anos do século XVIII (Silva, 2001, p. 129-130; Godinho, 1975, p. 39-42). A expansão para a zona das hortas explica a incidência de conflitos protagonizados por homens ligados ao trabalho rural e aos mesteres (Amorim y Osswald, 1982, p. 42).

Parece, ainda, que esta intensificação de preocupações em torno da água possa estar associada ao facto da cidade, tendo em consideração as suas caraterísticas pluviométricas, ter lidado mal com os períodos de secas, para os quais não estava preparada, e que se verificaram com alguma intensidade na segunda metade do século XVIII. Tendo em consideração indicadores como as procissões pela chuva (*Pro Pluvia*), a invocação divina para proteger a cidade da severidade das secas, episódios meteorológicos que se intensificaram na segunda metade do século, e em datas bem próximas 1753, 1754, 1780, 1785, 1790, 1793, 1798, poderá ter ativado a necessidade de fomentar a estabilidade do abastecimento regular de água, não só para consumo doméstico como pelas possíveis repercussões na atividade agrícola dos campos em redor (Amorim et al. 2017, p. 200).

Nas zonas rurais, as exigências de instalação articulavam o espiritual com o material: isolamento, água e pedra, recursos naturais indispensáveis a qualquer fundação (Jorge, 2019, p. 11). Nalguns casos, as características topográficas do espaço nem exigiam intervenção humana para a fundamental criação da cerca, o local rejuvenescedor para os monges beneditinos, pois era nela que encontravam a natureza, a possibilidade de praticarem exercício físico, a libertação da disciplina diária e o apaziguamento mental (Dias, 2010). É a cerca que resguarda o Mosteiro e permite um espaço de espairecimento, "uma emanação do edénico paraíso terreal", onde os monges ou frades colhiam o sustento ou mesmo os frutos da terra a levar ao mercado. Era este espaço que merecia um tratamento especial, sob a administração direta do cenóbio, alargando o perímetro da cerca de acordo com as necessidades múltiplas que dela tirava: mata ou bosque, horta, caminhos, engenhos de azeite, lagares, serração e fontes de água refrescantes, com um caráter de utilidade agrícola e estética, de reserva material e espiritual (Dias, 2008, p. 61-62). Era neste espaço que se articulava a organização do trabalho dos próprios monges e de todos os trabalhadores agrícolas, do pessoal que trabalhava à jorna na própria cerca (Taborda, 1993, p. 50).

O abastecimento de água para a cerca vinha, normalmente, de longas distâncias, sofrendo possíveis interrupções no seu percurso, em parte por razões naturais (raízes de árvores, obstruções por correntes fortes) mas também pela dificuldade em vigiar a manutenção dos processos de canalização (aquedutos subterrâneos ou conduzidos sobre muros ou aquedutos) pela grande distância que percorria. Desde o século XVI que a comunidade em redor do Mosteiro dos Cónegos Regrantes de Grijó (situado a cerca de 20 quilómetros a sul da cidade do Porto) interferia e retirava água para sua serventia do cano de água que percorria uma distância acima de 2 quilómetros. Se a água servia para recreio (fonte e lago), desde 1770 que o milho grosso , cultivado exclusivamente na sua cerca, exigia a regularidade do caudal. Daí os registos sistemáticos de pedidos aos monarcas para lhes confirmarem direitos ancestrais sobre a exclusividade da água e a condenação dos roubos (Amorim, 1997a, p. 77-78).

O modelo repete-se na cerca do Mosteiro Beneditino de Tibães, cabeça da congregação, a poucos quilómetros de Braga, noroeste de Portugal. Logo após a reforma da congregação beneditina (1566-1567), os livros dos "Estados" (relatórios trienais, elaborados pelos abades beneditinos cessantes, do estado da situação material e espiritual) referem como melhoraram a cerca (Dias, 2010, p. 32-33), acrescentando-lhe esteiros, pomares, trazendo a água de distâncias notáveis (tabela 2), de cerca de cinco minas, conduzida por estruturas hoje arqueologicamente reconhecidas (Pereira, 2010, p. 73).

Tabela 2 – Resumo de algumas caraterísticas de minas de água do Mosteiro Beneditino de Tibães (em metros)

Mina	Comprimento total da rede de galerias	Largura média da galeria principal
De S. Bento	119, 83	0,9
Da Cabrita	342,83	0,9
Da Preguiça	53,99	0,9
Das Aveiras	362,905	1,65
Do Moinho de Água	Mais de 70	0,60x0,60

Fonte: Pereira, 2010, 73.

Estudos para outros mosteiros beneditinos demonstram o mesmo padrão de investimentos sistemáticos na segunda metade do século XVIII, mas no caso do Mosteiro de Travanca, a cerca de 60 quilómetros do Porto, a água para a fonte do terreiro, construída no triénio 1755-1758, era de uso público, aberto à comunidade próxima ou às mais afastadas (Mesquita, 2019, p. 41– 45), prática que se observava na cidade do Porto, mas mais por princípio bíblico de saciar a sede do que por um abastecimento para necessidades agrícolas.

Já o Mosteiro Cisterciense de Alcobaça, no centro litoral, cabeça da Congregação Autónoma em Portugal, instalou-se numa veiga florestada e solitária na área de confluência dos rios Alcoa e Baça. A abadia era abastecida com água subterrânea a partir de um aquífero localizado em Chiqueda de Cima, a 3,500km a sudeste de Alcobaça, em vale amplo e muito fértil (Jorge, 2019, p. 14). Pouco mais se sabe sobre a sua construção, embora uma referência a uma grande cheia na noite de 11 de novembro de 1772 tenha obrigado a um investimento por parte do Mosteiro que teve de romper um monte para encanar as águas para os moinhos, cozinha e mais oficinas, por aquela cheia ter destruído a antiga corrente, impossibilitando o seu conserto (Maduro, 2007b, p.151). Seria a obra, ainda hoje existente, de tomada de água fluvial a 1,500km a montante da abadia, com inclinação suficiente para manter o corredor da levada, permitir o abastecimento por gravidade, o represamento da água em volume e altura, acautelando a interrupção do caudal, geralmente fraco no verão e tumultuoso no inverno (Jorge, 2019, p. 17).

Esta necessidade de regular e manter o abastecimento das cercas destas instituições, de áreas de administração direta, implicou ou foi justificada pela intensificação de plantações e enxertias nos pomares, sobretudo nas abadias cistercienses e beneditinas, na segunda metade do século XVIII, o que significa um avanço técnico, prática que permitiria evitar as doenças que atacavam as árvores, sobretudo separando-se vinha e pomar, não coabitando com os cereais (Maduro, 2007a, p. 555). No caso dos cistercienses de Alcobaça, para uns autores, a partir do século XVIII viveu-se, efetivamente, um tempo de renovação da paisagem e de superação de um conjunto de obstáculos à produção (Maduro, 2012, p. 54). Para outros, o embelezamento e incentivo à produção de outras espécies, que não os cereais, não traduziram avanços produtivos e tecnológicos, mas antes uma gestão que diminuiu a área de produção cerealífera em área de exploração direta, compensada com a entrada regular das rendas pagas pelos enfiteutas em áreas de exploração indireta, como terá acontecido com os beneditinos de Tibães (Oliveira, 1979, p. 248) e os cistercienses do Mosteiro de Maria de Bouro (Mota, 2006, p. 91). As comunidades de camponeses continuariam a produzir as rendas em pão, que assegurariam abastecimentos constantes e compensatórios aos senhores. Mas que pão? O milho parece ser o mais provável.

AS ÁREAS DE EXPLORAÇÃO INDIRETA – AS BOLSAS DE PARTICULARISMOS

Saindo das cercas, os usos de água que as comunidades locais praticavam no seu trabalho agrícola nas áreas arrendadas aos mosteiros e conventos não é fácil de radiografar. Por princípio, as instituições prolongavam para os espaços exteriores à exploração direta a mesma organização da cerca, o mesmo exercício de poder, dotadas de instrumentos e estratégias que lhes permitiria receber as rendas e outros proventos. Se acumulassem poderes de jurisdição ao domínio da terra, o seu exercício seria mais eficaz, nomeadamente os direitos, já atrás referidos, em torno de água de rios, fontes, correntes, e terras a arrotear (maninhos, montes) muitas vezes associados.

O caso do Mosteiro Beneditino de Tibães é dos mais significativos. Teve poderes de jurisdição até 19 de julho de 1790, quando a legislação régia aboliu os direitos jurisdicionais dos donatários (Neto, 2018, p. 343). Neste caso, extinguiu a sua prerrogativa de intervenção no processo eleitoral do couto que lhe fora conferido e constantemente invocavam, recordando as cartas de couto atribuídas pelos condes D. Henrique e D. Teresa, ainda antes da formação da nacionalidade, e confirmadas no foral manuelino do século XVI. Por isso, reivindicavam o direito de gerir bens de uso livre, como os constantemente assinalados maninhos (acesso a terras onde se pudesse lançar gado, roçar matos, apanhar lenha) condenando o seu uso por parte da população, e impedindo o livre uso do Rio Cávado, fundamentalmente para a pesca. O Mosteiro só autorizava o acesso aos maninhos e ao uso de roçar matos sob determinadas condições, como aconteceu desde 1770, ao restringir o calendário de acesso da comunidade em redor, de 1 a 7 de março, apenas o que permitisse o uso de uma enxada e de acordo com a área de cultivo que cada um tinha (Ramos, 2009, 181-182). Sobre a necessidade de água de rega nada se refere.

Já no Mosteiro Cisterciense de Santa Maria do Bouro, em Amares, a pouco mais de 15 km de Braga (próximo do de Tibães), observa-se o aumento do cultivo do milho por parte dos foreiros, com resultados crescentes no século XVIII. Tratava-se de uma atividade exigente em mão de obra, em particular nos meses de semeadura (de abril a maio), seguida da sacha, para arrancar ervas daninhas e conservar a humidade, repetida várias vezes, seguida da rega, através de regos que conduziam a água, normalmente manhã cedo ou ao fim do dia. É neste processo que algumas sentenças assinalam alguns desvios da água da levada do Mosteiro, como aconteceu em junho de 1723 (Mota, 2006, p. 93). Da análise tipológica dos 208 processos de sentenças para o período de 1570-1819 (os dados disponibilizados não permitem separar os que se referem exclusivamente ao século XVIII), 18 processos são relativos à fruição indevida de águas das levadas, rios e ribeiros. No caso das levadas, trata-se de construção ilícitas de moinhos, azenhas (e pesqueiras). No segundo caso, de desvios de água de ribeiros para a rega de campos sobretudo no escuro da noite, ou em dias não autorizados pelos costumes escritos ou orais (Mota, 2006, p. 208-217). Mais tarde, já nos inícios do século XIX (1816-1818), num quadro de contestação senhorial crescente, verifica-se que as comunidades locais se organizaram na assinatura de aforamento coletivo de incultos, nos quais as águas não eram partilhadas, mas "dos donos delas", independentemente do local onde estivesse a nascente ou mina de água, o que faz adivinhar conflitos futuros, de alguma forma já acautelados porque caso o dono da mina prejudicasse terceiros deveriam ser avaliados os prejuízos (Mota, 2006, p. 164).

No caso do Mosteiro de Alcobaça, assinalam-se conflitos de uso de água mas já após a desamortização, ao longo da segunda metade do século XIX, invocando direitos consuetudinários, relembrados em sucessivos regulamentos para uso de água de regas. E, no entanto, a gestão da utilização das águas de rega para milho (e feijão) seria essencial para justificar a "revolução" produtiva que ocorreu nestas terras de Alcobaça, multiplicando-se as formas de captar águas (Maduro, 2011, p. 173).

Já o Mosteiro de Cónegos Regrantes de Santa Cruz de Coimbra apresenta vários indicadores de conflitualidade em torno da água, no século XVIII, por várias razões. Uma delas é o procurarem reforçar e ver confirmados os seus direitos ancestrais, retomados nos inícios do século XVI, nos diferentes forais manuelinos, relativos a terras e coutos sob o domínio do Mosteiro. Eram vários os coutos situados no termo de Montemor-o-Velho: Louriçal, Redondos, Quiaios, Cadima, Zambujal, Arazede, Verride e Redondos, nos quais decidiam com quem negociar a fruição de montados, águas e maninhos, com o objetivo de aumentarem as rendas e expandirem a exploração e arrendamento dos maninhos (Neto, 2018, p. 58). No caso da água, por princípio era um recurso de utilização livre se usada para a satisfação das necessidades quotidianas de consumo dos homens e dos animais, ou das regas dos campos. Só quando fosse aproveitada para mover moinhos, lagares, azenhas ou outros engenhos é que deveria ser objeto de autorização do Mosteiro, por contrato de aforamento. A rega era uma prioridade, mesmo quando havia moinhos e azenhas, o que se tornava objeto de conflitos em tempos de falta de água (Neto, 2018, p. 74-76).

Os conflitos surgiram quando o Mosteiro decidiu arrendar direitos de água a gente mais poderosa do que a comunidade em geral, surgindo tumultos exaltados acerca do uso comum da água. A disputa de uma Vala de água entre a câmara de Mira e o mosteiro de Santa Cruz foi um ponto de conflito, em circunstâncias que aconteceram nos inícios do século XVIII, na zona limítrofe entre Cadima e Mira, cuja demarcação nunca foi pacífica, porque o Mosteiro sempre reivindicou o domínio da linha de costa desde Quiaios até à lagoa de Mira, o que levava a que o couto de Cadima se prolongasse até à lagoa de Mira, servindo de fronteira a tal Vala, designada por Vala Real (Neto, 2018, p. 166). Os conflitos prolongaram-se e envolveram outras instituições senhoriais interessadas na exploração da Vala Real, caso da Casa das Senhoras Rainhas. Na verdade, o Foral de Mira era omisso relativamente à jurisdição sobre a água e alguns engenhos tinham sido construídos em terras do Mosteiro de Santa Cruz, e as águas "usurpadas" à Câmara, segundo expressão da Vereação. A situação alterou-se desde 1770, porque se, até então, o Mosteiro de Santa Cruz de Coimbra sempre reivindicara e fizera aforamento de águas, mesmo com o desagrado da Câmara (por considerar pertencer-lhe por Foral, o foro das águas e ervas), desde essa data sofreu uma série de reveses, entre os quais uma forte intervenção régia que ignorou os seus privilégios.

Nestes conflitos, em particular, não existe menção às exigências de rega, apesar do milho dominar, cada vez mais, a paisagem. Uma sondagem a partir das respostas, dadas pelos párocos de 133 freguesias de parte da área que corresponde ao atual distrito de Aveiro (do sul do Douro a sul de Mira), a um inquérito realizado pela Coroa a todas as paróquias do reino de Portugal, em 1758, verifica-se que em 93% das paróquias (124) predominava o milho grosso (milhão, zaburro), o centeio, em 57% (76), trigo em 35% (47), milho miúdo em 22% (29), a cevada em 8% (11) e aveia apenas em 1.5% (2) Sem quantitativos, o milho grosso dominava, nalguns casos com a referência qualitativa de "muito" se produzia (Amorim, 1997b). As mesmas fontes, ainda que pontualmente, referem as práticas de repartição de água, por horas ou por giros, pelos moradores, sobretudo quando havia moinhos a repartir águas (Amorim, 1997b, p. 200).

Para sul, os campos do Mondego, pertença do Mosteiro de Santa Cruz de Coimbra, eram bem produtivos em milho, sendo que a região de Quiaios, Alhadas e Maiorca e na Gândara já indicadas atrás, cujas terras se foram transformando em campos de batata, feijão, milho e zonas de pastagens de gado, ao longo do século XVIII, era anteriormente zona arenosa, ocupada por gentes de localidades próximas e, em menor escala, por pessoas que se deslocavam, do Norte para o Sul (essencialmente de Ílhavo) ou do Interior para o Litoral, à procura de terra ou trabalho (Neto, 2018, p. 52). O que nos revela esta ocupação é o surgimento de conflitos entre o Mosteiro de Santa Cruz de Coimbra e os que residiam naquelas terras não pelas águas, até porque se tratava de terras húmidas, que era necessário drenar e adubar, mas pelas exigências de pagamentos da percentagem, da ração da batata que a comunidade recusava. Para o Mosteiro era grande prejuízo, não apenas porque fugiam ao pagamento da ração da batata, mas porque "as ditas batatas as cultivam e fabricam os Reos nas terras mais capazes de dar milho e outra qualquer novidade", ou seja, o milho era preferível para o senhorio crúzio (Neto, 2018, p. 188).

Os indicadores apontam para o crescimento da produção do milho. Se se tiver em consideração as descrições de alguns corregedores que relatavam à coroa os dados quantitativos da produção de cereais, nos finais do século XVIII o milho grosso era dominante, com cálculos que apontam para 70 a 80% do total dos cereais produzidos no Norte litoral português (Mota, 2006, p. 91), valores bem próximos das percentagens para as terras baixas de Santander, Astúrias e Galiza Ocidental (Perez Garcia, 1992, p. 87) o que traduziria uma alteração significativa nos usos de água, se tivermos em consideração que se trata de cereais de verão, exigentes em água.

Contudo, não se assemelha ao que se sabe para a Galiza em termos de conflitualidade. Em parte, esse silêncio pode ter a ver com o que Ofelia Rey Castelao observa acerca dos processos que chegavam à "Real Audiencia" (instaurada em 1480 e fixada na Corunha em 1563), ou seja, apenas 11,5% dos casos sobre conflitos de água foram atendidos pela audiência em 1750-59, chegados como recursos de sentença, após passarem por instâncias inferiores, e apenas 13% em 1780-89, dado que a maioria dos casos tinha sido resolvida em primeira instância, dados os altos custos de uma ação judicial. Na realidade, os processos que iam até ao fim eram relativamente raros e correspondiam à importância que pelo menos um dos litigantes atribuía ao problema ou à sua disponibilidade de meios. Por outro lado, a autora constata que os dados relativos a conflitos acerca dos usos de água estavam relacionados com o cultivo do milho grosso. Na sua interpretação, os números traduzem diferentes fases: a implantação precoce e maciça do milho, seguida de um período em que o milho se teria já generalizado. Assim, o número de conflitos aumentou ao longo do século XVII, manteve-se entre 1660 e 1690, ascendeu de 1780 a 1810, embora sem ultrapassar os valores de 1660/70, seguido de redução lenta até que na década de 1840 os níveis anteriores foram restaurados. Nos dados que reuniu, a presença das grandes abadias cistercienses e beneditinas em conflitos de água não é direta, mas antes através dos seus foreiros. O seu interesse estava mais associado à defesa dos seus privilégios sobre o uso de moinhos e outras instalações, os direitos de pesca, barragens e lagoas, ou para o fornecimento dos mosteiros, porque afetavam os seus interesses diretos (Rey Castelao, 2012, p. 60-70).

CONSIDERAÇÕES FINAIS

O presente trabalho procurou fazer um balanço historiográfico dos processos de uso e de controlo de água a partir de um conjunto de instituições monásticas e conventuais, todas elas masculinas, fundamentalmente situadas no norte e centro litoral de Portugal. Com exceção da cidade do Porto, todas as outras menções referem-se a implantações rurais.

Poder-se-á concluir que o tema em si não tem sido objeto de análise aprofundada. Compreende-se, naturalmente, que as preocupações de natureza económica em torno destas instituições se debruçaram, sobretudo, sobre os indicadores relativos à produção agrícola e rentabilidade e, como tal, a gestão da água encontra-se diluída nos muitos outros elementos que compõem a agenda dos estudos rurais.

Conseguimos verificar que existem análises sobre a arquitetura dos processos de abastecimento aos cenóbios, em grande medida por razões de reabilitação de edifícios, assim como para a recuperação de um turismo geológico, associado à visita às minas de água, mas raramente se cruza a informação, documentada e estruturada cronologicamente, às necessidades operativas de entender as exigências das culturas agrícolas, nomeadamente o milho.

As cercas das instituições foram observatórios fundamentais, porque nos permitem afirmar que obedeceram a um grande investimento em água, em grande medida para assegurarem a produção de árvores de fruto e outras espécies (oliveiras, vinha, castanheiros, etc.), numa separação dos cereais que, inteligentemente, precaveu a maior probabilidade de contaminação de fungos e outras espécies que a proximidade dos cereais atingiria. Tal investimento era a racionalização de uma economia senhorial rural que se especializava nas rentáveis novidades (vinha, oliveira, frutos) porque contava com as rendas certas em cereais, se não mesmo crescentes, dos seus foreiros.

Ao procurar-se outra informação que não a produzida pelas instituições monásticas, protagonistas deste estudo, usando a das memórias paroquiais e relatórios dos corregedores, verificou-se que a sociedade camponesa, nesta área, produzia, abundantemente, milho e as instituições senhoriais sabiam-no, contavam com isso. No caso dos Crúzios de Santa Cruz, o Mosteiro protestava com os seus foreiros que produziam batata em vez de milho, mesmo não sendo terrenos adequados ao cereal.

Não temos a certeza que estas instituições senhoriais apresentassem comportamentos específicos de gestão sobre as águas doces, face à sua posse de ancestrais direitos jurisdicionais sobre a água. Parece-nos, sim, que reivindicam esses direitos mais para demarcarem poderes que a memória apagava e para assegurarem o abastecimento regular da água ao cenóbio. Se compararmos com o que sucedeu na Galiza, os seus interesses residiam antes no controlo de pesqueiras e das águas para os engenhos, enquanto observavam, marginalmente, os conflitos dos seus foreiros.

Concluiu-se que o ritmo conflitual pela água parece ser o expectável na cidade do Porto, embora as características geológicas e a forte pluviosidade não preparassem a cidade para momentos de seca, como aconteceu na segunda metade do século XVIII. Essa consciência crescente pode ter empurrado para a procura de soluções que assegurassem os mananciais quando a população aumentou e disputou consumos.

Poder-se-á colocar a hipótese de a maior parte dos conflitos de usos para rega se sanar sem passar por filtros judiciais, ou ainda porque os indicadores de maior pluviosidade na segunda metade do século XVIII não terão criado grandes faltas de represas nem interrupções nos caudais (o que não está estudado). Ou a manutenção dos níveis populacionais e a emigração poderão explicar alguma tranquilidade na reivindicação da terra e da água? Ou a perda de prerrogativas senhoriais pela intensificação do controlo da coroa poderá explicar a rarefação de registos de conflitos nas zonas rurais na segunda metade do século XVIII? A imagem que resulta das relações dos mosteiros e conventos com comunidades diferenciadas parece ser, de momento, um conjunto de bolsas de particularismos que interessará alargar a outros espaços e cronologias.

REFERÊNCIAS BIBLIOGRÁFICAS

Amorim, I. (1997a). *O Mosteiro de Grijó – Senhorio e Propriedade: 1560-1720, formação, estrutura e exploração do seu domínio* (ed. Autor).

Amorim, I. (1997b). *Aveiro e sua Provedoria no século XVIII (1690-1814) – estudo económico de um espaço histórico*. Comissão de Coordenação da Região Centro, Vol.1.

Amorim, I., Polónia, A. (2001). Gestão de espaços de pesca: poder, administração e conflitos na época moderna. O estudo de um caso: as pesqueiras do rio Ave. *Oceanos*, 47/48, 30-45.

Amorim, I., Silva, L.P., & Garcia, J.C. (2017). As cheias do rio Douro no Porto (Portugal) do século XVIII. *SÉMATA, Ciencias Sociais e Humanidades*, 29, 185-217. https://doi.org/10.15304/s.29.4217

Amorim, M. I., & Osswald, M. H. (1982). A Água do Convento de S. Francisco do Porto: organização, conflitos e decisões régias. *Boletim do Arquivo Distrital do Porto*, 1, 121-148.

Barca, S. (2010). *Enclosing water. Nature and political economy in a Mediterranean Valley, 1796-1916*. White Horse Press.

Bevilacqua, P. (1993). Las políticas ambientales: ¿qué pasado? Algunas reflexiones. *Ayer*, 11, 147-169.

Brugidou, M. C., Cœur, D., Jobert, A., Martin, M.A., Viollet, P.-L. & Pierre-Louis Viollet (2022). Conclusions du séminaire « Eau et Droits – Aspects sociologiques, juridiques, démographiques et historiques des questions de l'eau ». *LHB: Hydroscience journal*, 108, 1 –5 https://doi.org/10.1080/27678490.2022.2134830.

Congost, R., & Pellicer, M. (2012). Usages et droits sur l'eau dans la Catalogne d'Ancien Régime : la crise d'une économie morale. In P. Fournier y S. Lavaud (Eds.), *Eaux et conflits : Dans l'Europe médiévale et moderne (pp. 236-250)*. Presses Universitaires du Midi. doi:10.4000/books.pumi.9520.

Dias, G. C. (2008). A cerca monástica e a saúde mental dos monges. In *Encontros de Lafões* (pp. 61-62). Amigos do Mosteiro de Lafões.

Dias, G. C. (2010). *Tibães, O Encanto da Cerca, o Silêncio dos Monges e os Últimos Abades Gerais dos Beneditinos.* Museu S. Martinho de Tibães.

Fonseca, F. (2000). Demografia eclesiástica. II. Do século XVI aos inícios do século XX. En Carlos Moreira Aevedo (Dir.), *Dicionário de História Religiosa de Portugal* II (pp. 47-59). Círculo de Leitores.

Fournier, P. & Lavaud, S. (2012). *Les conflits de l'eau dans le champ des sciences sociales: cheminements thématiques et méthodologiques.* En P. Fournier y S. Lavaud (Eds.), *Eaux et conflits : Dans l'Europe médiévale et moderne (pp. 267-279).* Presses universitaires du Midi. doi: https://doi.org/10.4000/books.pumi.9535

Godinho, V. M. (1975). *Estrutura da antiga sociedade portuguesa.* Arcádia.

Inglês Fontes, J. L., Andrade, M. F., & Rodrigues, A. M. S. A. (2020). Mosteiros e conventos no Portugal Medieval. *SVMMA. Revista de Cultures Medievals, 15*, 8-34.

Jorge, V. F. (2019). *Caminhos da água no Mosteiro de Alcobaça.* Câmara Municipal de Alcobaça.

Jorge, V. F. J. (2012). Os Cistercienses e a Água. *Revista Portuguesa de História*, 43, 35-69.

Jorge, V. F. J. (2020). *Abastecimento de Água ao Mosteiro de Refojos de Basto.* Câmara Municipal de Cabeceiras de Basto.

Juuti, P. S., Katko, T.S. & Vuorien, H.S (2007). *Environmental History of Water. Global views on community water supply and sanitation.* IWA Publishing.

Keohane, R., Ostrom, E. (1995). *Local commons and global interdependence.* SAGE Publications Ltd.

Lassere, F. & Brun, A. (2018). *La partage de l'eau. Une réflexion géopolitique.* Odile Jacob.

Le Fichant, F. (2007). L'appropriation ou l'usage de l'eau douce par les particuliers. En Patrick Le Louarn (dir.), *L'eau, sous le regard des sciences humaines et sociales* (pp. 23-40). L'Harmattan.

Lemeunier, G. (2006). Les maîtres de l'eau. Propriété et gestion hydraulique dans la Murcie moderne (v.1500-v.1800). *Mélanges de la Casa de Velázquez*, 36 (2), 83-105.

Lobão, M. A. S. (1835). *Tratado Prático e Compendiário das águas dos rios públicos, fontes públicas, ribeiros, e nascentes delas (1817).* Imprensa Nacional.

Maduro, A. (2016). A vinha e o vinho dos cistercienses de Alcobaça (séculos XVIII e XIX). En *II Encontro Nacional dos Museus do Vinho* (pp. 53-69). Museu do Douro.

Maduro, A. E. V. V. (2007 a). *Tecnologia e economia agrícola no território alcobacense: séculos XVII-XX* [Tese de doutoramento, Faculdade de Letras da Universidade de Coimbra, vol. 1].

Maduro, A. E. V. V. (2007b). *Tecnologia e economia agrícola no território alcobacense: séculos XVII-XX.* [Tese de doutoramento, Faculdade de Letras da Universidade de Coimbra, vol. 2].

Maduro, A. E. V. V. (2011). *Cister em Alcobaça. Território, Economia e Sociedade (séculos XVIII-XX).* ISMAI.

Malpica Cuello, A. (2012). El agua en la agricultura. Agroecosistemas y ecosistema en la economía rural Andalusí. *Vínculos de Historia,* 1, 31-44.

Massard-Guilbaud, G., Thorsheim, P. (2007). Cities, environments, and European history. *Journal of urban history, 33* (July 5), 691-701 doi: 10.1177/0096144207301414

McMichael, A. J. (2001). *Human Frontiers, environments and disease.* Cambridge University Press.

Mesquita, A.S. B. (2019). *A(s) comunidade(s) do Mosteiro do Salvador de Travanca nas vésperas da sua extinção: os (des) usos do património* [Tese de mestrado, Faculdade de Letras da Universidade do Porto].

Moreira, M. J. G. (2008). O século XVIII. En M.T. Rodrigues, *História da População Portuguesa* (pp. 247-290). Cepese-Almedina.

Mota, S. M. (2006). *Cistercienses, Camponeses e economia rural no Minho na época do antigo Regime.* Imprensa Nacional-casa da Moeda, 2 vols.

Neto, M. S. (2010). *O universo da comunidade rural.* Palimage.

Neto, M. S. (2018). *Terra e conflito. Região de Coimbra (1700 – 1834).* Palimage.

Oliveira, A. (1979). *A Abadia de Tibães (1630/80 –1813) – Propriedade – Exploração e Produção Agrícolas no Vale do Cávado Durante o Antigo Regime* [Dissertação de doutoramento, Faculdade de Letras da Universidade do Porto].

Oliveira, A. (1980). A renda agrícola em Portugal durante o Antigo Regime (séculos XVII-XVIII). *Revista de História Económica e Social,* 6 (2 julho-Dezembro), 1-56.

Pereira, S. F. A. C. (2010). *Inventário das minas de água da área do Mosteiro de Tibães: proposta preliminar de hidrogeo-itinerários* [Dissertação, Instituto Superior de Engenharia do Porto].

Perez García, J. M. (1992). Le maïs dans le nord-ouest de la péninsule ibérique durant l'ancien régime. En M.-P. Ruas, *Plantes et culturelles nouvelles: En Europe occidentale, au Moyen Âge et à l'époque moderne* (pp. 81-102). Presses universitaires du Midi.

Pérez Sarrión, G. (1984). *Agua, agricultura y sociedad en el siglo XVIII. El canal imperial de Aragón, 1766-1808*. Institución Fernado el Catolico.

Pinho, J. C. (1985). *As águas no Código Civil.* Almedina.

Ramos, A. (2009). Couto de Tibães: câmara, ouvidor e corregedor. Poderes em confronto do século XVIII até à extinção. In *IV Congresso Histórico de Guimarães. Do absolutismo ao liberalismo. Actas* (pp.173-188). Câmara Municipal.

Rey Castelao, O. (2012). La lucha por el agua en el país de la lluvia. Galicia, siglos XVI-XIX. *Vínculos de Historia*, 1, 45-72.

Santos, A. C. S. (2017). *Reabilitação do Convento de São Bento de Cástris Programas públicos para o património arquitetónico* [Dissertação de mestrado, Faculdade de Arquitetura da Universidade de Lisboa].

Serrão, J. V. (2017). Extensive growth and market extension. In Dulce Freire y Pedro Lains. *An Agrarian History of Portugal, 1000-2000* (pp. 132-171). Brill.

Silva, A. M. (1997). *Nacionalizações e privatizações em Portugal: A desamortização oitocentista.* Minerva-História.

Silva, F. R. (2001). *O Porto das Luzes ao Liberalismo*. Inapa.

Silva, L. P. (2019). *O clima do Noroeste de Portugal (1600-1855): dos discursos aos impactos* [Dissertação de Doutoramento, Faculdade de Letras da Universidade do Porto].

Simmons, I.G. (2007). *História do ambiente.* Teorema.

Taborda, C. (1993). *O Mosteiro de Ganfei. Propriedade, Produção e Rendas no Antigo Regime* [Dissertação de mestrado, Faculdade de Letras da Universidade do Porto].

Tempelhoff, J., Hoag, H., Ertsen, M. (2009). Where has the water come from?. *Water History, 1*, 1–8. https://doi.org/10.1007/s12685-009-0003-6.

Wrigley, E. A. (2010). *Energy and the English Industrial Revolution.* Cambridge University Press.

ANEXOS. MAPAS RELATIVOS A MOSTEIROS E CONVENTOS BENEDITINOS, CISTERCIENSES E CÓNEGOS REGRANTES DE FUNDAÇÃO MEDIEVAL

Figura 1. Mosteiros Cistercienses em Portugal (séculos XII-XIII).

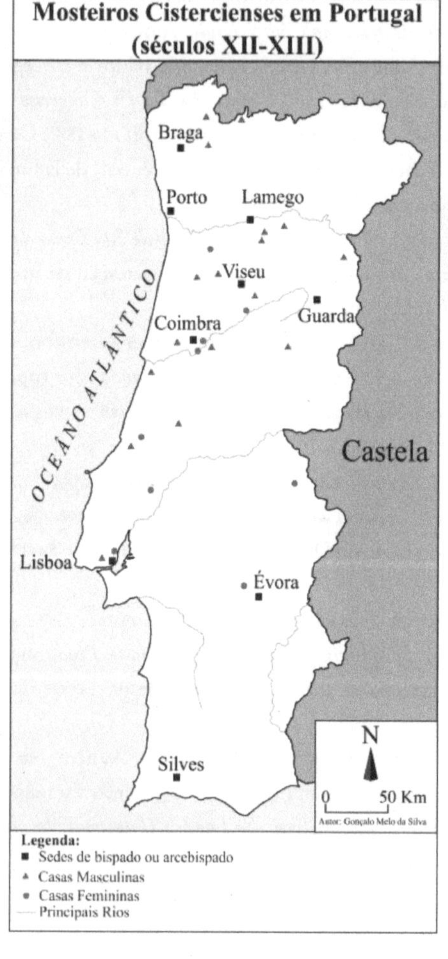

Fuente: Maria Filomena Andrade, Ana Maria Rodrigues e João Luís Fontes, "Mosteiros e conventos no Portugal Medieval: vida espiritual e lógicas de implantação", In SUMMA Núm. 15 (Primavera 2020), 8-34, doi: 10.1344, ISSN 2014-7023.

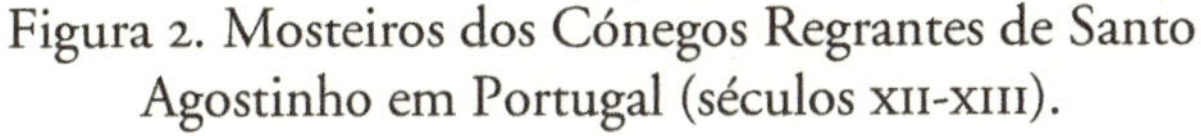

Figura 2. Mosteiros dos Cónegos Regrantes de Santo Agostinho em Portugal (séculos XII-XIII).

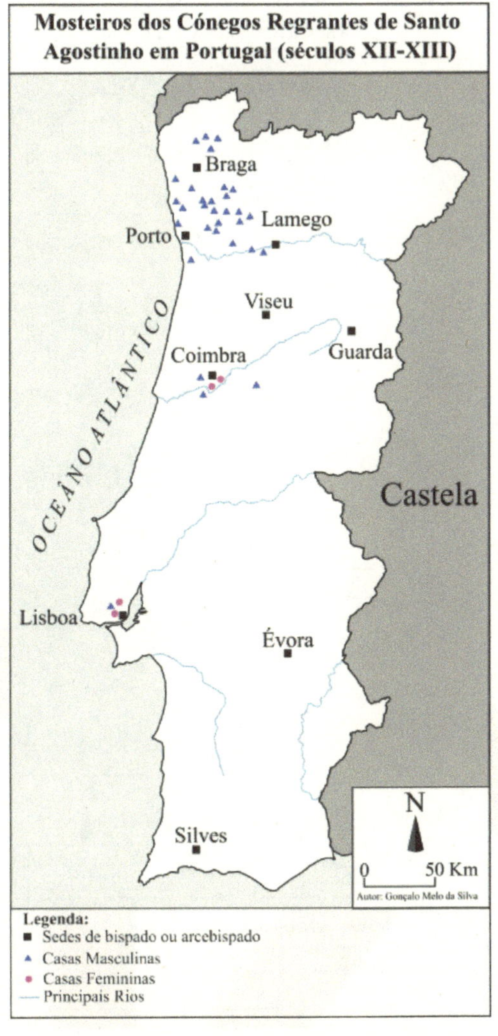

Fuente: Maria Filomena Andrade, Ana Maria Rodrigues e João Luís Fontes, "Mosteiros e conventos no Portugal Medieval: vida espiritual e lógicas de implantação", In SUMMA Núm. 15 (Primavera 2020), 8-34, doi: 10.1344, ISSN 2014-7023.

Figura 3. Mosteiros Beneditinos em Portugal (séculos XI-XIII)

Fuente: Maria Filomena Andrade, Ana Maria Rodrigues e João Luís Fontes (2020). Mosteiros e conventos no Portugal Medieval: vida espiritual e lógicas de implantação. SUMMA, 15, 8-34. doi: 10.1344, ISSN 2014-7023

Estratégias de gestão da água doce pelas instituições monásticas e conventuais do Noroeste e Centro Litoral de Portugal na segunda metade do século XVIII

Resumo: O presente trabalho procura fazer um balanço historiográfico dos processos de controlo de água doce por instituições monásticas e conventuais situadas no noroeste e centro litoral português. A abordagem decorre de um problema de fundo: em que medida estas instituições senhoriais representam comportamentos específicos de gestão sobre as águas doces, dada a posse de ancestrais direitos jurisdicionais sobre a água e de um vasto património fundiário. Como objetivos centrais procuramos perceber como geriam a água nas suas áreas de exploração direta, a cerca, e nas de exploração indireta, e em que medida enfrentaram conflitos com as comunidades em que se inseriam, seja em centros urbanos seja em rurais. Verificou-se que investiram na dotação de água às necessidades funcionais e agrícolas dentro da cerca, enquanto nas áreas de administração indireta observaram-se alguns conflitos não só com as comunidades rurais como com outros senhorios laicos. Concluiu-se que o ritmo conflitual pela água parece ser o expectável nas zonas urbanas (cidade do Porto) dado o crescimento demográfico, mas pouco intenso nas zonas rurais, não obstante as evidências de cultivo de espécies exigentes em água, como o milho. Razões climáticas, a estabilidade e emigração da população e a contestação de prerrogativas senhoriais pela coroa podem explicar a rarefação de registos de conflitos nas zonas rurais na segunda metade do século XVIII, embora seja bem provável que o pouco interesse pela investigação destas questões possa explicar o aparente silêncio dos conflitos.

Palavras-chave: água doce, instituições monásticas e conventuais, conflitos, segunda metade do século XVIII, Noroeste e Centro litoral de Portugal.

Strategies for the management and control of fresh water by monastic and conventual institutions in the Northwest and Central Coast of Portugal, in the second half of the 18th century

Abstract: The present study is a historiographical review of the processes of freshwater control by monastic and conventual institutions settled in the northwest and center of the Portuguese coast. The approach starts with a fundamental issue: to what extent these manorial institutions represent a specific management over freshwater, given their ancestral jurisdictional rights over water and being large landowners. The central goals of this approach are: to understand how they managed water in their areas of direct exploitation, as well in those of indirect exploitation, and to what extent they faced conflicts with the communities in which they were inserted, whether in urban centers or in rural areas. We conclude that they invested in the allocation of water to the functional and agricultural needs inside the fence, while in the areas of indirect administration there were some conflicts not only with the rural communities but also with other secular landlords. It was also concluded that the conflictual rhythm for water seems to be what was expected in urban areas (city of Porto) given the demographic growth, but not so intense in rural areas, despite the evidence of growing species demanding water, such as maize. Climatic reasons, the stability and emigration of population and the Crown contestation of manorial prerogatives may explain the rarity of conflicts in rural areas in the second half of the 18th century, although it is very likely that the slightest research interest can explain the apparent silence of conflicts.

Keywords: fresh water, monastic and conventual institutions, conflicts, second half of the 18th century, Northwest and Central coast of Portugal.

Estrategias de gestión de agua dulce por instituciones monásticas y conventuales en el Noroeste y la Costa Central de Portugal en la segunda mitad del siglo XVIII

Resumen: El presente estudio es una revisión historiográfica de los procesos de control del agua dulce por parte de las instituciones monásticas y conventuales asentadas en el noroeste y centro de la costa portuguesa. El planteamiento parte de una cuestión fundamental: en qué medida estas instituciones señoriales representan una gestión específica sobre el agua dulce, dados sus derechos jurisdiccionales ancestrales sobre el agua y siendo grandes propietarios. Los objetivos centrales de este enfoque son: comprender cómo manejaron el agua en sus áreas de explotación directa, así como en las de explotación indirecta, y en qué medida enfrentaron conflictos con las comunidades en las que estaban insertas, ya sea en centros urbanos o en áreas rurales. Concluimos que invirtieron en la asignación de agua para las necesidades funcionales y agrícolas dentro del cerco, mientras que en las áreas de administración indirecta hubo algunos conflictos no solo con las comunidades rurales sino también con otros terratenientes seculares. También se concluyó que el ritmo conflictivo por el agua parece ser el esperado en las áreas urbanas (ciudad de Oporto) dado el crecimiento demográfico, pero no tan intenso en las áreas rurales, a pesar de la evidencia de crecimiento de especies demandantes de agua, como el maíz. Razones climáticas, la estabilidad y emigración de la población y la impugnación de las prerrogativas señoriales por parte de la Corona pueden explicar la rareza de los conflictos en el medio rural en la segunda mitad del siglo XVIII, aunque es muy probable que el más mínimo interés investigador pueda explicar el aparente silencio de conflictos.

Palabras clave: agua dulce, instituciones monásticas y conventuales, conflictos, segunda mitad del siglo XVIII, costa noroeste y central de Portugal.

3.

LA GESTIÓN DEL AGUA EN ÉVORA EN LA ÉPOCA MODERNA: VÍAS DE INVESTIGACIÓN

Antónia Fialho Conde
CIDEHUS. Universidade de Évora

"(...). También es mejor saciarse con un poco de vino por enfermedad que llenarse de agua por avaricia, pues incluso Pablo aconsejó a Timoteo que bebiera un poco de vino (I Tim. 5, 23) y el mismo Señor bebió de él (Mt. 26, 27), hasta el punto de ser llamado borracho (Mt. 11, 19; Lc. 7, 34). Luego la dio a beber a los Apóstoles (Jn. 2, 11) y, además, con ella instituyó el sacramento de su sangre (Mt. 26, 27; I Cor. 10, 5); por el contrario, no permitió que bebieran agua en las bodas (Jn. 2, 3), castigó de forma terrible al pueblo que murmuraba ante las Aguas de la Contradicción (Núm. 20, 6). David temió beber el agua que había deseado (2 Sam. 23, 16), y los hombres de Gedeón que, por codicia, se postraron de cuerpo entero para beber del torrente no fueron dignos de avanzar al combate (Jue. 7, 5). (...)".

Bernardo de Claraval (Dias, 1997)

INTRODUCCIÓN

Sinónimo de vida, el agua ha acompañado la existencia humana, identificando, a través de su uso, costumbres, pueblos y civilizaciones y marcando la espiritualidad desde hace mucho tiempo, asociada concretamente a la purificación y a los rituales de pertenencia comunitaria. Marcando la vida cotidiana, actitudes, mitos, prácticas alimentarias y artesanales a ella asociadas, asumiendo, a veces, poder curativo cuando proviene de una fuente milagrosa, su rareza la convierte, en algunas regiones (cada vez más) en un bien precioso, como ya fue reconocido en el siglo XVI por la población de Évora, al designar su acueducto como *Aqueduto da Água de Prata*[1].

1 En 1910 el Acueducto fue clasificado como Monumento Nacional, por haber contribuido al abastecimiento de agua de la ciudad de Évora hasta mediados del siglo XX.

EL AGUA EN LA CIUDAD Y EL ACUEDUCTO DEL SIGLO XVI

La autonomía de las ciudades también estaba garantizada por el acceso al agua. En el caso de Évora, el Acueducto da Água de Prata fue fundamental para ello, al estructurarse sobre una antigua estructura romana de idénticas características. Análisis recientes, a nivel de arquitectura y arqueología, confirman esta conexión ancestral, junto con varias referencias documentales a la Rua do Cano, los caños, la fuente del *Agua de Plata*, las minas y los arcos de Divor, tema trabajado por varios estudiosos a lo largo del tiempo, con nuevos datos y nuevos enfoques o incluso por la sistematización de información ya producida (Espanca, 1944; Monteiro, 1995; Bilou, 2009; Bilou & Branco, 2009; Claro, 2019) . Con Francisco de Arruda y Miguel de Arruda como arquitectos responsables, el acueducto tiene unos 18 km de longitud, desde las fuentes de la Ribeira do Divor, da Prata y Metrogos, lo que implicó algunas demoliciones para aprovechar la piedra[2]. En el último cuarto del siglo xx, en 1979, el acueducto presentaba 30 arcos intramuros, insertados en construcciones y 26 totalmente despejados; extramuros, 6 arcos cubiertos, 10 parcialmente cubiertos y 304 despejados.

El 28 de marzo de 1537, el agua fluiría por primera vez en la Praça Grande, y el 4 de noviembre de 1556 en la fuente de Porta de Moura; en noviembre de 1571, una gran piedra de mármol entró en la ciudad para hacer la fuente de la Praça do Giraldo.

Existía, sin embargo, la necesidad de regular por escrito no solo el acceso y uso del agua, sino también lo que debía hacerse para que llegase a la ciudad en buenas condiciones para ser consumida. De ahí la preocupación de Felipe II, según el cual, debido a la desaparición

MN – Monumento Nacional, Decreto de 16-06-1910, DG nº 136 de 23 de junio de 1910 (Acueducto de la Plata) / IIP – Bien de Interés Público, Decreto nº 8.252, DG, 1ª Serie, nº 138 de 10 de julio de 1922 (Depósito de agua de la Calle Nueva) / Incluido en el Centro Histórico de la ciudad de Évora (v. PT040705050070).

2 Según la Bula *Ex Parte Serenissimi Joannis,* emitida por la Sagrada Penitenciaría del Vaticano durante el pontificado de Pablo III, e inserta en una sentencia dictada en nombre del Dr. Domingos Álvares, vicario general del arzobispado de Évora; D. Juan III fue absuelto por haber hecho demoler algunos templos para construir el acueducto. Arquivo Distrital de Évora (ADE). PT/ADEVR/AL/AHMEVR/0079. Fundo: Arquivo Histórico Municipal de Évora, Sala 9, Cx. 31, liv. 76.

del antiguo *Regimiento*, era urgente redactar uno nuevo, lo que se hizo en 1606, retomando y reforzando medidas de reinados anteriores y añadiendo otras. Reconociendo la existencia de un antiguo acueducto romano y las excelencias de la ciudad, destaca también la acción de su tío, D. João III, al reconstruir el acueducto para que el agua llegase a la ciudad al servicio de los habitantes, de la salud pública y de la templanza del aire, desafiando a la propia ingeniería. Este *Regimiento* de 1606 establece quiénes fueron los concesionarios del Acueducto: los monasterios y conventos de Cartuxa, Stº. António, Carmo, Calvário, S. Domingos, Sta. Clara, Sta. Catarina, S. Francisco, Graça, Paraíso, Salvador, Colégio da Companhia de Jesus, S. João Evangelista, Santa Mónica, S. Paulo; el Hospital; los palacios reales; la cárcel; el abastecimiento privado al Duque de Bragança, las Portas de Moura (el agua sobrante de la fuente de la plaza, la Porta de Moura pertenecía al Duque de Bragança, por lo que podía llevar este excedente a sus casas por tubería privada). Excepto para estos agraciados, solo se podía acceder al agua mediante Provisión Real. Posteriormente, el Recolhimento das Donzelas (1621), el Recolhimento da Piedade (1686) y el Convento Novo (1694), confirmado en 1703, tuvieron acceso al Acueducto. Antes de entrar en la ciudad, el Acueducto también hacía las fuentes de S. Bento y 5 Bicas (entre Cartuxa y St.º António). Aparte de estos concesionarios, reconocidos por provisión, ninguna otra persona de ningún estado podía tomar agua del Cano sin expresa provisión real. Este el *Regimiento* de 1606 y su potencial educativo ya ha sido analizado (Conde & Magalhães, 2008).

Más alejadas del eje central del acueducto, o incluso en una zona periurbana o rural, otras instituciones monástico-conventuales desarrollaron sus propios acueductos privados, como fue el caso de las comunidades alejadas de la ciudad, como el convento de Espinheiro y del convento del Bom Jesus de Valverde[3] (Conde; Magalhães; Moreira;

3 En el caso de Valverde, su palacio y convento, muchas de las obras realizadas fueron también durante el período de la sede vacante; en la antigua oficina de la Escuela de Regentes Agrícolas (Pátio Matos Rosa, en la Mitra, Universidad de Évora), en la galera de cuatro arcos de medio punto, hay un fresco con las armas capitulares y las insignias de la sede vacante. Además de la presencia exterior (en el acueducto), en el interior del palacio hay también un armorial coronado de mármol de Domingos de

Claro; Brito & Santos, 2020) o de la comunidad de los Carmelitas Descalzos de Remédios que, aunque situada cerca de la muralla de la ciudad (pero alejada de la estructura hidráulica), desarrolló una estructura de abastecimiento autónoma.

Todos los caños o registros que se destinaban al acueducto para el abastecimiento debían ser de bronce o metal de campanile, tener 3 palmos de longitud, y la luz sería según la concesión otorgada a cada uno (donatario): en la provisión real estaba el círculo, la luz y la medida del agua (tendría la misma anchura a la entrada, en el centro y a la salida). Todos los registros debían colocarse en el olivel (nivel) del caño real. Las fuentes y surtidores de la ciudad garantizaban el abastecimiento público, y el *Regimiento* recuerda la experiencia del año anterior, 1605, año de sequía, en el que, dada la buena gestión del agua y la buena conservación del acueducto, se pudo resistir. Para situaciones de escasez de agua, el *Regimiento* establecía también horarios de acceso: así, el Provedor debía cubrir todos los registros de los agraciados y llevar el agua a las fuentes públicas desde la mañana hasta las 10 de la noche, y desde allí hasta el amanecer para los monasterios y otros agraciados.

El *Regimiento* de 1606 señala medidas claras para el mantenimiento de la construcción, financiada con impuestos sobre la carne y el pescado a toda la población, las penas pecuniarias de toda la región y los ingresos de las carpas de la Feira de S. João (Feria de San Juan). La cuestión del almacenamiento del agua, para que no se perdiera, era una práctica que podemos considerar transversal en la Europa de la época:

Gusmão, cuñado de João IV (65*36); otro testimonio heráldico se encuentra en una de las ermitas de la cerca, la mayor, con portada de mármol y escudo del arzobispo João Coutinho (1636-1643).

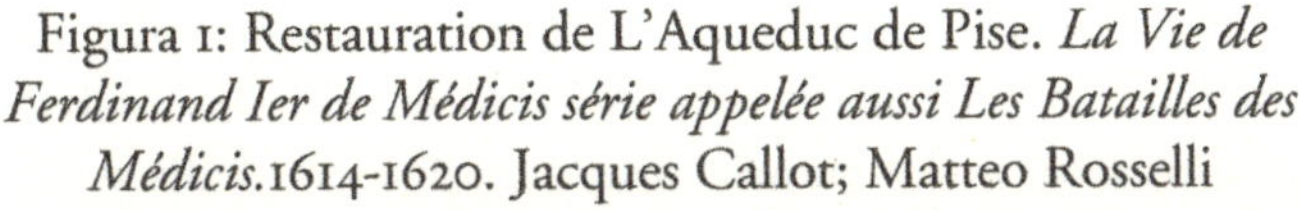

Figura 1: Restauration de L'Aqueduc de Pise. *La Vie de Ferdinand Ier de Médicis série appelée aussi Les Batailles des Médicis.*1614-1620. Jacques Callot; Matteo Rosselli

Fuente: Disponível em: https://www.metmuseum.org/art/collection/search/415758

El mantenimiento del acueducto también nos lleva a la cuestión de los materiales y técnicas de construcción y de las personas que lo construyeron y supervisaron su construcción: los funcionarios de la tubería (provedor, secretario, tesorero, maestro de obras, procurador), diversos oficios (albañiles, pastores, criados, encaladores, carreteros y camioneros), de materiales (ladrillo de cal, arena, piedra –preferentemente de las cercanías del acueducto–, teja, aceite y lino para sellar las tuberías). En caso de daños, las sanciones se aplicaban en función de la condición social del infractor (distinción entre castigo público y destierro, y destierro o castigo pecuniario). La conservación del acueducto debía garantizarse mediante zonas no plantadas ni pastoreadas alrededor de la construcción y mediante la limpieza del terreno (se prohibía plantar higueras hasta 60 palmos, dada su capacidad para infiltrarse en las tuberías) y, cuando la tubería era subterránea (como los tramos más grandes), no debía cavarse ni sembrarse nada hasta una distancia de 15 palmos a cada lado (3 varas, de aproximadamente 1,1 metros cada una). En la transición del siglo XVIII al XIX, James Murphy dejó la siguiente impresión del acueducto:

(...) Los pilares miden 9 pies de ancho por 4 pies de grosor. El espacio entre dos arcos es de 13 pies y 6 pulgadas, lo que equivale a la anchura y el grosor de cada arco juntos. Los arcos están aplicados por intervalos a las pilastras para mayor seguridad de la obra. Toda la construcción es de guijarros, excepto los arcos, que son de ladrillo (...) Al entrar en la ciudad, por encima del acueducto hay un pabellón donde se encuentra un pequeño depósito, del que parten los canales que conducen el agua a las diferentes fuentes y cisternas de Évora, según los principios recomendados por Vitrúvio (...). (Murphy, 1797).

En correspondencia con las medidas señaladas por James Murphy existe una representación del acueducto de Évora, de autor anónimo:

Figura 2: *Monumentos, elementos de arquitectura e arqueologia do Sul de Portugal*: [álbum de desenhos de viagem]. – [entre 1790 e 1810?]. (Public Domain).

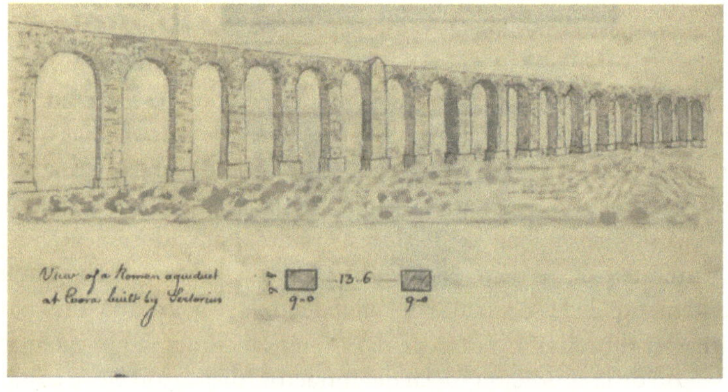

Fuente : Disponível em: https://permalinkbnd.bnportugal.gov.pt/viewer/35527/?offset=#page=59&viewer=picture&o=info&n=0&q

En el caso portugués, las normas de edificación y urbanismo, de acuerdo con una amplia tradición municipalista, otorgaban a las autoridades municipales gran parte de las decisiones/atribuciones, protegiendo también, a través de fueros y costumbres, la inviolabilidad del domicilio, tal como estipulaba el derecho medieval (Caetano, 1981). También era de competencia municipal la construcción para asegurar el abastecimiento de agua, de utilidad pública, así como el mantenimiento y conservación de las estructuras de distribución, como fuentes y surtidores (Mumford,1982). Tras constantes intervenciones en el acueducto para su conservación a lo largo del siglo XVII aseguradas por el Ayuntamiento, el 11 de marzo de 1895, el Conde de Serra de Tourega, João Baptista Barata Taborda, en nombre del municipio, solicitó al monarca la rápida conclusión de las obras para conservar la conducción y garantizar la circulación por la carretera Évora-Arraiolos, implicando la propuesta de cambio de las tres conexiones subterráneas existentes, que podrían reducirse a una, y el mantenimiento del paso elevado[4].

EL AGUA EN LOS CLAUSTROS DE ÉVORA: EL CASO DEL MONASTERIO CISTERCIENSE DE S. BENTO DE CÁSTRIS

La tipología de los lugares aptos para la instalación de monasterios cistercienses, tanto masculinos como femeninos, puede orientarse en torno a tres ejes principales: la relación del lugar con el poder eclesiástico y civil; su proximidad a grandes vías de comunicación, y la topografía e hidrografía de los lugares[5], tema muy discutido por los investigadores del Císter (La Torre, 1998). Por otra parte, y ya en el siglo XVII, la cuestión de la presencia del agua y de su recorrido

4 Arquivo Nacional Torre do Tombo (ANTT) – Livro de Correspondência nº 17, Correspondência Expedida 1893-98, fl.85v.

5 Sobre la primitiva elección de los emplazamientos y su poética como respuesta a la dualidad caos/cosmos, el *paradisus claustralis* como paradigma de la ciudad ideal basado en la lógica de la cuadratura, la referencia máxima del espacio construido cisterciense y el propio simbolismo de la entrada de la luz en el espacio monástico, cf. Juan Maria de La Torre, "Arquitectura y Antropologia Teologal en los primeros cistercienses", In Actas do II Congresso Internacional sobre el Cister en Galicia y Portugal, IX Centenario de la fundación del Cister, Ourense, 1998, Vol. III, pp. 1635-1670.

en los complejos monásticos está presente en algunos tratados de clausura postridentinos, que son extremadamente cuidadosos a la hora de medir la relación exacta entre el monasterio y el exterior. F. Boulanger (1629) aconseja sobre el número ideal de puertas al exterior que debe tener un monasterio y la distancia entre ellas; el número de palatorios; las rejas, dobles o triples, que deben existir en la enfermería, la parrilla y el coro. Sin embargo, no se olvidaba de los espacios no edificados, porque también eran el espejo de la clausura. Los espacios ajardinados no debían ser demasiado extensos, para que los religiosos conversos no pudieran limpiarlos, pues ello implicaría la entrada de extraños a trabajar en ellos. Así, no debía haber espacio para viñas ni prado para pastos, pues desde Gregorio XIII estaba prohibida la entrada de vacas, bueyes, asnos, perros, asnos, pues ello implicaba alimentarlos. Tampoco debía haber espacio para grandes árboles, que requerían jardineros, y que impedían una visión completa de los espacios, así como espalderas o plantas contra los muros, que permitían invadir el claustro. Así, se recomiendan árboles frutales, y a una distancia de unos diez *Pieds du Roi* de los muros[6].

Las entradas de agua y su curso en el espacio claustral también deben estar bien vigiladas, con la aplicación de rejas; pasando un arroyo o canal de agua, una cubierta de piedras gruesas, o una bóveda fuerte, de unos 6 codos, cuyo acceso estaría marcado por una reja de hierro. Por último, Boulanger recomienda que la altura media de los muros de la cerca sea de 21,5 *Pieds du Roi* (6,98 metros) desde el suelo. Así, vemos el diseño de un espacio cerrado, aislado, enclaustrado, de naturaleza física y espiritual, sin vínculos con el exterior.

En cuanto a la cuestión del agua y su gestión, el monasterio de S. Bento de Cástris no disponía de un curso de agua permanente, pero las condiciones geológicas del lugar donde se instaló el cenobio favorecían su captación, mediante pozos y aljibes, sirviendo a las necesidades del monasterio tanto para el riego como para su uso directo. Desde mediados del siglo XVI, el monasterio podía contar con

---

6 Considerando su equivalencia a 0,32484 m, la distancia entre árboles y muros debería ser de unos 3,24 metros.

un anillo de agua del acueducto[7], privilegio concedido por D. João III, como ocurría en otras instituciones similares tanto intramuros como extramuros. La relación del monasterio con el acueducto era interesante: el recorrido de esta infraestructura, antes de entrar en la ciudad, incluía dos fuentes, una en S. Bento y otra, Cinco Bicas, situada entre los conventos de Cartuxa y Santo António. En diciembre de 1560, el cardenal D. Henrique pidió permiso al Ayuntamiento para colocar en el interior del monasterio una fuente que estaba en el camino (lo que sugiere el no uso del agua que manaba cerca de los muros del monasterio)[8]. Solo en 1644 D. João IV concedió, por cédula, una pluma para el agua del acueducto, tomada del Arca do cano, y por razones médicas[9].

En el monasterio pueden localizarse cuatro sistemas de captación de agua, diferenciados entre sí por el modo de captación y la finalidad (Abel, Mascarenhas & Caeiro, 1996). Ambas al norte del recinto de las monjas, pero circunscritas en el recinto mayor, con origen en una mina de agua; comprendía varias arquetas o cambiadores, abasteciendo algunas fuentes y aljibes en ambos recintos (el mayor y el religioso); con también, aún en el recinto mayor, en la mitad occidental del recinto (es la aguamadre a la que se refiere la documentación[10]) y que, también a través de arquetas, pozos y vasos comunicantes, aprovecha la gravedad, demostrando al mismo tiempo conocimientos de hidráulica. Esta red abastecía dos fuentes en la cerca, depósitos en el patio del monasterio, lavabos en el claustro y fuentes en el primer piso del edificio. Dos pozos, uno en el jardín del claustro y otro al norte del edificio, y una cisterna en el refectorio completaban el sistema de distribución de agua. Todos estos puntos de suministro de agua fueron objeto de constantes reparaciones a lo largo de la historia del monasterio, en particular las tuberías del

7 Cuando el monasterio fue objeto de una campaña de obras en los años ochenta, al reinstalarse la comunidad de Odivelas, también se reparó la fuente abastecida por el acueducto (de septiembre a diciembre de 1788). Biblioteca Pública de Évora (BPE), Códice CXXxII/1-15, Fl. 61v.

8 Arquivo Distrital de Évora (ADE), Livro 6º dos Originais, Fl. 390.

9 Arquivo Distrital de Évora (ADE), Livro 5º de Registo, Fl. 164v.

10 Biblioteca Pública de Évora (BPE), Códice CXXxII/1-14, fl. 23:" (...) despesa em duas redes de arame para a May d'agoa da cerca, novecentos e sessenta réis(...)", isto em Julho de 1781.

claustro; Al norte del edificio, entre la sección norte y la enfermería), que servían tanto para drenar las aguas superficiales como los puntos de agua, protegiendo los cimientos; también se supone un sistema de túneles, para drenar los efluentes, así como el uso de la línea de agua más cercana al monasterio, al sur. A lo largo de los siglos hay constantes referencias a la reparación de los equipos que aseguraban el abastecimiento de agua del monasterio, descrita en la documentación, por ejemplo, como "reparación de los acueductos"[11]; mediados del siglo XVIII, tenemos la siguiente descripción, que revela preocupaciones tanto prácticas (captación de agua) como estéticas:

> (...) Despesas em hum posso, e paredes do mesmo para terem mão na terra que não caya sobre os Canos da agua, que vai para o Patio e Claustro do Mosteiro e canos que se fizerão de novo, huma porta nas nascensas da agua, dous assentos de alvenaria ladrilhados de tijollos; como também em duas fontes ou bicas huma no Patio de fora em que corre a agoa pela boca de hum Leão, pedra de Estremos; outra nas quadras das Religiozas em que cahe pella boca de hum golfinho, acompanhada com seus entalhados ou relevados de pó de pedra; e de huns asentos de azulejos por baixo, e encosto, o que também se fes na fonte do Patio, cujo espaldar se pintou a fresco ornado com huma cruz de azulejos cos seus serephins, e por baixo do tanque se lhe fes huma calsada. (...)[12]

El monasterio también contaba con talleres y funcionarios que requerían la presencia de agua: es el caso de la prensa, pero también del curtidor y del *atafoneiro*. Sin embargo, la relación del monasterio con las cuestiones relacionadas con la gestión del agua iba más allá de los muros del claustro. No olvidemos que la explotación de huertos, huertas y granjas aseguraba la variedad alimentaria de las comunidades religiosas, de ahí su presencia constante a lo largo de la historia de estas instituciones. Albert Silbert, al entender la granja como una zona de cultivo intensivo típicamente desarrollada

11 Biblioteca Pública de Évora (BPE), Cód. CXXXI/2-22, fl. 41v.
12 Biblioteca Pública de Évora (BPE), Cód. CXXXII/2-49, fl. 47.

en torno a las ciudades, que comprendía la vivienda, la residencia de los propietarios, una parte de la tierra destinada a cultivos de regadío y otra a cultivos de cereales; así, la granja es definida como "(...) une maison, un potager, une orangerie, un hectare de terre à blé, une olivette. (...)" (Silbert,1966, 551)[13]. Del mismo modo, este autor distingue varios tipos de huertas (de las que destacamos su significado como un tipo de cultivo intensivo, que combina frutas, hortalizas, cereales y ganado), destacando la existencia de huertas como parte integrante de una explotación agrícola, pertenecientes a grandes propietarios, concretamente conventos, de los que el monasterio de S. Bento de Cástris es un ejemplo. En este monasterio, la presencia en la documentación se acentúa a partir de mediados del siglo XVI, y con mayor significación en la centuria siguiente, pero el monasterio ya contaba con huertas a finales del siglo XIV y principios del XV, además del uso, con fines similares, que se hacía de la cerca de la institución.

Algunas huertas fueron donadas y demarcadas en el siglo XV, uniéndose al patrimonio del monasterio que, además de contar con un jardinero al servicio de la huerta de la institución, disponía de otras huertas situadas en los límites de la ciudad. Las huertas sugieren ingeniosas formas de obtención y transporte de agua, en una época en la que, si bien no tenían el sentido actual de producción especificada, conservaban el sentido de pluralidad en el abastecimiento de la producción, confiriendo un estatuto de autonomía a sus propietarios, y especialmente a las comunidades monásticas. También está el caso de las huertas, esenciales en la economía monástica, y presentes en la documentación desde muy temprano. Normalmente situadas en fincas, una de ellas tenía tres viviendas, y contaba con 24 o 25 higueras, 6 manzanos, 6 romeiras (o romaneiras) y 6 ciruelos.

Las quintas eran propiedades más complejas, con huerta, viña, olivar, huerto y casas. Las propiedades eran alquiladas, figurando, en

13 Para J. Leite de Vasconcelos la palabra sería "quintã", posiblemente derivada de la agrimensura romana y en la época medieval se entendería como una subunidad agraria dentro de la "Villa" (rústica), dotada de vivienda, con viña y huerto. También se puede relacionar su raíz, en la región de Évora, con el importe de la renta pagada por el arrendatario al propietario, una quinta parte de los productos cosechados en la propiedad.

el caso de las quintas, el "quintaneiro" (administrador de la finca); en algunos contratos se aprecia el rigor exigido por los religiosos en la exploración del espacio, pues los antepasados, además de cavar, podar y cavar la finca tenían que cuidar de los árboles y de los diversos espacios de acuerdo, pudiendo ser penalizados por eventuales daños[14]. Las rentas podían ser pagadas en metálico y en productos, quedando la reparación de las casas y del pozo a cargo de las religiosas.

Había lugares que podemos considerar estratégicos para la comunidad, y donde interesaba aglomerar este tipo de propiedades (huertas, granjas y huertos), como era el caso de Alandroal, donde en el siglo XVII habría 24 huertas y huertos, que utilizaban una única fuente, compartiendo las horas de riego con el municipio. De allí se producían diversas frutas, especialmente naranjas. Una de estas huertas, la Horta da Azenha o do Pizão, tenía instalado un mecanismo hidráulico que permitía el pisado de tejidos.

El monasterio mantenía una estrecha relación con la ciudad y con su ordenación espacial, organizando sus espacios de acuerdo con los de la ciudad. La ciudad tenía huertos con una presencia más intensa cerca de las murallas, y antes de las propiedades de gran extensión, estaba también la zona de las granjas, y luego la de los cuarteles o courelas, un área que podemos considerar de distancia intermedia en relación con el burgo. En la descripción de 1593 de Diogo Mendes de Vasconcelos[15], canónigo e inquisidor en Évora, se hace referencia a la existencia de un centenar de huertas (referidas en las Costas de Évora de 1264) cerca de las murallas de Évora, donde vivían algunos hortelanos. En aproximadamente la mitad de esta zona (hasta 2,5 kilómetros) se ubicaban los monasterios del Císter, de Cartuxa, de las Hermanas Cistercienses y de la Cartuxa y Espinheiro. A mediados del siglo XIX, 40 huertas y 470 granjas (además de 163 casas de campo, 442 minifundios, 25 olivares, 468 graneros y 7 "tapadas") estaban referenciadas a efectos fiscales en la región de Évora[16].

14 Biblioteca Pública de Évora (BPE), Livro 20 Fundo S. Bento, Doc. 87, Fls. IV., 2.

15 El autor escribió *De município Eborensi,* obra para que fuera el Libro V de las Antigüedades de Portugal; escrita en latín, la obra fue traducida por Bento José de Sousa Farinha, en la *Colecção das Antiguidades de Évora*, 1785.

16 Arquivo Distrital de Évora (ADE), Tombo da Matriz Predial da Freguesia da Nossa Senhora da Assumpção, actualmente freguesia da Sé e S. Pedro, relativo a los años

En 15 de Junio de 1776 –momento turbulento en la vida interna del monasterio, dada la exclaustración pombalina y la imposicion de la unión a la comunidad monástica de S. Dinis de Odivelas en 1775, donde volvieron en mayo del año siguiente–, y a propósito del lanzamiento de la décima eclesiástica, con pocas referencias a las posesiones del monasterio (tierras, rentas, y parcelas), se citan las propiedades que pertenecían a la fundación primordial, de acuerdo con el párrafo 2 de la Ley de 1775[17].

Tras la legislación liberal de extinción de los monasterios masculinos, en 1834, y la prohibición de la aceptación de novicios, en 1833, la documentación del monasterio, en 1834, revela que el cenobio no tenía cláusula de reversión, ya que sus bienes procedían de las dotes de las monjas, y de donaciones de particulares, con obligación de legados. En aquella época, en 1834, y ya después de las desastrosas campañas napoleónicas, el monasterio contaba todavía con treinta monjas y una monja secular, además del personal de apoyo. Cinco años más tarde, en 1839, con veintiséis monjas, el monasterio aún poseía 60 fincas, tierras alrededor del monasterio (de las que aún hoy quedan 30 hectáreas), 2 huertas en Alandroal, 43 propiedades de casas en la ciudad y 16 propiedades de casas, viñedos y herrajes en el entorno de Évora, 2 molinos, 3 granjas, 4 olivares, 1 almazara, 2 viñedos, 7 herrajes y varios manantiales de agua.

CONSIDERACIONES FINALES

En el período en el que se centra nuestra reflexión, la época moderna, la imagen de la ciudad de Évora y su alcance, en términos políticos y administrativos, se fija muy especialmente en el *Tombo das Demarcações de 1537*[18]. Un documento muy interesante, con originales en la Torre do Tombo[19], demuestra la importancia de las líneas

1854 a 1860, elaborado por la Junta dos Repartidores do Concelho de Évora.

17 Arquivo Distrital de Évora (ADE), Livro 184, Fl. 224.

18 Arquivo Distrital de Évora (ADE), *Fundo Arquivo Histórico Municipal de Évora*, Liv. 134, cx. 58.

19 Arquivo Nacional Torre do Tombo (ANTT), *Feitos da Coroa, Núcleo Antigo* 286, fl. 3v.

de agua (arroyos, riachuelos) en la definición y consolidación de la territorialidad de la ciudad. En el documento, es posible contar más de tres docenas de arroyos y riachuelos, apareciendo también puentes, presas, molinos, fuentes (18), estanques y lagunas como puntos de referencia de este dominio geográfico de la ciudad.

Esta demarcación, naturalmente resultante de circunstancias sociopolíticas anteriores, es coetánea al nacimiento del Acueducto del Água de Prata, construido sobre una estructura romana anterior, y que asumió la primacía del abastecimiento de agua a la ciudad – a las poblaciones conventuales, a los demás habitantes del burgo – actuando de acuerdo con las Ordenanzas que el monarca determinó y que el municipio debía aplicar, y de las que destacamos la de 1606. Sin embargo, si desde muy pronto se trazó una política de gestión del agua en la ciudad, con funcionarios que la aplicaban sobre todo a través del mantenimiento del acueducto, las comunidades monásticas, para su vida cotidiana, también la gestionaban, dependiendo tanto de las redes internas de captación como del acueducto. Esta política comunitaria iba más allá de los muros claustrales, estableciendo normas para el uso del agua en sus propiedades, a saber, huertas y granjas, y procurando también crear espacios estratégicos para la confluencia de distintos tipos de explotación, como hemos señalado.

Si el caso que hemos invocado, S. Bento de Cástris, es el de una comunidad cisterciense femenina, sometida a una estricta clausura, también hemos visto cómo el paso del agua al aire libre dentro de estos espacios merecía reglas precisamente para mantenerla alejada del mundo exterior. Y como comunidad cisterciense, cuya Orden prefería los valles verdes cercanos a los cursos de agua para instalarse, fue de su fundador, Bernardo de Claraval, de quien tomamos las palabras iniciales, que ejemplifica, para Guillermo, las funciones, y ocasiones, para el uso y consumo del agua.

FUENTES Y BIBLIOGRAFIA

FUENTES IMPRESAS

Boulanger, F. (1629). *Traitez de Closture des Religieuses: Leur enseignant l'obligatio que toutes y ont; Pourquoy elles ne peuvent sortir: Qui y entrer; Et avoir accez aux Parlois*. Paris : chez Denys Moreau.

Murphy, J. (1797). *Voyage en Portugal a travers les Provinces d'Entre-Douro et Minho, de beire, d'Estremadure et d'Alenteju, dans les années 1789 et 1890*. Paris: chez Denné Jeune.

Pereira, G. (1998). *Documentos Históricos da Cidade de Évora.* Lisboa: Imprensa Nacional– Casa da Moeda, 1.a e 2.a Partes.

Vasconcelos, D. M. de. (1593). *Do Município Eborense*. Évora: Ed. de Martim de Burgos.

ARCHIVOS

Arquivo Nacional Torre do Tombo, Livro de Correspondência nº 17, Correspondência Expedida 1893-98, fl.85v.

Arquivo Distrital de Évora, Livro 5º de Registo, Fl. 164v.

Arquivo Distrital de Évora, Livro 6º dos Originais, Fl. 390.

Arquivo Distrital de Évora, Notariais de Évora, Livro 184, Fl. 224.

Arquivo Distrital de Évora, *Fundo Arquivo Histórico Municipal de Évora*, Liv. 134, cx. 58.

Arquivo Distrital de Évora, *Tombo da Matriz Predial da Freguesia da Nossa Senhora da Assumpção, atual freguesia da Sé e S. Pedro, respeitante aos anos de 1854 a 1860, elaborado pela Junta dos Repartidores do Concelho de Évora.*

Arquivo Nacional Torre do Tombo, *Feitos da Coroa, Núcleo Antigo* 286, fl. 3v.

BIBLIOTECA PÚBLICA DE ÉVORA

Biblioteca Pública de Évora, ANÓNIMO, *Manuscritos da Biblioteca da Manizola*, códice n.· 71– peça 3 [publicado em *Lavoura Portuguesa*, Abril, 1965, pp. 23-24].

Biblioteca Pública de Évora, Cód. 58 MANIZOLA – *Regimento das fontes aqueducto, e fabrica da agua da prata da Cidade d'Evora, reformado, & acrescentado por El Rey Dom Philippe segundo nosso S.nor no anno de MDC.*

Biblioteca Pública de Évora, Códice CXXxii/1-14, fl. 23.

Biblioteca Pública de Évora, Códice CXXxii/1-15, Fl. 61v.

Biblioteca Pública de Évora, Códice CXXXI/2-22, Fl. 41v.

Biblioteca Pública de Évora, Códice CXXxii/2-49, fl. 47.

Biblioteca Pública de Évora, Livro 20 Fundo S. Bento, Doc. 87, Fls. 1v., 2.

ESTUDIOS

Bilou, F. (2009). *A (re) fundação do Aqueduto da Água da Prata, em Évora 1533-37: Novos dados arqueológicos* [Dissertação de mestrado, Universidade de Évora].

Bilou, F. (s.d.) *A demarcação do termo de Évora no século xvi. Transcrição e análise ao reportório toponímico.*https://www.academia.edu/38490280/A_DEMARCA%C3%87%C3%83O_DO_TERMO_DE_%C3%89VORA_NO_S%C3%89CULO_xvi_TRANSCRI%C3%87%C3%83O_E_AN%C3%81LISE_AO_REPORT%C3%93RIO_TOPON%C3%8DMICO

Bilou, F. & Branco, M. J.C. (2009). A obra do cano real da Água de Prata em Évora: dois testemunhos inéditos. *A Cidade de Évora. Évora: Câmara Municipal de Évora*, 2ª Série, 8, 231-260.

Caeiro, E., Abel, A. B. & Mascarenhas, J. M. (1996). Os sistemas hidráulicos da Abadia de S. Bento de Cástris (Évora): reconhecimento e análise preliminar. En *Actas do Simpósio Internacional Hidráulica Monástica Medieval e Moderna* (pp. 209-226). Fundação Oriente,

Caetano, M. (1981). *História do Direito Português*. Verbo.Murphy: t; Matteo Rosselli. hy deixou a seguinte impressr ros).or.o autarmelitas descalços dos Rem

Claro, S. T. (2019). *Aquae Ducto: proposta de percurso para a Água de Prata* [Dissertação de Mestrado, Universidade de Évora].

Conceição, L.F. P. da (1997). *A consagração da água através da arquitectura, para uma arquitectura da água*. Faculdade de Arquitectura da Universidade Técnica de Lisboa.

Conde, A. F. & Magalhães, O. (2008). Abordagem educativa de um monumento: O Aqueduto de Évora. En E. Martos Núñez & A. Martos Garcia (coord.),

Actas del Seminario Internacional. El Patrimonio Cultural: Tradiciones, Educación y Turismo, Extremadura – Portugal. Universidad de Extremadura, Consejeria Provincial de Cáceres (pp. 91-112). http://hdl.handle.net/10174/6740

Conde, A. F., Magalhães, O., Moreira, M., Claro, S., Brito, F. & Santos, I. (2020). A implantação e a instalação do conjunto arquitetónico de Valverde e a sua relação com a condução e o uso da água. En Conde, A. F., Magalhães, O., Gouveia, A. C. (Dirs.), *O Claustro e o Século: Espaços, Fronteiras e Identidades.* Publicações do Cidehus. http://books.openedition.org/cidehus/10107 https://doi.org/10.4000

Dias, G. J. C, (1997). Bernardo de Claraval: Apologia para Guilherme, Abade. Apresentação, tradução e notas de Geraldo J. Coelho Dias. *Mediaevalia. Textos e estudos*, 7-76.

Domingos, R. M. de M. (1995). *Breve estudo histórico da Quinta do Paço de Valverde* [Trabalho fim de Curso de Arquitectura Paisagíst, Universidade de Évora].

Espanca, T. (1944). *Cadernos de História e Arte Eborense: o Aqueduto da Água de Prata.* Nazareth.

Jorge, V.F., Maduro, A.V. & Mascarenhas, J.M. (2015). A construção da paisagem hidráulica no antigo couto cisterciense de Alcobaça. *Caderno de Estudos Leirienses.* V. 4, 29-60.

Jorge, V.F. (2012). Os cistercienses e a água. *Revista Portuguesa de História. Coimbra: Faculdade de Letras da Universidade de Coimbra, Instituto de História Económica e Social,* t. XLIII, 35-69. DOI: http://dx.doi.org/14.14195/0870– 4147_43_2

La Torre, J. M. de. (1998). Arquitectura y Antropologia Teologal en los primeros cistercienses. In *Actas do II Congresso Internacional sobre el Cister en Galicia y Portugal,* IX *Centenario de la fundación del Cister* (pp. 1635-1670). Ourense, V. III,

Monteiro, M. F. M. (1995). *O Aqueduto da Água de Prata em Évora: bases para uma proposta de recuperação* [Dissertação de Mestrado, Universidade de Évora].

Mumford, L. (1982). *A Cidade na História: suas Origens, Desenvolvimento e Perspectivas.* 2ª edição, Martins Fontes.

Rosa, A. M. (1965). *Pequena História da Herdade da Mitra.* Ed. Lavoura Portuguesa.

Silbert, A. (1966). *Le Portugal Méditerranéen à la fin de l'Ancien Régime* XVIIIe.*-début du* XIXe. *siècles. Contribution à l'histoire agraire comparée.* « Col. Les Hommes et la Terre, XII». S.E.V.P.E.N.

La gestión del agua en Évora en la época moderna: vías de investigación

Resumen: Partiendo del *Regimento* felipino de 1606, se realiza en este artículo un analisis de la gestión del agua en la época moderna en Évora. El *Regimiento* posibilita varios abordajes (particularmente el pedagógico, ya discutido anteriormente por la autora), pero en este capitulo nos centraremos en la importancia del agua en los espacios monástico-conventuales de la ciudad, presentando en detalle el caso del monasterio cisterciense femenino de Évora, S. Bento de Cástris. Desde la cerca hasta al claustro, la presencia del agua y su recorrido estaban planificados y regulados. Más lejos del monasterio, en un espacio periurbano, al final de la ciudad o ya fuera de ella, el agua era utilizada en molinos, huertas, granjas, recursos esenciales para el abastecimiento de la comunidad monástica, marcando la relación del monasterio no solo con la ciudad de Évora y su término, sino con todo el territorio.

Palabras clave: Évora, Acueducto de Água de Prata, Regimiento felipino, S. Bento de Cástris, época moderna.

Water management in the modern period in Évora: research paths

Abstract: From the Philippine *Regiment* of 1606, our analysis is about the water management in Évora in the early modern period. The *Regiment* allows several approaches (namely the pedagogical one, in which we have already worked on), being that, in the present article, the is privileged the importance of water in the monastic-conventual spaces of the city, presenting in detail the case of the feminine Cistercian monastery of S. Bento de Cástris. From the fence to the cloister, the presence of water and its route were planned and regulated. Further away from the monastery, in a peri-urban space, at the edge of the city or outside it, water was used in mills, vegetable gardens (*hortas)*, farms, essential resources for supplying the monastic community, marking the monastery's relationship not only with the city of Évora and its surroundings, but with the whole territory.

Keywords: Évora, Aqueduct of Água de Prata, Philippine *Regiment*, S. Bento de Cástris, early modern period.

A gestão da água no período moderno em Évora: vias de investigação

Resumo: A partir do *Regimento* filipino de 1606, será feita uma análise da gestão da água em Évora para o período moderno. O *Regimento* permite abordagens diversas (nomeadamente a pedagógica, já anteriormente por nós trabalhada), sendo que no presente artigo se privilegia a importância da água nos espaços monástico-conventuais da cidade, apresentando-se com detalhe o caso do mosteiro cisterciense feminino de S. Bento de Cástris. Da cerca ao claustro, a presença da água e seu percurso eram pensados e regulamentados. Mais distante do mosteiro, em espaço periurbano, no termo da cidade ou já fora dele, a água era usada em moinhos, hortas, quintas, recursos essenciais para o abastecimento da comunidade monástica, marcando a relação do mosteiro não apenas com a cidade de Évora e seu termo, mas com todo território.

Palavras chave: Évora, Aqueduto da Água de Prata, *Regimento* filipino, S. Bento de Cástris, período moderno.

4.

EL AGUA EN LAS "ANTIGAS TERRAS DE PANNONIAS": PATRIMONIO PROTOINDUSTRIAL, INDUSTRIAL Y HUMANIDADES DIGITALES

Gerardo Vidal Gonçalves
CIDEHUS. Universidade de Évora
Dina Borges Pereira
Associação de História e Arqueologia de Sabrosa

INTRODUCCIÓN

La relación del agua con el hombre es una relación tan antigua como el hombre mismo. Sin embargo, desde nuestro punto de vista y en la opinión de algunos de los investigadores en estos ámbitos del patrimonio hídrico e hidráulico y de la historia del agua, las inversiones en estos estúdios son, manifiestamente escasas (Balasubramanian, 2015; Beck et al, 1997; Cannon; Cohen; Jimenez, 2021; Gonçalves; Pereira, 2022b; Ligrone; Menanteau, 2009; López-Bravo; Peral López; Mosquera Adellenlist, 2022, p. 73-88).

El presente estudio se basa, aunque sea con un enfoque preliminar e introductorio, en el uso de varias tecnologías relacionadas, esencialmente, con las Humanidades Digitales. La digitalización multidimensional del patrimonio construido, utilizando herramientas de código abierto y software de modelado, también de código abierto (Blender), el uso de sistema de información geográfica de código abierto como el QGIS, la georreferenciación de cartografía antigua, muy importante para localizar y georreferenciar elementos patrimoniales, entre otras muchas herramientas.

Partiendo de bases cartográficas antiguas, mapas *on line*, cartografía militar georreferenciada, implementación de planes de vuelo y captura de fotografías aéreas utilizando drones de baja altitud[1] y la respectiva

1 Altitud media de 90 a 120 metros.

obtención de modelos fotogramétricos que posteriormente fueron transformados en MDEs[2], fue posible desarrollar una base de trabajo verdaderamente importante y relevante. Con estas premisas, se pudo proceder a la digitalización/vectorización de elementos relacionados con el patrimonio hidráulico y, en una fase posterior, más avanzada, ir al terreno e identificar, clasificar, digitalizar y estudiar algunos de estos elementos patrimoniales.

Sobre todo, es importante mencionar que la mera vectorización/digitalización de los elementos patrimoniales procedentes de la cartografía antigua y de la cartografía militar fue sumamente importante para dar una idea de la distribución de los diversos elementos y tipologías relacionados con el llamado patrimonio del agua. Aunque se trata de un mosaico con enormes fallos y deficiencias, una de las imágenes generales obtenidas permite determinar, incluso sin afinar cronológicamente, que la inversión en la captación y gestión de los recursos hídricos fue claramente relevante.

El problema del agua es hoy una cuestión mundial. Sin embargo, la escasez de estudios históricos, arqueológicos y patrimoniales sobre este importante tema nos impide conocer a fondo la explotación del agua, las tendencias y los problemas o cuestiones al respecto. En esencia, aún no existe un cuerpo teórico completo sobre este tema. Los mapas elaborados sobre el tema están a escalas inadecuadas para una comprensión sistemática y global del problema.

A partir de las herramientas informáticas existentes, de la documentación cartográfica y de algunos trabajos de campo, fue posible crear un mosaico, aunque introductorio y preliminar, de la realidad del agua y de su antropización en los antiguos territorios de la Pagus de Pannonias o en las tierras medievales de Panoias. También era importante elaborar una pequeña tipología de los distintos elementos y su relación aparente con el paisaje y la orografía. Sin embargo, queda mucho trabajo por hacer y pueden extraerse muchas enseñanzas del análisis complementario de los datos obtenidos.

2 Modelos digitales de elevación.

ALGUNOS ASPECTOS HISTÓRICOS DE LA *PAGUS* O *PAGI DE PANNONIAS*, AL NORTE DEL RÍO DUERO

En términos generales, el territorio que abarca la zona que pretendemos estudiar se encuadra en el denominado *pagi* o *pagus de Pannonias*[3], territorio que en la Baja Edad Media, especialmente a partir del siglo XI, adquirió la denominación de "*Terras de Panoias*". Este territorio, en esencia, corresponde a partes significativas de los actuales municipios de Vila Real, Sabrosa y Alijó, y sus límites físicos están determinados esencialmente por el río Corgo al oeste, el río Tua al este y el río Duero al sur.

La región administrativa que incluye los municipios de Vila Real, Sabrosa y Alijó, área de influencia del estudio que aquí elaboramos, que forma parte de la Región Demarcada del Duero y de la Región Vitícola del Alto Duero (denominaciones naturalmente diferentes y distintivas) es esencialmente un territorio con intensa actividad humana desde al menos la época romana, especialmente en el contexto de la Segunda Guerra Púnica[4].

A pesar de la intensa influencia de la entonces República Romana en estas primeras incursiones en el interior de la península ibérica, Tiberius Cacius Silius Italicus, o simplemente Silius Italicus, en su poema épico *Púnica*, del latín, *Punnica*, habrá documentado la existencia de los pueblos Galaicos y algunas de sus prácticas sociales (Italicus, 2005, p. 163). También el historiador clásico Estrabón refiere, sobre los pueblos que habitaban la península ibérica y, más concretamente, los llamados Galaicos, pueblos al norte del río Duero, la siguiente nota en su obra Geografía: "*... y los últimos son los Galaicos, que ocupan gran parte de la zona montañosa (por esta razón, siendo también los más difíciles de combatir, ellos mismos dieron el apellido al que sometió a los lusitanos e hicieron que la mayoría de los*

---

3 Nombre o designación derivada de la organización religiosa y administrativa implantada todavía durante los siglos VI y VII (Alarcão, 2017; Gonçalves & Pereira, 2022a).

4 Con las primeras incursiones militares de Décimo Junio Bruto Gallego, hacia el año 137 a.C., en torno a la Segunda Guerra Púnica, el noroeste de la península ibérica sufrirá importantes cambios respecto al Modus Vivendi de los entonces llamados "gallegos" (Pinto, 2010).

lusitanos se sigan llamando Galaicos hoy en día)" (Deserto; Marques, 2016, p. 60).

Otros autores relevantes para la comprensión de los antiguos habitantes y territorios de la zona estudiada son, naturalmente y en época algo posterior, Paulo Osório, historiador y filósofo de los siglos IV y V, con su obra *Historia contra los paganos* (Osório, 1986), e Idácio, obispo de Chaves, con la *Crónica de Idácio: descrição da invasão e conquista na península ibérica pelos suevos (séc. V)*, traducida por José Cardoso (Idácio, 1995). Dion Cassio, historiador romano del siglo II, para quien la expedición de Cayo Iulio César a Brigantium (Betanzos), en La Coruña, en el año 64 a.C., no habría sido suficiente, teniendo la misma campaña ya entró en las tierras de los Galaicos, cruzando las fronteras establecidas por el río Duero y llegando a la costa atlántica, evocando, más tarde, en elementos epigráficos como el "Bronce de Bembibre"[5], la "*Provincia Transduriana*" (Morais, 2013, p. 103). Otros autores clásicos se refieren especialmente a los antiguos habitantes de la posteriormente llamada *Pagus* o *Pagi de Pannonias6*, los Galaicos, en varios escritos. Entre estos autores destacan Lucio o Publio Aneu Floro, Publio Ovidio Naso, Lucio Mestrio Plutarco, Tito Livio y Prosperio de Aquitania (Morais, 2013). Sin embargo, se destaca Apiano de Alejandría, historiador de origen griego, que escribió la "*Historia Romana*", organizada en 24 libros, y fue el primero en documentar la cuestión de los pueblos Galaicos (Appian, 1912).

Son numerosas las referencias de autores clásicos a los territorios y grupos humanos que habitaban, en la época de las incursiones romanas en la península ibérica, los territorios al norte del río Duero (Alarcão, 1997; 2017; David, 1947; Morais, 2013; Untermann, 1965). Es un territorio vasto y orográficamente accidentado, donde los relieves acentuados forman parte integrante del paisaje cultural y simbólico de los habitantes a lo largo de los tempos.

5 Placa de bronce epigrafiada, de época romana (año 15), hallada en la provincia española de León, en El Bierzo, en el año 1000.

6 Primera división administrativa y religiosa de los territorios de Vila Real, Sabrosa y Alijo, integrada en la antigua *Parochiale Sueuorum* o *Divisio de Theodemiri* (segunda mitad del siglo VI) donde se refleja la organización administrativa y sobre todo eclesiástica del *Reino Suevo de Galécia* (Alarcão, 2017; David, 1947; Gonçalves; Pereira, 2022a).

En la llamada Antiguedad Tardía y Alta Edad Media, y como consecuencia de la caída del Imperio Romano y de las incursiones de suevos y vándalos en las tierras al norte del río Duero, especialmente tras los primeros intentos a través de los Pirineos, hacia el año 409, los territorios de Vila Real, Sabrosa y Alijó, entre muchos otros, sufrieron una serie de cambios significativos en cuanto al *modus vivendi* de los habitantes y grupos humanos asentados en la región, especialmente durante la dominación romana de la península ibérica. Una vez perdidas la comodidad, seguridad, mantenimiento y organización de los territorios, villas romanas, ciudades, estructuras y edificios civiles, políticos, militares y religiosos, los ciudadanos del imperio tuvieron que reorganizarse según un nuevo paradigma: el inicio de una nueva etapa sin la aparente comodidad del imperio romano, sin el mantenimiento de las antiguas vías y calzadas, la gestión eficiente de las ciudades, la destrucción del sistema administrativo, entre otras muchas.

Es entonces, con la entrada de grupos de personas procedentes de Europa central, cruzando los Pirineos, aún durante el domínio, ya en decadencia, del llamado Imperio Romano, que estas comunidades, los suevos vándalos y los alanos, irrumpen en los territorios de la península ibérica, asentándose, concretamente los suevos, al norte del río Duero, creando un reino independiente, ya en el año 411, de común acuerdo con el Imperio Romano, el llamado "*Reino Suevo*", que duró cerca de 174 años (Alarcão, 2017; Gonçalves y Pereira, 2022a; Silva y Diniz, 2010). Uno de los documentos más relevantes sobre este tema es la crónica elaborada por el obispo de Chaves Idácio, importante representante religioso que había nacido en la antigua Gallaecia, en Lêmica, alrededor del año 400 (Silva y Diniz, 2010, p. 15). A pesar del panorama poco alentador de la gestión de personas y territorios tras los últimos días del Imperio Romano, el cristianismo, a través, sobre todo, del nuevo "*reino suevo*" y de los concilios de Braga[7] y del Concilio de Lugo[8], reorganizó los territorios mediante la creación de varias diócesis y parroquias (Alarcão, 2015; Gonçalves;

7 Concilio de Braga (561 y 563); II Concilio de Braga (572).
8 Concilio de Lugo (569).

Pereira, 2022a). Esta reorganización es, en esencia, la base de la actual organización administrativa de los territorios.

Los tiempos aparentemente convulsos de la Alta Edad Media en la región, especialmente entre los siglos VI y IX, y las consiguientes incursiones de otros pueblos como los visigodos, centrados en Toledo, y más tarde los árabes, llegados inicialmente del norte de África, durante el primer cuarto del siglo VIII, dejaron algunas huellas físicas y toponímicas en los territorios del antiguo *Pagus* de *Pannonias*. El Padre João Parente, estudioso de la documentación medieval de la zona estudiada (Parente, 2013; 2014a, b, c) y la profesora Olinda Santana (Santana, 2002) han indagado en la evolución de la documentación y de la sociedad de las llamadas "*Terras de Panoias*" ou "*Julgados de Panoias*". En la Baja Edad Media, especialmente a partir de los siglos XI, XII y XIII, con la llegada de las campañas de reconquista cristiana del territorio, la documentación aumentó considerablemente (Parente, 2013).

Figura 1. Mapa de los municipios de Vila Real, Sabrosa y Alijó (Terras de Panoias), con indicación de las localidades y fechas respectivas de los fueros (1089 a 1275)

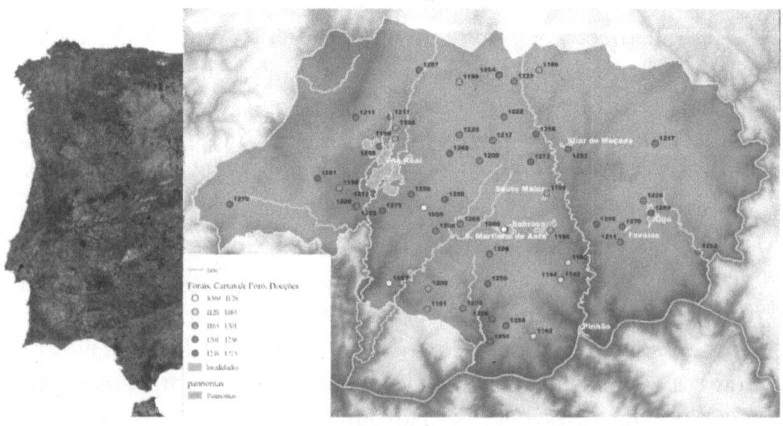

Fuente: mapa elaborado por Gerardo Vidal Gonçalves, basado en CMP: 1/25000 del área en estudio.

A través de la documentación histórica, recopilada y transcrita por el Padre João Parente (Parente, 2013), fue posible elaborar un mapa de las antiguas *Terras de Panoias* con la indicación de las fechas en las que se realizaron las diversas cartas de foro, cartas de donación, cartas de poblamiento, cartas de heredad y cartas constitutivas (Figura 1). Esta cartografía ofrece una visión general de la evolución del asentamiento a partir del siglo XI (1089) y de la continua necesidad de ocupar el territorio e implantar el señorío de forma más o menos sistemática. Entre los lugares, pueblos y poblaciones más relevantes, destacan los siguientes: S. Martinho de Anta, Nogueira, Constantim, Ermida de Santa Marinha de Vilarinho, Santa Marinha de Provesende, Celeiros do Douro, Covas do Douro, Bujões, Souto de Escarão, Souto Maior, Vila de Sabrosa, Vila Seca, Herdade de Quintela, Gravelos, Castelo de S. Cristóvão, Abaças, Parada de Cunhos, Guiães, São Cibrão, Roalde, Andrães, Gache, Favaios, Cravela, Coedo, Vila Chã, Caides (Lamares), Justes, Torre do Pinhão, Sanguinhedo, Alijó, Alvites, Sapiões, Vilar de Maçada, Pinhão Cel, Soutelinho, Parada do Pinhão, Paradela, Ordonho, Abrecovo, Gouvinhas, Vilarinho de Samardã, Ferreiros, Arroios, Vale de Nogueiras, São Mamede de Ribatua, Favaios, Vila Nova de Panoias, Vila Real da Terra de Panoias y Saudel.

La Baja Edad Media fue, en términos generales, una época muy dinámica en los territorios de las antiguas *Terras de Panoias*. Con la ayuda de las órdenes militares establecidas, especialmente la Orden del Templo y la Orden de los Caballeros de San Juan del Hospital, tras el Tratado de Zamora y con el inicio de la reconquista cristiana, poco a poco se fueron ocupando los antiguos territorios y las nuevas tierras conquistadas. Entre los años 1089 y 1275 (186 años) se redactaron y ejecutaron alrededor de 53 documentos oficiales relativos a asentamientos, arrendamientos y donaciones de arrendamientos dentro de los límites de la antigua *pagus sueva*, la *Terra de Panoias*. Como señala el padre João Parente, entre el siglo IX y la segunda mitad del siglo XI poco se sabe de los acontecimientos ocurridos en el interior de dicho territorio debido, sobre todo, a la falta de documentación (Parente, 2013, p. 19). Las concesiones de tierras y los foros, en este período, parecen corresponder a áreas de dimensiones bastante significativas, a diferencia de las realidades contemporáneas donde, naturalmente, predominan los minifundios. Los límites de los arrendamientos y las tierras se marcarían en lugares bien visibles, afloramientos, rocas o marcas mediante el grabado de pequeñas cruces inscritas (Parente, 2013, p. 20).

De hecho, la Baja Edad Media en las *Terras de Panoias* fue una época de consolidación de pequeños asentamientos que, dada la relación feudal con el monarca, prescindían de diversos productos y condiciones agrícolas para poder permanecer en las aldeas y, desde allí, comerciar con los productos en ferias y en constantes intercambios entre aldeas y vecinos. Las cartas de foro eran frecuentes y más o menos similares en cuanto a las necesidades de bienes para el monarca, dependiendo del tamaño, los habitantes y las capacidades agrícolas de los territorios.

Fue durante este periodo, entre los siglos XII y XV, cuando la mayoría de las aldeas, ciudades y asentamientos se establecieron por medio de fueros, cartas forales o cartas de donación. Los *forais* son, esencialmente, documentos o diplomas, con sello real sobre todo, en los que un monarca o un señor concede a los habitantes de una localidad, aunque aún no esté constituida, ciertos privilegios, concretamente en materia administrativa y fiscal (Henriques, 2014, p. 7).

Entre las diversas actividades agrícolas dentro de los límites administrativos y religiosos de las *Terras de Panóias*, especialmente al sur de los territorios de Vila Real, Sabrosa y Alijó, cerca de las orillas del río Duero, destaca la cultura del vino y de la vid. Sin embargo, fue ya en el siglo XVIII, concretamente en el año 1756, cuando la visión mercantilista de una política pombalina de desarrollo económico y reorganización comercial del país implantó, a través de un real decreto, una región demarcada y regulada denominada Región Demarcada del Duero (Fonseca, 1949; 1951). La nueva política pombalina de nacionalización del sistema comercial portugués diseñó, para la región vinícola del Duero, la llamada Companhia Geral da Agricultura das Vinhas do Alto Douro, una empresa que buscaría, en definitiva, garantizar y promover, de forma articulada, la producción y comercialización de los vinos del Alto Duero, frenar la competencia de otros vinos portugueses cuya calidad, en la época, era inferior, limitar el dominio e incluso el control de esta actividad económica por comunidades de empresarios ingleses y, por supuesto, aumentar los ingresos de la Corona, que procedían, esencialmente, del comercio de los vinos del Alto Duero.

La demarcación de la región del Duero y la creación de la Companhia Geral da Agricultura das Vinhas do Alto Douro (Compañía General de la Agricultura del Alto Duero) no fue un caso aislado, primero y único, sino que incrementó enormemente las actividades económicas y vitícolas de la región. Naturalmente, esto provocó un cambio significativo en las áreas físicas debido al cultivo de la vid y el río Duero fue, por supuesto, un medio de comunicación muy importante para el flujo del vino hacia la fachada atlántica (Oporto y Vila Nova de Gaia).

Figura 2. Región Demarcada del Duero y territorios de Pagus de Pannonias y Terra de Panoias

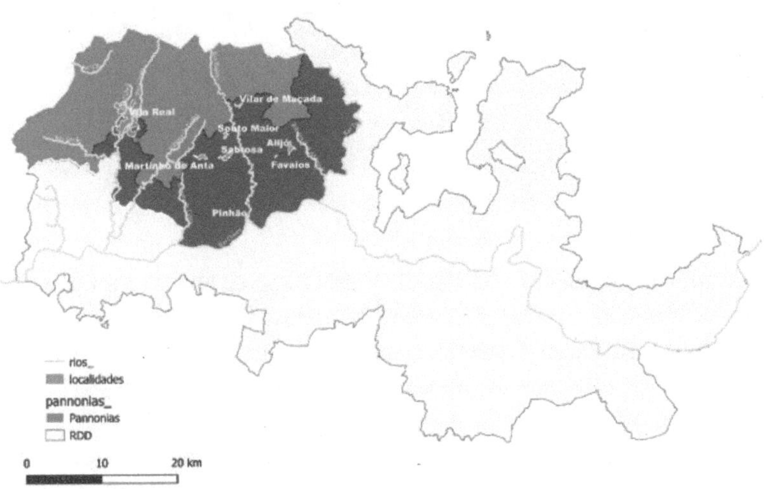

Fuente: mapa elaborado por Gerardo Vidal Gonçalves.

La región objeto de estudio (*Terra de Panoias*) se localiza, como puede observarse en la Figura 2, al NO de la demarcación del Duero, en el extremo superior del territorio y corresponde a más del 15% de la superficie total demarcada en el siglo XVIII. La cultura del vino en la región trasciende las demarcaciones pombalinas y es posible obtener registros, los que nos ocupan[9], desde al menos el año 1678. Desde el primer registro aduanero sobre el vino en la región del Duero, ocurrido en 1678 (Barata, 2009, p. 29), la intensificación de la producción vitivinícola es notable. En este sentido, no podemos permanecer indiferentes a los recursos naturales necesarios para la exploración, transformación, producción y flujo del producto. Uno de estos recursos esenciales es, por supuesto, el agua.

Figura 3. Gráfico que muestra la evolución de la producción vinícola en la región desde 1650

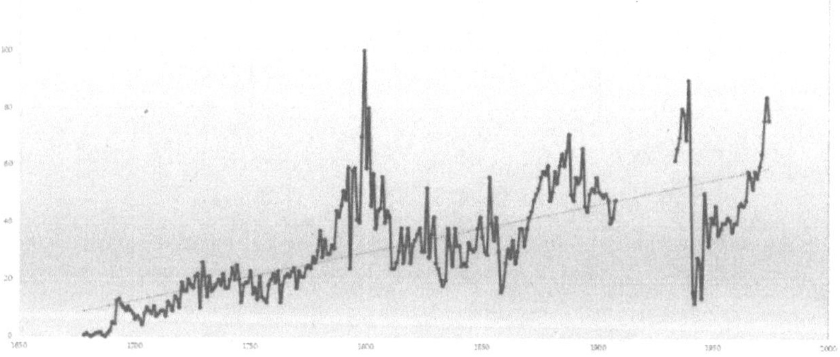

Fuente: Gráfico elaborado por Gerardo Vidal Gonçalves, basado en el trabajo de Sousa, Fernando de. O legado da Real Companhia Velha (Companhia Geral da Agricultura das Vinhas do Alto Douro) ao Alto Douro e a Portugal (1756-2006). População e Sociedade, n. 16, p. 15–30, 2008.

La cultura del vino y la vid persiste en la región estudiada hasta nuestros días. Sin embargo, hay que señalar que no es la única cultura agrícola. Se trata de un territorio extenso y económicamente dinámico a lo largo de su historia. La agricultura en pequeñas explotaciones y parcelas se ha destacado a lo largo de los siglos. En este sentido,

9 Los datos recogidos en los gráficos individualizados en (Costa, 2015, p. 30) se integraron en un gráfico general (Figura 3).

es muy relevante para nosotros destacar el elemento "agua" como elemento primordial para la subsistencia, desde la época romana e incluso antes, de los habitantes de la región.

AGUA EN LA *PAGUS DE PANNONIAS* O EN LA *TERRA DE PANOIAS* BAJOMEDIEVAL

Ya hemos visto cómo, a lo largo de la historia o parte de ella, las poblaciones rurales, en el caso práctico, de los territorios del antiguo *Pagus de Panonnias* o, más tarde, de las *Terra de Panoias*, se han dedicado a diversas actividades agrícolas, comerciales, protoindustriales e incluso industriales. Estas actividades, combinadas con la vida cotidiana de las personas, los pueblos y los asentamientos, tienen un enorme impacto en el uso de diversos recursos naturales. Uno de los más relevantes y significativos es, en general, el agua.

Es esencialmente innegable que el hombre, a lo largo de su historia, a lo largo de su recorrido por el planeta, ha tenido una relación estrecha, muy estrecha, con el agua. No se trata solo de una cuestión esencial de supervivencia, sino también de simbiosis simbólica intrínseca con este elemento fundamental para la vida en el planeta. Desde nuestro punto de vista, el agua es un recurso indispensable para la vida y, en general, un recurso poco apreciado en el ámbito del patrimonio cultural, su estudio, valorización y conservación, legado de las comunidades humanas en el pasado. El agua y su gestión por el hombre es, de hecho, un tipo de patrimonio inestimable y no renovable. A lo largo de la historia se han construido y perfeccionado sistemas de captación, conducción y almacenamiento de agua, muros de contención, canales de riego, diques, presas, pozos, puertos, puentes, acueductos elevados o subterráneos, estructuras hidráulicas para la agricultura y la ganadería y para el campo en general, agua en ciudades, pueblos y pequeñas aldeas, y agua para las industrias.

La gestión del agua, desde un punto de vista histórico, encaja de forma natural en la propia historia de la humanidad. Reflexionando detenidamente, para el caso concreto del trabajo que aquí se presenta, los ríos, arroyos, cursos de agua, estuarios, presas, pozos, puentes mecánicos, acueductos y demás elementos relacionados con aspectos hídricos son esencialmente una prolongación de las necesidades del hombre a lo largo de la historia. El agua es sinónimo de vida en el Planeta Tierra y, obviamente, el hombre siempre ha sacado partido de este elemento, ajustando y condicionando su relación con este recurso fundamental.

El agua es esencialmente un recurso indispensable para la vida en la Tierra. Más del 71% del planeta (1.400 millones de km^3) está formado por agua y, sin duda, el agua y su gestión han acompañado al hombre desde los tiempos más remotos (Balasubramanian, 2015, p. 4). El agua dicta, en cierto modo, la forma en que la civilización ha evolucionado a lo largo del tiempo.

En un análisis porcentual del tipo de aguas que se mueven en el planeta, podemos mencionar que alrededor del 2,5% corresponde a agua dulce y el 97,5% corresponde a agua salada. En general, el agua dulce comprende porcentajes bastante desiguales, donde cerca del 0,9% corresponde a las aguas presentes en suelos, pantanos y zonas heladas, las aguas subterráneas comprenden cerca del 29,5%, los ríos y lagos con cerca del 0,3% y cerca del 69,2% corresponde a las nieves eternas y zonas heladas (Balasubramanian, 2015).

El agua y su relación con el hombre, como ya se ha dicho, pasa no solo por cuestiones de supervivencia, comercio, agricultura, entre otras, sino también por la enorme carga simbólica que, a lo largo de los siglos, ha adquirido. Son bien recordadas las relaciones entre el agua y la arquitectura monástica, los monasterios y conventos, entre los que destaca el Monasterio de Alcobaça, entre muchos otros, que, siguiendo la regla, dictaban que su construcción debía situarse cerca de los cursos de agua, con distancia de los asentamientos residenciales y donde la existencia de recursos naturales les permitiera crear los edificios e infraestructuras necesarios para su desarrollo (Gago Da Câmara et Al., 2020, p. 15).

La región analizada, en general, partes significativas de los territorios administrativos de los municipios de Vila Real, Sabrosa y Alijo, está delimitada por cursos de agua con caudales importantes. Estos cursos de agua, desde nuestro punto de vista, han sido responsables, desde el siglo VII, de las delimitaciones de las fronteras del *Pagus de Pannonias*. El río Duero al Sur, el río Tua al Este y el río Corgo al Oeste, inmediatamente al pie de las sierras de Marão y Alvão, marcan desde la antigüedad los territorios de las antiguas parroquias suevas.

La captación de agua en el campo, ya sea a través de pozos, manantiales o directamente por canales, la gestión del recurso y el mantenimiento de las estructuras diseñadas para la captación, conducción y uso del líquido requieren esencialmente importantes conocimientos y experiencia acumulados a lo largo del tiempo. El trabajo aquí realizado ha superado con creces las expectativas y, en general, ha abierto nuevos enfoques a la cuestión de la digitalización de datos relacionados con el patrimonio hídrico e hidráulico, y su interpretación en el espacio y el tiempo. Las tipologías y clasificaciones del conjunto de estructuras y elementos relacionados con la captación, explotación y gestión del agua son muy variadas.

El llamado "*paisaje del agua*", un concepto ampliamente debatido en los últimos años, encierra una interpretación muy interesante sobre el agua y el paisaje que la rodea. Según algunos autores, el paisaje y el agua son áreas y campos transversales y, en definitiva, multidisciplinares (Bethemont, Rivière-Honegger y Le Lay, 2006; Nogué, Puigbert y Bretcha, 2016). Sin embargo, la relación de estos dos parámetros, agua y paisaje, si se relaciona con el patrimonio cultural de la mencionada cuestión del "agua", lo hace todo mucho más complejo y transversal. Para el caso concreto de la zona objeto de estudio, la relación entre el "*paisaje del agua*", el agua y el patrimonio cultural refleja, en general, una serie de problemas ya identificados en otros casos (Palom, 2016).

En los últimos años se ha explorado y discutido el interés por los llamados "*paisajes del agua*", el agua y el patrimonio cultural, no solo desde un punto de vista científico, sino también cultural, turístico y social (Batista, 2018; Palom, 2016; Rudzewicz y Simon, 2022). De hecho, se trata de una relación material ambigua y, en cierto modo, simbólica. Aunque resulta bastante complicado aportar datos concretos y específicos sobre el patrimonio hídrico e hidráulico de la región objeto de estudio, lo cierto es que la encuesta realizada hasta la fecha proporciona una gran cantidad de datos que conviene analizar, uno por uno, y en última instancia, desde un punto de vista cualitativo y cuantitativo.

De hecho, como ya determinaron, para otras regiones, otros autores (Martins et al., 2011, p. 24), el patrimonio hídrico de cronologías medievales y modernas se ha visto bastante afectado a lo largo del tiempo, especialmente por la entrada en desuso y la consiguiente falta de mantenimiento. Hubo, desde nuestro punto de vista y apreciando algunos trabajos realizados en lugares con un número significativo de datos, una desinversión en equipamientos e infraestructuras conectadas al agua, procedentes de la época romana, en época medieval (Fontes, Martins y Ribeiro, 2011; Martins et al., 2011).

Sin embargo, como comprobamos a través de la recopilación, análisis e interpretación de los datos obtenidos sobre el patrimonio hidráulico e hídrico de la región estudiada, gran parte del patrimonio identificado e inventariado habría tenido su origen en la época medieval, especialmente el patrimonio vinculado al uso del agua para la molienda. Esencialmente, la cuestión del "agua" y el patrimonio cultural construido asociado a ella son extremadamente relevantes para comprender la actividad humana en la región y la gestión eficiente de los propios recursos. Como ya hemos mencionado, la problemática actual en cuanto a la gestión eficiente y sostenida del agua es un problema cuya solución pasa por implementar un equilibrio entre las necesidades de las sociedades actuales, especialmente en las zonas urbanas, y que naturalmente también se refleja en las zonas más rurales del interior del territorio.

PATRIMONIO HIDRÁULICO E HÍDRICO INVENTARIADO

El territorio que pretendemos estudiar comprende un área efectiva de aproximadamente 833 km^2, formada, como ya hemos mencionado, por tres municipios (Vila Real, Sabrosa y Alijó) de la margen derecha del río Duero. Es un territorio con una orografía bastante irregular como la Serra do Alvão, al oeste, que alcanza una altitud de 1330 metros en su punto más alto (Caravelas), la Serra do Marão, con 1362 metros (Mina de Maria Isabel), la Serra da Falperra, en la parte mesial y al norte del territorio, con una altitud de 1127 metros (cerezo) y, ya al sur, en el municipio de Sabrosa, la Serra de S. Domingos, con una altitud de aproximadamente 863 metros.

Figura 4. Mapa que muestra la ubicación de los principales cursos de agua y altitudes en la zona de estudio

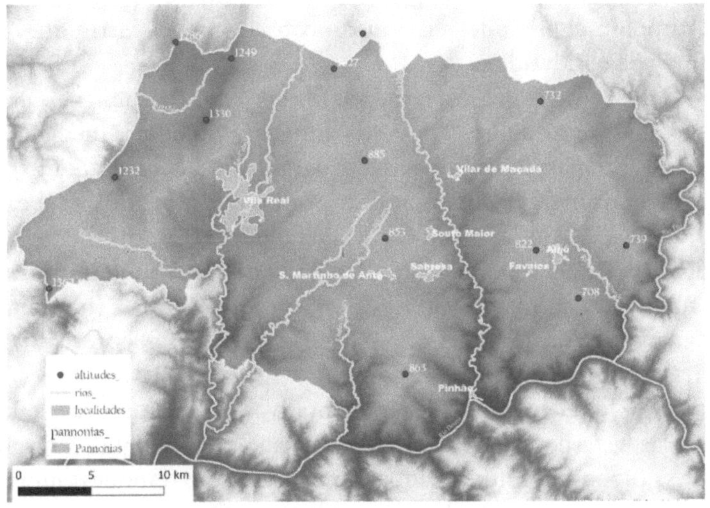

Fuente: mapa elaborado por Gerardo Vidal Gonçalves.

El territorio se compone esencialmente de rocas graníticas en el norte y esquistos en el sur. Es un espácio bien drenado por ríos, arroyos y pequeños riachuelos, entre los que destacan el río Corgo, cuyo nacimiento se localiza en Vila Pouca de Aguiar, al norte, y desemboca en el río Duero, el río Cabril, afluente del Corgo, el río Sordo, también afluente del Corgo, el arroyo Tanha, también afluente del río Duero, la Ribeira de Covelinhas y la Ribeira de Ceira, cursos de agua que desembocan en el Duero y que se encuentran muy cerca de lugares de ocupación romana (Covelinhas y Fonte do Milho), el río Pinhão, también afluente del Duero y cuyo nacimiento se produce a más de 37 km al norte del río Duero, en el lugar denominado Raiz do Monte. En el municipio de Alijó, destacan al este el río Tua, que representa una frontera natural referida en el antiguo pagus de Pannonias (Liber Fidei Sanctae Bracarensis Ecclesiae, 1978; Parente, 2013), el río Tinhela, afluente del río Tua y la Ribeira de S. Mamede, también afluente del río Tua. El municipio limita al sur con el río Duero.

Toda esta zona posee un inmenso patrimonio arquitectónico y arqueológico, sin embargo, destaca otro tipo de patrimonio: el patrimonio construido relacionado con el agua, el patrimonio hidrológico e hidráulico.

Del estudio realizado, parte sobre el terreno (encuestas de campo) y gran parte sobre cartografía antigua y moderna, mediante el uso de sistemas de información geográfica (de código abierto), se inventariaron 5332 elementos, distribuidos inicialmente por 11 categorías (Figura 6): (a) molinos de agua y de mareas; (b) fuentes; (c) depósitos de agua elevados; (d) depósitos de aguas subterráneas; (e) manantiales; (f) pozos; (g) pozos con molino o norias; (h) puentes de mampostería; (i) ruinas junto a cursos de agua; (j) cisternas (tanques); (k) otros tanques.

Entre los elementos más representativos y numerosos se encuentran las cisternas o depósitos de agua, que pueden subdividirse en otros grupos más diferenciados como a) cisternas (tanques) simples; b) cisternas (tanques) adosadas a pozos; c) cisternas (tanques) con canalizaciones asociadas; d) cisternas (tanques) con cubiertas; e) cisternas (tanques) asociadas a molinos. De hecho, se trata de estructuras sencillas, adaptadas o reconstruidas en época moderna y contemporánea, conservando, sin embargo, en su entorno, algunos elementos característicos de una época más antigua como norias en alto estado de degradación, siluetas de granito, probablemente procedentes de estructuras residenciales ya en alto estado de degradación, entre otros elementos.

Otro de los elementos más relevantes en términos de densidad por Km² es el pozo, ya sea simple o con un dispositivo asociado. Se trata de un tipo de elemento de carácter arquitectónico bastante simple y cuya fabricación, en términos cronológicos, puede remontarse al menos a la época romana, como ilustran algunos estudios (Lorenz y Wolfram, 2014; Marques, 1969; Thomas; Wilson, 1994; Thompson,

1867). En la encuesta realizada se inventariaron y georreferenciaron 1532 pozos, de los cuales 1210 son simples y 322 con molinos asociados. Estos valores aportan una media de 1,8 elementos por km².

Figura 5. Gráfico que muestra la distribución de elementos inventariados y vectorizados

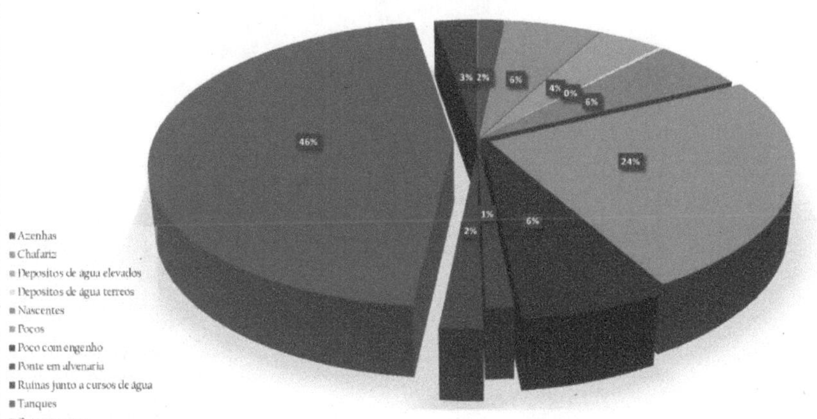

Fuente: Gráfico elaborado por Gerardo Vidal Gonçalves.

Figura 6. Mapa de localización de los sitios clasificados como patrimonio hídrico

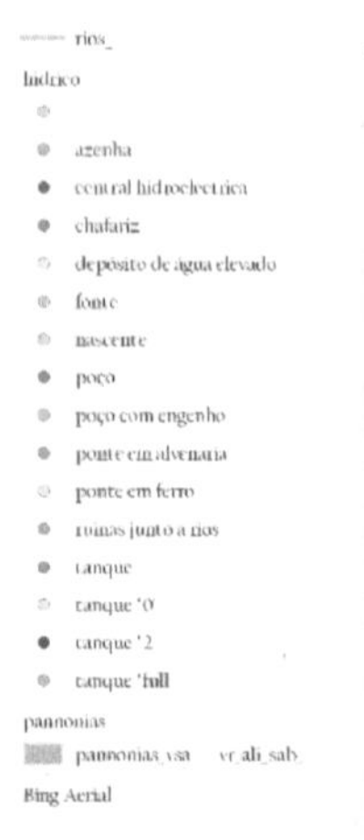

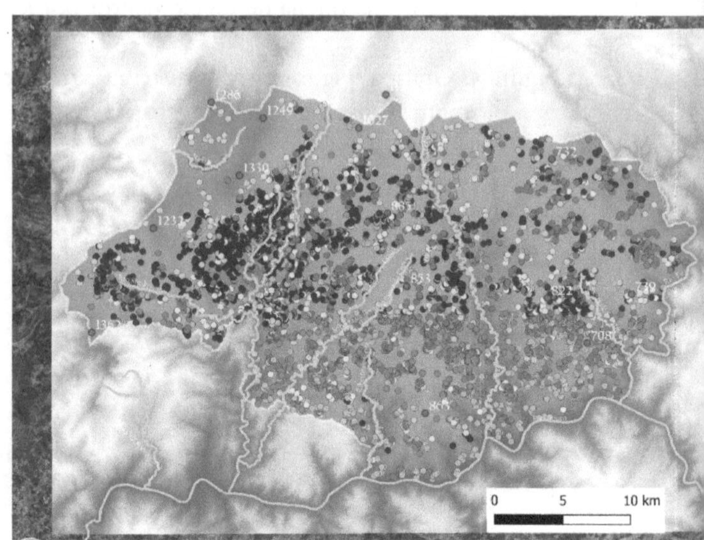

Fuente: mapa elaborado por Gerardo Vidal Gonçalves.

Las fuentes son otro elemento muy interesante para comprender la relación entre los asentamientos o las zonas rurales próximas a ellos. En esta primera aproximación, era importante complementar la georreferenciación, basada en cartografía histórica y contemporánea, con la prospección y registro de algunos de estos elementos. En el caso de algunas fuentes o tanques situadas en algunos perímetros de pueblos o ciudades, se realizaron levantamientos fotogramétricos de las estructuras. Uno de los casos más interesantes fue el de la rua da Guia, en Vila Real (Figura 7). La estructura, probablemente construida a finales de la Edad Media, presenta una sencilla cisterna rectangular de granito con chaflanes estructurales en la parte frontal y una "bica" moderna/contemporánea. La estructura está situada en un antiguo camino medieval que cruzaba el río Corgo.

Figura 7. Maqueta digital de la cisterna medieval/moderna de la rua da Guia, en el casco antiguo de Vila Real

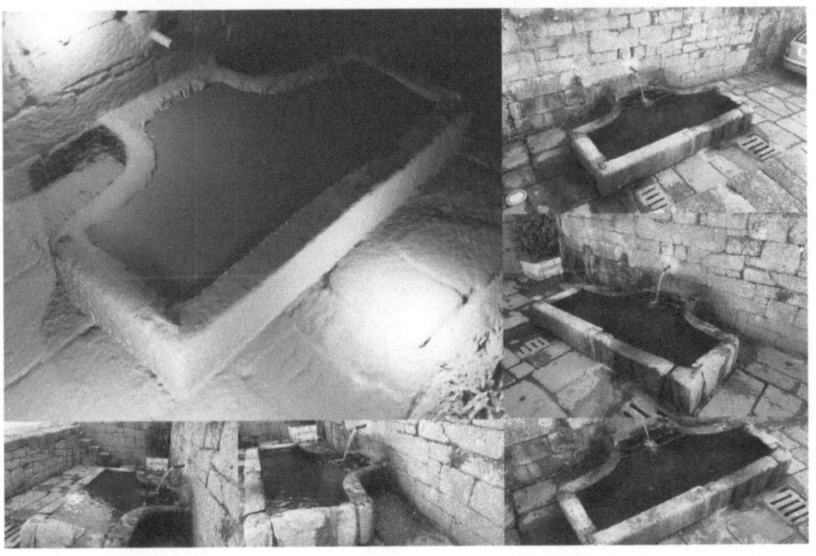

Fuente: Fotografías y modelo digital de Gerardo Vidal Gonçalves.

Otro de los elementos más importantes asociados a la cuestión hidráulica y del agua se refiere a las estructuras de molienda mediante el uso del agua: los molinos de agua y los molinos hidráulicos. Habiendo mencionado ya la existencia de numerosos cursos de agua en valles encajados y con cursos bastante irregulares (los ríos Corgo, Pinhão y Tua), se esperaba poder aprovechar estas características físicas, orográficas y geomorfológicas específicas para aprovechar la fuerza motriz del agua en edificios destinados a la molienda de determinados productos agrícolas. De hecho, se inventariaron 82 molinos de agua y 98 edificios en alto estado de degradación, muy próximos a los cursos de agua mencionados y a otros de menor caudal.

Figura 8. Noras y pozos con dispositivo (Parada de Cunhos, Vila Real), con digitalización de otro ejemplo, en este caso movido por tracción animal, con el respectivo eje

Fuente: Fotografías y modelo digital de Gerardo Vidal Gonçalves.

Los molinos de agua son, de hecho, reminiscencias de una actividad que se remonta, en el caso concreto del presente estúdio y territorio, a una época muy antigua, probablemente durante la Baja Edad Media o incluso inmediatamente antes. En el caso concreto del estudio preliminar aquí presentado, existía una proximidad natural entre la estructura histórica y arqueológica y el topónimo. Entre los diversos casos, destaca el molino de agua situado cerca del "Ponte de Anta", cuyo microtopónimo es "Azenha da Ponte" (Figura 9).

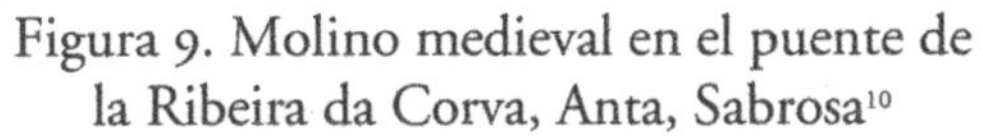

Figura 9. Molino medieval en el puente de la Ribeira da Corva, Anta, Sabrosa[10]

Fuente: Fotografía de Gerardo Vidal Gonçalves.

Otros muchos ejemplos destacan en cuanto a la relación entre el topónimo y la estructura histórica. Ejemplos de ello son "Fontainhas", en Sabrosa, una zona llena de aljibes, fuentes y surtidores, "Fonte Seca", al sur de S. Martinho de Anta, "Vila Seca", a pocos kilómetros al sur de Vila Real, entre otros muchos ejemplos.

10 El molino de agua medieval se encuentra en el topónimo del mismo nombre: "Azenha da Ponte", en Sabrosa.

Tabla 1. Distribución de elementos por tipología y la respectiva densidad por km²

Tipo de elemento	Nº	Densidad p/km2
Molino de agua	82	0,098439376
Fuente	305	0,366146459
Tanque de agua elevado	199	0,238895558
Tamque de água en el suelo	17	0,020408163
Fuente	288	0,345738295
Pozo	1210	1,452581032
Pozo com mecanismo	322	0,386554622
Puente de mampostería	66	0,079231693
Ruinas junto a cursos de agua	98	0,117647059
Tanque	2290	2,749099640
Outros tanque	135	0,162064826

Fuente: Tabla de Gerardo Vidal Gonçalves (datos recogidos).

Figura 10.
Fotografías: 1) Fuente de Paredes, Sabrosa; 2) fuente de Arcã, Sabrosa; 3) aljibe del pueblo de Garganta, Sabrosa; 4) fuente renacentista de Paradela de Guiães

Fuente: Fotografía de Gerardo Vidal Gonçalves.

Figura 11.
Fotografías: 5) Fuente Sabrosa; 6) Fuente Senhora da Azinheira, S. Martinho de Anta; 7) Fuente Senhora da Azinheira; 8) Fuente Saudel, S. Lourenço de Ribapinhão

Fuente: Fotografía de Gerardo Vidal Gonçalves.

Figura 12.
Fotografías: 9) Nora en Sabrosa; 10) el puente medieval de Torneiros, Vila Real; 11) la fuente de Santa Marinha, Provesende, Sabrosa; 12) el puente romano de Sabrosa

Fuente: Fotografía de Gerardo Vidal Gonçalves.

Los datos obtenidos ilustran, en esencia, una enorme inversión en la arquitectura del agua. Se trata de estructuras, unas positivas, otras negativas, algunas con inversiones manifiestamente elevadas en fabricación, otras no tanto, que resultan de las necesidades acumuladas, a lo largo de los siglos, de las poblaciones de la región y de la capacidad de inversión en recursos naturales y mano de obra para la fabricación y el mantenimiento de las distintas estructuras.

UNA SÍNTESIS SOBRE LA ARQUITECTURA DEL AGUA EN LA ZONA DE ESTUDIO

El trabajo que aquí se presenta corresponde, en general, a una parte de los datos ya tratados y digitalizados. Es importante señalar que se trata de una zona más bien rural, sin indicios de la presencia de grandes obras de ingeniería hidráulica, ni en época romana ni en épocas posteriores. Se trata más bien de una región con una vasta red exploratoria, sobre todo en las épocas medieval, moderna y contemporánea, de los recursos hídricos, ya sea en los procesos de captación, conducción y gestión del agua.

Los elementos identificados y digitalizados parecen indicar que se trata, sobre todo y en su gran mayoría, de arquitecturas destinadas a proporcionar recursos hídricos a la pequeña agricultura, la agricultura minifundista, en algunos casos, sobre todo en el sur, estrechamente vinculada al viñedo y al vino.

Los cambios en el paisaje, especialmente durante los siglos XVIII y XIX, debido al desencadenamiento del tema del Vino de Oporto y de la Región Demarcada del Duero, ciertamente significaron que en los viñedos actuales, muchas de las arquitecturas, no solo relacionadas con el agua, sino otras civiles Las arquitecturas militares, reales y religiosas acabaron sucumbiendo a los cambios del paisaje, con las llamadas terrazas y la necesidad de intervenir, a profundidades medias (50 a 70 cm) en suelos esquistosos, que, en sí mismos, no poseen ciertamente un potencial pedológico relevante.

De hecho, una observación más atenta, aunque simplificada, permite determinar que, en la zona estudiada, la distribución de la arquitectura del agua no es en absoluto simétrica y homogénea. Los datos obtenidos y analizados permiten concluir una intensa inversión en la construcción de elementos de captación y gestión de recursos hídricos en la vertiente oriental de la Sierra de Alvão, entre esta misma sierra y la aglomeración urbana de la actual Vila Real (Figura 6). Lo mismo ocurre entre el río Corgo y el arroyo Tanha, aunque menos expresivo que el primero.

A pesar del orden de magnitud de los datos digitalizados e inventariados, queda un enorme trabajo por hacer en cuanto a la evaluación de las diversas cronologías de los elementos identificados y su evaluación tipológica integral sobre el terreno. Sin embargo, los enfoques y las posibilidades de análisis de los datos y su relación con el territorio, la orografía, la geología, la hidrografía, etc. son muy amplios. Este es el trabajo que seguimos intentando desarrollar. Sin embargo, este avance en cuanto a la vectorización de la información, la digitalización multidimensional de algunas de las estructuras y los estudios más documentales sobre determinados elementos es una tarea más o menos concluida.

La inversión de las comunidades en la captación y almacenamiento de agua, a través de pozos, norias, represas y tanques, especialmente en los territorios agrícolas, donde subsiste el minifundio, presupone una intensa actividad agrícola y comercial en la región. Existen numerosas referencias en documentos reales a ferias y mercados en ciudades y pueblos de la región. En la figura 17 también se puede observar la enorme inversión en la construcción de molinos hidráulicos y molinos que utilizan el agua como fuente motriz, mediante pequeñas desviaciones del curso de ríos y arroyos.

Figura 13. Mapa de la zona de estudio con la ubicación de los depósitos referenciados

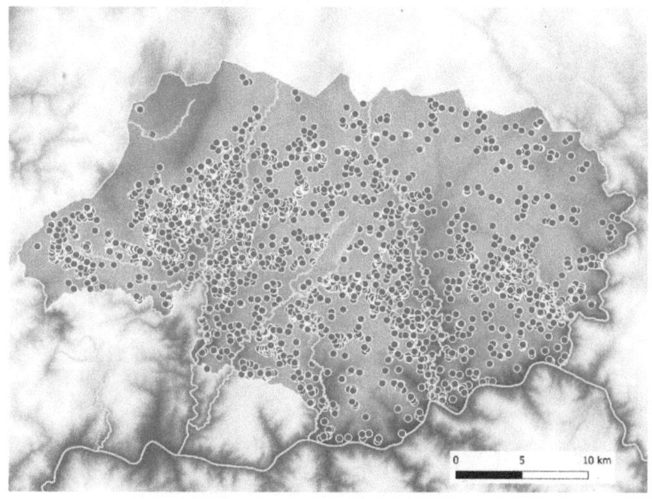

Fuente: mapa elaborado por Gerardo Vidal Gonçalves.

Figura 14. Mapa de la zona de estudio con la ubicación de las fuentes referenciadas

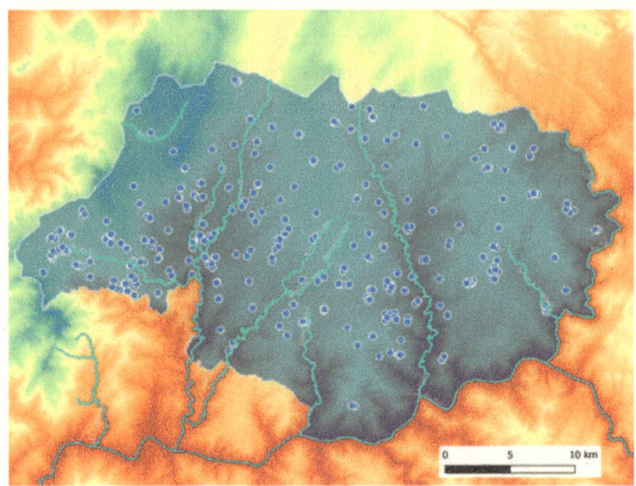

Fuente: mapa elaborado por Gerardo Vidal Gonçalves.

Figura 15. Mapa de la zona en estudio con la ubicación de los pozos y los pozos con dispositivo de referencia

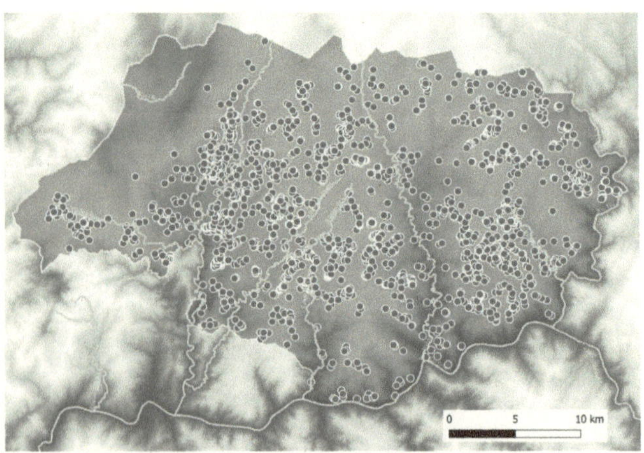

Fuente: mapa elaborado por Gerardo Vidal Gonçalves.

Figura 16. Mapa de la zona de estudio con la ubicación de los molinos de agua y las ruinas junto a los cursos de agua (posibles molinos de agua) referenciados

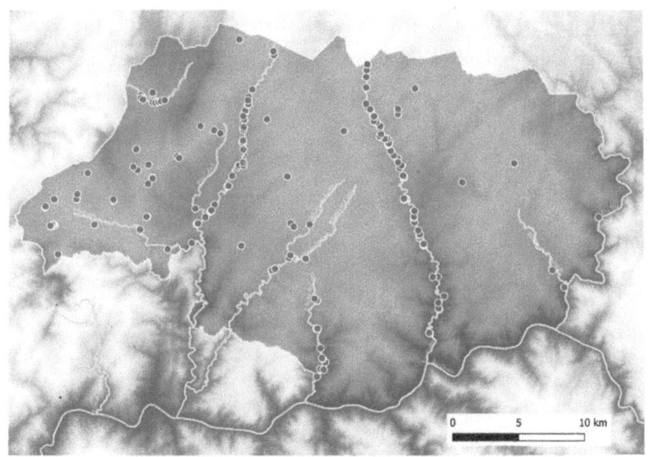

Fuente: mapa elaborado por Gerardo Vidal Gonçalves.

IBLIOGRAFÍA

Alarcão, J. de. (2017). *A Lusitânia: do séc. ii a. c. ao séc. vi d.c.* Imprensa da Universidade de Coimbra, v. 1.

Alarcão, J. de. (1997). A tecnologia agrária romana. *Portugal romano. A exploração dos recursos naturais* (pp. 137-148). MNA.

Alarcão, J. de. (2015). Os limites das dioceses suevas de Bracara e de Portucale. *Portvgalia*, Nova Série. v. 36, 35–48.

Appian. (1912). *Roman History*. Tradução Horace White. [S.l.]. Harvard University Press, v. 1.

Balasubramanian, A. (2015). *The World's Water*. TC, nº 2. University of Mysore. Centre for Advanced Studies in Earth Science.

Barata, M. M. S. (2009). *Identidade do Vinho do Porto, pela tradição da sua embalagem*. Universidade de Aveiro ed. Departamento de Comunicação e Arte.

Batista, D. (2018). A paisagem da água e o património hidráulico comum ao território transfronteiriço. Os casos do arrocal algarvio e da Serra de Aracena. En Peinado, M. P., *Seminario de Investigación Internacional en Valoración y Regeneración del Paisaje Transfronterizo* (p. 124–131). [S.l.]. RU books.

Beck, P. et al. (1997). Wood, Iron, and Water in the Othe Forest in the Late Middle Ages: New Findings and Perspectives. En Wolfe, M., & Smith, E., *Technology and Resource Use in Medieval Europe: Cathedrals, Mills and Mines* (p. 224). Routledge.

Bethemont, J., Rivière-Honegger, A. y Le Lay, Y. F. (2007). *Les paysages des eaux douces: géoconfluences. http://geoconfluences.ens-lyon.fr/doc/transv/paysage/PaysageScient2.htm*

Cannon, M., Cohen, A. & Jimenez, K. (2021). Connecting Native Students to STEM Research Using Virtual Archaeology: A Case Study from the Water Heritage Anthropological Project. *Advances in Archaeological Practice*, 9(2), 175–185.

Costa, J. P. da. (2015). *As arquitecturas do vinho no século xxi três quintas no douro: Portal, Bomfim e Gaivosa* [Tese de Mestrado, Universidade de Coimbra].

David, P. (1947). *Études historiques sur la Galice et le Portugal du Ve au XIIe siècle.* Livraria Portugália.

Deserto, J. P. y Marques, S. da H. (2016). *Estrabão, Geografia. Livro III: introdução, tradução do grego e notas.* Imprensa da Universidade de Coimbra; Annablume.

Fonseca, Á. M. da. (1949). *As demarcações pombalinas no Douro vinhateiro.* Instituto do Vinho do Porto, v. 1.

Fonseca, Á. M. da. (1951). *As demarcações pombalinas no Douro vinhateiro.* Instituto do Vinho do Porto, v. 3.

Fontes, L., Martins, M. y Ribeiro, M. do C. (2011). A cidade de Braga e o seu território nos seculos v-vii. En *Congresso Espacios Urbanos en el Occidente Mediterráneo*, S. VI-VIII, Toletum Visigodo. *Anais*... (pp. 255–262). Toledo [s.n.].

Gago Da Câmara, M. A. T. et al. (2020). *Pelos trilhos da água na arquitectura.* Roca Lisboa Gallery, v. 1.

Gonçalves, G. V. & Pereira, D. (2022a). Pannonias na Alta Idade Média: o rio Douro, o Corgo e o Tua numa abordagem simplificada da Arqueologia da Paisagem. *Al-Madan Online*, 25(2), 38–47.

Gonçalves, G. V. & Pereira, D. (2022b). Water, ancient paths, ancestral sites and historical cartography: resources for enhancing the cultural landscape and healthy living in rural areas in the Douro World Heritage. En *Active Aging, Life Quality And Wellbeing In Rural Areas.* Cáceres: *Anais...* .

Henriques, J. M. (2014). *500 anos do foral manuelino de Cascais: 1514-2014*. Câmara Municipal de Cascais, v. 1. (Memórias Digitais de Cascais).

Idácio, B. de C. (1995). *Crónica de Idácio: descrição da invasão e conquista na península ibérica pelos suevos (séc. V)*. Tradução José Cardoso. 2ª ed. Livraria Minho.

Itálico, S. (2005). *La Guerra Púnica.* Ediciones Akal, S.A, v. 1.

Liber Fidei Sanctae Bracarensis Ecclesiae. (1978). Crítica, v. 3.

Ligrone, P. & Menanteau, L. (2009). Hidrovia, water heritage and wood industry: the Uruguay basin (Argentina, Uruguay) between cross-border integration and fracture. In Guibert, M., *Le Bassin Du Rio De La Plata ; Développement Local Et Intégration Régionale* (pp. 181–208). Pu du Midi: Le Roman Des Lieux Magiques. Hesperides ed.

López-Bravo, C., Peral López, J. & Mosquera Adellenlist, E. (2022). The management of water heritage in Portuguese cities: recent regeneration projects in Évora, Lisbon, Braga and Guimarães. *Frontiers of Architectural Research,* 11, 73-88.

Lorenz, W.F. & Wolfram, E.J. (2014). The Wells of Pompeii. *Ground Water,* 52(5), 808–811.

Marques, G. (1969). O poço da estação romana da Torre dos Namorados: (Fundão). *Conimbriga,* Imprensa da Universidade de Coimbra. v. VIII, 65–96.

Martins, M. *et al.* (2011). A água e o património cultural da região de Braga. *Forum,* 46, 5–36.

Morais, R. (2013). Durius e Leça: Dois percursos de um mesmo itinerário. *Portvgalia,* Nova Série. 34, 101–136.

Nogué, J. Puigbert, I. y Bretcha, G (Org.). (2016). *Paisatge, patrimoni i aigua: La memòria del territori. Barcelona.* Observatori del Paisatge de Catalunya ed. Barcelona, v. 1.

Osório, P. (1986). *História contra os pagãos.* Tradução José Cardoso. 1ª ed. Universidade do Minho.

Palom, A. R. (2016). Paisatges de l'aigua i desenvolupament territorial: el cas del riu Ter. en Nogué, J., Puigbert, L. Y Bretcha, G. (Org.), *Paisatge, patrimoni i aigua. La memòria del territori* (pp. 49-68 y 214-216). Observatori del Paisatge de Catalunya.

Parente, P. J. (2013). *Idade Média no Distrito de Vila Real: documentos desde o ano 569 ao ano 1278.* Âncora Editora, v. 1. (Caminhos da História).

Parente, P. J. (2014a). *Idade Média no Distrito de Vila Real: documentos desde o ano 1280 ao ano 1347*. Âncora Editora, v. 2. (Caminhos da História).

Parente, P. J. (2014b). *Idade Média no Distrito de Vila Real: documentos desde o ano 1439 ao ano 1509*. Âncora Editora, v. 3. (Caminhos da História).

Parente, P. J. (2014c). *Idade Média no Distrito de Vila Real: monumentos e outros testemunhos medievais*. Âncora Editora, v. 4. (Caminhos da História).

Pinto, P. M. B. F. (2010). *O evoluir histórico da Segunda Guerra Púnica na península ibérica, entre os anos 218 a.C. e 211 a.C.* 117 f. [Mestrado em História Antiga – Universidade de Lisboa].

Rudzewicz, L. y Simon, A. L. H. (2022). Paisagens das águas: o património hídrico e as perspectivas para o (geo) turismo na costa doce gaúcha. *Paisagem: leituras, significados, transformações* (pp. 189–203). Universidade Federal do Rio Grande do Sul ed. v. 1.

Santana, M. O. R. (2002). *Documentação Foraleira Dionisina de Trás-os-Montes.* Edições Colibri.

Silva, L. R. da. & Diniz, R. de C. D. (2010). Os suevos na Crônica de Idácio e nas Histórias de Isidoro de Sevilha. *Brathair*, 10(2), 14–25.

Sousa, F. de. (2008). O legado da Real Companhia Velha (Companhia Geral da Agricultura das Vinhas do Alto Douro) ao Alto Douro e a Portugal (1756-2006). *População e Sociedade*, 16, 15–30.

Thomas, R. & Wilson, A. (1994). Farms in Latium in South Etruria. *Papers of the British School at Rome*, 62, 139–196.

Thompson, F. (1867). Roman well at Biddenham. In Laurence, T. (Org.), *Notes of the Bedfordshire Architectural and Archaeological Society*. Bedfordshire: [s.n.], v. 1.

Untermann, J. (1965). *Elementos de un atlas antroponímico de la Hispania antigua.* Consejo Superior de Investigaciones Científicas, v. VII. (Biblioteca Prehistorica de España).

El agua en las "antigas terras de Pannonias": Patrimonio protoindustrial, industrial y humanidades digitales

Resumen: El agua y el patrimonio tienen una relación intrínseca, ancestral y dinámica. Sin embargo, a juzgar por el estado del arte, esta relación ha quedado, en el caso de la investigación, el estudio y la valoración, algo olvidada e disfuncional. De hecho, con el uso de humanidades digitales y herramientas de código abierto, se logró, en una fase preliminar, obtener un panorama muy interesante desde el punto de vista del fenómeno del agua y su antropización en los actuales municipios de Vila Real, Sabrosa y Alijo, en la región de Trás-os-Montes y Alto Douro. En este trabajo tratamos de estudiar la antropización del agua en el interior de los municipios de Vila Real, Sabrosa y Alijo y su evolución especial y tipológica, a partir de datos cartográficos y del terreno y a través de las Humanidades Digitales.

Palabras clave: Historia local, Digitalización, Humanidades digitales, Agua, Patrimonio del agua, SIG.

Water in the "ancient lands of Pannonia": Pre-industrial, industrial and digital humanities heritage.

Abstract: Water and heritage have an intrinsic, ancestral and dynamic relationship. However, judging by the state of the art, this relationship has remained, in the case of research, study and valuation, somewhat forgotten and dysfunctional. In fact, with the use of digital humanities and open source tools, we managed, in a preliminary phase, to obtain a very interesting picture from the point of view of the phenomenon of water and its anthropization in the current municipalities of Vila Real, Sabrosa and Alijo, in the region of Trás-os-Montes and Alto Douro, Northern Portugal. In this work we try to study the anthropization of water in the interior of the municipalities of Vila Real, Sabrosa and Alijo and its special and typological evolution, from cartographic and terrain data and through Digital Humanities.

Key words: Local History, Digitisation, Digital Humanities, Water, Water Heritage, GIS.

Água nas «antigas terras da Panônia»:
património pré-industrial, industrial e digital das humanidades

Resumo: A água e o património têm uma relação intrínseca, ancestral e dinâmica. No entanto, a julgar pelo estado da arte, essa relação permaneceu, no caso da pesquisa, estudo e avaliação, um tanto esquecida e disfuncional. De facto, com recurso a humanidades digitais e ferramentas open source, foi possível, numa fase preliminar, obter um panorama muito interessante do ponto de vista do fenómeno da água e da sua antropização nos actuais concelhos de Vila Real, Sabrosa e Stash, na região de Trás-os-Montes e Alto Douro. Neste trabalho procuramos estudar a antropização da água nos concelhos de Vila Real, Sabrosa e Alijo e a sua evolução especial e tipológica, com base em dados cartográficos e territoriais e através das Humanidades Digitais.

Palavras chave: História Local, Digitalização, Humanidades Digitais, Água, Património Hídrico, GIS.

5.
REGÍMEN DAS ÁGUAS EM PORTUGAL: TEMER, PREVENIR E DOMAR O TEJO NOS SÉCULOS XVIII E XIX

Cristina Joanaz-de-Melo
Universidade Nova de Lisboa

INTRODUÇÃO

No último quartel do século XVIII, chuvas torrenciais assolaram o território português com impactos de destruição, entre outros, nos rios Tejo, Mondego, Cávado, Guadiana (Cabral, 1790; Fino, 1875; Roxo, 2008; Pato, 2011; Joanaz-de-Melo. 2017, 2020; Lopes, 2019). Em 1770, dizia-se que esta tinha sido a maior cheia de que havia memória no Tejo, desde 1669. Malogradamente, entre 1782 e 1784 e novamente em 1786, a memória de maiores cheias do Tejo voltava a ser atualizada; situação que se renovaria sistematicamente ao longo do século XIX, perante a ocorrência de cheias de efeitos de destruição cada vez mais graves.

Os testemunhos coevos das populações residentes nas zonas inundadas e inclusive de produtores-Deputados, confirmaram o avanço das águas transbordantes do Tejo para limites preocupantes ou nunca alcançados em 1823, 1835-37 e 1841. Nestes casos o Governo providenciou o devido resgate das populações garantindo-lhes abrigo e alimento. Porém, aqueles episódios assustadores seriam ultrapassados em extensão e grau de devastação, mais uma vez, entre 1852 e 1854, numa rede hidrológica mais ampla, agora, nos campos do Tejo, do Mondego, do Lima ou do Vouga. Para além da destruição de áreas cultivadas, o novo ciclo de cheias resultou, para além da destruição de colheitas, no arremesso de pontes e destruição de ancoradouros e barcos (Amorim, 2008; Pato, 2011; Joanaz-de-Melo, 2017).

Se o quadro de calamidade já fora avassalador entre 1853-54, no ano seguinte, a situação piorou; as águas diluvianas de 1855 foram as maiores do século XIX no Tejo como no Mondego. Estas foram seguidas por fenómenos semelhantes nos anos de 1856 e 1857. Embora inferiores às de 1855, as inundações de 1856 com efeitos cumulativos no impedimento da realização de sementeiras e de colheitas, foram encaradas como sendo ainda mais graves que as anteriores pois o estado permanente de humidade, facilitou a rápida propagação de epidemias, que se agravaram entre 1856 e 1858. No entanto, neste ano, algo melhorou. A carga pluvial começou a abrandar conhecendo o decénio subsequente o outro extremo do problema pluvial em vários períodos: fraca precipitação e seca generalizada. Já de 1870 a 1874 as chuvas revelaram-se benéficas, para, entre 1875 e 1877, a precipitação cair copiosamente repetindo o engrossamento de caudais torrenciais com a correspondente dinâmica de devastação nos solos e erupção de miasmas e febres intermitentes (Joanaz-de-Melo, 2017).

A novidade é que, desta vez, a ação política posterior à destruição causada pelas inundações de 1875-77, do Douro ao Algarve, resultou, na década de 1880, em promulgação de novo corpus de Direito de Águas, público e privado, relativamente abrangente e coerente (Joanaz-de-Melo; 2017). A questão intrigante é o *porquê tão tarde* em contraste com a reação do Poder Governativo no Reinado de D. Maria I, ou mesmo de D, José I, a fenómenos semelhantes, no século XVIII (Cabral; 1790a e b).

Ora, após as cheias de 1782-84, D. Maria I, decidiu proteger os seus súbditos; logo em 1784, exigiu o estudo e realização de obras hidráulicas de sustentação das margens e derivação de águas, para regularização dos caudais do Tejo, Mondego e Cávado (Fino, 1875; BAHOP-MR-43-Valadares, 1784-1790; Cabral, 1790a e b; Lopes, 2019). E tal sucedeu num tempo de direitos senhorias em que a Rainha Absolutista *tudo fizera de imediato*, aparentemente, para defender as populações enquanto, *os liberais, os verdadeiros amantes da Liberdade*, protelaram essa decisão sistematicamente. Porquê?

Seria razoável aceitar que, na primeira metade de Oitocentos, o Regime Monárquico Constitucional, ainda em processo de implementação, com posição titubeante no poder, tivesse outras prioridades a resolver, nomeadamente, estancar a Guerra Civil entre Absolutistas e Liberais (1820-1834) bem como conter as escaramuças intestinas entre famílias políticas defensoras do regime Constitucional unicameral ou bicameral (1834-52) (Sardica, 2013). Considerando este quadro, terá pesado a diferença de que, no último quartel de 1700, a soberana absolutista num território pacificado poderia agir com maior segurança e celeridade do que, os Governantes Liberais até à pacificação do regime político em 1852. Depois desta data, o bloqueio contínuo à aprovação de um arsenal jurídico que viabilizasse a intervenção estatal nas zonas de emergência de calamidade pública – decorrentes de cheias fluviais e também marítimas –, já não se entende do ponto de vista da consolidação do regime parlamentar.

Naturalmente, como em todos os domínios políticos, a legislação de águas foi travada por interesses cruzados dos vários agentes que partilhavam e distribuíam fatias de poder na gestão do território. Mas mesmo nesse jogo complexo, os políticos liberais portugueses estavam profundamente comprometidos com a melhoria global de condições de vida da população. Por isso mesmo, ainda se afigura mais bizarro que os arautos da tão propalada *Liberdade*, "procrastinassem" ação necessária, óbvia, no sector responsável direta e indiretamente por crises de produção, sanitária, de mortalidade e económica.

A realidade é que, todos os agentes sociais e políticos tinham razão e razões para advogarem distintos pontos de vista relativamente a políticas de prevenção de calamidade pública, socorro público e desenvolvimento territorial. Só as falta entender.

A ÁGUA NO PERÍODO LIBERAL: UM *NÃO-TEMA* POLÍTICO

O tema das águas na transição do Antigo Regime para o Liberalismo e época Contemporânea em Portugal, suscitou interesse historiográfico. Vários autores abordaram o estudo daquele bem considerando o seu valor económico, energético, social, económico, ambiental ou vital (entre outros: Cordeiro, 2001; Silva y Cardoso-de-Matos, 2004; Costa, 2007; Pato, 2011; Guimarães, 2016; Joanaz-de-Melo, 2017, 2020; Lopes, 2019; Silva 2019).

Percorrendo a historiografia sobre o século XIX a XX, apontada acima, é possível inferir que a água evoluiu de um bem que não podia deixar de ser fornecido a qualquer pessoa, como garante da vida, tanto no Antigo Regime como no Liberalismo, para um recurso cujo fornecimento de transporte primeiro, e consumo, depois, pode e deve ser taxado. A água, de bem vital nos séculos XVIII e XIX, evoluiu no discurso cívico, político e científico para uma narrativa de recurso natural escasso, cuja distribuição é passível de especulação comercial e o respetivo consumo deve ser penalizado, por desperdício, num tempo já influenciado por paradigmas ambientais dos séculos XX e XXI; assim o acesso à água hoje, ao contrário do que sucedia em 1700s e 1800s, pode ser legal e moralmente, vedado, como argumento moral e expressão legal, para chegar a todos.

Em três séculos, o paradigma de perceção sobre acesso, uso e consumo de água, mudou completamente. Estes paradigmas económicos, ecológicos e político-ambientais de controlo do acesso a água potável, eram impensáveis na sociedade de Antigo Regime e mesmo no Liberalismo Português. Assim, analisar um tema de águas no século XIX em Portugal, é um desafio historiográfico quando as mesmas não eram pensadas de forma alguma, como hoje, e, para além do mais, os recursos hidrológicos eram referidos com outra terminologia e abordados pelas elites em categorias diferentes das atuais.

Na realidade, para confirmar a última afirmação, basta realizar uma operação simples no site do Parlamento português para a o período da Monarquia Constitucional (www.debates.parlamento). Utilizando os motores de busca disponíveis e escolhendo como termo de pesquisa "água" ou "águas" podemos verificar que este termo surge poucas vezes quando comparando, por exemplo, com: "propriedade", "transportes", navegação" "baldio", "agricultura", "gado"[1].

Mas a água *estava lá,* no território. Sendo uma não-questão política o sector das águas só chegava ao parlamento enquanto agente de qualquer catástrofe. Deste modo, a pergunta será: quais eram os temas e preocupações dos poderes políticos Oitocentistas que abrangiam colateralmente ou diretamente os recursos hidrológicos?

---

1 *Diário da Câmara dos Pares*, 1880-1884, *Diário da Câmara dos Senhores Deputados*, 1852-1861, Lisboa, Imprensa Nacional, *Diário da Câmara dos Senhores Deputados*, 1869-1881, Lisboa, Imprensa Nacional, *Diário de Lisboa*, 1861-1869, Lisboa, Imprensa Nacional, *Diário do Governo*, 1834-1839, Lisboa, Imprensa Nacional

Durante o regime Monárquico Constitucional as águas fariam parte de, pelo menos, dois mundos distintos: o de quem as utilizava e enfrentava tragédia atrás de tragédia e o de quem, apenas subsidiariamente e por motivo de calamidade pública – nos sectores sanitário e territorial, as legislava considerando pressupostos de base imutáveis em relação ao papel daqueles elementos na vida e na sociedade.

Primeiramente, há a referir que a sociedade liberal era herdeira de um doutrinarismo socio teológico em que, a água, um bem criado por Deus para garantir a sobrevivência de todos os seres vivos, devia ser administrada pelos Governantes para garantir esse propósito; como tal não podia ser taxável e, o seu acesso para consumo pessoal, não podia sob qualquer pretexto, ser negado a uma única pessoa. (Coleção de Decretos, 1833; Garcia, 1862). Tal nunca seria aceitável depois de extintos os direitos senhoriais em 1832. Por sua vez, as águas públicas não podiam ser apropriadas para quaisquer fins, pelo sector privado, nem mesmo ser concessionadas, se dessa ação resultasse impossibilidade de saciar a sede a alguém (Garcia, 1862).

Pelo que, no período Liberal, a água em Portugal, independentemente das suas funcionalidades – motora/energética, navegação, rega ou outra –, manteve-se como um elemento intrinsecamente constituinte da vida humana, um valor moral em si mesmo; não era um tema político; mas, se por algum motivo se convertesse em motivo de risco para coletivos populacionais passava de imediato a tema político-moral e o resgate de vidas prioridade absoluta. Tal ação foi unanimemente reconhecida e acautelada sem qualquer travão no Parlamento. Face a esta concordância sem reservas, a pergunta que aflora é: como se justificou, no Liberalismo português, protelar o ordenamento das águas interiores até 1884, enquanto no Antigo Regime essa ação foi desbloqueada?

ÁGUA EM PORTUGAL NO ANTIGO REGIME E LIBERALISMO

Depois da extinção dos direitos senhoriais, em 1832, os bens da Coroa e Ordens Religiosas foram incorporados nos Bens Nacionais. Por sua vez, durante o processo de desamortização de propriedades fundiárias, verificada nas décadas de 1830 e 1860, nem uma só vez se mencionou no Parlamento, o fator hidrológico relevante na atribuição de valor às propriedades agrícolas em venda. Por defeito, terras aráveis tinham água. Nas melhores terras da Nação aquela existiria em abundância e era potável; um óbvio sem necessidade de menção.

De forma equivalente, a água no sector dos transportes era mais um não-tema. Nos projetos do Poder Executivo, delineados para a abertura de uma rede nacional de transportes viário, ferroviário e Fúlvio-marítimo, a água constituía um meio de mobilidade rápida nos rios e no mar. Neste espírito, em 1852, as cheias do rio Lima motivaram a elaboração do primeiro projeto de Lei do *Fomento* com um programa detalhado para a regularização dos cursos dos rios e melhoramento dos portos do Litoral, do Algarve ao Minho (Joanaz-de-Melo, 2017).

O tema em discussão era o de melhorar a mobilidade nacional utilizando as vias fluvio-marítimas. Mas as ambições governativas eram de maior monta pretendendo ligar os rios Douro ao Tejo, o Tejo ao Sado e o Sado ao Guadiana através de canais em articulação com as redes viária e ferroviária. Assim em 1852, do projeto original apenas foram aprovados os artigos relativos aos melhoramentos do leito do rio, para dois anos mais tarde, em 28 de junho de 1854 o Governo apresentar no Parlamento um plano global de transporte que incluía aquela linha de canais artificiais (Alegria, 1990).

O sonho era bom. No entanto, no percurso desejado, mesmo podendo ultrapassar as dificuldades técnicas para ligar uma orografia acidentada, atravessada por enorme profusão de linhas de água de norte a sul, o custo astronómico da empresa fechou o tema da construção daqueles canais, em 1856. Encerrado o tema dos canais o da navegação em águas interiores e nas bacias secundárias foi remetido a plano (muito) secundário (Joanaz-de-Melo, 2017).

Então, em pleno contexto de inundações torrenciais o papel do Estado Liberal face ao Tejo ficava remetido a que atuação? À manutenção dos trabalhos de regularização do leito do rio e, em caso da ocorrência de calamidades públicas, na prestação de socorro às populações? Ou seja, os mesmos deveres atribuídos aos governantes que vinham do Antigo Regime. Todavia, com ou sem novas soluções?

Do ponto de vista jurídico o socorro público foi legislado na Lei de 10 de março de 1835, com base nas (então) recentes cheias de 1823 e 1835, verificadas, principalmente, nos rios Tejo e Mondego. A lei de extinção dos bens da coroa e ordens (de 13 de Agosto de 1832) inibia atuação do Estado noutros perímetros que não os das propriedades marginais às correntes navegáveis e flutuáveis ao longo de todo o ano (Cordeiro, 2001). A Lei de 1835 resolvia aquele problema pois autorizava os poderes públicos a prestar socorro nas propriedades privadas. No entanto, esta nova lei nada regulou quanto a medidas para defesa das margens dos rios nem em propriedade publica nem privada, e também não definiu regras para a regularização dos respetivos leitos ao invés, do que, aparentemente, sucedera no reinado de D. Maria I.

De facto, no último vinténio do século XVIII, o empenho da Rainha na regularização das águas do Tejo foi constante. Exercendo a faculdade de Graça e Dever Régios dos monarcas em garantir a integridade física e proteção da vida dos seus súbditos, a soberana investiu ativamente na busca de soluções – preventivas –, destinadas a minimizar o impacto das cheias do Tejo. Estas revelaram-se avassaladoras, novamente, entre 1784 e 1790, depois das tréguas permitidas pelo rio desde as inundações diluvianas de 1770 (BAHOP– MR-34,1780-1790; BAHOP-43,1784-1790).

Neste ano de 1770, no seguimento do abaixamento das águas nas terras de cultivo, averiguou-se o porquê dessa feroz investida do Tejo, principalmente nas terras da Casa das Senhoras Rainhas, localizadas na margem direita do rio. Nesse levantamento verificou-se que os trabalhos de manutenção do emparedamento e reparação de cômoros nas margens, tinham caído em desuso (devido ao abrandamento da torrencialidade). Mas perante o grau de devastação verificado, renovaram-se os trabalhos anuais de proteção às margens do rio em duas frentes: no reforço das paredes das margens do rio nos terrenos marginais da Aldea de Franca (atualmente Vila Franca de Xira), e, na conservação e reparação dos sistemas de valados, naquelas mesmas lavouras (Santos, 1864).

O sistema de escoamento e derivação de águas adotado nos campos de Azambuja em 1770s, entre 1782 e 1784, foi ajustado a montante nos campos de Golegã, Santarém e Salvaterra de Magos. Porém os remendos colmatados com terra e fraco emparedamento de alvenaria, não resistiram ao ímpeto das águas em 1784. E com mais esta investida, a soberana instituiu a Intendência das Obras do Tejo para operar em vários níveis de atuação: garantir a reparação e fixar as margens do Tejo tanto nas lezírias da margem esquerda do rio como da direita, conter o ímpeto das águas inundantes e manter as massas hídricas no respetivo leito promovendo regularmente o desimpedimento de obstáculos naquele. Esta operação devia ser executada em todo o seu curso em Portugal, da fronteira com Espanha até à foz (BAHOP-MR-43, 1784-86).

Importa realçar que o interesse da soberana nestas matérias resultava da observação *in loco* das ocorrências de destruição. D. Maria I conhecia perfeitamente a bacia hidrográfica do Tejo, pois vivia nas coutadas reais cerca de nove meses por ano desde 1777, e percorria aqueles terrenos a cavalo, de verão e de inverno frequentemente (Joanaz-de-Melo, 2015), observando os efeitos das inundações do Tejo, *in sito*.

Para além disso, nas viagens que realizava entre as coutadas e a Corte, a Rainha conhecia perfeitamente o risco de travessia do rio nos seus piores quadros de torrencialidade pois, para assistir em Lisboa às festas religiosas mais solenes do ano litúrgico nos períodos de Advento, Natal, Carnaval, Quaresma, Páscoa e festa do Corpo de Deus realizava a travessia quando os caudais do Tejo apresentavam uma força colossal (Joanaz-de-Melo, 2015).

Assistindo diretamente aos progressos das inundações que afetavam grande área de produção das terras da Coroa, D. Maria I fez questão de ordenar o estudo de soluções para o problema das invasões do Tejo. Em resposta a esta exigência surgiram entre os operacionais do terreno – Intendente das Obras do Tejo e o Almoxarife das lezírias das terras das Senhoras Rainhas e da Coroa–, duas posições diferentes quanto ao modo de obter a correção do leito e margens do rio. O Intendente das obras do Tejo, Conde de Valadares queria arborizar ambas as margens para travar a força das águas o que não oferecia resistência da outra parte. Porem, pretendia regularizar o leito, dinamitando os obstáculos no seu álveo, junto à margem direita, nos mouchões e parte de lezírias propriedades de pão da rainha. Tal opção foi contestada veementemente pelo Almoxarife das melhores terras de produção da Coroa, responsável por entregar a produção e impostos cobrados naquele sector à soberana e aquela empresa significaria eliminar propriedades de grande produtividade. A Rainha não aceitou o rebentamento daquelas áreas e os trabalhos recaíram na fixação das margens com a instalação de sebes vegetais. Estas, erigidas com árvores e arbustos entramados, tornar-se-iam uma parede permeável às "aguas fertilizadoras", mas suficientemente resistente ao embate dos materiais arrastados nas correntes. (BAHOP-MR-43,1784-86, 1789-90; BAHOP-MR-34,1784-90).

Contudo o sucesso desta ação foi breve. A estratégia resultou para travar as correntes no biénio de 1784-86, mas a *cortina* de árvores plantada numa faixa estreita ao longo das margens do Tejo verificou-se inútil para conter as cheias de 1786. Aliás, entre 1786 e 1789, as margens cederam repetidamente e os campos de cultivo dos terrenos marginais continuaram a ser devorados pelas águas, com a subsequente destruição de culturas agrícolas. Por sua vez, a permanência de águas nos terrenos na estação estival associada ao efeito das marés na proximidade da foz, ampliou contextos de contaminação e propagação de epidemias em meios húmidos (BAHOP-MR-43,1784-86, 1789-90; Joanaz-de-Melo, 2023).

Perante o fracasso da contenção das águas, em 1789 a rainha encomendou uma análise profunda dos rios Tejo e Mondego, ao engenheiro hidráulico Padre Estevão Cabral. Este recebeu a mesma incumbência (de Valadares), de identificação das zonas de maior risco de cheia e de apontar soluções para conter as águas em "desgoverno".

Estêvão Cabral, depois de ter percorrido o Rio Tejo da fronteira à foz em Lisboa, isto é, das terras altas às terras baixas, concluiu que o método de Valadares era bom na essência, mas em vez de sebes estreitas para segurar as margens, advogou o plantio de verdadeiras florestas nos terrenos marginais ao longo de vários percursos. (BAHOP-MR-43,1784-86,1789-90; BAHOP-MR-34,1780-1790).

O que é notável salientar nos trabalhos de correção hidráulica executados pelas brigadas comandadas por Valadares, assim como propostos nos escritos de Estêvão Cabral, é a proposta de controlo das massas hídricas através de correção hidro-florestal equacionada pelos engenheiros da Rainha em 1700. Na historiografia internacional, a arborização das encostas e margens dos rios é considerada uma proposta inovadora, da autoria de Surrel proposta em 1841 para a contenção das torrentes nos Pirenéus franceses.

Depois das obras de Valadares o controlo do regímen das águas radicava na fixação das margens com sebes vegetais, árvores, arbustos e caniçais apresentando alguma eficácia até 1823. O Tejo deu tréguas até 1835-37 e 1841, para nesses anos as cheias voltaram a surpreender pela magnitude.

Depois de 1835, a elite política portuguesa já dispunha da Lei de Socorro Público que permitia aos poderes locais resgatar pessoas e bens sem qualquer risco de desrespeitar a propriedade privada (Relatório, 1841). Mas o resgate cirúrgico de pessoas e bens não resolvia o problema do extravasamento das águas do leito, devido à existência de obstáculos naturais ou edificados (pedregulhos e penedos, pesqueiras e engenhos de moagem) que obrigavam ao desvio das correntes.

Assim, no Tejo foi adotando o sistema de rebentamentos já utilizado no Douro para a nivelação de troços do rio desde o início do decénio de 1840s: detonação de rochas e penedos. Em 1840-41, a regularização do leito daquele curso fluvial nomeadamente na região fronteiriça, pretendia tornar mais rápido e seguro, o transporte dos tonéis de vinho do Porto (Lavradio, 1839-1845). Não é líquido se o processo de limpeza do seu leito teria siso inspirado, nas sugestões de nivelação do Tejo, elaboradas em 1828-29, por engenheiros espanhóis (Cabanes, 1829).

Durante a reviravolta absolutista (1828-34) no Reinado de D. Miguel I, verificou-se interesse comum a Portugal e Espanha em tornar o Tejo navegável para facilitar as relações comerciais. Nesse sentido foi realizado um levantamento topográfico e produzida uma memoria técnica sobre o leito e respetivos terrenos marginais desde a nascente do Tejo em Espanha, até à foz em Lisboa. Nesse trabalho foi concluído que vários troços podiam ser nivelados, nomeadamente na fronteira e no Tejo Alto, em Portugal; e o custo para as obras de nivelação do leito, seriam significativamente inferiores à construção de uma linha férrea (Cabanes,1829).

Ora, em meados de 1850s, o argumentário das dificuldades técnicas e dos custos apresentados no Parlamento português para o nivelamento do Tejo, contrasta em absoluto com a aquela proposta. Por sua vez, nos relatórios de obras públicas apresentados mesmo no Parlamento em 1851, constata-se que o rebentamento de penedos realizado no Tejo entre 1848 e 1851, coincidem nalguns casos, com as propostas da memória técnica espanhola, opções que iriam ser confirmadas e seguidas também por Júlio Guerra, diretor das Obras do Tejo entre 1855 e 1859. A desobstrução dos fundos do estuário era um imperativo pois albergava o principal porto internacional e comercial de Portugal e do Império português, tendo necessariamente de ter condições de navegabilidade (Guerra, 1856 e 1861).

Em síntese, nas décadas de 1840 e 1850, o Estado ia cumprindo a sua função na regularização dos rios sob sua tutela. Já a viabilização de obras hidráulicas para beneficiação de campos cultivados e construção de canais de derivação de águas interiores, que implicassem entrar em propriedade particular, oferecia outro tipo de resistências. Não havia legislação que permitisse esse tipo de intervenção pública na propriedade privada. Mais uma vez, porque é que não se resolvia essa lacuna legislativa em presença de quados sistemáticos de calamidade pública?

DIREITOS DE PROPRIEDADE *VERSUS* PRIORIDADES DO FOMENTO – LUCRO –, EM DETRIMENTO DO TEJO E OUTROS RIOS

Se no Antigo Regime o sistema de diferenças e privilégios justificava alcance e limites da ação do rei absoluto sobre o território, também na Monarquia Constitucional essas condições obedeciam a lógicas contextuais como o direito de propriedade individual, plena e inalienável. Este foi cunhado na nova ordem política e social como garante de liberdade individual e possibilidade de participação no processo político, ou seja, no acesso ao exercício do poder.

Em 1832 a Lei de 13 de Agosto, de extinção dos bens da Coroa e Ordens Religiosas, decretou que as correntes navegáveis e flutuáveis ao longo de todo o ano ficavam sob pertença e tutela do Estado.

Porém, esta lei não regulamentou as condições de uso ou explorabilidade dos respetivos recursos hídricos. A água captável em ambiente externo às águas fluviais estatais, camarárias e privadas, e, de zonas costeiras, ficou por legislar (Cordeiro, 2001; Joanaz-de-Melo, 2017).

Recorde-se neste passo que, a Legislação produzida durante a Regência Liberal Portuguesa na Ilha Terceira [Arquipélago dos Açores a partir de 1830], só entrou efetivamente em vigor no Continente, a partir de 1834, depois da vitória definitiva dos partidários da Monarquia Constitucional. Assim, na transição do Antigo Regime para o Liberalismo, as prioridades imediatas dos governantes e elite política portuguesas centrou-se na pacificação político-militar do território bem como das condições de acesso ao poder. Garantir a oferta e distribuição de subsistências era prioritário. Viabilizar a produção na propriedade privada com todos os seus direitos era um programa a executar rapidamente. O Estado devia mesmo ser afastado da propriedade individual (Sardica, 2013).

Assim a escala dos limites do Estado sobre a propriedade privada ampliava-se a toda a propriedade individual. Regular o direito de águas de forma a permitir a agência do Estado na propriedade privada, no pensamento político, não era sequer uma possibilidade. Deste modo os direitos de propriedade, plenos e inalienáveis, como garantes de direitos económico-sociais e políticos vão cruzar e blindar sucessivamente, durante décadas, a maioria dos planos de ordenamento de águas, avançados no Parlamento. Todavia essa fortaleza podia ser aberta em casos de calamidade pública onde a elite liberal considerava possível abrir exceções. No plano agrícola, negociando com os proprietários privados soluções para melhorar as condições dessa produção através do apoio estatal – técnico – de obras hidráulicas; no sector sanitário, o Estado já teria maior latitude para impor alteração de práticas de gestão territorial (Joanaz-de-Melo, 2017).

Os impactos de destruição avassaladores, desde o Rio Minho aos rios do Algarve, significativamente documentados nos debates parlamentares das Câmaras dos Deputados e dos Pares –, atestam o envolvimento do poder político no plano filantrópico, vigiando o cumprimento dos sucessivos Governos no resgate de todos os casos reportados, de pessoas em risco de vida. No Plano económico, o poder político revelou particular preocupação com as cheias dos rios Douro, Mondego e Tejo, três rios que alimentavam áreas económicas cruciais à Nação: o transporte do vinho do Porto, o maior produto de exportação nacional que corria o risco de se perder durante o seu transporte nas águas do Douro, e os outros dois que fertilizavam ou destruíam as principais áreas de produção agrícolas da região centro, responsáveis pela destruição de cereais nas zonas mais produtivas da Nação.

No parlamento em 1855, os produtores agrícolas dos campos do Tejo que depois das cheias de Janeiro e Fevereiro viram a sua produção e rendimento a baixar, como o Barão de Almeirim, requereram intervenção célere dos governantes para obstar aquele flagelo argumentando que, precisamente porque se aqueles campos produziam subsistências para a Nação, as cheias nas campinas e Várzeas do Tejo constituíam um problema de alcance nacional e não regional (Joanaz-de-Melo, 2017).

A argumentação foi aceite e acarinhada pelo Chefe do Governo, na sequência de mais dois anos de quadros pluviais violentos e destruição de colheitas, novamente nos campos do Mondego e do Tejo. Finalmente em 1857, o Duque de Loulé chefe do Governo e tio do Rei, e como tal, supor-se-ia com algum peso junto da classe política, propunha um plano de intervenção global a partir da origem do problema das inundações: o controlo das torrentes no inicio do seu percurso. Assim a 5 de março de 1857 apresentou um projeto de lei hidro-florestal cobrindo todas as cabeceiras dos rios terciários, secundários e primários de Portugal Continental, Ilhas e Colónias, assim como de intervenção hidro-florestal nas respetivas costas marítimas (Joanaz-de-Melo, 2017).

Loulé argumentou bem. Este projeto idealizava um programa de salvaguarda das cumeadas das montanhas, encostas, margens do rios e areias do Litoral através de arborização massiva e obrigatória das zonas críticas de formação de torrentes e marés. Tal imposição devia ser adotada tanto em propriedade publica como privada, por constituir precisamente objeto de risco que atingindo a globalidade do território ao nível da segurança física e da saúde pública feria o "interesse publico da Nação Inteira". Ademais, a prazo, este programa faria de Portugal uma nação autónoma em carvão vegetal e até exportadora daquele produto para os altos fornos da Europa servindo assim, a correção hidro-florestal, ou seja, obrigatoriedade de arborizar cumeadas, margens dos rios e costa, o interesse publico em várias frentes (Joanaz-de-Melo, 2017).

Contudo, não obstante a eloquência e lógica dos argumentos apresentados, a proposta em causa não só foi refutada por abuso de poder estatal superlativo sobre propriedade privada – na globalidade do território–, como este Projeto de Lei nunca foi agendado para discussão no Parlamento, nem nesta legislatura nem em qualquer outra. Pelo que, o problema das águas interiores persistia ou por efeito de inundações ou pela manutenção de águas estagnadas na estação estival responsável pela regularidade das febres intermitentes durante o verão em terrenos encharcados (Saavedra, 2010; Almeida, 2013).

Todavia, seria pelo sector sanitário que se iria abrir uma brecha na intervenção estatal em águas privadas. Medidas preventivas à propagação de epidemias como a correção de águas salobras, pântanos e arrozais, alfobres de mortalidade, a partir de 1860s entravam num programa legítimo de intervenção dos poderes públicos: alterar as culturas nos campos onde a malária proliferava e irrigar essas águas estagnadas não seria um atentado à propriedade privada, mas uma medida profilática de interesse de toda Nação. No entanto, como essa opção afetava diretamente os rendimentos dos orizicultores foi combatida veementemente por estes e o tema evoluiu para polémica acesa dentro e fora do Parlamento. Este sector afetava largas regiões de zonas húmidas entre a Lagoa de Óbidos e Aveiro, Alcácer d Sal, Terras do Sado e Mira, e Rias de Alvor e Formosa, e o debate político culminou na Lei de extinção dos pântanos e arrozais de 1866 (Saavedra, 2010).

Porém, esta lei pouco significou para as lezírias das terras baixas do Tejo, famosas pelas águas correntes e produção cerealífera e não pela cultura do arroz. Ao contrário do que podia ser argumentado para zonas palustres e de águas mistas entre a Foz do Arelho e a Ria de Aveiro, terras do Sado e Alcácer do Sal ou mesmo no Algarve, nas rias de Alvor e Formosa, as águas do Tejo, as mais correntes todo o ano, acabavam por inviabilizar argumentos a uma intervenção estatal sistemática mesmo através da via da saúde publica, nomeadamente nas propriedades limítrofes ao Estuário, junto à foz, a não em áreas especificas de emergência de febres intermitentes (Ribeiro, 1854).

No plano da argumentação parlamentar, o rio de maior caudal da península ibérica e um dos maiores da Europa, era o que podia ser menos intervencionado pelo Estado Liberal Português. Assim, enquanto o direito de propriedade privada não fosse desbloqueado a ação estatal mesmo de obras públicas para melhoramento da produção agrícola ainda que executadas e pagas pelo Erário público, obrigava a soluções negociadas entre proprietários privados, Governo e poderes locais (Ribeiro, 1854; Consulta, 1857), como sucedeu para a viabilização das obras dos campos do Mondego, entre 1853 e 1856 (Pato, 2011).

Porém, não obstante os entraves colocados à ação do Estado, o conhecimento técnico e científico ia fazendo o seu caminho e criando escola, em territórios privados, mas ainda assim sob tutela direta ou vigiados por agência estatal. Entre eles pontuou a Companhia das Lezírias do Tejo e Sado. Esta entidade, em 1836, adquirira uma parte significativa de terrenos anteriormente pertencentes à Coroa, aqueles mesmos, já intervencionados no reinado de D. Maria I na salvaguardava da vida dos súbditos, mas também da sua fonte de rendimentos, enquanto proprietária privada. Ora o Estado Liberal não podia exercer a correção hidrológica de um só proprietário.

O combate às cheias como no Antigo Regime, executava-se através da fixação das margens do rio com o plantio de sebes ou cava e manutenção de um sistema de valados. Na passagem das lezírias da Coroa para a referida Companhia em 1836, a Companhia assumiu o compromisso de manter as obras de valagem enquanto o Tejo não fosse encanado desenvolvendo um aperfeiçoamento dos sistemas de valagem razoavelmente eficazes até às cheias de meados do século XIX. Com a evolução das cheias aqueles campos reclamavam um tipo de obras hidráulicas de muito maior fôlego que não foi concertado com o Estado (Santos, 1864).

Já a montante dos campos de Santarém e Golegã, onde as cheias atingiam também grandes extensões, e não tendo encontrado fontes primarias que o corroborassem, infere-se que, as duas margens do rio nos troços de cota superior ofereceriam, apesar de tudo, melhores condições de escoamento das águas inundantes desde o rio Ponsul na bacia e várzeas de Castelo Branco até à Golegã e Santarém-Lamarrosa; paralelamente na margem esquerda em cota sempre inferior, os campos da Chamusca a Almeirim e Alpiarça, seriam sempre imensamente afetados pelas inundações.

Todavia, como sugerem as memórias de Moura Coutinho, os proprietários privados optaram pela fixação das margens através da rearborização sistemática daquelas com salgueiros e arbustos, repetida ao longo de todo o seculo XIX tanto nos campos do Tejo Alto como do Tejo Baixo (Fino, 1875; Eça, 1877). E vai ser de facto com nova vaga de chuvas e inundações torrenciais do triénio de 1875-77 que a legislação do sector Hidrológico se vai desenvolver de, meramente ocasional, para um corpo de Leis estruturado.

Esta concretização legislativa no final do século também tem várias razões de ser. Por um lado, as principais bandeiras do *Fomento já se encontravam irreversivelmente em curso ou mesmo terminadas* possibilitando o avanço de outras áreas de intervenção no espaço político. Por outro lado, a questão hidrológica assumia-se como um bom tema político de afirmação de um programa Executivo, para um crescente número de engenheiros-parlamentares com aspirações ao poder, nomeadamente o elenco do "governo dos meninos" com Hintze Ribeiro à cabeça.

O último quartel do século XIX conheceu um caminho de defesa de questões de ordenamento territorial e de recursos naturais no Parlamento, coincidência ou não, quando o número de engenheiros de várias especialidades, militares e civis, mesmo em alinhamentos políticos diferentes, se foram afirmando e posicionando no parlamento (Diogo, 1994; Cardoso-de-Matos *et.* al, 2009).

Os engenheiros registam duas características. Por um lado, têm conhecimento científico sobre o território e, por outro lado, alguns mesmo deputados da nação dependem do serviço público para sobreviver; não são proprietários terratenentes, nem financeiros, nem industriais nem clérigos. A implicação desta constatação é a de que, sem constituírem ainda um *lobby* identificável, nos anos 1870s, alguns engenheiros vão ser os principais responsáveis pela apresentação de projetos de lei de ordenamento territorial da *res privada* pela autoridade pública, legitimando o esboroar da dimensão real da inalienabilidade da propriedade privada, ao nível das imposições legislativas sobre a propriedade fundiária.

Assim as orientações para um novo levantamento territorial acerca das condições dos portos e barras do litoral, a precisar de obras estruturais deteriorados por tempestades marítimas e inundações fluviais ao longo da centúria agora agravadas pelas cheias de grande impacto de destruição principalmente no Douro e também no Mondego e Tejo, no triénio de 1875-77, são acompanhadas no debate parlamentar do tópico sobre a necessidade de contenção de águas torrenciais (1882 a e b, 1885 Direcção Geral dos Trabalhos Geodésicos). A correção hidro-florestal volta à discussão como principal meio para se conseguir o controlo do regímen das águas vindo agora este problema a desembocar no *Plano de Organização dos Serviços Hidrográficos* de 6 de Março de 1884, que delimita as bacias hidrográficas e na instituição dos Serviços Florestais do Estado, em 1886, resgatando o plano de arborização das cumeadas, vertentes margens dos rios, em letargia num qualquer baú das comissões parlamentares, desde 1857.

A lei de 1884 cobria toda a rede hidrológica nacional independentemente do regime de propriedade onde se aplicava. Impuseram-se regras e limites no uso de recursos naturais em propriedade privada cabendo depois a fiscalização ao sector público; regras de gestão territorial que nem o Código Civil de 1867 nem os códigos municipais de 1870 e 1877 haviam ousado tocar (Joanaz-de-Melo, 2017).

No que respeita à intervenção do poder Público nas águas interiores, o curso principal do rio Tejo não foi beneficiado nem prejudicado com esta legislação; todavia um surto de cólera decretado em Espanha em 1885 teve, neste caso consequências positivas na legislação das águas interiores em Portugal, em 1886, novamente num contexto de torrencialidade significativa, verificada entre 1884 e 1886.

Em Junho de 1885 foi declarado oficialmente um surto de Cólera em Madrid (Aranjuez) que alastrou para outas áreas da nação vizinha na fronteira marítima com o Algarve (Ilha Cristina). Por recomendação do Conselho sanitário de 30 de Junho de 1885 "logo às primeiras notícias do Cholera em Aranjuez (...) foi recomendado aos governadores civis dos Distritos de Lisboa, Santarém, Portalegre e Castelo Branco que empregassem todos os meios ao seu alcance" para convencerem os povos da Bacia do Tejo a consumirem aquela água só depois de fervida. A 29 de Julho seguinte foram enviadas recomendações equivalentes aos Governadores Civis do "Porto, Villa Real, Vizeu, Bragança e Chaves, com respeito a águas do Douro e para os de Portalegre, Beja, Évora, e Faro, com relação às águas do Guadiana" (Bellem e Ennes, 1886).

Desta vez, as vias de contaminação eram incontáveis. Dada a densidade de rios nascidos em Espanha e a desaguar em Portugal, havia que evitar contaminação por via hidrológica e manter águas superficiais e subterrâneas capazes de consumo; missão impossível com pessoas e animais, sãs e doentes, a fugir de Espanha para Portugal em qualquer ponto da fronteira terrestre e marítima, que agravariam o problema através de contaminação fecal. (Bellem e Ennes, 1886).

Perante os riscos de uma hidra contagiosa, a opção do Governo português foi radical. Decretou-se um cordão sanitário nas fronteiras terrestre e marítima e suspendeu-se a importação de cereais e de gado. Foram reabertos lazaretos e reforçado patrulhamento contra o contrabando e a imigração clandestina quer na zona raiana quer no litoral. Prenderam-se, isolaram-se, trataram-se e repatriaram-se pescadores espanhóis que tentaram entrar em Portugal pelo Guadiana (Bellem e Ennes, 1886).

Passado o susto sanitário o país sofria de falta de cereais e dos efeitos das inundações fluviais nas zonas de produção. Foi talvez o passo derradeiro para a regulamentação da lei de 1884 pelo decreto de 2 de Outubro de 1886 e a instituição dos Serviços Florestais Nacionais com vista a iniciar as medidas de controle do regímen das águas, na sua origem, pela correção hidro-florestal nas cabeceiras das montanhas, projeto que iniciado em 1889, seria desenvolvido na Realidade ao longo do Estado Novo.

CONCLUSÕES

Analisar a questão das águas no Antigo Regime e Liberalismo em Portugal, a partir de uma lógica de administração do território por parte de poderes governativos e centralizados, obriga a uma imersão no contexto histórico onde essa intervenção se opera.

Tanto no final do Antigo Regime como durante o Liberalismo, foram as áreas do domínio da calamidade pública que se constituíram em pontos de convergência de atuação *estatal* no sector hidrológico em propriedade pública, privada e comum. A sobreposição do Poder Executivo ao Direito de Propriedade e aos "usos e costumes" seculares no acesso e gestão de recursos hidrológicos, fundamentaram-se paralelamente, em quadros de agravamento da mortalidade e em situações prolongadas de calamidade pública nos sectores agrícola e sanitário, afetando regiões tanto no litoral e terras baixas como nas terras altas e interior.

Uma vez decidida politicamente desenvolver intervenção territorial, esta, no plano das obras e correção hidro-florestal e ações sanitárias, separou duas circunstâncias: ordenamento territorial e segurança pública. No primeiro caso articulou-se a ação de agentes sociais técnicos e científicos, recrutados nas esferas dos sectores público e privado para negociar, planear e executar obras de melhor gestão de águas ao nível local, as quais foram ajustadas de região para região em função das respetivas características geográficas. No caso de intervenção na saúde pública menos fácil de conter, os cordões sanitários, barramento à mobilidade, levantamento e registo das condições de degradação do território e sua evolução, foram entregues ao sector militar.

Se as opções de intervenção de segurança pública não ofereceram dúvidas constitucionais de execução, as campanhas de ordenamento territorial e edificação de obra pública foram precedidas de inúmeras cautelas. Do ponto de vista jurídico, em ambos os regimes políticos, Absolutista e Monárquico Constitucional, em contexto de carga pluvial abundante e de cada vez, mais agravada, o travão a maior ação legislativa para viabilizar a correção do regime de águas torrenciais e agilizar a edificação de infraestruturas hidráulicas foi o direito de propriedade privada, embora com alcance e significados distintos quer durante o período de vigência de direitos absolutistas em regime senhorial quer com a extinção daqueles no Liberalismo.

Por sua vez, o direito de propriedade forjado no Liberalismo como garante de liberdade individual, revelou-se um dos maiores bloqueios à intervenção estatal na correção sistémica das correntes torrenciais quer em obras hidráulicas para canalização de rios e gestão de águas nos campos cultivados quer na introdução de mecanismos de fixação e proteção das margens dos cursos fluviais.

Poder Central setecentista e oitocentista viu-se manietado para intervir no território. Paralelamente, o desconhecimento e falta de consciência do quadro pluvial em progressão cada vez mais intenso no decurso de 1800s, dificultaram a ação dos decisores tanto no plano legislativo como no plano operativo. Durante décadas, a elite portuguesa genuinamente não compreendeu, o fenómeno pluvial em mudança. Daí a primeira reação legislativa a inundações devastadoras em 1835, ter sido situada no campo filantrópico. O controlo do regime torrencial apresentava-se como um investimento gigantesco a fundo perdido para situações ocasionais. Só com o agravamento sistemático e cada vez mais danosos da destruição torrencial nas décadas de quarenta e cinquenta, se verificou premente um outro tipo de ação, todavia, ainda muito manietada por interesses económicos.

Por sua vez, no longo processo da promulgação legislativa para regularização do regímen das águas interiores, os passos positivos nesta direção, desde o último quartel de 1700s ao fim de 1800s, resultaram sempre, de quadros de calamidade pública provocados por massas hídricas torrenciais e surtos epidémicos.

Por último, a navegação interna e a regularização dos leitos dos cursos fluviais em vários rios primários e secundários do território português, foram executados. Do Antigo Regime à publicação da Lei de criação das bacias hidrográficas em 1884, a manutenção da limpeza dos leitos dos rios foi regular, nomeadamente, no Tejo alto e no Tejo Baixo. Sem condicionantes de direitos de propriedade nas águas correntes navegáveis e flutuáveis, ainda que se possa argumentar, timidamente, os governantes agiram *de facto* onde não havia condicionantes jurídicos sobre a propriedade.

FUENTES Y BIBLIOGRAFIA

FUENTES

BAHOP, MR 34– (Ministério do Reino), Documentos relativos a obras e administração das lezírias do Tejo, caixa 1756-1821.

BAHOP, MR 43 – (Ministério do Reino) Correspondência do Conde de Valadares Encarregado das Obras do Ribatejo 1784-1790.

Bellem, A. & Ennes, G. (1886). *Os Lazaretos Terrestres de Fronteira nos anos 1885 e 1886 (Marvão, Elvas, Villar Formoso, Valença e Villa Real de Santo António). Relatório Apresentado a Sua Excellencia o Ministro do Reino pelos Inspectores A. M. da Cunha Bellem e Guilherme José Ennes– segunda parte*. Lisboa: Imprensa Nacional.

Cabanes, F. X. (1829). *Memoria que tiene por Objecto manifestar la posibilidad y facilidade Memoria que tiene por objecto manifestar la posibilidad y facilidad de hacer navegable el rio Tajo desde Aranjuez hasta el Atlântico, las ventajas de esta empresa y las concesiones hechas á la misma para realizar la navigacion / por el brigadier de infantería de los reales ejércitos Francisco Xavier de Cabanes, Imprenta de Don Miguel de Burgos*. Madrid.

Cabral, E. (1991a[1790]). Memória Sobre os Danos Causados pelo Tejo nas suas Ribanceiras. *Memórias Económicas da Academia Real das Ciências de Lisboa 1789-1815*, Tomo I, J. Cardoso (Dir.), (pp. 177-204). Banco de Portugal.

Cabral, E. (1991b [1790]). Memória Sobre os Danos do Mondego no Campo de Coimbra, e seu remédio. *Memórias Económicas da Academia Real das Ciências de Lisboa 1789-1815*, Tomo III, J. Cardoso (Dir.), (pp. 141-165). Banco de Portugal.

Colecção de Decretos e Regulamentos Publicados Durante o Governo da Regência do Reino Estabelecido na Ilha Terceira desde 1830 a 1833 (1833). Lisboa. Imprensa Nacional.

Consulta do Conselho das Obras públicas e Minas Sobre a Legislação das Águas (1857). *Boletim do Ministério das Obras Públicas Comércio e Indústria*, 5, (Maio), 466-471.

Diário da Câmara dos Pares, 1880-1884.

Diário da Câmara dos Senhores Deputados, 1852-1861. Lisboa: Imprensa Nacional.

Diário da Câmara dos Senhores Deputados, 1869-1881. Lisboa: Imprensa Nacional.

Diário de Lisboa, 1861-1869. Lisboa: Imprensa Nacional.

Diário do Governo, 1834-1839. Lisboa: Imprensa Nacional.

Eça, B. F. M. C. A . (1877). *Acerca do Regímen do Tejo e Outros Rios ao Ministério das Obras Públicas nos Anos de 1867 e 1872 pelo Engenheiro Bento Fortunato de Moura Coutinho de Almeida d'Eça.* Lisboa: Imprensa Nacional.

Fino, G. C. da G. (1875). *Legislação e Disposições Regulamentares Sobre Rios, Vallas, Açudes, Nasceiros, Pesqueiras, Pantanos e Barcas de Passagem.* Lisaboa: Ministério das Obras Públicas Comércio e Indústria, Imprensa Nacional.

Garcia, M. (1862). *Dissertação Inaugural Para o Acto de Conclusões Magnas.* Coimbra: Imprensa da Universidade.

Guerra, M. J. J. (1856). Reconhecimentos Feitos no Rio Tejo na Occasião das Cheias que tiveram Logar em 1855. Extractos de Estudos Feitos no Mesmo Rio, Sobre que se Fundam os Projectos de Obras Propostas para Melhoramentos dos Campos Inundados. *Boletim do Ministério das Obras Públicas Commércio e Indústria*,12, 455-468.

Guerra, M. J. J. (1861). Estudos feitos no Rio Tejo, Auctorizados Pelas Instruções que Acompanham o Decreto de 30 de Julho de 1849, Para o Melhoramento da Navegação deste Rio e Protecção dos Campos Adjacentes, Dirigidos pelo Brigadeiro Graduado de Engenharia M. J. Júlio Guerra, Coadjuvado por Alguns Engenheiros. Estudos das Inundações do Tejo e Especialmente das de 1855 e 1856. *Boletim do Ministério das Obras Públicas Commércio e Indústria*, 7, 37-47.

Lavradio, Conde de (1933-1933). *Memórias do Segundo Conde de Lavradio (1797-1870) Comentadas pelo Sexto Marquês do Lavradio* (Camps de Andrada ed.), v. 3 y 4. Imprensa da Universidade de Coimbra.

Plano Hydrográfico Desde o Cabo da Roca até Cezimbra Contendo a Entrada do Rio Tejo e Seu Porto (1882a). Lisboa: Direcção Geral dos Trabalhos Geodésicos do Reino.

Planta do Rio Tejo e Suas Margens na Parte Compreendida Entre as Portas da Cruz de Pedra e a Ribeira de Algés, com a Designação das Obras Propostas pela Comissão Nomeada em Portaria de 16 de Março de 1833 (1885). Lisboa. Imprensa Nacional.

Relatório e Contas da Gerência da Comissão d'Auxílios Creada por Decreto de 15 de Fevereiro de 1841 por Ocasião das Inundações do Riba Tejo e Outros Pontos da Província da Estremadura (1841). Lisboa. Imprensa Nacional.

Ribeiro, J. S. (1854). Resolução XII. Obras nos Rios e Junto a Pontes. *Resoluções do Conselho de Estado*, Tomo I, Imprensa Nacional, Lisboa.

Santos, A. P. (1864). *N.2. Relatórios sobre o Enseccamento de Paues, Pantanos. Fortificação dos Campos da Lezírias do Baixo Tejo e Sado pelo Capitão engenheiro António Pedro dos santos, Director das Obras do Tejo e Vallas.* Lisboa: Imprensa Nacional.

Secção Hidrographica, *Plano Hydrográfico Desde o Cabo da Roca até Cezimbra Contendo a Entrada do Rio Tejo e Seu Porto* (1882b). Lisboa: Direcção Geral dos Trabalhos Geodésicos do Reino.

Simões, A. A. da C. (1860). *Topographia Medica das Cinco Villas e Arega ou dos Concelhos de Chão de Couce e Maçãs de D. Maria em 1848, com o Respectivo Mapa Topográphico e Carta Geológica por A. A. da Costa Simões.* Coimbra: Imprensa da Universidade.

Valladas, M. R. (1875). Memória Sobre o Reconhecimento dos Rios, Ribeiras, Barras e Terrenos Marginaes no Litoral a Partir de Villa Real de Santo António, na Foz do Guadiana, até à Ribeira de Melides, Próximo à Foz do Sado. *Revista de Obras Públicas e Minas*, Imprensa Nacional, Lisboa, Tomo VI, nº 72, 480-483, 453-489.

BIBLIOGRAFÍA

Alegria, M. F. (1990). *A organização dos Transportes em Portugal (1850-1910). As vias e o Tráfego,* Lisboa: Universidade de Lisboa/INIC

Almeida, M. A. P. (2013). *Saúde Pública e Higiene na Imprensa Diária em Anos de Epidemias,* 1854-1918. Edições Colibri.

Amorim, I. (2008). *Porto de Aveiro: Entre a Terra e o Mar.* Aveiro: APA – Administração do Porto de Aveiro S. A.

Cardoso-de- Matos, A., Diogo, M., Gouzévitch I., & Grelon, A. (2009). *Jogos de Identidade Profissional.* CIDHEUS-UE/CIHUCT/Edições Colibri.

Cordeiro, J. M. (2001). Indústria e energia na Bacia do Ave (1845-1959). *Cadernos do Noroeste,* 15(1), 57-174.

Costa, F. S. (2007). *A Gestão das Águas Públicas — O Caso da Bacia Hidrográfica do Rio Ave no Período 1902-1973* [Tese de Doutoramento em Geografia Ramo de Geografia Física e Estudos Ambientais, Universidade do Minho].

Costa, L., Laíns, P. & Munch, S. (2014). *História Económica de Portugal 1143-2010,* 3ª edição. A Esfera dos Livros.

Diogo, M. P. (1994). *A Construção de uma Identidade Profissional. – A Associação dos Engenheiros Civis Portuguezes (1869-1937* [Tese de Doutoramento, Universidade Nova de Lisboa Faculdade de Ciências e Tecnologia].

Guimarães, P. E. (2016). Conflitos ambientais e progresso técnico na indústria mineira e metalúrgica em Portugal (1858-1938). En P. E. Guimarães & J. D. Pérez Cebada (eds.), *Conflitos Ambientais na Indústria Mineira e Metalúrgica: o Passado e o Presente* (pp. 157-183). CICP/CETEM.

Joanaz-de-Melo, C (2015). *An Analysis of the Royal Preserves in Portugal. Issues of Privilege, Power, Management and Conflicts.* Wildtrack.

Joanaz-de-Melo, C. (2017). *Arborizar Contra Cheias Tempestades e Marés (1834 1886). Políticas de águas e de Florestas em Portugal.* IAP/IHC/Portico.

Joanaz-de-Melo, C. (2020). A Floresta em Movimento. In C. Joanaz de Melo (coord.), *Como Fénix Renascida. Matas Bosques e Arvoredos: Representações, Gestão, Fruição* (pp. 79-130). Colibri.

Joanaz-de-Melo, C. (2023). Fontes Manuscritas do Século XVIII: «Intendência das Lezírias e Obras do Tejo» e «Corresponência do Conde de Valadares». En A. Queirós, B. Direito, H. Silva y L. C. Pinto (eds.), *Pobreza e Fome, Uma História Contemporânea. Temas metodologias e Estudos de Caso.* Imprensa de História Contemporânea.

Lopes, A. I. A. (2019). *"Governar a natureza": o assoreamento da foz do rio Cávado, em Fão– causas, impactos e respostas sociais (1750-1870)* [Dissertação realizada no âmbito do Mestrado em História e Património.

Pato, J. H. (2011). *História das políticas públicas de abastecimento e saneamento de águas em Portugal.* Entidade Reguladora dos Serviços de Águas e Resíduos (ERSAR).

Roxo, M. J. & O, Afonso. (2008). Drought Events in Southern Portugal from the 12th to the 19th Centuries: Integrated Research from Descriptive Sources. *Natural Hazards*, Springer, 47(1), 55-66. DOI 10.1007/s11069-007-9196-0

Saavedra, M. A. de A. M. (2010). *Uma Questão Nacional" Enredos da malária em Portugal, séculos XIX e XX* [Tese de Doutoramento em Ciências Sociais –Especialidade: Antropologia Social e Cultural, ICS-UL, Lisboa].

Sardica, J. M. (2013). *Portugal Contemporâneo. Estudos de História.* Universidade Católica Editora.

Silva, Á. Ferreira & Cardoso-de-Matos, A (2004). The Networked City: Managing Power and Water Utilities in Portugal, 1850s-1920s. *Business and Economic History On-Line*, 2. http://hdl.handle.net/10174/2404

Silva, L. P. (2019). *O clima do Noroeste de Portugal (1600-1855): dos discursos aos impactos* [Tese realizada no âmbito do Doutoramento em História, Faculdade de Letras da Universidade do Porto].

Silveira, L. N. E. da. (2001). *Os Recenseamentos da População Portuguesa de 1801 a 1849*. Edição crítica, III Vols., INE.

Silveira, L., Alves D., Lima, N., Alcântara, A. & Puig, J. (2014). The evolution of population distribution on the Iberian Peninsula. A transnational approach (1877-2001). *Historical Methods. A Journal of Quantitative and Interdisciplinary History*, 46, 157-174.

Regímen das águas em Portugal: temer, prevenir e domar o Tejo nos seculos XVIII e XIX

Resumo: Consoante fontes primárias e bibliografia vária, o rio Tejo apresenta da nascente à foz, entre 1009km e 1086km. Entre os autores, já é consensual que percorre cerca de 260km no território luso, recebendo a descarga total de águas da bacia de drenagem no final do seu percurso. Também não oferece dúvidas que as cheias do Tejo são milenares. Em função do volume pluvial e concentração ou dispersão da chuva ao longo do ano, agrícola, as inundações fluviais e seus efeitos no território, nas zonas altas e baixas, diferem substancialmente. O grau de erosão, destruição, rega ou fertilização pelas suas águas fazem assim parte da incerteza anual. Para minimizar o impacto das cheias torrenciais, ao longo dos tempos, foram desenvolvidas várias tentativas de regularização das águas do gigante hídrico peninsular, com diferentes graus de sucesso e insucesso. Atendendo ao exposto, este texto analisa a reflexão desenvolvida em torno do problema das cheias torrenciais e os dispositivos efetivamente testados, bloqueados, adiados e aplicados em Portugal, para minimizar os seus efeitos, nos séculos XVIII e XIX,

Palavras-chave: Tejo, águas, cheias, Direito de Águas

Water regime in Portugal: fear, prevent and tame the Tagus in the 18th and 19th centuries

Abstract: Depending on primary sources and various bibliography, the Tagus River has from source to mouth, between 1009km and 1086km. Among the authors, there is already a consensus that it travels around 260km in Portuguese territory, receiving the total discharge of water from the drainage basin at the end of its route. There is also no doubt that the Tagus floods date back thousands of years. Depending on the amount of rainfall and concentration or dispersion of rain throughout the year, agricultural, river flooding and its effects on the territory, in the high and low areas, differ substantially. The degree of erosion, destruction, irrigation or fertilization by its waters are thus part of the annual uncertainty. To minimize the impact of torrential floods, over time, several attempts were made to regulate the waters of the peninsular water giant, with varying degrees of success and failure. Given the above, this text analyzes the reflection developed around the problem of torrential floods and the devices effectively tested, blocked, postponed and applied in Portugal, to minimize their effects, in the 18th and 19th centuries,
Keywords: Tagus, waters, floods, Water Law.

Régimen de aguas en Portugal: temer, prevenir y domar el Tajo en los siglos XVIII y XIX

Resumen: Según fuentes primarias y bibliografía variada, el río Tajo tiene desde su nacimiento hasta su desembocadura, entre 1009 km y 1086 km. Entre los autores, ya existe consenso de que recorre alrededor de 260 km en territorio portugués, recibiendo la descarga total de agua de la cuenca de drenaje al final de su recorrido. Tampoco hay duda de que las inundaciones del Tajo datan de hace miles de años. Según la cantidad de lluvia y la concentración o dispersión de la lluvia a lo largo del año, las inundaciones agrícolas, fluviales y sus efectos sobre el territorio, en las zonas altas y bajas, difieren sustancialmente. El grado de erosión, destrucción, regadío o fertilización de sus aguas forman así parte de la incertidumbre anual. Para minimizar el impacto de las inundaciones torrenciales, con el tiempo se hicieron varios intentos de regular las aguas del gigante acuático peninsular, con diversos grados de éxito y fracaso. Dado lo anterior, este texto analiza la reflexión desarrollada en torno al problema de las inundaciones torrenciales y los dispositivos efectivamente ensayados, bloqueados, postergados y aplicados en Portugal, para minimizar sus efectos, en los siglos XVIII y XIX.

Palabras clave: Tajo, aguas, inundaciones, Ley de Aguas.

6.
LOS USOS INDUSTRIALES Y URBANOS DEL AGUA EN PORTUGAL Y SUS CONSECUENCIAS MEDIOAMBIENTALES EN LA ÉPOCA CONTEMPORÁNEA

Ana Cardoso de Matos
CIDEHUS. Universidade de Évora

INTRODUCCIÓN

El agua es una preocupación de la sociedad actual, dada su escasez derivada del cambio climático que prolonga los periodos de sequía. En los últimos años la falta de agua ha sido tan grave que los embalses de las grandes presas de Portugal han caído a niveles muy bajos, generando una gran preocupación para los poderes públicos, los agricultores, las industrias y la población en general.

Por otra parte, muchos de los ríos que antaño tenían mayores caudales y en los siglos XIX y XX fueron una importante fuente de energía para el desarrollo industrial, ahora se ven reducidos a un pequeño hilo de agua. Esta situación en parte se debe a la falta de precipitaciones, pero también al desvío de agua por diversos motivos, entre ellos para su uso en fábricas hidráulicas, que en algunos casos estuvieron en funcionamiento hasta finales del siglo XX.

El medio ambiente y la contaminación del agua también están en el centro de los debates públicos a escala nacional e internacional, ya que el uso intensivo de los recursos hídricos, sobre todo en la actividad industrial, ha contribuido en los últimos siglos a la contaminación de los mismos. A pesar de la legislación publicada a lo largo de la época contemporánea y con más intensidad en las últimas décadas para imponer a la industria medidas que la obliguen a depurar el agua que se vierte en los ríos después de haberla utilizado en su proceso de fabricación, muchas industrias no cumplen rigurosamente esa legislación contaminando las aguas fluviales y, muchas veces, también las subterráneas. La inexistencia hasta muy avanzado el siglo XX de sistemas eficaces de abastecimiento de agua y saneamiento en algunas regiones del país y en algunas zonas periféricas de las grandes ciudades fue también una fuente de contaminación de los recursos hídricos.

Los problemas y preocupaciones enumeradas ya estaban presentes en el siglo XIX, aunque con la dimensión y realidad del contexto histórico de la época. En las últimas décadas, el desarrollo de la historia ambiental en Portugal, ha mostrado la preocupación de muchos historiadores por incluir este tema en sus estudios. Esto ha permitido conocer algunas situaciones concretas sobre la contaminación del agua.

En este texto intentamos, en primer lugar, hacer una breve aproximación al desarrollo de la historia ambiental en Portugal, enmarcándola en el ámbito internacional. A continuación, analizamos las complejas y diversificadas relaciones entre el agua y la industria, es decir, su utilización como fuerza motriz y la alteración de los cursos fluviales, así como los conflictos entre sus usuarios, y la contaminación del agua por la actividad industrial. En tercer lugar abordamos el complejo reparto entre los usos industriales y los existentes en las ciudades, que tratamos de ilustrar con el caso de Lisboa, donde en la zona oeste se ha producido un importante desarrollo industrial que ha dado lugar a la contaminación de la Ribeira de Alcântara. En último lugar nos referimos a algunas de las medidas estatales que se tomaron a lo largo del siglo XIX con el objetivo de regular y potenciar el uso de los recursos hídricos.

LA HISTORIA AMBIENTAL DE PORTUGAL EN EL CONTEXTO INTERNACIONAL: UNA BREVE APROXIMACIÓN

Los cambios medioambientales de las últimas décadas del siglo XX llevaron a científicos de diversos campos a reflexionar sobre el impacto que el desarrollo industrial y la explotación más intensa de los recursos naturales estaban teniendo en el medio ambiente. Entre estos científicos se encontraban el químico Paul Josef Crutzen[1] y el

1 Paul Josef Crutzen fue un químico holandés que en 1995 recibió, junto con Mario Molina y Frank Sherwood Rowland, el Premio Nobel de Química. Se licenció en

biólogo Eugene F Stoermer, que acuñaron la idea del Antropoceno, término que utilizaron en un artículo publicado en 2000 para definir una nueva época en la que la acción humana sobre la naturaleza se ha hecho más evidente (Crutzen y Stoermer 2000)[2]. Dos años más tarde esta idea fue concretada por Paul Crutzen, quien afirmó que esta nueva "Era de los Humanos", es decir, el Antropoceno, había comenzado con la revolución industrial, cuando el desarrollo de la industria, favorecido por la invención de la máquina de vapor por James Watt (1784) y su uso cada vez más sistemático, aceleró el impacto de la actividad humana sobre el medio ambiente y puso en cuestión los equilibrios ecológicos existentes hasta entonces, provocando la polución atmosférica y la contaminación de las aguas[3].

De hecho, el desarrollo económico de los distintos países, sobre todo desde finales del siglo XVIII, se ha caracterizado por un mayor progreso técnico que ha permitido explotar los recursos naturales de forma más intensa y diversificada. Esto ha tenido importantes consecuencias medioambientales y ha provocado un cambio significativo en el paisaje.

Estos problemas, que se hicieron más evidentes a finales del siglo XIX, llevaron a historiadores como Manuel González de Molina y Juan Martínez Alier a sostener, en 1993, que la Historia no podía desligarse de estos problemas, llegando a considerar que la Historia Ecológica no debía ser otra cosa que "un estilo alternativo de ampliar la comprensión de la historia" (Gonzalez de Molina y Martínez Alier, 1993, p. 14).

En Portugal, desde la década de 1990, los historiadores han subrayado la importancia de la interconexión entre los estudios históricos y otras ciencias. Los trabajos de María Carlos Radich contribuyeron

---

Ingeniería Civil en la década de 1960 y también estudió Meteorología en la Universidad de Estocolmo. Descubrió cómo los contaminantes atmosféricos pueden destruir el ozono estratosférico

2 Cabe señalar, no obstante, que desde los años ochenta utilizaba el término Antropoceno en las clases que impartía a sus alumnos.

3 Sin embargo, no debemos olvidar que, como ellos mismos afirman W. Settefen et ali (Settefen 2011) "Pre-industrial humans, still a long way from developing the contemporary civilization that we know today, nevertheless showed some early signs of accessing the very energy-intensive fossil fuels on which contemporary civilization is built" y que se intensificará en los siglos siguientes hasta nuestros días.

a hacer más evidente la interconexión entre los avances agrícolas y el medio ambiente, a saber, el vínculo entre la silvicultura y la botánica, la geología, la edafología y la climatología (Radich, 1996). Los estudios que se centraron en la industria también destacaron tanto la importancia de la disponibilidad de recursos naturales, utilizados como materias primas para la industria, como el papel decisivo de los ríos para la localización de unidades fabriles que utilizaban el agua como fuerza motriz o como elemento indispensable del proceso productivo. Un ejemplo es la fábrica de lana de Tomar (Custódio y Santos, 1990).

A raíz de la importancia que las cuestiones ambientales estaban asumiendo en las ciencias humanas y sociales en Portugal, en 1994 Maria Inês Mansinho y Luísa Schmidt (1994) intentaron hacer un inventario de los estudios que se habían publicado hasta entonces. Después de esa fecha se abordó la relación entre la industria y el medio ambiente en un artículo publicado en la revista *Ler Historia* (Cardoso de Matos, 2000).

En los años siguientes esta área de investigación ha suscitado cada vez mayor interés, destacándose, por ejemplo, el Encuentro Internacional de Historia Ambiental Lusófona celebrado en Coimbra en 2012 y la creación dos años después de la Red Portuguesa de Historia Ambiental (http://reportha.org).

En 2016, Paulo Guimarães e Inês Amorim (2016) hicieron un balance de las publicaciones y encuentros académicos centrados en la historia ambiental, buscando enmarcar los estudios sobre este tema dentro de la historiografía portuguesa y las nuevas áreas de investigación que estaban surgiendo a nivel nacional e internacional.

En los últimos años se ha multiplicado el número de publicaciones que abordan el medio ambiente desde una perspectiva histórica, sobre todo los estudios que vinculan la historia urbana y la historia medioambiental, que durante mucho tiempo se consideraron áreas temáticas separadas pero que ahora se reconoce que están interconectadas. Como refieren Sebastian Haummann, Martin Knoll y Detley Mares, las infraestruturas urbanas "o las ciudades como ecosistemas distintivos, temas clave de la historia urbano-ambiental, muestran las ciudades como entidades sociales y ambientales, como objetos de co-construcción y co-evolución"[4] (Haummann, Knoll, Mares, 2020). De hecho, ya en la década de 1974, Emmanuel Le Roy Ladurie identificó una serie de temas de historia medioambiental que tenían un impacto muy significativo en las ciudades, como la contaminación del agua y del aire generada por el funcionamiento de la industria y de la propia ciudad (Le Roy Ladurie, 1974, p. 537). Dos décadas más tarde, Joel Tarr integró los problemas medioambientales en la historia urbana (Tarr, 1996), analizando en los años siguientes la contaminación generada por la producción y distribución del gas en las ciudades, mientras que Sabine Barles, por ejemplo, se preocupó por la contaminación del subsuelo (Barles, 2005).

Los estudios de Martin Melosi, como *The Sanitary City* (Melosi, 2001) y *Effluent America* (Melosi, 2000), también hacen referencia a la dimensión ecológica del estudio de las redes técnicas urbanas. Más recientemente, Denis Bocquet (2006) ha pasado revista a los autores que han abordado las relaciones entre la historia de las redes urbanas y la historia medioambiental.

AGUA E INDUSTRIA: RELACIONES DIVERSIFICADAS Y COMPLEJAS

EL AGUA COMO FUERZA MOTRIZ: EL CAMBIO DEL CURSO DEL RÍO Y LOS CONFLICTOS ENTRE SUS USUARIOS

En los países en los que escaseaba el carbón, la energía hidráulica desempeñó un papel importante hasta finales del siglo XIX, bien mediante la expansión de su uso secular en los pisones de lana, bien mediante la utilización más intensiva de la rueda hidráulica, o incluso sustituyéndola por sistemas que permitían un mayor aprovechamiento energético, como fue el caso de la turbina.

Así, los recursos hídricos fueron un elemento determinante en la distribución espacial de los establecimientos manufactureros. Un ejemplo es la industria algodonera que se desarrolló en la región del

4 Cita original "or cities as distinctive ecosystems, key topics in urban-environmental history, show cities as social and environmental entities, as objects of co-construction and co-evolution"

Vale do Ave y se localizó a lo largo de los cursos de agua de la misma región (Alves, 2003).

También para las fábricas de lana de Covilhã la abundancia de agua fue un factor esencial en su desarrollo y el uso de máquinas hidráulicas fue uno de los ejes característicos de la industria en esta ciudad, localizada en una región con dificultades de acceso a la máquina de vapor debido al coste del transporte de la maquinaria y del carbón de piedra (Justino, 1988, p. 107).

En 1760, en el arroyo que bajaba de la montaña por el lado Sur, funcionaban 14 pisones de lana y cinco tintorerías, y en el arroyo de la Carpinteira, que bajaba de la montaña por el lado Norte, había tres tinas de tinte azul y una panadería con dos perchas (Dias, s/d, p. 29). Por otra parte, el agua de estos arroyos permitía el funcionamiento de las máquinas hidráulicas que existían en las diversas fábricas.

Por otro lado, a lo largo del río Nabão se instalaron cinco fábricas de papel durante el siglo XIX – Porto Cavaleiros, Sobreirinho, Prado Marianaia y Matrena –, todas ellas construidas en lugares donde ya existía una tradición de aprovechamiento del agua del río para molinos y moliendas (Ribeiro y Santos 1990, p. 495).

Sin embargo, la posibilidad de aprovechamiento industrial de la energía hidráulica estaba condicionada por la mayor o menor disponibilidad de recursos hídricos en cada región. Esto se tradujo en la desventaja de las regiones a las que la naturaleza no había dotado de recursos hídricos suficientes para su uso industrial. Por otra parte, las dificultades de comunicación han hecho que el potencial energético de localidades alejadas de los centros de mayor consumo o de los lugares de origen de las materias primas se quedase a menudo sin explotar.

La utilización de los ríos como fuerza motriz se veía dificultada por la irregularidad de sus caudales a lo largo del año. En las épocas de mayor verano la reducción o disminución, a veces muy importante, del caudal de los ríos hacía inviable el funcionamiento de las ruedas hidráulicas. Para garantizar el caudal de agua necesario para mover las ruedas que movían la maquinaria que funcionaba en el interior de las fábricas, a menudo se construían azudes para represar el agua. Por sus características constructivas, algunos de estos azudes constituyeron verdaderos hitos en la historia de la hidráulica portuguesa, como fue el caso del azud de la Real Fábrica de Hilados de Tomar (Custódio y Santos 1990, pp. 582-583).

Sin embargo, la construcción de azudes y de presas redujo la disponibilidad de agua para otros usos, por lo que la utilización del agua del río con fines industriales y para el consumo y el riego de tierras agrícolas desencadenó a menudo conflictos entre industriales y agricultores, ya que un uso industrial más intenso del agua se traducía en un menor caudal de agua disponible para el riego agrícola. En 1890, cuando la papelera Matrena, situada en Tomar, inició la construcción de un azud en el río Nabão, esta obra suscitó protestas de los propietarios rurales que consideraban que el azud perjudicaba el funcionamiento de las ruedas de riego. Ante estas protestas, el distrito hidráulico llegó incluso a embargar temporalmente la construcción del azud (Ribeiro y Santos, 1990, p. 500).

Por otro lado, también se dieron situaciones en las que las fábricas que utilizaban mecanismos hidráulicos se encontraron con dificultades en su funcionamiento debido a la reducción del caudal del río por la canalización del agua para abastecer a las ciudades. Así ocurrió, por ejemplo, en 1856, cuando a propuesta del ingeniero francés Louis-Charles Mary se desvió el agua de la Ribeira da Mata para abastecer a la ciudad de Lisboa. Este desvío repercutió negativamente en la Fábrica de Pólvora de Barcarena, en la Fábrica de Sellos de Río Tinto, propiedad de Filipe José da Luz, y en los molinos de agua situados a lo largo del río. Como señaló el inspector del Arsenal do Exercito, encargado de evaluar los inconvenientes que esta obra tuvo para la Fábrica de Pólvora de Barcarena, el desvío de las aguas imposibilitó el funcionamiento de las ruedas hidráulicas[5]. Los conflictos entre los distintos usuarios del agua de un mismo río también se debieron a la contaminación provocada por la industria y la minería, como veremos en el punto siguiente.

Ante las dificultades de utilizar de forma constante y regular los motores hidráulicos, algunas fábricas optaron por combinarlos con las máquinas de vapor, aprovechando así las ventajas que podía

5 Archivo privado de José Vitorino Damásio. AHMOP

ofrecer cada tipo de motor. En el primer caso, el menor gasto de capital y la resolución de la dependencia de los combustibles, no siempre abundantes. En el segundo caso, la independencia de las condiciones naturales. Esta fue la situación que se dio en la región del Vale do Ave, donde algunas fábricas empezaron a utilizar, de forma complementaria, la energía hidráulica y la energía del vapor (Mendes, 2002).

De hecho, en 1881 varias fábricas habían puesto en práctica la combinación de los dos tipos de energía. Por ejemplo, en la fábrica de algodón Padronello de Porto, la rueda hidráulica instalada en 1858, que desarrollaba una potencia de 40c/v, funcionaba todo el año, pero en los meses secos era asistida por una locomotora Pantin de 18c/v[6].

A lo largo del siglo XIX se siguió preconizando con regularidad el uso de la energía hidráulica, a menudo considerada como el "carbón blanco", relacionándola con la falta de combustibles en el país. En un artículo publicado en 1857, se señalaba con cierta sorpresa que Portugal, un país con poco carbón de calidad, seguía dejando "sin explotar muchos motores naturales importantes y topográficamente ventajosos", lo que se justificaba en parte por la falta de buenas vías de comunicación. En el mismo artículo se refería el caso de Alcobaça, donde los exámenes técnicos realizados en la cascada del arroyo Fervença habían permitido comprobar que podía dar movimiento a un motor con una potencia de 50c/v, incluso en la estación seca, llegando a 108c/v en abril[7].

En el Ministerio de Obras Públicas, Comercio e Industria, donde a partir de 1852 adquirieron mayor importancia los funcionarios con formación técnica y científica, se tomó conciencia de que "el agua como motor es un agente precioso en un país que carece de combustible"[8].Opinión compartida por el ingeniero Andrade Corvo, quien reconocía, sin embargo, que el pleno aprovechamiento de esta energía dependía no solo del conocimiento de la hidrografía y

6 *Inquérito Industrial de 1881. Distrito Administrativo do Porto*, p.108.

7 El artículo "Motores hidráulicos. Preferência que na indústria portuguesa se deve dar ao seu emprego", *Jornal da Associação Industrial Portuense*, vol. V, nº10, Março 1857, 158-160.

8 *Boletim do Ministério das Obras Pública*, Comercio e Indústria, nº3 Março de 1854, p.213.

la meteorología, sino también, en relación con los ríos, de las "modificaciones que la ciencia de la construcción puede introducir en el régimen de sus aguas"[9].

En 1893 la explotación hidroeléctrica del río Cávado permitió iluminar la ciudad de Vila Real con luz eléctrica (Nogueira, 2008)[10]. Dos años más tarde, la construcción, por iniciativa de la Sociedade Eletricidade do Norte de Portugal, de una central hidroeléctrica en el río Cávado aseguró el suministro eléctrico de Braga a partir de 1895. Era el comienzo de una nueva era en la que la hidroelectricidad cobraría cada vez más importancia.

La Primera Guerra Mundial, que creó grandes dificultades en el suministro de carbón importado de Gran Bretaña, aumentó el interés por la hidroelectricidad. En la posguerra se sucedieron las solicitudes de concesión de saltos fluviales para la instalación de centrales hidroeléctricas. Ante esta situación, el Estado portugués sintió la necesidad de regular y legislar sobre estas peticiones, publicando en 1919 la "Ley de Aguas", que definía el papel del Estado en la gestión de los recursos hídricos y en el proceso de electrificación del país. A finales de los años veinte, se consolidó una corriente de opinión que veía en la hidroelectricidad –el "carbón blanco"– la solución a todas las deficiencias de la electrificación nacional y la resolución del problema de la importación de carbón

En la década de 1920 ya se construyeron presas de cierta envergadura, como la de Lindoso, en el norte del país, pero solo en 1946, con el inicio de la construcción de la central de Castelo de Bode, en el río Zêzere, se entró en la fase de construcción de grandes presas. La construcción de estas presas exigió la utilización de técnicos extranjeros (Cardoso de Matos, 2022).

---

9 *Annaes das Sciencias e Lettras*, Lisboa, Imprensa Nacional, Tomo I, 1857, pp. 159,162.

10 Para una visión general de la hidroelectricidad en el contexto de la historia de la electricidad en Portugal, véase (Cardoso de Matos et al, 2004)

EL USO DEL AGUA EN PROCESOS INDUSTRIALES Y LA CONTAMINACIÓN DEL AGUA DE LOS RÍOS

Además de su uso energético, el agua de los ríos es necesaria para las distintas fases del proceso de producción de diversas industrias, como la textil, la papelera o la del curtido, así como para la explotación de minas y canteras, lo que ha provocado una gran contaminación de estas aguas.

La industria del curtido era una de las más contaminantes y, por ello, a finales del siglo XIX la propuesta presentada por el ingeniero de minas, J. M. Rego Lima, para construir un balneario termal en Chaves, comarca de antigua tradición termal, incluía el cierre de la fábrica de curtidos situada en la ribera del arroyo Rivelas. En Guimarães, donde la industria del curtido era muy importante en el siglo XIX, la contaminación de las riberas fue muy importante, impidiendo el desarrollo de otras actividades.

A principios del siglo XX, la Encuesta de Salubridad de las ciudades más importantes de Portugal mostró que el río que pasaba por Tomar seguía contaminado por la actividad industrial que allí se desarrollaba. En Alenquer, el río, que era utilizado por diversas industrias, entre ellas cuatro fábricas de lana, "estaba contaminado por estas mismas fábricas que arrojaban allí sus residuos", y en Almeirim, los residuos de la destilación de los vinos y de las almazaras fluían por las acequias hasta el canal de Alpiarça. En la levada del río, cerca de Soure, que servía de motor a varias industrias, había vertidos y en Covilhã, las tintorerías contribuían a hacer la "ciudad muy insalubre, provocando el desarrollo de epidemias como el tifus" (Montenegro, 1903, pp. 4, 72, 30, 36).

La minería y los métodos de tratamiento del mineral eran otra fuente de contaminación de las aguas fluviales. De hecho, desde mediados del siglo xix hubo constantes conflictos entre los mineros, que contaminaban con esta actividad las aguas subterráneas y las de ríos y arroyos. En 1855 los conflictos en la mina de São João do Deserto, en Aljustrel, fueron causados por la contaminación del agua de las fuentes termales donde se trataban enfermedades de la piel y del estómago, entre otras; en 1870 la introducción del sistema de tratamiento de minerales de cobre por el método húmedo, que se utilizaba en las minas de S. Domingos y Aljustrel, planteó el problema de la contaminación de los ríos, ya que el vertido de aguas sulfatadas procedentes del lavado del mineral mataba a los peces (Guimaraes, 2020). La empresa Mason & Barry, que explotaba las minas de S. Domingos, se vio obligada a construir un sistema de presas y canales y a limitar los vertidos de agua a las épocas de crecida del Guadiana.

En la minería, las dragas fueron un importante elemento de contaminación de las aguas, situación que se produjo en el valle del río Mondego, donde a principios del siglo XX la empresa explotaba las minas de estaño, The Portuguese American Tin Compagny, "creó lagos artificiales, afectó a la vegetación de ribera y dio lugar a un movimiento de protesto" (Pérez Cebada y Guimarães, 2017, p. 85).

EL USO DEL AGUA EN LAS CIUDADES: UNA COMPLEJA DIVISIÓN ENTRE USOS INDUSTRIALES Y OTROS USOS

En el siglo XIX, se intentó conciliar la modernización urbana y las ideas higiénicas imperantes en la época con toda la contaminación atmosférica y de las aguas que conllevaba el desarrollo de la actividad manufacturera.

Sin embargo, a lo largo del siglo XIX, el desarrollo industrial y la creciente concentración demográfica en los centros urbanos provocaron graves crisis sanitarias, con el brote y la propagación de epidemias asociadas a las degradadas condiciones de vida de la población. En 1867, el ingeniero Carlos Ribeiro consideraba que "Las condiciones higiénicas que debe satisfacer una gran ciudad dependen esencialmente de la cantidad de agua de que disponga y de la facilidad con que pueda aplicarse a la alimentación privada, a los establecimientos públicos, a la limpieza y al riego, a la extinción de incendios y a la industria" (Ribeiro, 1867, p. 27).

La eliminación de los residuos industriales y urbanos estuvo a menudo vinculada a la implantación de sistemas de alcantarillado y la mayoría de las propuestas de creación de redes de alcantarillado urbano, aparecidas en la segunda mitad del siglo XIX, preveían que los residuos líquidos de las fábricas fueran drenados por estas redes, que en muchos casos desembocaban en los ríos. Por ello, la mayor concentración de población e industria en las ciudades ha tendido a agravar la contaminación de las aguas fluviales, lo que ha provocado una creciente preocupación por este tipo de contaminación.

En la década de 1870, se incluyeron artículos y reflexiones sobre este tema en la *Revista de Obras Públicas e Minas*, publicada por la Asociación Portuguesa de Ingenieros Civiles. En 1872, se reprodujo el artículo "Os meios de reconhecer quaes as águas que podem corromper as águas dos rios", publicado en el *Bulletin du Musée de l'Industrie*, que daba cuenta de los trabajos desarrollados por la comisión inglesa que había estudiado las causas de la corrupción de las aguas (ROPM, 1872, p.131).

En 1874 se afirmaba, a propósito del artículo de F. Fischer, "La corrupción de los cursos de agua por las impurezas en las ciudades – medios de prevenirla"[11], que "se ha pedido a menudo que las fábricas y los oficios que suministran agua impura sean prohibidos en la ciudad, o que su agua solo sea conducida a las cañerías después de haber sido desinfectada; esto es tan impracticable como ineficaz, porque el agua que sale de las cocinas, de los lavaderos y del agua de lluvia hace a menudo fluir en las cañerías más sustancias peligrosas que las de las fábricas" (ROPM, 1874, p. 282).

ABASTECIMIENTO DE AGUA EN LISBOA: DIFICULTADES Y CONTAMINACIÓN

Desde mediados del siglo XVIII, Lisboa se abastecía de agua a través del acueducto de Águas Livres, pero solo en 1799 el agua llegó a la Praça das Amoreiras, donde en aquella época se encontraban varias industrias y donde, según un proyecto de Carlos Mardel, debía construirse un embalse, Mãe de Água, desde el que el agua se

11 Cita original "tem-se pedido muitas vezes que as fábricas e os mesteres que fornecem água impura sejam banidos da cidade, ou que as suas águas só possam ser dirigidas para os canos depois de desinfestadas; isto é tão impraticável como pouco eficaz, porque as águas que saem das cozinhas, dos lavadouros e a água da chuva, fazem muitas vezes afluir para os canos mais substâncias perigosas do que as fábricas"

distribuiría por canales a las diversas fuentes de la ciudad, pero este embalse solo se construyó en 1833-34 (Custódio, 1994, p. 96).

A pesar de estos esfuerzos, la cantidad de agua que llegaba a Lisboa seguía siendo insuficiente y en aquella época una de las principales preocupaciones de los poderes públicos era la modernización urbana, que implicaba la resolución de los principales problemas que afectaban a las ciudades del siglo XIX, que eran "la circulación, el saneamiento básico, la mejora del medio ambiente urbano, la transformación estética de la ciudad"[12] (Silva y Cardoso de Matos, 2000), junto con la preocupación por la seguridad de la población.

Entre estos diversos aspectos, el suministro de agua corriente se consideraba a mediados de los ochenta esencial para la salud y la higiene pública de cualquier gran ciudad. Una situación que Júlio Máximo de Oliveira Pimentel, químico y entonces concejal del Ayuntamiento de Lisboa, conocía bien. Como afirmó en 1855, "la administración ilustrada de todas las grandes ciudades, en las que suele concentrarse una población pobre e industriosa, presta atención ante todo al suministro abundante y económico de agua buena, que los principios higiénicos recomiendan como necesaria para la alimentación y el uso doméstico de los habitantes"[13] (Annaes Administrativas e Económicas, 1855, pp. 22, 23).

La gran crisis sanitaria que afectó a la ciudad de Lisboa entre 1856 y 1858 hizo más evidente la necesidad de establecer un sistema adecuado de alcantarillado y abastecimiento de agua (Silva 2007). Existía entonces un "reconocimiento generalizado de la precariedad del equipamiento sanitario y de las malas condiciones de habitabilidad de los edificios de la ciudad". (Silva y Cardoso de Matos, 2000).

En 1856, por decreto de 29 de enero, la explotación del abastecimiento de agua de la ciudad de Lisboa pasó a manos de una empresa privada – Empresa de Águas de Lisboa, que encargó al ingeniero

12 Cita original "circulação, saneamento básico, melhoria do ambiente urbano, transformação estética da cidade".

13 "a administração ilustrada de todas as grandes cidades, em que de ordinário se aglomera uma população pobre e laboriosa, atende primeiro que tudo ao fornecimento abundante e económico de boa água que os princípios higiénicos recomendam como necessária para a alimentação e usos domésticos dos habitantes".

francés Louis-Charles Mary el diseño de un plan para el abastecimiento de agua de la ciudad. El plan de este ingeniero, aunque no permitía abastecer a la ciudad con la cantidad de agua estipulada en el contrato, conseguía iniciar el suministro de agua a los hogares a través de tuberías cerradas de hierro fundido, preveía la construcción de nuevos embalses y dividía la ciudad en tres zonas altimétricas. Con este sistema, el agua se distribuía por presión, pero para evitar una presión excesiva en las tuberías, los depósitos no solo servían como reservas de agua sino también como cámaras de pérdida de presión (Caseiro, Pena y Vidal, 1999, pp. 118-120).

El proyecto del ingeniero Mary preveía el desvío de las aguas de la Ribeira da Mata y, aunque el nuevo trazado perjudicaría el funcionamiento de varias fábricas situadas en los alrededores de Lisboa, el Consejo de Obras Públicas aprobó el plan. Consideraba el órgano rector que los inconvenientes eran inferiores a las ventajas que alcanzaría la ciudad "por el aumento del grado de salubridad, por la comodidad de sus habitantes y por el desarrollo industrial, que será consecuencia lógica de la facilidad de obtener agua en gran copia para usos industriales"[14].

Como este proyecto no resolvió el problema del abastecimiento de agua en la cantidad estipulada por el contrato en 1864, el gobierno denunció el contrato. Cuatro años más tarde, la concesión fue adjudicada a una nueva empresa que canalizó las aguas del río Alviela y construyó la estación de bombeo de Barbadinhos, que empezó a funcionar en 1880. Estas medidas contribuyeron de forma muy significativa al abastecimiento de agua de Lisboa.

En 1895, para intentar reducir el riesgo de consumir agua contamidad, el Delegado de Salud de Lisboa defendió la idea de canalizar las aguas del río Alviela para abastecer la capital y cerrar varios pozos utilizados por la población que se encontraban ubicados tanto en zonas marginales como en el centro de la ciudad (Pato 2011, p. 26).

14 Archivo privado de José Vitorino Damásio. AHMOP. Sobre el tema, véase (Cardoso de Matos, 1998).

LA ZONA OCCIDENTAL DE LA CIUDAD DE LISBOA: DESARROLLO INDUSTRIAL Y CONTAMINACIÓN DEL AGUA

En Boavista, Alcântara y Belém, situadas al oeste de Lisboa, se establecieron desde algunos siglos anteriores diversas actividades industriales. En Alcântara las características del suelo favorecieron la aparición de canteras y hornos de cal pertenecientes a Guilherme Stephens. El río existente en el valle de Alcântara determinó el establecimiento de varias fábricas, entre ellas las de curtidos, como la fábrica de Ana Maria Nazareth, donde, en 1836, se fabricaron entre 1259 y 1300 cueros y 500 pieles, producción que se vio facilitada por el hecho de "tener agua nativa dentro de su fábrica"[15].

Fue también en esta zona donde en el siglo XVII se instaló la fábrica de pólvora de Antonio Cremer, en la que se introdujo maquinaria extranjera, y que posteriormente el rey D. José adquirió y anexionó al Arsenal del Ejército. Tras el terremoto de 1755 la producción de pólvora se trasladó a Barcarena y este espacio fabril fue ocupado por una Fábrica de Refinado de Salitre y Azufre, que funcionó desde 1786 hasta 1849. Todas estas fábricas estaban situadas a lo largo de la Ribeira de Alcântara, en el camino que conducía al acueducto de las Águas Livres, y todas ellas utilizaban el agua de la Ribeira y vertían en su lecho los residuos resultantes de sus operaciones.

Con el desarrollo industrial que tuvo lugar a partir de la década de 1840, marcado por la aparición de nuevas y mayores fábricas, en las que el uso de la energía de vapor era más sistemático, se instalaron nuevas fábricas en la zona oeste de Lisboa, ya que aquí era posible encontrar mayores extensiones de terreno a precios más asequibles. Por otra parte, la proximidad del río Tajo y del Puerto de Lisboa fueron factores que favorecieron el establecimiento de nuevas instalaciones industriales.

En 1839 se instalaron en esta zona varias fábricas textiles, como la Fábrica de Lanifícios de Bernardo Daupiás y la Companhia de Açúcar de Moçambique. También se instaló aquí la empresa textil más importante de la época, la Companhia de Fiação de Tecidos

15 AHMOP, MR 59

Lisbonense, que fue el primer gran ejemplo de "arquitectura del hierro" en territorio portugués.

Siguiendo el movimiento de fábricas del centro de la ciudad hacia la periferia de Alcântara, la Fábrica Goarmon Cª de Ladrilhos e Mosaicos, que había sido fundada en 1877 en la *freguesia* de São Paulo (en el centro de Lisboa), también se trasladó a la Rua da Fábrica da Pólvora en 1899. También se encontraban en esta zona la fábrica Companhia Lisbonense de Estamparia e Tinturaria, fundada en 1874, y la fábrica de pastas A Napolitana, originalmente de la empresa Gomes, Brito, Conceição, Reis & Cª, que destacaba por el uso de ladrillos silicocalcáreos, marca de la empresa Vieillard & Touzet, constructora del edificio.

En Alcântara se situaba también la Fábrica "Sol", fundada en 1865 por iniciativa del Vizconde Junqueira y que producía jabón y jabones, velas de estearina y aceite de *purgueira* (aceite vegetal). Sin embargo, la fábrica no dio los resultados esperados y en 1898, por iniciativa de Alfredo da Silva, se integró en la Companhia União Fabril.

La mayor concentración de industrias a lo largo de la Ribeira de Alcântara provocó un aumento de los vertidos de residuos industriales en el cauce, por lo que, en 1846, el Ayuntamiento de Lisboa pidió a los seis subdirectores de sanidad que, basándose en una inspección de estos establecimientos, indicaran los medios más convenientes para prevenir los males derivados de la exhalación de "miasmas pútridas" de este arroyo[16]. Para remediar esta situación y aumentar el terreno disponible para los establecimientos manufactureros, en 1844 se inició el terraplenado del río. El proceso de relleno continuó en los años siguientes, y en 1887 el río quedó completamente cubierto con una bóveda desde la calle Fradesso da Silveira hasta el muro del muelle marítimo. Esta obra fue atribuida a la Companhia Real dos Caminhos de Ferro Portugueses y ejecutada por el constructor P. H. Hersent, y en ella se decidió construir una vía férrea sobre el arroyo para conectar la estación de Alcântara-terrestre con la de Alcântara-mar (Silva, 1960, vol. II, pp. 70-72).

---

16 *Synopse dos principais actos administrativos da Câmara Municipal de Lisboa durante a sua gerência 1846*, Lisboa Imprensa Nacional, 1847

En la zona de Boavista se instaló una fábrica de gas en 1848 y a finales del siglo XIX otra fábrica de gas en la zona de Belém. Estas fábricas vertían los residuos de la producción de gas en el río Tajo, lo que constituía una importante fuente de contaminación del río.

La existencia de numerosas fábricas en la zona oeste de Lisboa provocó la concentración de trabajadores, la mayoría de los cuales vivían en viviendas precarias y sin las condiciones higiénicas mínimas, sobre todo en lo que se refiere a la disponibilidad de agua. A pesar de ello, a lo largo de los años, algunas de las fábricas de la zona oeste de Lisboa crearon barrios obreros para alojar a sus trabajadores, como ocurrió con la Companhia Lisbonense de Estamparia e Tinturaria de Algodões, que en 1885 comenzó a construir viviendas obreras.

LAS MEDIDAS ADOPTADAS POR EL ESTADO PARA REGLAMENTAR EL USO DE LOS RECURSOS HÍDRICOS DURANTE EL SIGLO XIX: ALGUNOS EJEMPLOS

Desde la creación del Ministerio de Obras Públicas, Comercio e Industria en 1852, se consideró necesaria la reforma de la legislación relativa a los recursos hídricos y el Consejo de Obras Públicas del Ministerio se pronunció al respecto en diversas consultas. En la consulta del 9 de febrero de 1857, este consejo reafirmó la importancia de utilizar los recursos hídricos del país, "debido a la íntima relación entre el futuro industrial de algunas empresas y el desarrollo de la industria, el comercio y la agricultura", y defendió la necesidad de gestionar este recurso natural "a la luz de la conveniencia general", apreciando debidamente los intereses de la gran navegación, de la navegación interior, del regadío, de la industria, de la salubridad y de las primeras necesidades de la vida, deshaciéndose de este laberinto de leyes antinómicas y anticuadas, y de los respectivos comentarios aún más contradictorios, y a veces desincronizados y opuestos a las prescripciones de la naturaleza"[17].

17 *Boletim do Ministério das Obras Públicas, Comércio e Indústria*, nº 2 Fevereiro de 1857, pp. 141-142.

También en 1852 se retomó en el Parlamento la discusión sobre la necesidad de que el Estado interviniera más directamente en el ámbito de las aguas y los bosques, dado que el marco legislativo vigente en la época creaba dificultades en la gestión de estas áreas (Joanaz de Melo, 2011, p. 129)

En 1857 se creó una Comisión de Estudios Agrícolas del Reino, formada por João de Andrade Corvo, profesor de ingeniería rural en el Instituto Agrícola (presidente), João Ferreira Braga, ingeniero civil del Ministerio de Obras Públicas, Comercio e Industria (secretario), Silvestre Bernardo Lima, profesor de veterinaria en el Instituto Agrícola, Manuel José Ribeiro, profesor suplente de ingeniería rural en el Instituto Agrícola, Isidoro Emílio Baptista, profesor de docimasis y montanería en la Escuela Politécnica de Lisboa y tres alumnos del Instituto Agrícola. El objetivo de esta comisión era el establecimiento de cuencas hidrográficas, teniendo en cuenta, entre otros aspectos, las ventajas que podían aprovecharse de los ríos, arroyos y manantiales para la navegación, la fuerza motriz y el regadío[18].

Los levantamientos hidrográficos solían ser realizados por ingenieros, formados o en ejercicio en ingeniería civil. Con el tiempo, la ingeniería hidrográfica tendió a convertirse en una rama específica de la ingeniería civil. La Orden de 9 de diciembre de 1856, que modificaba la denominación de la Comisión de Obras Geodésicas, Corográficas e Hidrográficas del Reino, establecía que los ingenieros hidrográficos debían emplearse preferentemente en obras hidrográficas. Para llevar a cabo las obras forestales e hidráulicas que se estaban desarrollando en el país, en 1866, el servicio de ingenieros y conductores de la sección hidráulica y forestal del Ministerio de Obras Públicas, Comercio e Industria se dividió, por decreto de 2 de octubre, en dos ramas: el servicio hidráulico y el servicio forestal. Según este decreto, el servicio hidráulico era responsable de los estudios hidrológicos y de los respectivos proyectos y obras de irrigación, drenaje y desecación de humedales y "en general de cualquier obra encaminada a regular y utilizar mejor el agua en beneficio de la salud pública, la agricultura

18 *Boletim do Ministério das Obras Públicas, Comércio e Indústria*, nº9 Setembro de 1857, pp. 394-398.

o la industria". En esta época los servicios hidráulicos estaban divididos en tres direcciones o divisiones geográficas. Bento Fortunato de Almeida d'Eça, que asumió la supervisión de las obras del Tajo y la Dirección de la 2ª división hidráulica, defendió que las obras hidráulicas a realizar en los valles de los grandes ríos debían tener los siguientes fines: mejora de la navegación; defensa y beneficio de las tierras marginales; mejoras higiénicas y salubridad pública; aplicaciones a las industrias manufactureras (Almeida d'Eça, 1877, p. 11).

Como, refiere João Pato, la resolución de los problemas "de higiene y salud pública en un contexto urbano" era una exclusiva del Ministerio de Obras Públicas, Comercio e Industria "en lo que se refiere a la orientación técnica y planificación de las obras que las corporaciones locales deberían realizar" (Pato, 2011, p. 31). Así, en 1899 se creó en este ministerio una Junta Central de Mejoras Sanitarias, encargada no solo de asesorar sobre las grandes obras de alcantarillado y abastecimiento de agua potable, sino también de controlar el funcionamiento de estos servicios. En 1901, por Decreto de 24 de octubre, esta junta fue sustituida por el Consejo de Mejoras Sanitarias, organismo creado con una función esencialmente consultiva, al igual que los demás consejos que ya existían dependientes de este ministerio, creándose dos distritos sanitarios, uno en el norte y otro en el sur del país. El Consejo de Mejoras Sanitarias se encargaba de "emitir dictamen consultivo sobre las obras públicas de interés higiénico, y establecer las normas y requisitos que, bajo el punto de vista sanitario, deben satisfacer las construcciones, especialmente las destinadas a vivienda"[19].

También con el objetivo de mejorar las condiciones de habitabilidad de las poblaciones urbanas, en 1903 se publicó el Reglamento de Salubridad de los Edificios Urbanos y al año siguiente el Reglamento de Vigilancia de las Aguas Potables Destinadas al Consumo Público (Pato 2016)[20].

Sin embargo, en 1923 Ricardo Jorge consideraba que todos los esfuerzos realizados desde principios de siglo no habían dado resultados

19 Decreto de 24 de outubro de 1901, Artigo 17º.
20 Para um conhecimento sistemático da legislação sobre este tema nos séculos XIX e XX veja-se (Pato 2016).

muy positivos: ninguna ciudad portuguesa era convenientemente salubre, las alcantarillas aún eran nuevas en la mayor parte del país y la distribución de agua contaminada seguía siendo responsable de epidemias de fiebre tifoidea (Garnel 2014).

CONCLUSIÓN

En este texto hemos intentado aproximarnos a las relaciones que existen entre el aprovechamiento de los recursos hídricos y sus consecuencias medioambientales tratando de integrarlas en la historiografía portuguesa sobre el tema. La aproximación que hicimos a los estudios sobre cuestiones ambientales que se han publicado en Portugal, nos ha permitido darnos cuenta, en primer lugar, de que se trata de un tema que ha cobrado un interés creciente entre los historiadores portugueses y en segundo lugar, de que la constitución de la red sobre el tema – Reportha–, ha dado una contribución significativa en el desarrollo de esta temática.

A lo largo del tiempo las relaciones entre el agua y la industria han sido diversificadas y complejas. Por un lado, el uso del agua como fuerza motriz ha sido un elemento importante en el desarrollo industrial de algunas regiones, como fue el caso de Tomar. Para las ciudades y regiones del interior del país, donde era difícil y caro traer carbón, el uso del agua como fuerza motriz fue, incluso después de la generalización de la máquina de vapor, uno de los elementos esenciales en su desarrollo industrial, como es el caso de Covilhã.

Como la energía hidráulica depende del caudal del río, este hecho creaba problemas para mantener las fábricas en funcionamiento en los periodos más secos. Para evitar este inconveniente se construyeron presas y muchas fábricas combinaron el uso de la energía hidráulica con la del vapor, aprovechando la primera por su menor coste y recurriendo a la segunda siempre que el caudal del río no permitía utilizar el agua como fuerza motriz.

El uso de la energía hidráulica implicaba a menudo la alteración del curso de los ríos que se desviaban para pasar cerca de los establecimientos fabriles mientras que la construcción de las presas reducía el caudal de los ríos para otros usos. Esta situación provocó grandes conflictos entre los diferentes usuarios de los distintos ríos.

Como el agua se utilizaba en varias etapas del proceso de fabricación en algunas industrias, como en la de la lana, las curtidurías y el papel, este uso fue un factor de fuerte de contaminación de los ríos e incluso de las aguas subterráneas.

El abastecimiento de agua de las distintas ciudades estuvo casi siempre marcado por grandes dificultades, ya que la creación de una red de abastecimiento de agua para los distintos espacios urbanos fue siempre un proceso complejo que requería desviar ríos y arroyos para garantizar la cantidad de agua que necesitaba una población urbana creciente a lo largo del siglo XIX. Además, la concentración de la industria en las ciudades ha supuesto, por un lado, la necesidad de compartir el agua entre los consumidores públicos y privados y los establecimientos manufactureros, lo que no siempre se llevó a cabo de forma pacífica. Por otro lado, el uso del agua por parte de la industria era un factor de contaminación que se veía agravado por la falta de sistemas eficaces de saneamiento básico (agua y alcantarillado). En este texto hemos intentado ilustrar estas cuestiones con el estudio de caso de Lisboa, y con el desarrollo industrial que experimentó su zona occidental, que se acentuó especialmente a partir de la década de 1840.

Por último, abordamos algunas de las medidas que adoptó el Estado para regular el uso de los recursos hídricos durante el siglo XIX, lo que nos ha permitido comprobar que, aunque no siempre fueron eficaces, demostraron la preocupación del Estado por estas cuestiones.

FUENTES Y BIBLIOGRAFÍA

FUENTES

Annaes Administrativos e Económicos, Lisboa, 1855,

Revista de Obras Públicas e Minas (ROPM) (1872), vol. III.

Revista de Obras Públicas e Minas (ROPM) (1874) vol V.

BIBLIOGRAFIA

Almeida d'Eça, B. F. de M. C. de. (1877). *Memorias acerca do regímen do Tejo e outros rios apresentadas aos ministérios das Obras Publicas nos anos de 1867 e 1872*. Imprensa Nacional.

Barles, S. (2005). *L'invention des déchets urbains*. Champ Vallon.

Bocquet, D. (2006). Les réseaux d'infrastructures urbaines au miroir de l'histoire : acquis et perspectives, *Flux* 3, 65, 6-16.

Cardoso de Matos, A. (2000). Indústria e Ambiente. *Ler História*, 42, 119-152.

Cardoso de Matos, A. (2022). The Spread of Scientific Knowledge and Technology Transfer: André Coyne (1891–1960) and the Construction of Dams in 20th Century Portugal. En M. T. Borgato & C. Phili (eds), *Foreign Lands: The Migration of Scientists for Political or Economic Reasons*, Springer Nature Switzerland AG, (pp. 203-219). Chapter DOI: https://doi.org/10.1007/978-3-030-80249-3_9

Cardoso de Matos, A. (coordenação) et al. (2004). *A electricidade em Portugal. Dos primórdios à 2ª Guerra Mundial*. EDP.

Cardoso de Matos, A. (1998). O papel dos homens de ciência e dos engenheiros na construção das cidades contemporâneas. O caso de Lisboa. En *XVIII Encontro da Associação Portuguesa de História Económica e Social*. EPAL.

Crutzen P.J. & Stoermer E.F. (2000). The 'Anthropocene'. *International Geosphere–Biosphere Programme Newsletter*, 41, 17–18.

Caseiro, C., Pena, A. y Vital, R. (1999). *Histórias e outras memorias do Aqueduto das Águas livres*. EPAL.

Custódio, J. (2011). As infraestruturas: os canais de Lisboa. En *Lisboa em movimento.1850-1920* (pp. 93-135). Lisboa94.

Custódio, J. & Santos, L. (1990). A Real Fábrica de Fiação de tomar e a 1ª geração europeia e americana de fábricas hidráulicas. In *I Encontro nacional sobre o Património Industrial. Actas e comunicações*, Vol II, (pp. 537-657). Coimbra Editora.

Dias, L. F. C. (s/d). Fábricas da Covilhã. *Historia dos Lanifícios. Documentos*, col 1, Lisboa.

Garnel, R. (2014). Disease and Public Health (Portugal). En U. Daniel., P. Gartrell., O.Janz., H. Jones., J.Keene, A. Kramer y B. Nasson (eds.), *1914-1918-online. International Encyclopedia of the First World War*. Freie Universitat Berlin. DOI: 10.15463/ie1418.10494

Gonzalez de Molina, M. y Martinez Alier, J. (1993). "Introducción, Historia y Ecología", *Ayer*, 11(3), 11-18.

Guimarães, P. (1989), *Indústria, Mineiros e Sindicatos. Estudos e Documentos*, ICS, 19, Lisboa.

Guimarães, P. E. (2020). Environmental conflicts and men-nature representations in the building of the Portuguese European identity. In Ana C. Roque et al., *People, Nature and Environments: Learning to Live Together*, (pp. 161-174). Cambridge Scholars Publishing.

Guimarães, P. E. y Amorim, I. (2016). A História Ambiental em Portugal: A emergência de um novo campo historiográfico. In Juan D. Pérez Cebada e A. Gustavo Zarrilli (coord.), *Areas. Revista Internacional de Ciencias Sociales, Historia ambiental en Europa y América Latina: miradas cruzadas*, 35.

Joanaz de Melo, C. (2011) Contra Cheias e Tempestades: Consciência do Território, Debate Parlamentar e Políticas de Águas e de Florestas em Portugal 1852-1886 [Tese de doutoramento em História, Florença, Instituto Universitário Europeu]. DOI: 10.2870/31133

Justino, D. (1988). *A formação do Espaço Económico Nacional, Portugal 1810-1913*. Vega, vol. 1.

Le Roy Ladurie, E. (1974). Histoire et environnement. *Annales Éonomies-Siciété-Civilisation*, 29/1, 3-34.

Mansinho, M. I. & Schmidt, L. (1994). A emergência do ambiente nas ciências sociais: análise de um inventário bibliográfico. *Análise Social*, 4ª Série, vol Xxix, nºs125/126, 44-81.

Melosi, M. (2000). *The Sanitary City: Urban Infrastructure in America from Colonial Times to the Present*. John Hopkins.

Melosi, M. (2001). *Effluent America. Cities, Industry, Energy and the Environment*. University of Pittsburgh Press.

Mendes, J. A. (2002). A indústria do Vale do Ave no contexto da indústria nacional. In J. A. Mendes & I. Fernandes (coords.), *Património e Indústria no Vale do Ave. Um passado com futuro*, (pp. 12-37). ADRAVE.

Montenegro, A. P. de M. (1903). *Inquérito de salubridade das povoações mais importantes de Portugal*. Imprensa Nacional.

Nogueira, V. (2008). *A Central do Biel.* Fundação Museu do Douro.

Pato, J. H. (2011). *História das políticas públicas de abastecimento e saneamento de águas em Portugal.* Ed. ERSAR.

Pato, J. H. (org.) (2016). *História das Políticas Publicas de Abastecimento e Saneamento de Águas em Portugal. Cronologia e Depoimentos.* ERSAR.

Pérez Cebada, J. D. & Guimarães, P. E. (2017). Aguas da morte: la contaminación de las aguas en las cuencas mineras de la península ibérica. *Revista de Historia Industrial,* 69. Año Xxvi, 81-108.

Radich, M. C. (1996). *Agronomia no Portugal Oitocentista – Uma discreta desordem.* Ed. Celta.

Ribeiro, C. (1867). *Memória sobre o abastecimento de Lisboa com aguas de nascente e aguas de rio.* Typographia da Academia Real das Sciencias

Ribeiro, I. & Santos, L. (1990). A indústria de Papel na Perspectiva da Arqueologia Industrial. In *I Encontro Nacional sobre o Património Industrial. Actas e comunicações,* vol. II, (pp. 483-535). Coimbra Ed.

Silva, A. V. da. (1960). *Dispersos.* Lisboa, vol. II.

Silva, Á. F. da. (2007). Uma máquina imperfeita: Tecnología sanitária en Lisboa en la segunda metade del siglo xix. In A. Lafuente, A. Cardoso de Matos & T. Saraiva (eds.), *Maqunismo Ibérico,* (pp. 371-400). Doce Calles.

Silva, Á. Ferreira da, & Cardoso de Matos, A. (2000). Urbanismo e modernização das cidades: o «embellezamento» como ideal. Lisboa, 1858-1891. *Scripta Nova. Revista Electrónica de Geografía y Ciencias Sociales,* 69(30). http://www.ub.edu/geocrit/sn-69-30.htm

Steffen, W., Grinevald J., Crutzen P. y Mcneill J. (2011). The Anthropocene: conceptual and historical perspectives. *Philos Trans A Math Phys Eng Sci.* Mar 13, 369 (1938), 842-867. doi: 10.1098/rsta.2010.0327. PMID: 21282150.

Tarr J., (1996). *The search for the ultimate sink: urban pollution in historical perspective.* University of Akron Press.

Ponte e Horta, J. M. Da. (1864). *Relatório da Exposição Universal de Londres. Machinas a Vapor e Motores Hydraulicos.* Imprensa Nacional.

Los usos industriales y urbanos del agua en Portugal y sus consecuencias medioambientales en la época contemporánea

Resumen: El agua y el medio ambiente son dos preocupaciones constantes de la sociedad actual, dada la escasez y contaminación de los recursos hídricos derivados de su mala utilización y del cambio climático, lo que genera una gran inquietud en los poderes públicos, los agricultores, los industriales y la población en general, que temen la falta de agua de la calidad necesaria para los diversos usos a los que se destina. Los problemas y preocupaciones enumerados ya estaban presentes en el siglo XIX, aunque con la dimensión y realidad del contexto histórico de la época. En este texto comenzamos haciendo una breve aproximación al desarrollo de la historia ambiental en Portugal. Después analizamos las complejas y diversificadas relaciones entre el agua y la industria. En una tercera parte abordamos el complejo reparto entre usos industriales y otros usos en las ciudades, que tratamos de ilustrar con el caso de Lisboa. Por último, se mencionan algunas de las medidas estatales adoptadas durante el siglo XIX para regular y mejorar el uso de los recursos hídricos.

Palabras clave: agua, medio ambiente, energía hidráulica, contaminación del agua.

Industrial and urban uses of water in Portugal and its environmental consequences in contemporary times

Abstract: Water and the environment are two constant concerns of today's societies in the face of the scarcity and contamination of water resources resulting from their misuse and climate change, which generates great concern for public authorities, farmers, industrialists and the population in general, who fear the lack of water of the necessary quality for the various uses to which it is put. The problems and concerns listed above were already present in the 19th century, albeit with the dimension and reality of the historical context of the time. In this text we start by making a brief approach to the development of environmental history in Portugal. Then we analyze the complex and diversified relations between water and industry. In a third part we address the complex sharing between industrial and other uses in cities, which we try to illustrate with the case of Lisbon. Finally, some of the state measures adopted during the 19th century to regulate and enhance the use of water resources will be mentioned.

Keywords: water, environment, hydropower, water pollution

Usos industriais e urbanos da água em Portugal e suas consequências ambientais na contemporaneidade

Resumo: Água e ambiente são duas preocupações constantes das sociedades actuais face à escassez e contaminação dos recursos hídricos resultante do seu mau uso e das alterações climáticas, o que gera grandes preocupações quer aos poderes públicos, quer aos agricultores, aos industriais e à população em geral, que receiam a falta de água com a qualidade imprescindível para os vários usos em que a mesma é necessária. Os problemas e as preocupações acima enunciados estavam já presentes no século XIX, ainda que com a dimensão e a realidade do contexto histórico da altura. Neste texto começamos por fazer uma breve abordagem ao desenvolvimento da história ambiental em Portugal. Analisamos depois as relações complexas e diversificadas entre a água e a indústria. Numa terceira parte abordamos a partilha complexa entre o uso industrial e os outros usos nas cidades, que procuramos ilustrar com o caso de Lisboa. Finalmente serão referidas algumas das medidas estatais adoptadas durante o século XIX a regulamentar e potencializar a utilização dos recursos hídricos.

Palavras-chave: água, ambiente, energia hidroeléctrica, poluição da água.

7.

DE LA RETÓRICA A LA APLICACIÓN: IDEAS, EXPECTATIVAS E IMPACTOS DEL REGADÍO EN EL ALENTEJO (SIGLOS XVIII A XXI)

Carlos Manuel Faísca
Universidade de Coimbra, Centro de Estudos Interdisciplinares - CEIS20

INTRODUCCIÓN[1]

El agua es un elemento esencial para el correcto desarrollo de los seres vivos. Las plantas no son una excepción y la agricultura no es más que el cultivo de plantas para la obtención de alimentos y materias primas. A lo largo de los milenios se han desarrollado técnicas agrícolas y se ha fomentado la producción de determinadas especies y variedades de plantas en función, entre otras cosas, de la mayor o menor disponibilidad de agua. En la región portuguesa del Alentejo, al igual que otras del sur de la península ibérica como Extremadura, Andalucía y el Algarve, el agua es un recurso escaso y, sobre todo, muy variable en el tiempo. Esto se debe al clima mediterráneo que caracteriza las regiones portuguesas al sur del Tajo, sin perjuicio de la influencia atlántica que aún se deja sentir.

En este contexto, a lo largo de los últimos siglos se ha formado una corriente de opinión entre agrónomos, políticos, economistas y agricultores, aunque a veces contestada, que abogaba por la construcción de sistemas de regadío que cambiarían radicalmente el paisaje agrícola del Alentejo. El aumento del suministro de agua conduciría a la sustitución de la agricultura de secano "tradicional" por la agricultura de regadío, con el consiguiente aumento de la

1 Investigación realizada en el marco del proyecto *DryMED – Exploring dryland: agrarian systems and crop varieties in Mediterranean Iberia (18th to 20th centuries)* financiado por Fundação para a Ciência e Tecnologia (2022.08206.CEECIND). Este trabalho foi ainda financiado pela FCT no âmbito do projeto estratégico UIDB/00460/2020. El autor agradece a su colega y amigo Francisco Henriques la lectura de este texto.

producción. El aumento de la productividad y de la producción agrícola, además de los beneficios económicos –aumento de la renta agraria y mayor equilibrio en una balanza comercial deficitaria–, y sociales –reducción del hambre, convergencia con la autosuficiencia alimentaria y apoyo al crecimiento demográfico–, que se extenderían a todo Portugal, provocaría también un profundo cambio social en el Alentejo. Se esperaba entonces que los altos niveles de productividad agrícola permitieran la división de una estructura agraria latifundista. Las innumerables parcelas de pequeña y mediana dimensión serían transferidas a miles de colonos procedentes del noroeste de Portugal. De este modo se ocuparía la más despoblada de las regiones portuguesas y la propia jerarquía social se haría menos desigual.

En la historiografía portuguesa, la relación entre el regadío, la productividad agrícola, la autosuficiencia alimentaria y el poblamiento del Alentejo, a veces denominada "Cuestión Agraria", ha sido planteada con diversos enfoques (Silbert, 1960; Cabral, 1974; Baptista, 1993; Caldas 2000; Almeida, 2006; Silva, 2020). Sin embargo, tal vez debido a la lenta y tardía ejecución de las obras públicas de hidráulica agraria, existen pocos estudios en perspectiva histórica que comparen los objetivos de la expansión del regadío en el Alentejo y los resultados posteriores. Recientemente, un grupo de investigadores presentó un primer esfuerzo en este sentido, pero solo en relación con el territorio del municipio de Avis (Almeida et al., 2023). El objetivo de este capítulo es ampliar el análisis a todo el Alentejo, buscando precisamente identificar, más de 70 años después de la inauguración del primer gran proyecto público de irrigación y en un momento en que el Alentejo ya cuenta con aproximadamente 180 mil hectáreas de regadío, los principales cambios en lo que se señalaron como las conquistas fundamentales que se alcanzarían: aumento de la producción agrícola, división de la propiedad, poblamiento y desarrollo económico.

Para alcanzar el objetivo propuesto, este capítulo se divide de la siguiente manera. Tras la introducción, se caracteriza brevemente el Alentejo y, a continuación, se presenta una panorámica histórica de las ideas y propuestas del regadío como forma de desarrollo de la región, así como de la oposición a este tipo de intervención. El tercero apartado expone la cronología de la expansión del regadío público, mientras que el cuarto muestra la evolución de la producción agrícola, de la demografía, de la estructura de la propiedad rustica y del nivel de vida en el Alentejo desde mediados del siglo XX. Por último, están las conclusiones. En ellas se señala que, a excepción del crecimiento de la producción agrícola, la mayor parte de las expectativas creadas con el aumento de la disponibilidad de agua no se materializaron. Así, hoy, el Alentejo es una región despoblada, con una estructura de la propiedad latifundista y, aunque el nivel de vida haya convergido sensiblemente con la media nacional, los pocos alentejanos siguen teniendo un poder adquisitivo inferior al de la mayoría de los demás portugueses. Sin embargo, si bien es cierto que el regadío no ha resuelto estos problemas, hay que tener en cuenta que muchos otros factores influyen en la evolución socioeconómica regional. Así, futuras investigaciones basadas en estudios de casos a escala local podrán identificar con mayor detalle el impacto de la difusión del regadío.

EL ALENTEJO: UN TERRITORIO EXTENSO, SECO, AGRARIO Y DESPOBLADO

La noción territorial del Alentejo, como la de todas las demás regiones portuguesas, ha variado a lo largo de los siglos. Sin embargo, es consensual afirmar que, con pocas disputas territoriales[2], desde un punto de vista histórico el Alentejo está formado por las áreas de los antiguos distritos de Portalegre, Évora, Beja y los municipios al sur del distrito de Setúbal (Fonseca, 1996; Faísca, 2019a). De hecho, en la división actual de Portugal, este territorio corresponde al ocupado por las Comunidades Intermunicipales (NUTSIII) que utilizan la denominación Alentejo – Alto Alentejo, Alentejo Central, Baixo Alentejo y Alentejo Litoral –, y que suman aproximadamente

2 En la periferia del Alentejo, algunos municipios se integraron y desintegraron en la región según la época y el tipo de división de que se tratase. Así, por ejemplo, Ponte de Sor se integró, en 1936, en la Provincia de Ribatejo; Nisa y Gavião, en la década de 1980, estaban en la Región Agraria de Beira Interior; y Alcoutim solo pasó definitivamente al Algarve en 1832, ya que hasta entonces integraba la Comarca de Beja.

27.330 km2. Se trata, por tanto, de la región más extensa de Portugal, ocupando casi un tercio del total del territorio continental portugués, como puede verse en la Figura 1.

En general, el Alentejo se caracteriza por una orografía suave, alrededor de mitad del territorio por debajo de los 200 m de altitud y la otra mitad entre 200 y 500 m, con solo una zona sobre los 700 m – la Sierra de S. Mamede, con una altitud máxima de 1.025 m. En las grandes llanuras del Alentejo, los suelos, en su mayoría delgados y con baja capacidad de retención de humedad, están sometidos a la intensa acción del clima, frío en invierno y, sobre todo, muy caluroso en verano, cuando las temperaturas superan los 40ºC todos los años. Es también en la época calurosa cuando se hace sentir la estación estival, a veces durante 4 o 5 meses, lo que provoca que casi todos los cursos de agua se sequen e incluso los principales ríos – Tajo, Sado y Guadiana – tengan caudales muy bajos. En sentido contrario, las precipitaciones, aunque relativamente escasas, entre 500 y 800 mm, se concentran en pocos meses, posibilitando la ocurrencia de inundaciones que, igualmente de los demás daños, pueden arrastrar el fino suelo del Alentejo. Frente a un verano prolongado y precipitaciones concentradas, el número de horas de sol es elevado, con una media de entre 2.800 y 3.000 horas (Faísca, 2019a, p. 52-68).

Figura 1. El Alentejo

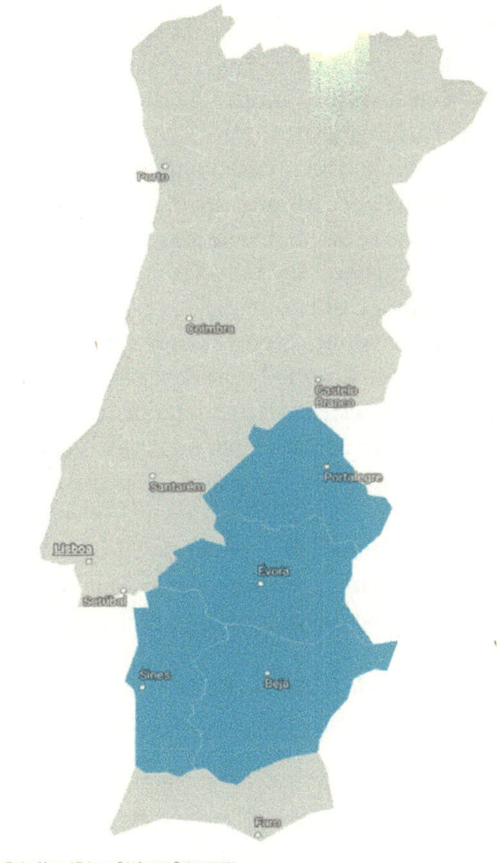

Fuente: Autor.

En estas condiciones climáticas, los principales factores para el crecimiento de las plantas, la humedad y el calor, están desajustados, lo que favorece, entre otros aspectos históricos y sociales (Santos, 2004), una estructura latifundista de la propiedad. De hecho, el Alentejo también se caracteriza históricamente por la persistencia de la gran propiedad que, con mayores o menores oscilaciones, se mantiene hasta nuestros días (Branco y Silva, 2017, p. 232; Amaral y Freire, 2017, p. 255-256). La enorme desigualdad de la distribución del principal factor de producción de una economía agraria – la tierra – ha acentuado históricamente la desigualdad económica y social que fue señalada en diversos estudios de distintas ciencias sociales (Cutileiro, 1977; Faísca, 2020).

Incluso con suelos y climas desfavorables, los sectores agrarios fueron hasta hace muy poco los principales empleadores de la mano de obra regional, como se desprende de los sucesivos censos generales de la población portuguesa. En 1981, las actividades primarias en el Alentejo ocupaban a casi la mitad de la población activa (46,84 %), y solo en 1991 los servicios empezaron a emplear a un mayor número de alentejanos, aunque la proporción del sector primario seguía siendo cercana a la cuarta parte del total (23,27 %) (Portugal. Instituto Nacional de Estatística, 1981-1991). Al mismo tiempo, la escasa población residente se concentra en pequeñas y medianas poblados situadas a gran distancia unas de otras, hecho que lleva a los geógrafos a considerarla un área de asentamiento rural concentrado (Girão, 1952, p. 265-267). La densidad de población siempre estuvo muy por debajo de la media nacional, como muestra la Tabla 1.

Tabla 1. Evolución de la densidad de población (hab/km2) en Portugal y Alentejo, 1700-1950

	1700	1801	1851	1900	1960
Alentejo	3,3	11,1	13,1	18,3	25,9
Portugal	6,6	32,8	39,5	56,9	96,5

Fuente: Autor con datos de Rodrigues, 2009

Se puede concluir, por tanto, que el Alentejo era una región extensa, seca, agraria y despoblada, lo que preocupó a diversos pensadores y responsables políticos a lo largo de las épocas moderna y contemporánea. Varios propusieron la expansión del regadío como solución a los problemas mencionados.

EL REGADÍO COMO FACTOR DE DESARROLLO Y CAMBIO EN EL ALENTEJO (DESDE MEDIADOS DEL SIGLO XVII HASTA PRINCIPIOS DEL SIGLO XX)

Desde al menos el siglo XVII se fue formando una corriente de opinión que identificaba el regadío como una forma de resolver varios problemas del Alentejo, e incluso de Portugal. De forma necesariamente simplista, ante una cuestión compleja y llena de matices, la defensa del regadío tenía los siguientes argumentos: la disponibilidad de agua corregiría uno de los principales problemas del clima alentejano, el estío prolongado. Si se dispusiera de agua durante todo el año, el crecimiento de la productividad agrícola aumentaría necesariamente la producción no solo de los cultivos "tradicionales", como el trigo, sino que también sería posible introducir plantas de mayor rendimiento, como el maíz y el arroz. Entonces, el aumento de la producción agrícola daría lugar, por un lado, a excedentes, haciendo que Portugal se aproximase o incluso se autoabasteciese totalmente de alimentos, y, por otro, las explotaciones de menor tamaño pasarían a ser económicamente viables, eliminando la necesidad de mantener una estructura latifundista. La llegada de población de otras regiones portuguesas se produciría bien por la explotación directa de numerosas parcelas, bien por la posibilidad de adaptar un policultivo de regadío más intensivo en mano de obra durante todo el año.

En este escenario de un Alentejo verde similar al de Minho, pero con la adición de extensas llanuras, la región produciría alimentos suficientes para alimentar a la creciente población portuguesa sin necesidad de costosas importaciones. Al mismo tiempo, se convertiría en una región poblada, rica y con desigualdades económicas y sociales reducidas. Hubo diferencias de opinión sobre la forma de llevar a la práctica esta idea general, ya fuera en relación con quién sería el responsable de la construcción de las obras hidráulicas agrícolas – las autoridades públicas o privadas –, o con el tamaño real de las obras – grandes presas, como finalmente fue el caso, o miles de pequeñas obras hidráulicas –, y si la división del latifundio se realizaría a través de mecanismos que mantuvieran el dominio directo de los propietarios – arrendamiento y/o enfiteusis – o si habría un proceso de expropiación – como se previó, por ejemplo, durante el período del Estado Novo (Portugal. Sociedade Nacional de Informação, 1940, p. 53).

Toda esta línea de pensamiento, a pesar de las diferencias señaladas, puede vincularse al padre, y más tarde canónigo de la Sé de Évora, Manuel Severim de Faria como uno de los primeros en defenderla a mediados del siglo XVII (Faria, 1655). En las *Memorias da Academia Real das Ciências de Lisboa*, publicadas en 1789, recupera el tema José Joaquim Soares de Barros (Barros, 1990 [1789]) y, sobre todo, António Henriques da Silveira que afirma que el principal problema del Alentejo era la falta de agua que impedía el sustento de la población y fomentaba el latifundio (Silveira, 1993 [1789]). Obras como acueductos, pozos y norias resolverían el problema. Las soluciones de estos pensadores del Antiguo Régimen, que vivían antes de la industrialización, aún no contemplaban presas de decenas de metros de altura, embalses con miles de hectáreas de superficie y canales de irrigación con decenas de kilómetros de extensión. En los siglos XVII y XVIII, la hidráulica agrícola tampoco era más que retórica, sin ninguna construcción sistemática ni siquiera un proyecto de ejecución.

Sin embargo, en el siglo XIX, después de que importantes estadistas como el Conde de Linhares (Coutinho, 1993) y Mouzinho da Silveira (Silveira, 1989) retomaran la trilogía agua– producción agrícola –población, se presentaron los primeros proyectos en la década de 1880. En esta época, en un conjunto de de países desarrollados, desde los Estados Unidos de América hasta los Países Bajos, la ingeniería hidráulica estaba transformando el paisaje y la organización de las explotaciones agrícolas y los técnicos portugueses, conscientes de los impactos productivos resultantes de la intensificación del regadío, no querían que el país se quedase atrás (Freire, 2013, p. 2).

De carácter oficial, destaca-se la *Memória acerca do aproveitamento de aguas do Alemtejo*, estudio elaborado por el *Ministerio de Obras Públicas, Comercio e Industria*, firmado por el ministro António Augusto de Aguiar y presentado al rey D. Carlos, el 9 de enero de 1885 (Portugal. Ministerio de Obras Públicas, Comercio e Industria, 1884). Este documento establecía, por primera vez, un conjunto de soluciones técnicas para la expansión del regadío que incluía la construcción de 6 presas y un canal de riego de 23 kilómetros a lo largo del río Sorraia, como se muestra en la figura 2. La superficie total de regadío prevista superaba las 6.000 hectáreas, una cifra modesta para los estándares actuales, pero algo inédito en el Alentejo hasta ese momento. También hay que señalar que este documento determinó la construcción de las presas de Montargil, municipio de Ponte de Sor, y de Maranhão, municipio de Avis, que se harían realidad, pero solo a finales de la década de 1950.

Figura 2. Plano de riego del valle del Sorraia, 1884.

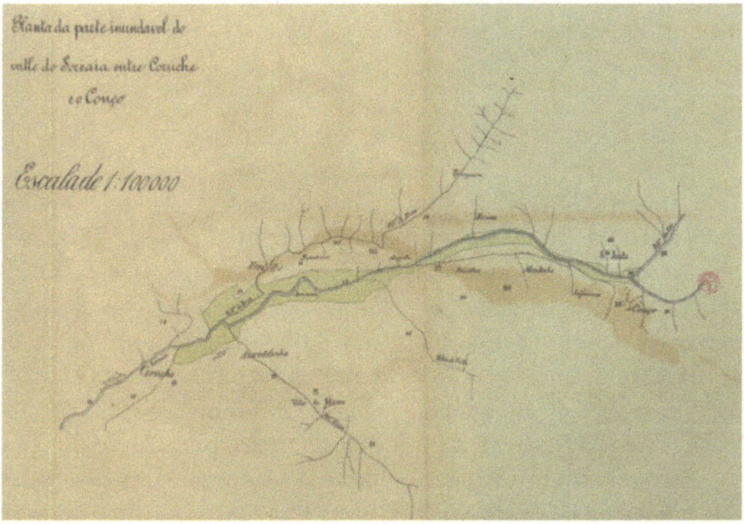

Fuente: Portugal. Ministério das Obras Públicas, Commercio e Industria, 1884.

De hecho, si el final del siglo XIX señala la elaboración de proyectos concretos, en realidad estos no pasan del papel. Lo mismo ocurrió con el proyecto de *Lei de Fomento Rural* que, formulado por Oliveira Martins en 1887 y discutido en la Cámara de Diputados, nunca llegó a votarse (Martins, 1887). Este escenario se mantendría a lo largo de la Primera República (1910-1926), ya que el proyecto de hidráulica agrícola de 1910 tuvo un bajo grado de implantación (Portugal. Sociedade Nacional de Informação, 1940, 17), a pesar de la defensa de figuras con peso político como Ezequiel de Campos, ministro de Agricultura (1924-1925), que quería transformar el Alentejo en una nueva California aludiendo a la expansión del regadío en aquel estado norteamericano (Freire, 2013, p. 2). El propio António de Oliveira Salazar (Salazar, 1997 [1916]) que, entrando por segunda vez en el gobierno en 1928, gobernaría Portugal hasta 1968, se refiere a la necesidad de un Alentejo con agua. La inoperancia de las autoridades se debió, con alta probabilidad, al período de inestabilidad política vivido en Portugal entre finales del siglo XIX y principios de la década de 1930, cuando se consolidó la dictadura, así como a los amplios problemas financieros por los que atravesó el Estado portugués en ese mismo período (Costa et al., 2011, pp. 340-365).

LA CONSTRUCCIÓN DEL SISTEMA PÚBLICO DE RIEGO

Tras un periodo de dictadura militar (1926-1932), la Constitución de 1933 estableció el *Estado Novo* que, manteniendo la estructura política dictatorial, duraría hasta 1974. El nuevo régimen trató de aplicar una amplia gama de reformas, que denominó el *Ressurgimento Nacional.* Promulgada a través de la Ley nº 1914, de 24 de mayo de 1935, una de las medidas pretendía implantar la: "(...) Hidráulica agrícola, irrigação e povoamento do interior (...)" (Portugal. Sociedade Nacional de Informação, 1940, p. 10).

Es en este contexto que se publicaron sucesivas leyes y planes que contemplaban la construcción de obras hidráulicas agrícolas tanto en todo el territorio nacional, pero con una mayor atención al Alentejo – Planes de 1935 y 1937 (Portugal. Sociedade Nacional de Informação, 1940, 18-22) – como específicas para la región del Alentejo – Planes de 1957 (Freire, 2013, p. 3) y 1965 (Portugal. Ministério das Obras Públicas, 1965). El *III Plano de Fomento*, ejecutado entre 1968 y 1973, aún dotaba el 11% de toda la inversión dedicada a los sectores agrarios a las obras hidráulicas agrícolas y al aprovechamiento de las áreas irrigadas, incluyendo la conclusión de la 1ª fase del *Plano de Rega do Alentejo* (Rego, 1968). De hecho, la planificación, construcción y puesta en funcionamiento de presas y regadíos continúa hasta nuestros días, ya que en febrero de 2023 se publicó el *Projeto de Execução de Infraestruturas de Regadio do Aproveitamento Hidroagrícola do Crato* – Presa de Pisão (Veiga, 2023).

Así, y aunque casi siempre de forma desfasada con respecto a lo que se esperaba en términos de aplicación, grandes superficies agrícolas fueron objeto de regadío a partir de mediados del siglo XX. La Tabla 2, no obstante resumida por economía de espacio, demuestra claramente esta evolución. Actualmente existen en el Alentejo casi 80 presas construidas a través de políticas públicas, con una superficie irrigada estimada de más de 180 mil hectáreas de un total nacional aproximado de 250 mil (Almeida et al., 2023).

Tabla 2. Construcción de presas y regadíos en el Alentejo, 1949-2012.

<table>
<tr><th>Presa</th><th>Año</th><th>Municipio</th><th>Cuenca hidrográfica</th><th>Regadío</th><th>Superficie regada (hectáreas)</th></tr>
<tr><td>Pego do Altar</td><td>1949</td><td>Alcácer do Sal</td><td>Sado</td><td>Vale do Sado</td><td rowspan="2">9.614</td></tr>
<tr><td>Vale do Gaio</td><td>1949</td><td>Alcácer do Sal</td><td>Sado</td><td>Vale do Sado</td></tr>
<tr><td>Campilhas</td><td>1954</td><td>Santiago do Cacém</td><td>Sado</td><td>Vale do Sado</td><td>6.097</td></tr>
<tr><td>Maranhão</td><td>1958</td><td>Avis</td><td>Tejo</td><td>Vale do Sorraia</td><td rowspan="2">16.351</td></tr>
<tr><td>Montargil</td><td>1958</td><td>Ponte de Sor</td><td>Tejo</td><td>Vale do Sorraia</td></tr>
<tr><td>Divor</td><td>1965</td><td>Arraiolos</td><td>Tejo</td><td>Divor</td><td>488</td></tr>
<tr><td>Caia</td><td>1967</td><td>Elvas</td><td>Guadiana</td><td>Caia</td><td>7.271</td></tr>
<tr><td>Roxo</td><td>1967</td><td>Aljustrel</td><td>Sado</td><td>Roxo</td><td>5.041</td></tr>
<tr><td>Santa Clara</td><td>1973</td><td>Odemira</td><td>Mira</td><td>Mira</td><td>12.000</td></tr>
<tr><td>Odivelas</td><td>1974</td><td>Ferreira</td><td>Sado</td><td>Odivelas</td><td>6.845</td></tr>
<tr><td>Vigia</td><td>1981</td><td>Redondo</td><td>Guadiana</td><td>Vigia</td><td>1.500</td></tr>
<tr><td>Lucefécit</td><td>1982</td><td>Alandroal</td><td>Guadiana</td><td>Lucefécit</td><td>1.179</td></tr>
<tr><td>Apartadura</td><td>1993</td><td>Marvão</td><td>Tejo</td><td>Apartadura</td><td>400</td></tr>
<tr><td>Alqueva</td><td>2002</td><td>Moura</td><td>Guadiana</td><td>Alqueva</td><td>111.875</td></tr>
<tr><td>Veiros</td><td>2012</td><td>Estremoz</td><td>Tejo</td><td>Veiros</td><td>1.114</td></tr>
</table>

Fuente: Autor con datos de Portugal. Direção Geral de Agricultura e Desenvolvimento Rural (2023)

La construcción de estas obras, incluso en un contexto dictatorial, suscitó una cierta oposición. Se destacan, por ejemplo, grandes terratenientes como José Adriano Pequito Rebelo (1892-1983) y José Hipólito Raposo (1928-1988); políticos locales como Luis Mendes, alcalde de Avis en la década de 1950 (Almeida, 2006, pp. 90-91); e incluso científicos como el profesor Mariano Feio (1914-2001). Además de algunos de los citados cuestionando la eficacia de la división de la propiedad, la crítica de estos diferentes perfiles se reunía en lo que consideraban ser inversiones voluminosas con resultados a largo plazo de dudosa eficacia. Feio (1959), Rebelo (Raposo, 1962) y Raposo (1978) argumentaron, en varias ocasiones, que las áreas irrigadas son demasiado grandes y acaban por ocupar suelos excesivamente pobres que no justifican un dispendio tan grande de recursos, lo que hace imposible amortizar la inversión inicial y los propios costes de mantenimiento con las infraestructura y energía en el transporte de agua. Como alternativa, propusieron la construcción de miles de pequeñas presas, en su mayoría de iniciativa privada con el apoyo de fondos públicos. Hipólito Raposo llega a afirmar que, en 1957, había más de mil pequeñas presas, algunas en uso desde la época romana, responsables del riego de 27.500 hectáreas (Raposo, 1978, p. 219). Sin embargo, sus tesis no triunfaron.

EL IMPACTO DEL REGADÍO EN EL ALENTEJO

Como veremos, la implantación del regadío en el Alentejo ha modificado profundamente la agricultura regional. Sin embargo, no ha impedido la aceleración del proceso de despoblación, no ha modificado la estructura de la propiedad y, aunque el nivel de vida de las poblaciones ha convergido sustancialmente con la media nacional, no la ha superado. Evidentemente, todos estos aspectos, incluso los más relacionados con el crecimiento de la oferta de agua como la producción agrícola, están influidos por una multiplicidad de otros factores del mismo orden de importancia. En el caso de la agricultura, por ejemplo, por la política agraria, especialmente las directrices de la Política Agraria Común que, desde 1986, establece las condiciones de producción y orienta los cultivos que se realizan en los estados miembros de la Unión Europea. En relación con la evolución de la población, hay que considerar desde el saldo natural negativo hasta la creciente mecanización de la agricultura y la consiguiente sustitución de mano de obra por capital, además de la actuación de otros sectores de la economía transnacional. En la estructura de la propiedad rural todo el corpus legislativo que puede conducir a una mayor o menor concentración de la propiedad. Por último, en el nivel de vida de las poblaciones ejerce una enorme influencia todo el desarrollo económico regional, nacional e internacional.

En cualquier caso, conociendo el gran impacto previsto para el regadío en los aspectos mencionados anteriormente, es importante, después de varias décadas de regadío a gran escala, analizar los cambios que se han producido en el Alentejo. Este tipo de análisis con perspectiva histórica adquiere especial relevancia cuando, en 2023, la política de desarrollo regional del Alentejo sigue dependiendo en gran medida de la hidráulica agrícola. Este es, por ejemplo, el caso de la presa de Pisão, cuya inversión estimada de 170 millones de euros, la mayor de la democracia en el Alto Alentejo, es justificada por la Ministra de Agricultura como el futuro "motor de desarrollo" de la región (Visão, 2023).

LA NUEVA AGRICULTURA DE REGADÍO

Es en la estructura de la producción agrícola donde la introducción de enormes cantidades de agua en cientos de miles de hectáreas provocó los mayores cambios. Durante siglos, el Alentejo fue, de forma real o percibida, la principal región productora portuguesa de cultivos tradicionalmente ligados a la agricultura de secano: trigo, cebada, avena y, en menor medida, centeno. Entre ellos destacó el trigo, especialmente tras la promulgación de sucesivas leyes de protección de este cereal, a partir de 1889 (Reis, 1979), que culminaron en la *Campanha do Trigo* (1928-1938).

Así, la estructura de la producción de cereales en el Alentejo, en las décadas inmediatamente anteriores a la entrada en funcionamiento del primer sistema de riego a gran escala – *Vale do Sado* –, estaba dominada por el trigo, con más del 60% del total, y destinado a la alimentación humana; seguido de la avena, con cerca del 20%; y de la cebada, con casi el 10%, ambos principalmente para forraje. Los cereales de regadío tenían una expresión muy pequeña, con el arroz, sin embargo, representando el 5% del total, debido a las buenas condiciones de temperatura del Alentejo para este cereal y a la inserción histórica que tuvo en la región (Silva & Faísca, 2015; Faísca et al., 2021). El maíz presentaba una expresión residual, inferior al 3%, e incluso buena parte se debería a variedades de maíz de secano, en una cuestión aún por investigar.

En las primeras décadas del siglo XXI, el panorama era completamente distinto. El trigo, de una enorme proporción de casi dos tercios, se había quedado a menos de una cuarta parte, siendo superado por el maíz con un 39%, seguido muy de cerca por el arroz con un 19%. La avena y la cebada también se han reducido enormemente y el centeno prácticamente ha desaparecido. La Figura 3 ilustra bien el cambio. Esta tendencia continúa y en los últimos 3 años la producción de arroz también ha suplantado a la de trigo. En el contexto nacional, el Alentejo se ha convertido en una región muy importante para la producción de maíz en Portugal, con una cuota cercana al 30% en la segunda década del siglo XXI, y absolutamente dominante en la producción de arroz, con casi 2/3 del total nacional. Para hacerse una idea de la magnitud de tal cambio basta observar que, entre los años 1930 y 2010, la producción de arroz en el Alentejo se multiplicó por más de seis y, en el caso del maíz, por más de 22, mientras que para el conjunto del territorio portugués el crecimiento fue, respectivamente, de poco más de tres veces para el arroz y del doble para el maíz. El escenario agrícola actual del Alentejo no puede estar más alejado del que fue exhaustivamente descrito en trabajos seminales sobre la biogeografía agrícola de Portugal por autores como Amorim Girão (Girão, 1952), Orlando Ribeiro y Suzane Daveau (Ribeiro et al., 1988).

Figura 3. Estructura de la producción de cereales en Alentejo (%).

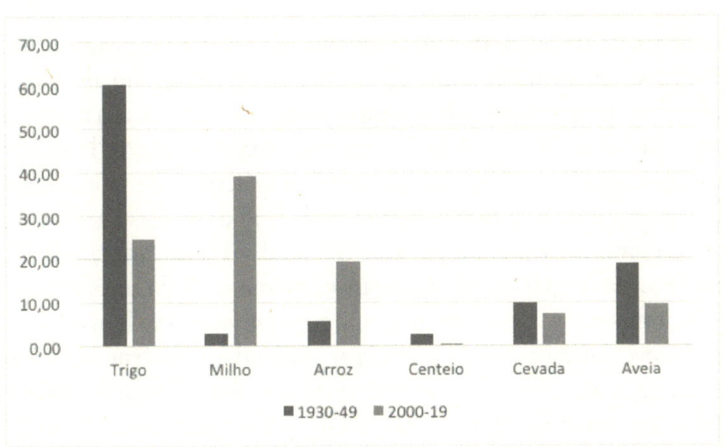

Fuente: Autor con datos de Faísca, 2019b.

No solo en la estructura de la producción de cereales se registraron cambios importantes. También en producciones con antigua tradición en el Alentejo, como el aceite de oliva y el vino, las posibilidades del regadío han contribuido sin duda al extraordinario aumento de ambas. Los recientes olivares intensivos de regadío han convertido al Alentejo en la región dominante en la producción de aceite de oliva en Portugal, y los viñedos de regadío han hecho del Alentejo uno de los principales productores portugueses de vino, estatuto que nunca había tenido, también por razones de política agrícola. En este sentido, de aproximadamente un tercio del total de la producción nacional de aceite de oliva en los años 1930-50, actualmente el Alentejo produce casi dos tercios de todo el aceite de oliva de Portugal, mientras que en vino ha pasado de cifras más bien modestas, por debajo del 5%, a aproximadamente un quinto del total (Faísca, 2019b).

LA DESPOBLACIÓN CONTINÚA

A diferencia de la producción agrícola, donde hay un cambio significativo, en relación sobre el poblamiento el regadío no parece haber tenido un efecto diferenciador. Así, casi todo el territorio del Alentejo ha perdido población sistemáticamente desde la década de 1960, siguiendo de cerca el cambio estructural de la economía portuguesa que, a partir de esa década, dejó de tener al sector primario como principal empleador (Amaral y Freire, 2017). En este contexto, las regiones que fracasaron, primero, en la implantación de la industria y, posteriormente, de los servicios, se han ido despoblando constantemente hasta la actualidad, en un fenómeno que parece lejos de terminar y al que el Alentejo no es una excepción. De hecho, en el XVI *Recenseamento Geral da População* de Portugal, realizado en 2021, ninguno de los municipios alentejanos presentó la cifra de población más alta de la historia. Solo Odemira registró un aumento de población, en realidad bastante significativo (13,3 %) y relacionado con la actividad agrícola, pero no con los cultivos extensivos de regadío, a pesar de que el agua es esencial en el tipo de producción local basada en la horticultura de invernadero.

No es de extrañar, pues, que en la Figura 4 se registre una aceleración de la despoblación continua en las tierras *transtaganas*, independientemente de las subregiones de que se analiza. Al tratarse de una cuestión compleja, el ejercicio subyacente a la representación gráfica presentada muestra territorios con características diferentes. De este modo, se disipan las posibles dudas sobre la falta de impacto de la atracción de población en las zonas más irrigadas. Los territorios elegidos fueron los siguientes:

1. El municipio de Coruche, limítrofe con el Alentejo, pero que se beneficia del sistema de regadío del *Vale do Sorraia* desde principios de los años 1960 y cuyas condiciones agroecológicas son muy similares a las de los municipios vecinos del Alentejo. Desde 1950, este territorio ha perdido el 33,6% de su población residente, a un ritmo medio anual del –0,47%.

2. Los municipios de Elvas y Campo Maior, agrupados bajo la denominación de Caia, por ser los principales municipios que, desde

1967, disfrutan de las más de 7.000 hectáreas de la zona regable de Caia. Aquí la pérdida fue del 28,10%, con una media anual del –0,40%.

Figura 4. Evolución de la población de un conjunto de territorios seleccionados, incluidos varios con impacto directo del regadío en Alentejo, el propio Alentejo y Portugal, 1950-2021

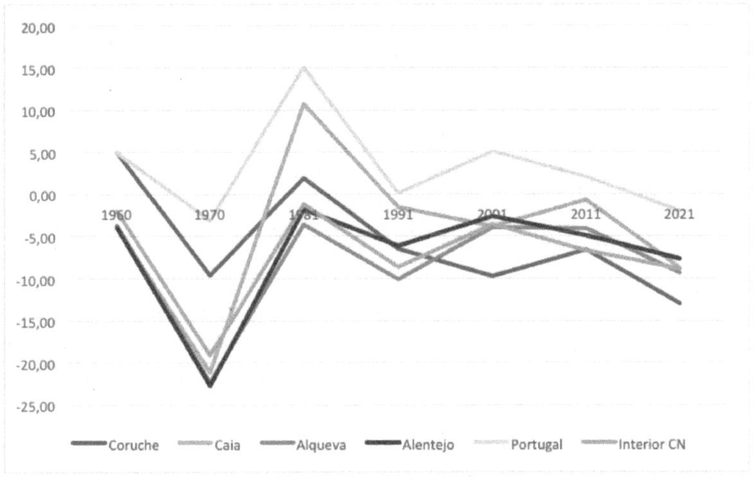

Fuente: Autor con datos de Portugal. Instituto Nacional de Estatística, IX a XVI Recenseamento Geral da População Portuguesa (1950-2021)

3. Los municipios que entre ellos concentran la mayor parte de la zona regable de Alqueva, en funcionamiento y constante expansión desde 2002. En concreto, Beja, Serpa, Ferreira do Alentejo, Vidigueira y Moura se agrupan bajo la denominación de Alqueva. La pérdida de población total acumulada es del 45,80%, con una media anual del –0,65%. Inclusive, y a pesar de que en la última década grandes áreas de estos municipios han adoptado diferentes producciones intensivas de regadío, fue el grupo que más población perdió de todos los que están presentes en este análisis en la década de 2010, lo que fue señalado por la prensa portuguesa (Dias, 2021).

4. La región del Alentejo, tal como se define en este capítulo. La pérdida total es del 41,45%, con una tasa media anual del –0,58%.

5. La suma de los distritos del centro interior y norte de Portugal, que en la Figura 4 aparecen como Interior CN, que incluye Castelo Branco, Guarda, Bragança, Vila Real y Viseu. Con una superficie de regadío mucho menor que la del Alentejo, 40 mil hectáreas frente a más de 180 mil, la evolución demográfica es similar. El resultado es una pérdida total del 41,35%, con una tasa media anual del –0,58%. Este es probablemente uno de los mejores indicadores del tímido o inexistente impacto poblacional del regadío a lo largo de la segunda mitad del siglo XX y las primeras décadas del siglo XXI.

6. Por último, como comparación general, la evolución de la población de Portugal. En más de siete décadas de análisis, el país registró un aumento de la población en torno al 22,55%, creciendo una media del 0,32% cada año, aunque en la última década ya se ha producido un descenso demográfico.

Tras analizar la Figura 4 y la respectiva evolución cuantitativa de la población residente en los territorios considerados, queda claro que la construcción de presas y sistemas de regadío en el Alentejo no tuvo un impacto distintivo en la evolución demográfica de la región.

ESTRUCTURA DE LA PROPIEDAD RÚSTICA Y NIVEL DE VIDA

Otro de los principales objetivos de las obras de hidráulica agrícola fue la división de las grandes propiedades rurales del Alentejo. Además de ser mencionado sistemáticamente por diversos autores, como se señaló en el apartado 2, los poderes públicos llegaron a crear un organismo con este propósito, la *Junta de Colonização Interna* (JCI), constituida en 1936 (Silva, 2020, p. 6). Este organismo se encargaría de tomar las tierras que le entregaría la *Junta Autónoma das Obras de Hidráulica Agrícola*, fundada en 1931, tras la conclusión de las obras y la adaptación al regadío (Portugal. Sociedade Nacional de Informação, 1948, p. 22). Posteriormente, la JCI procedería al asentamiento de los colonos utilizando para ello un conjunto de mecanismos legales. En caso de necesidad de modificar el régimen de explotación de la tierra mediante parcelación sin acuerdo con el propietario, se admitía la expropiación (Portugal. Sociedade Nacional de Informação, 1948, p. 14).

Sin embargo, por diversas razones, entre ellas la oposición de algunos de los terratenientes más influyentes, esto nunca se llevó a cabo (Silva, 2020). Posteriormente, durante el período revolucionario de 1974-1976, la reforma agraria adoptó un modelo diferente, basado en grandes latifundios de propiedad colectiva, que constituían cientos de *Unidades Colectivas de Produção* (Barreto, 1983; Almeida, 2006, pp. 139-180). Estas estructuras fueron progresivamente desmanteladas y la gran mayoría de las fincas devueltas a sus antiguos propietarios sin grandes cambios de tamaño. El proceso de "contrarreforma agraria" prácticamente se concluiu a finales de la década de 1980 (Almeida, 2006, pp. 254-256).

Tabla 3. Evolución de la superficie media de la unidad agraria (hectáreas), 1989-2019

	1989	1999	2009	2019
Coruche	25,1	47,4	54,2	58,7
Elvas	56,4	70,7	62,4	70,3
Beja	64,6	76,7	81,3	87,2
Serpa	30,7	45,2	41,2	47,3
Alto Alentejo	30,5	39,5	46,1	57,7
Alentejo Central	49,0	66,3	72,7	80,1
Baixo Alentejo	47,0	64,7	67,7	71,3

Fonte: Autor con datos de Portugal. Instituto Nacional de Estatística, Recenseamento Geral da Agricultura (1992-2021)

Si el latifundio fue la marca dominante en el Alentejo en el siglo XIX (Branco & Silva, 2017, p. 232), y en el siglo XX, como se muestra en la Figura 5, en el siglo XXI, ya sea en las regiones de regadío o en las que aún mantienen una agricultura predominantemente de secano, sigue siendo la principal característica de la estructura agraria regional. De hecho, las últimas décadas se han caracterizado por un aumento de la concentración de la propiedad, como se expresa en la Tabla 3. El efecto de la lógica de explotación de monocultivos intensivos de regadío, llevada a cabo por grandes empresas agroindustriales de capital nacional y extranjero, ha sido señalado como uno de los principales factores del aumento de la superficie agraria media en el Alentejo (Almeida et al., 2023). Sin embargo, se trata de un tema que necesita más estudios y, sobre todo, una perspectiva histórica que todavía no existe, ya que es, en algunos casos como el de Alqueva, una realidad relativamente reciente.

Figura 5. División de la propiedad rustica en Portugal, 1934.

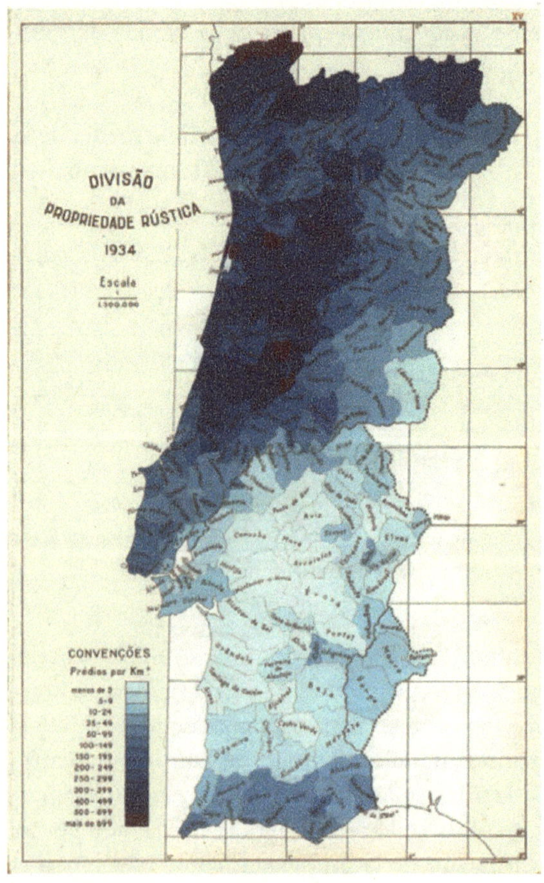

Fuente: Girão, 1941.

Relacionada con la división de la propiedad surgía, entre los objetivos del regadío en el Alentejo, la reducción de la desigualdad y el aumento de la renta de la población. En este caso no mediante el aumento de la producción, sino mediante una mejor distribución de la tierra y consecuentemente de la renta agraria. Como no fue posible obtener datos sobre la evolución de la desigualdad, existen, sin embargo, estadísticas sobre la variación de la renta a nivel regional. Aunque tienen un alcance temporal limitado, son suficientes para establecer al menos una tendencia. La Tabla 4 es bastante clara. El Alentejo ha convergido progresivamente con la media nacional en los últimos 30 años. Es prácticamente imposible, a partir de estos datos, establecer una relación causa-efecto con la expansión de las superficies de regadío en la región. Del mismo modo, al tratarse de valores medios, parte de la convergencia puede estar relacionada con la fuerte regresión poblacional verificada, ya que para una dada renta hay menos gente con la que compartirla. Por otro lado, se puede argumentar que, al menos en parte, el aumento de la producción agrícola, que también se debió en buena medida al regadío, generó un aumento de la renta que ha beneficiado a la población residente en el Alentejo. En cualquier caso, el Alentejo, con pocas excepciones, sigue teniendo un poder adquisitivo inferior a la media portuguesa.

Tabla 4. Poder adquisitivo per cápita (media nacional = 100), 1993-2019

	1993	2000	2009	2019
Coruche	53,1	60,1	74,2	77,2
Elvas	88,8	72,1	91,4	90,5
Beja	99,1	102,9	112,7	105,3
Serpa	44,7	49,8	68,5	74,7
Alto Alentejo	–	–	84,8	86,5
Alentejo Central	–	–	89,1	95,4
Alentejo Litoral	71,3	71,8	88,4	95,1
Baixo Alentejo	61,2	63,9	82,1	86,3

Fonte: Autor con datos de Portugal. Instituto Nacional de Estatística, Estudo sobre o Poder de Compra Concelhio (1994-2021)

CONCLUSIÓN Y FUTURO DE LA INVESTIGACIÓN

Debido a desfavorables condiciones edafoclimáticas y a determinados factores económicos y sociales históricos, el Alentejo fue a lo largo de los siglos una región escasamente poblada cuya actividad económica se basaba principalmente en la agricultura de secano con una productividad modesta. Otro rasgo característico de la región era la elevada desigualdad, tanto económica como social, debida, al menos en parte, a una estructura agraria latifundista. En este contexto, desde al menos el siglo XVII, intelectuales, economistas, agrónomos y políticos, entre otros, defendieron la construcción de sistemas de regadío que solucionarían muchos de los problemas regionales e incluso algunos nacionales. Regado y verde, en el Alentejo nacería una sociedad más igualitaria, con el reparto de la propiedad rural que sustentaría, a través de una producción agrícola diversificada y altamente productiva, no solo a la población local y regional, sino también la nacional hacia a la autosuficiencia alimentaria y equilibrando una balanza comercial a menudo deficitaria.

Sin embargo, el deseado abastecimiento de agua tardó mucho en llegar. En los siglos XVII y XVIII no era más que retórica, mientras que en el XIX y principios del XX se quedó en proyectos y planificación. Fue la llegada de un régimen autoritario con equilibrio financiero lo que permitió que se empezaran a construir presas y canales de riego. Este movimiento comenzó a finales de los años 1940 y continúa hasta nuestros días. Transcurridos más de 70 años desde el inicio de la difusión a gran escala del regadío a partir de grandes obras públicas de hidráulica agrícola en el Alentejo, este capítulo se propuso identificar los cambios verificados en los principales objetivos anteriormente señalados: producción agrícola, asentamiento, división de la propiedad rustica y nivel de vida evaluado a partir de los datos de bienestar material.

Las conclusiones varían según el aspecto analizado. Así, si en la producción agrícola se produjo un cambio profundo con el aumento de la producción agrícola y, sobre todo, la sustitución de los cultivos de secano por cultivos de regadío más productivos, no ocurrió lo mismo en el marco demográfico. En relación con la población, el

Alentejo, ya sea de regadío o de secano, no se diferencia entre sí, ni de otras regiones rurales menos influenciadas por el regadío contemporáneo. El escenario es de pérdida continuada de residentes, incluso dentro del perímetro de Alqueva. Del mismo modo, los latifundios no solo siguen bastante asentados en toda la región, sino que se han reforzado en las dos últimas décadas. Por el contrario, el nivel de vida de los alentejanos ha convergido continuamente con la media nacional, aunque se mantiene por debajo de ella, lo que hace difícil determinar. difícil determinar el grado de influencia del regadío, al menos en un análisis macrogeográfico.

Parece, pues, que el regadío ha tenido un éxito limitado, que en realidad se verifica sobre todo en la producción agrícola. En realidad, la política de regadíos se concibió en un contexto económico muy distinto del actual, ya que durante siglos la agricultura fue la base de la economía portuguesa y alentejana. Cuando finalmente se implantó el regadío, la economía portuguesa se encontraba en pleno proceso de "crecimiento económico moderno", con el consiguiente cambio estructural de la agricultura a la industria y, posteriormente, de la industria a los servicios. Tal vez por esta razón, el impacto de la construcción de enormes obras hidráulicas agrícolas con un enorme coste financiero no estuvo a la altura de las expectativas. Sin embargo, la construcción de nuevas presas en el Alentejo se defiende actualmente como un factor de alto potencial en el desarrollo económico regional que, al menos, la experiencia histórica hasta hoy no demuestra.

Sin embargo, el estudio aquí realizado debe profundizarse en varios aspectos para obtener conclusiones más sólidas. En primer lugar, realizando estudios comparativos a escala local, a veces incluso a escala parroquial, para poder delimitar mejor las posibles diferencias entre las zonas de regadío y las que aún permanecen "de secano". Otro aspecto importante es el análisis del modelo agrario resultante de la introducción del regadío a gran escala en el Alentejo. En lugar del policultivo intensivo en mano de obra durante todo el año y defendido, por ejemplo, en los proyectos hidráulicos agrícolas del Estado Novo, parecen haberse impuesto los monocultivos intensivos de olivos y almendros, y actualmente se está implantando el alcornocal, que pretende sustituir al alcornocal "tradicional". Por último, hay que considerar los impactos medioambientales en todos sus aspectos, desde la cantidad de tierras, quizá las más productivas, que quedan bajo el agua y que los nuevos embalses inundarán; los daños a la biodiversidad agrícola y faunística que se acusa de causar a los cultivos intensivos de regadío; y, no menos importante, la disponibilidad de agua, en cantidad y precio, cuando las precipitaciones parecen estar disminuyendo, lo que, unido al crecimiento del consumo de agua, provocará que los embalses se sequen con más facilidad y frecuencia.

En este contexto, tal vez la conclusión más importante sea la necesidad de profundizar el conocimiento del impacto de las grandes obras públicas hidráulicas en el Alentejo, utilizando una perspectiva a medio y largo plazo que solo la historia puede proporcionar. Si esto ocurre, resultará sin duda un valor añadido para la toma de decisiones conscientes por parte de la población y de los gestores políticos siempre que esté en juego un cambio radical del territorio de difícil reversión.

BIBLIOGRAFÍA

Almeida, M.A.P. (2006). *A revolução no Alentejo: memória e trauma da reforma agrária em Avis.* Imprensa de Ciências Sociais. http://hdl.handle.net/10071/11905

Almeida, M.A.P., Faísca, C.M. & Freire, D. (2023). Regadío y desarrollo agrícola en Portugal: repercusiones de la construcción de presas en el Alentejo (1958-2022). *Mundo Agrario*, 24, 55. https://doi.org/10.24215/15155994e209.

Amaral, L. & Freire, D. (2017). Agricultural Policy, Growth and Demise, 1930–2000. In D. Freire & P. Lains (Eds.), *An Agrarian History of Portugal, 1000-2000* (pp. 245-276). Brill. https://doi.org/10.1163/9789004311527_010

Baptista, F.O. (1993). *A Política Agrária do Estado Novo.* Afrontamento.

Barros, J. (1990 [1789]). Memória sobre as causas da diferente população de Portugal em diversos tempos da monarquia. In J.L. Cardoso (Dir.), *Memórias Económicas da Academia Real das Ciências de Lisboa, para o Adiantamento da Agricultura, das Artes, e da Indústria em Portugal e suas Conquistas (1789-1815)*, Tomo I (pp. 99-117). Banco de Portugal.

Barreto, A. (1983). O Estado e a Reforma Agrária. *Análise Social*, XIX (77), 513-575. http://analisesocial.ics.ul.pt/documentos/1223464336F2pRT5yd7Zi76KD6.pdf

Branco, A. & Silva, E.G. (2017). Growth, Institutional Change and Innovation, 1820–1930. En D. Freire & P. Lains (eds.), *An Agrarian History of Portugal, 1000-2000* (pp. 217-244). Brill. https://doi.org/10.1163/9789004311527_009

Cabral, M.V. (1974). *Materiais para a história da questão agrária em Portugal. Século XIX e XX*. Inova.

Costa, L., Lains, P. & Miranda, S.M. (2011). *História Económica de Portugal, 1143-2010*. Esfera dos Livros.

Coutinho, R. (1993 [1798]). Projecto de Carta de Lei sobre Reformas na Agricultura. In A. Silva (Dir.), *Textos políticos, económicos e financeiros: 1783-1811*. Banco de Portugal.

Cutileiro, J. (1977). *Ricos e pobres no Alentejo: uma sociedade rural portuguesa*. Livraria Sá da Costa.

Dias, C. (2021). Nem o Alqueva estancou o despovoamento do Alentejo. *Público*. https://www.publico.pt/2021/09/12/local/noticia/alqueva-estancou-despovoamento-alentejo-1976975

Faísca, C.M. (2019a). *El negocio corchero en Alentejo: explotación forestal, industria y política económica, 1848-1914*. [Tesis Doctoral, Universidad de Extremadura]. https://dehesa.unex.es/bitstream/10662/10257/1/TDUEX_2019_Faisca_CM.pdf

Faísca, C.M. (2019b). A produção agrícola no Alentejo (1929-2018): uma primeira abordagem. *Revista de Estudios Económicos y Empresariales*, 29, 39-64. https://dehesa.unex.es/bitstream/10662/10756/1/0212-7237_31_39.pdf

Faísca, C.M. (2020). Desigualdades de rendimento na zona norte do Alentejo: Arraiolos, Avis, Portalegre e Ponte de Sor (1690-1728). En M.F. Barros y A.P. Gato (eds.), *Desigualdades*. Publicações do CIDEHUS. Https://10.4000/books.cidehus.12827

Faísca, C.M., Freire, D. y Viana, C.M. (2021). The State and Natural Resources: 250 years of rice production in Portugal, 18th-21st centuries. *Ler História*, 79. https://doi.org/10.4000/lerhistoria.9542

Faria, M. (1655). *Noticias de Portugal*. Lisboa: Of. António Isidoro da Fonseca. https://purl.pt/698

Feio, M. (1959). *O Plano de Rega do Baixo Alentejo*. Federação dos Grémios da Lavoura do Baixo Alentejo.

Freire, D. (2013). Entre sequeiro e regadio: Políticas públicas e modernização da agricultura em Portugal (século XX). *XIV Congreso de Historia Agraria*, 1-14. http://hdl.handle.net/10451/17717

Fonseca, H.A. (1996). *O Alentejo no século XIX: Economia e Atitudes Económicas.* Imprensa Nacional-Casa da Moeda.

Girão, A.A. (1941). *Atlas de Portugal.* S.n.

Girão, A.A. (1952). *Geografia de Portugal.* 2ª ed. Portucalense.

Oliveira Martins, J.P. (1887). *Projecto de lei de fomento rural apresentado à Câmara dos Senhores Deputados.* Imprensa Nacional.

Portugal. Direção Geral de Agricultura e Desenvolvimento Rural (2023). *Sistema de Informação de Regadio.* https://sir.dgadr.gov.pt/

Portugal. Instituto Nacional de Estatística (2022). *Estatística Agrícola 2021.*

Portugal. Instituto Nacional de Estatística, *Estudo sobre o Poder de Compra Concelhio (1994-2021).*

Portugal. Instituto Nacional de Estatística (1950-2022). *Recenseamento Geral da População.*

Portugal. Instituto Nacional de Estatística (1992-2021). *Recenseamento Geral da Agricultura.*

Portugal. Ministério das Obras Públicas, Commercio e Industria (1884). *Memória acerca do Aproveitamento das Águas do Alemtejo.* Imprensa Nacional.

Portugal. Ministério das Obras Públicas (1965). *Plano de Valorização do Alentejo: rega de 170.000 hectares.* Direcção-Geral dos Serviços Hidraúlicos.

Portugal. Secretariado Nacional de Informação (1940). *Cadernos do Ressurgimento Nacional: Hidráulica Agrícola.* Sociedade Nacional de Informação.

Portugal. Secretariado Nacional de Informação (1948). *Cadernos do Ressurgimento Nacional: Colonização Interna.* Sociedade Nacional de Informação.

Raposo, J.H. (1962). *Amargas Verdades Agrárias.*

Raposo, J.H. (1978). *Alentejo: das origens à Reforma Agrária.* O Século.

Rego, J.A.F. (1969). A agricultura no III Plano de Fomento. In J.P.C.P. Vasco (Dir.), *Indicador da Lavoura: Anuário Agrícola de Portugal, 1968-1969* (pp. 27-37). Seditral.

Reis, J. (1979). A «Lei da Fome»: as origens do proteccionismo cerealífero (1889-1914). *Análise Social,* XV (60), 745-793. *http://analisesocial.ics.ul.pt/documentos/1223990341R5sVH2pa1Ra60EQ7.pdf*

Ribeiro O., Lautensach, H. & Daveau, S. (1989). *Geografia de Portugal.* Sá da Costa.

Rodrigues, T. F. (Coord.) (2009). *História da População Portuguesa.* Edições Afrontamento.

Salazar, A.O. (1997 [1916]). Questão Cerealífera. O Trigo. In N. Valério (Dir.), *O Ágio do Ouro e outros textos económicos 1916-1918* (pp. 149-220). Banco de Portugal.

Santos, R. (2004). Economic sociology of the modern latifundium: economic institutions and social change in Southern Portugal, 17th-19th centuries. *Sociologia, Problemas e Práticas*, 45, 23-52. http://hdl.handle.net/10071/352

Silbert, A. (1960). *Le "collectivisme agraire" au Portugal: histoire d'un probléme.* Editorial Império.

Silva, A.I. & Faísca, C.M. (2015). A orizicultura em Ponte de Sor: Economia e Saúde Pública, 1850-1950. *Abelterium*, 2(1), 107-120.

Silva, E.L. (2020). *Estado, território, população: As ideias, as políticas e as técnicas de colonização interna no Estado Novo.* [Tese de Doutoramento, Universidade de Lisboa]. http://hdl.handle.net/10451/45284

Silveira, A.H. (1993 [1789]). Racional Discurso sobre a Agricultura e população da Provincia de Alem Tejo. In J.L. Cardoso (Dir.), *Memórias Económicas da Academia Real das Ciências de Lisboa, para o Adiantamento da Agricultura, das Artes, e da Indústria em Portugal e suas Conquistas (1789-1815)*, Tomo I (pp. 43-99). Banco de Portugal.

Silveira, J. (1989 [1832]). Ensaio incompleto em que se descrevem os entraves institucionais ao desenvolvimento da riqueza e em que se estabelece um programa de acção revolucionário. En M. Pereira (Ed.), *Obras*, vol. II (pp. 1132-1158). Lisboa: Fundação Calouste Gulbenkian.

Veiga, N. (2023). Entrega do Projeto de Execução de Infraestruturas de Regadio do Aproveitamento Hidroagrícola do Crato à CIMAA. *Lusa – Agência de Notícias de Portugal.*https://www.lusa.pt/foto?from=%2Ffotos%3Fimageid%3D40305342&imageid=40305381

De la retórica a la aplicación: ideas, expectativas e impactos del regadío en el Alentejo (siglos XVIII a XXI)

Resumen: Situado en el sur de la península ibérica, el Alentejo, la más extensa de las regiones portuguesas, está sometido a condiciones agroecológicas que condicionan la actividad agrícola. La escasez de lluvias y un estío prolongado, las elevadas oscilaciones térmicas diarias y estacionales y el predominio de suelos finos han provocado, entre otras razones, un histórico bajo rendimiento de la producción agrícola. Dado que el sector agrícola fue el principal empleador de la región hasta la década de 1980, no es de extrañar que, al menos desde el siglo XVII, la expansión del regadío se considerase una solución a algunos de los principales problemas del Alentejo. En concreto, al aumentar la producción agrícola como consecuencia de la ampliación del suministro de agua sería posible simultáneamente dividir la estructura latifundista, colonizar el territorio con la llegada de poblaciones del noroeste de Portugal, elevar el nivel de vida de los alentejanos e incluso garantizar la autosuficiencia alimentaria de Portugal. Sin embargo, debido a limitaciones técnicas y financieras, solo a partir de mediados del siglo XX fue posible ampliar significativamente las zonas de regadío. Después de más de siete décadas, este capítulo, tras presentar las principales ideas asociadas a la expansión del regadío en el clima mediterráneo, analiza los cambios económicos y sociales que se produjeron en el Alentejo como consecuencia del extraordinario aumento de la superficie de regadío. Centrándose en el sector agrícola, se analiza la evolución de esta producción, pero también se identifican posibles impactos en aspectos económico-sociales como la demografía, la estructura de la propiedad y la evolución del nivel de vida. Por último, concluyendo que no se alcanzaron varios objetivos del regadío, se discuten las perspectivas de futuro de una investigación necesaria en un momento en que se anuncia la construcción de nuevas presas en el Alentejo.

Palabras-clave: Regadío, Desarrollo rural, Agricultura, Reforma Agraria.

From rhetoric to implementation: ideas, expectations and impacts of irrigation in the Alentejo (18th to 21st centuries)

Abstract: Located in the south of the Iberian Peninsula, the Alentejo, the largest of the Portuguese regions, has agroecological conditions that challenge agricultural activity. Low rainfall and a long summer, high daily and seasonal temperature fluctuations and the predominance of poor soils have led, among other reasons, to historically low yields. Given that the agrarian sector was the main employer in the region until the 1980s, it is not surprising that, at least since the 17th century, the expansion of irrigation was seen as a solution to some of the Alentejo's main problems. In particular, by increasing agricultural production as a result of the increase of water supply, it would be possible simultaneously to divide large estates, colonise the territory with populations from north-western Portugal, raise the standard of living and even guarantee Portugal's food self-sufficiency. However, due to technical and financial constraints, it was only from the mid-20th century onwards that it was possible to expand the irrigated areas. After more than seven decades, this chapter, after presenting the main ideas associated with the expansion of irrigation, analyses the economic and social changes that occurred in the Alentejo as a result of the extraordinary growth of irrigation. Focusing on the agricultural sector, it studies the evolution of this production, but also identifies possible impacts on economic-social aspects such as demography, property structure and the evolution of living standards. Finally, it's concluded that several objectives of irrigation weren't achieved, and discusses the future of the research at a time when the construction of new dams in the Alentejo is announced.

Keywords: Irrigation, Rural development, Agriculture, Agrarian Reform

Da retórica à implementação: ideias, expectativas e impactos do regadio no Alentejo (séculos XVIII a XXI)

Resumo. Situado no sul da península ibérica, o Alentejo, a mais extensa das regiões portuguesas, encontra-se sujeito a condições agroecológicas que condicionam a atividade agrícola. A escassez de pluviosidade e um estio muito prolongado, as elevadas amplitudes térmicas diárias e sazonais e, consequentemente, a predominância de solos delgados levaram, entre outros motivos, a baixos índices de produtividade agrícola. Tratando-se o setor agrícola o principal empregador da região até à década de 1980, não admira então que, desde pelo menos o século XVII, a expansão do regadio fosse vista como uma solução para alguns dos principais problemas do Alentejo. Em concreto, através do aumento da produção agrícola fruto do alargamento da oferta de água seria possível, em simultâneo, dividir a estrutura latifundiária, distribuindo-se as propriedades parceladas por colonos que, vindos do nordeste português, reduziram o despovoamento histórico do Alentejo. No entanto, devido a constrangimentos técnicos e financeiros, somente a partir de meados do século XX foi possível alargar significativamente as áreas regadas no sul de Portugal. Volvidas quase oito décadas, este capítulo, após apresentar as principais ideias associadas à expansão do regadio no clima mediterrânico, analisa as mudanças económico-sociais ocorridas no Alentejo decorrentes do extraordinário aumento da superfície regada. Com foco no setor agrário, analisa-se a evolução da produtividade e da produção agroflorestal, as mudanças nas plantas e nas variedades de plantas agrícolas cultivadas, mas também se procura identificar eventuais impactos em aspetos económico-sociais como a demografia, a evolução do nível de vida e até ambientais. Por último, discute-se as perspetivas de futuro da agricultura no Alentejo em face de todas as mudanças verificadas e dos desafios das alterações climáticas.

Palavras-chave: Irrigação, Desenvolvimento rural, Agricultura, Reforma Agrária.

8.
EL ESTADO NOVO DE PORTUGAL, SUS PRESAS Y REGADÍOS: EJEMPLOS MEDIÁTICOS CERCANOS A LA FRONTERA CON ESPAÑA

Ignacio García-Pereda
Universidade de Lisboa
Camilo Darias
Universidade de Évora

INTRODUCCIÓN

Como ha indicado el historiador Tiago Saraiva, las presas inauguradas en Portugal durante la dictadura del Estado Novo trajeron grandes cambios materiales y medioambientales. Se notó en aspectos como el suministro de alimentos, con enormes aumentos en productos como el arroz (se pasó de 20.000 toneladas de arroz producidas entre 1925 y 1929 a 156.320 toneladas en 1954 y 1958, convirtiendo al país autosuficiente en ese producto). Otros cambios importantes fueron la lucha contra la "plaga comunista" gracias al aumento de trabajo en zonas rurales, o el "fortalecimiento de la base conservadora de la Nación reclamando tierras y dividiendo la propiedad", en palabras del ingeniero Trigo de Morais. El régimen fascista de Portugal "surgió de un intenso cambio ambiental" (Saraiva, 2015).

El caso español ha sido estudiado por autores como Lino Camprubí. Los ingenieros responsables de las presas inauguradas por Francisco Franco, "sistematizaban las cuencas" hidrográficas en lo que suponía un "control total" del territorio. Esto significaba "tanto controlar científicamente las características geológicas e hidrológicas de la cuenca así como tomar el poder político y legal sobre las aguas", en lo que era un proyecto de "control total" y "totalitario" de la economía política. Y eran puestos en marcha "centros de comando" desde donde controlar todos los posibles problemas. El ejemplo ibérico de las presas muestra cómo los científicos e ingenieros asumieron un papel central en la configuración de las dictaduras ibéricas, dotándolas de "contenido material" (Camprubí, 2011). Eran parte del sistema, no padecían el sistema.

La política salazarista de construcción de presas encontró diversos obstáculos en su camino, tanto técnicos como políticos. Algunos colectivos agrícolas, como los propietarios de la antigua Real Associação Central da Agricultura Portuguesa, resistieron a la incorporación en el corporativismo, y nunca dejaron de comentar y criticar algunas de las medidas más importantes, como el proyecto de Idanha. Jugando con la ambigüedad del régimen y la fidelidad a Salazar, participaban en la pugna institucional para el control del territorio y de los intereses locales, en búsqueda de las posibles alianzas y logro de objetivos comunes.

En este trabajo, a través de la documentación sobre las visitas de figuras políticas del Estado Novo a varias obras de presas y proyectos de regadío, se analizarán las dinámicas y las entidades que participaron en el diseño y aprovechamiento de las nuevas obras, incluyendo actores de los dos lados de la frontera. Si el caso español se conoce con algún detalle (Swyngedouw, 2015; D'Amaro, 2022; Gil-Farrero, 2018), menos conocidos son los proyectos de las presas inauguradas por el Estado Novo, tanto en Portugal como en las colonias africanas (Isaacman & Sneddon, 2003). Se ha reflexionado poco sobre las reacciones de los terratenientes y sus posturas ante esas políticas. El libro de Swyngedouw (2015), por ejemplo, a pesar de los muchos kilómetros de frontera húmeda entre los dos países, menciona Portugal en apenas una ocasión.

Las inauguraciones de presas en la frontera, o cerca de la frontera, también ofrecen información novedosa sobre las relaciones entre los dos países, de diplomacia formal y también de diplomacia científica. Se va a estudiar, así, la emergencia de redes y de imaginarios, que provocaron una radical transformación del paisaje ibérico, muchas veces fronterizo, muchas veces contradictorio y tenso.

EL PRIMERO Y EL MÁS POLÉMICO: IDANHA 1948

Aunque la intervención estatal en Portugal en materia de aguas no era una novedad, después de 1933 la relación con el gobierno se hizo más intensa. Antes de 1926, el gran momento pudo ser los 3 meses de Mário de Azevedo Gomes como ministro de Agricultura en 1924 (García-Pereda, 2011), en que un especialista "de reputação mundial" con experiencia en Egipto, el ingeniero escocés Murdoch Macdonald (1866-1957), fue invitado por el gobierno de Portugal para realizar una misión de campo y hacer algunas recomendaciones (Mayer, 1926, p. 26). La primera obra que Macdonald recomendó sería entre Santarém y Vilafranca de Xira, donde había tierras de buena localidad y proximidad a los mercados de Lisboa. A continuación también recomendaba las "terras leves" de Idanha o los campos del río Sorraia. Pero los tiempos no eran los adecuados; en palabras del agrónomo Ruy Mayer, "à abundância de frases correspondia uma completa míngua de recursos financeiros; a energia que deveria traduzir-se em esforço construtivo dissipava-se em lutas políticas; sucediam-se os governos, ansiosos por destruir o que governos anteriores haviam iniciado" (Mayer, 1943).

Las aguas de los grandes ríos empezaron a ser compartidas con usuarios nuevos pero muy poderosos: las sociedades hidroeléctricas. Como en España (D´Amaro, 2022), la multiplicación de saltos industriales, con exigencias diferentes a las actividades agrícolas, fue un problema para el control de los caudales. Además, el respeto de los derechos preferentes se vio amenazado por planes ministeriales de construcción de presas. Un elemento interesante y sorprendente, fue la oposición activa de algunos destacados terratenientes a esa intervención estatal, bien organizados en asociaciones con décadas de historia, alternada con fases de estrecha colaboración. Hubo alianzas visibles entre usuarios agrícolas, y entre estos y los industriales, e incluso con los aparatos administrativos.

La primera iniciativa de la dictadura de Salazar es la Lei de Hidráulica Agrícola de 1937. Las obras previstas en este Plan se realizaron entre 1930 y fines de la década de 1950 (Freire, 2014). Abarcó 56 mil hectáreas repartidas en pequeños perímetros de riego creados en diferentes regiones del país (Ministério, 1965). Destacan los siguientes proyectos: Paul de Magos (Santarém), Cela (Leiria), Loures (Lisboa), Vale do Sado (Setúbal), Alvega (Santarém), Campilhas de S. Domingos (Setúbal y Beja), Silves, Portimão, Alvor, Lagoa, Portimão (Algarve), Sorraia (Santarém), Lezíria de Vila Franca de Xira (Santarém y Lisboa), Lis (Leiria), Idanha-a-Nova (Castelo Branco).

La Ley nº 1949, de 15 de febrero de 1937, conocida como Lei de Hidráulica Agrícola, dio un fuerte impulso en el campo de la hidráulica agrícola; lo complementaron dos Decretos Reglamentarios de mayo de 1938; el primero vino a declarar de utilidad pública las Obras de Fomento Hidroagrícola y sus filiales, quedando sujetas al dominio del régimen público; en este régimen jurídico y sus reglamentos, el Estado asumió los costos de estudio y ejecución de las obras, incluyendo indemnizaciones y cargos por expropiaciones, reintegrándose mediante el pago por parte de los beneficiarios, junto con el aporte patrimonial, de un canon fijo anual por hectárea denominado "tasa de riego y mejoramiento", equivalente a la amortización del costo anual por hectárea (Arranja, 2010).

Los principales objetivos de este plan eran mejorar la captación y distribución de agua en zonas ubicadas en las orillas frescas y fértiles de algunos ríos. En muchos casos, la inversión estatal permitió ampliar y regularizar la distribución de agua en llanuras aluviales, algunas con fuerte tradición de secano, pero cuya producción estaba siendo obstaculizada, ya fuera por la escasez de agua en el verano, o por las inundaciones en el invierno. En el diseño del plan destacaban varios ingenieros que insistían en transformar profundamente el territorio. Pero las obras incluidas en este plan comenzaron a ser llevadas a cabo en un momento en el que las élites ruralistas seguían teniendo un peso fuerte en órganos de gobierno y en el que varios diputados, como Rui de Andrade (1880-1967), seguían presentando la agricultura como principal motor del resurgimiento de la patria anunciado por la dictadura consolidada en 1933.

Las obras de la presa de Pônsul (Idanha) comenzaron en 1937. El 10 de octubre de 1948, Óscar Carmona (1889-1951), presidente de la República desde 1929, visitó las obras de la presa para inaugurar la primera parte de las "obras de rega", realización de dos entidades públicas: la Junta Autónoma das Obras de Hidráulica Agrícola (JAOHA), departamento creado por la dictadura en 1930, dirigido en la primera fase por el agrónomo Mário Fortes, fallecido en 1935 y la Junta de Colonização Interna (JCI), del ministerio de Agricultura. Una publicación editada por motivo de la inauguración con Carmona, menciona que un proyecto parecido ya se había planteado en 1924, tiempos todavía de República democrática, pero la nación estaba "pobre, cansada e doente, com o seu crédito externo profundamente abalado e nula a confiança interna" (Ministerio, 1948, p. 2). Con la dictadura militar, según el mismo panfleto, "criadas as possibilidades financeiras de trabalho", la zona de Idanha fue visitada por Mário Fortes ya en 1930, donde se encontró que el lugar conocido como Cabeço Monteiro era idóneo para la "encastração do dique" de una nueva presa, que permitiría la mejora agraria de más de 9.000 hectáreas en la comarca, incluido el regadío de 500 hectáreas en la freguesia de Ladoeiro, además de la producción de energía hidroeléctrica. En 1934 el Conselho Superior de Obras Públicas aprobó el proyecto de regadío de la Campina de Idanha-a-Nova, y en 1935, el ministro Duarte Pacheco colocaba recursos en la Junta, para conseguir

> maior desenvolvimento de cultivos de exportação e, acima de tudo, do abastecimento do país em condições de preço que sejam estímulo de aumento da capacidade do mercado interno, fonte principal da receita da agricultura e da fazenda, e crie interesse dos que amanham, vivem e amam a terra, pela redução ao mínimo das contingências da produção (Ministério, 1948).

En 1937, los trabajos fueron iniciados por la Sociedade Lusitana de Hidráulica Geral, pero en 1943, por motivo de la guerra, se anuló el contrato y la JAOHA tuvo que continuar los trabajos directamente, con un precio final de 66.244 contos, 53% por encima de lo previsto. En enero de 1945, la JCI presentó al gobierno su "Estudo das posibilidades de colonização da Campina de Idanha." (Ministerio, 1947, p. 29). Los agrónomos de la JCI comentaron en este informe que para alcanzar una "verdadeira revolução no campo agrícola" sería necesario promover la división del latifundio, que era lo que dominaba en 7400 de las 8000 hectáreas consideradas. Los agrónomos proponían que cada familia de colonizadores que se quedase tuviese derecho a 4.5 hectáreas de regadío, y 21 de secano. En el regadío siempre habría 0,3 hectáreas de huerta. Los agrónomos calculaba que así se podría mejorar las condiciones de vida de unas 1600 personas (Ministerio, 1947, p. 38). El trabajo sería más distribuido a lo largo de los 12 meses de año, evitando las crisis periódicas de desempleo rural tan frecuentes en la zona.

La presa final acabó teniendo una altura de 53 metros, una central eléctrica con potencia de 3.020 CV, y una capacidad líquida de 78 millones de m3. La energía producida en los primeros años sería de 7.060 millones de quilovatios-hora.

Según la primera página del Diário de Lisboa, Carmona llegó a Castelo Branco en el tren especial, el "comboio presidencial". En el día de la inauguración se organizó un cortejo de coches donde viajaban el presidente de la República, Carmona, y el ministro de Obras Públicas, el ingeniero de caminos José Frederico Ulrich (1905-1982). En otros coches viajaban personalidades como Marcelo Caetano (que en 1968 sería el sustituto de Salazar), o el ingeniero de caminos António Trigo de Morais (1895-1966), que en ese momento ocupaba el cargo de presidente de la JAOHA, y que realizaría el discurso principal. Se entregaron 42 condecoraciones a todos los ingenieros que habían trabajado en el proyecto desde el primer momento, y otra a uno de los trabajadores, Joaquim Videira, como Cavaleiro do Mérito Industrial. Se cerró la jornada con un banquete para 134 invitados, incluido el obispo de Portalegre, António Ferreira Gomes, y donde hubo otro discurso, en el momento del "champanhe", del ministro de Obras Públicas. Según Ulrich, la nueva presa era

> A maior realização levada a efeito no nosso país durante o periodo áureo que teve início, há 22 anos, naquele dia em que o Exército resolveu pôr termo à anarquia e à desordem que tornavam impossível quelquer esperança de progresso, tal era o caos em que vegetavam todos os sectores da administração pública... Está o país tão habituado já a ver surgir a cada passo, dia a dia, tantas obras, que é

> caso de recear que a notícia de mais esta não chegue a impressionar a opinião pública.

A partir de 1954, la presa fue administrada por la Associação de Regantes. Las expectativas de desarrollo y cambio en la estructura del suelo asociadas a la construcción de la presa se vieron frustradas, ya que se mantuvo en gran parte la cultura de secano. El regadío acabó ocupando una superficie muy pequeña, porque los propietarios alegaban "débil poder económico" para adaptar sus terrenos al regadío. La expropiación, prevista por la JCI en propiedades que se beneficiaron de obras estatales de hidráulica agrícola, se realizó en una sola propiedad en el interior de Idanha, el Couto da Várzea. Esta finca comenzó a ser explotada como patrimonio del Estado en 1964 (Diogo, 2010).

En 1954, un agrónomo alentejano, Rui de Andrade, de pensamiento monárquico, que ocupó durante años uno de los lugares de diputado nacional, realizó una visita a la Campina de Idanha, y días después, en un discurso en el Parlamento, criticó varios aspectos fundamentales del proyecto de regadío iniciado pocos años antes:

> é fácil verificar que a repressa foi excessiva para as possibilidades de captação das águas afluentes, porque só uma vez em dezoito anos chegou a encher, e este ano, por exemplo, apesar de bastante chuvoso e de estarmos quase em Março, ainda não recebeu metade da água que comportaria a sua capacidade. Como, porém, a represa fosse excessiva para regar os 400 ha de várzea, que seria a única parte praticamente regável, houve necessidade de organizar a rega de outras áreas, e então foi preparada a rega de cerca de 5 000 ha dos terrenos ondulados, sendo a obra executada no período que decorre de 1935 até agora, em duas secções, uma de 1952 ha, já entregues a associações de regantes, e outra de cerca de 3 000 ha, que, segundo consta, vai ser brevemente entregue aos mesmos organismos... A terra arável, visto não ter senão uma vintena de centímetros de espessura, terá de ser toda terraplenada em socalcos; mas para isso seria necessário o emprego de máquinas potentíssimas para cortar a rocha do subsolo que ficaria a

descoberto, a não ser que o solo fosse primeiramente afastado e depois recomposto... É evidente que se trata de uma obra caríssima, de dezenas de contos por hectare, ficando a terra, que já de si é pobre e má, absolutamente estragada... Na minha opinião esta obra é, do ponto de vista técnico, um erro grave. Ela foi começada há vinte anos e certamente a demora em concluir foi causada por muitas dúvidas e receios, que produziram hesitações, e, além de ser uma má concepção técnica, trouxe àquela região um estado de inquietação grave, e a prova é que grande parte dos proprietários locais venderam as terras abrangidas pelo projecto a proprietários mais pequenos, de modo que no dia de hoje o número de regantes e de possíveis futuros regantes monta a 430 associados, havendo já na mesma zona muitos outros proprietários modernos de terras de sequeiro. Nos últimos dois anos as transacções de terras na zona da obra abrangeram alguns milhares de hectares o só um proprietário vendeu já 2 000. A divisão está em franco progresso, mas organizando-se como terras de sequeiro – e por isso é evidente que bastará deixar que esta evolução proceda naturalmente para que se formem em toda a parte casais e onde for conveniente venha a utilizar-se a água que lhes venham a fornecer. Os proprietários, a não ser em pequenas zonas que interessam as suas explorações, não só se não opõem à divisão e à venda de terras como têm, eles próprios, procedido espontânea e rapidamente a essa repartição, com medo das expropriações forçadas, que julgam sejam a baixo preço.[1]

VISITAS A LAS OBRAS DE REDENCIÓN DE BADAJOZ, 1958

La segunda fase de las políticas estatales en hidráulica agrícola se estructuró a partir del Primer Plan de Desarrollo (1953-1958), conocido como I Plano de Fomento. El I Plano se encuadra en la política de intervención del Estado para el fomento de la agricultura intensiva. Política que se había reforzado de forma notable en la

1 Debates Parlamentares, 16.02.1954.

década de 1950, con el comienzo del I Plano, cuyo objetivo incluía el desarrollo de la industria nacional.

Parece que una parte importante de inversiones políticas y financieras del Estado Novo se dirigieron hacia el Plan de Riego del Alentejo. Este plan, que fue presentado oficialmente en 1957, destinado a construir infraestructura que permitiría regar alrededor de 170.000 hectáreas de suelos semiáridos:

> o Plano propunha a alteração radical do meio em relação a um dos seus componentes fundamentais – a água, e de tal forma que o Alentejo, tão escasso em recursos hidráulicos até então, passaria a contar, opôs a conclusão das obras previstas, com 170 000 ha de regadios possibilitados por uma série de grandes albufeiras distribuídas ao longo de todo o seu território. Deste modo, a água, até aqui causa primária da estagnação do Alentejo, passa agora a fundamentar todas as esperanças, já que iria permitir, em escola até então impensável, rega, energia, urbanização, industrialização, turismo ... numa palavra, desenvolvimento.[2]

La construcción de este conjunto de infraestructuras tuvo como objetivo almacenar agua para producir energía, abastecimiento público de ciudades como Évora, riego, y por primera vez, turismo. Pero no siempre las prioridades era las mismas. Como se verá, en el caso del Duero, lo que interesaba era la electricidad y las relaciones internacionales. En la década de 1950 crecían las alarmas del éxodo rural, que despoblaba el campo y empujaba el abandono de zonas agrícolas menos fértiles o accesibles. El plan de riego del Alentejo, muy atento a los proyectos españoles en Badajoz, debía permitir la industrialización de las distintas etapas de la producción, aumentando la oferta de alimentos frescos (principalmente frutas y hortalizas), de carne y leche de la ganadería (gracias al frío), destinados al abastecimiento de una población urbana en expansión.

Según el diputado e ingeniero de Montes Gabriel Gonçalves, en 1972 estaban construidas las presas de Divor, Caia, Roxo y Mira,

2 Debates Parlamentares, 21.04.1972. Gabriel Gonçalves, 1972.

incluidas en la 1ª fase, que permitían regar unas 25.000 ha. Esta fase, que comenzó en 1963 y finalizó en 1969, ya tenía en 1972 el 53% del total de la superficie controlada sometida a regadío, "porcentaje francamente favorable, dado que la evolución de la transformación provocada por el regadío es naturalmente lenta" (Gonçalves, 1972). Sin embargo, los datos recogidos por Oliveira Baptista indican que la infraestructura construida por el Estado no fue debidamente optimizada por los propietarios agrícolas, especialmente los más grandes, que no abandonaron los sistemas de secano (Baptista, 1993). El mismo Gonçalves, uno de los tecnócratas agrarios de la etapa de Marcelo Caetano a la cabeza de la dictadura reconocía los muchos obstáculos existentes a un rápido desarrollo de los regadíos: inadecuado sistema de arrendamiento, deficiente orden cultural por falta de opciones rentables, falta de capital del sector, atraso tecnológico, industrialización insuficiente, comercialización defectuosa, deficiencias estructurales, mano de obra desprevenida y baja productividad, discutible gestión empresarial y soporte técnico, etc.

Quizás se aprendió poco del fracaso, reconocido incluso por importantes figuras de la dictadura, del proyecto de Idanha. Apenas algunos perímetros de riego, como el del río Caia, fueron rápidamente aprovechados con agricultura intensiva de productos hortícolas y frutas. Pero hay que decir que en la comarca de Elvas ya había una tradición de fruticultura, visible en la industria del pimentón, o de los dulces de ciruela, la famosa Ameixa de Elvas. En la mayor parte del Alentejo, los terratenientes apenas sabían producir trigo, corcho, o bellotas.

Desde 1957 se construyen infraestructuras de riego y se presentó la primera versión del Plan de Valorización Alentejo (1957), que preveía el riego de 170.000 hectáreas para esta región. El plan, como el proyecto de Idanha, desde un principio fue objeto de duras críticas (Feio, 1963). A pocos kilómetros al este de Elvas, el gobierno de Francisco Franco había iniciado una gran apuesta por la "hidro-modernidad", en lo que sería parte de las más de 600 presas mandadas construir por este dictador. Como los grandes propietarios de Portugal, Franco quería evitar más intentos de reforma agraria, que habían causado tanta tensión social antes de la guerra civil de 1936.

En 1958, varios agrónomos y periodistas de la prensa agraria lusa (como Vida Rural), realizaron visitas de estudio a los campos y presas del Plan Badajoz. Un buen ejemplo de los puntos que más llamaban la atención a los técnicos portugueses se puede ver en los artículos publicados por Eduardo Cardigo en Vida Rural. También en los debates parlamentares de Lisboa, surgen detalles técnicos sobre los logros del Plan, como sucedió en 1961:

> "Em Espanha, o plano de Badajoz, aprovado em 1952 e actualmente em plena execução, tem como finalidade o aumento da potência económica da sua maior província e a melhoria do nível de vida dos seus 800 000 habitantes, pela utilização dos recursos naturais inexplorados.[3] O programa de desenvolvimento inclui a regularização do Guadiana, que permitirá a irrigação de 115 000 ha, o repovoamento florestal, a industrialização dos produtos provenientes de novos regadios e dos recursos naturais da região e a adaptação da rede de comunicações ao aumento das necessidades de transportes. A regularização do Guadiana obtém-se pela construção de cinco barragens, com a capacidade total de 3700 milhões de metros cúbicos, que assegurem um caudal regular anual de 1500 milhões de metros cúbicos. A maior destas barragens, a de Cijara, tem uma capacidade de armazenamento de 1670 milhões de m3 e está em serviço desde 1956; outras três entrarão em serviço em 1960 e da última, a menor, já foi elaborado o projecto. Dos canais de transporte, que levarão as águas destas albufeiras à rede de irrigação, numa extensão total de 390 km, estão construídos 84 km e em construção 67 km. As obras já executadas permitem a irrigação de 22 000 ha e eu contraiu-se em transformação outros 30 000 ha...
>
> A industrialização da região prevê a instalação de novas fábricas que completem o ciclo produtivo da adaptação ao regadio; outras

3 En la visita de Franco a la provincia de Badajoz en diciembre de 1945, este dijo: "Vengo a esta provincia porque es la que tiene el más hondo problema social entre todas las provincias españolas. He de anunciar a estos magníficos campesinos, a estos sufridos labradores de estas pardas tierras extremeñas que vamos a empezar la obra de su redención."

> efectuarão a transformação dos produtos naturais, ao passo que as centrais hidroeléctricas das barragens, com a potência instalada de 130 000 km, permitirão exportar para outras províncias o excedente da produção anual, que atingirá cerca de 250 milhões de quilowatts-hora.
>
> Já estão em funcionamento na região: uma fábrica de cimento, para 100 000 t anuais, compreendida no grupo «auxiliares do planos e que permite fazer face a grande parte das necessidades constantes do plano; uma siderurgia que utiliza os recursos em minério da província, para produção de aço de alta qualidade; duas nações de algodão com um total de 30 000 fusos; uma fábrica de conservas de legumes com capacidade para laborar 30 000 t de produtos frescos; a ampliação do Matadouro Regional de Mérida, dotado de frigoríficos para satisfazer às suas próprias necessidades e ainda permitir a conservação de produtos das zonas irrigadas."[4]

El Plan Badajoz había sido decididamente intervencionista –con previsión de nuevas subvenciones, créditos especiales, expropiaciones forzadas, compras directas por el Estado–, que fue acompañada de una legislación comercial de corte, más a pensar en la autarquía que en las exportaciones, a la que cabe añadir múltiples políticas sectoriales que establecían condiciones especiales para ciertas ramas industriales. El Plan fue elaborado por el gobierno civil de Badajoz, en manos del coronel López Tienda.

Ejemplo de cómo funcionaba esa obra "revolucionaria" en realidad es la obra del Canal de Montijo, de 30 km. de longitud. Por la prensa de finales de 1940 se sabe que se ejecutó con colonias penitenciarias militarizadas. Es decir, que con "mano de obra esclava", era más fácil poner en marcha estas obras (Riesco y Rodríguez, 2017; Seco, 2018). Porque el aparato propagandístico del Plan Badajoz escondía que tras sus infraestructuras, había desde 1939 un trabajo con mano de obra represaliada, que junto a los destacamentos penales en la construcción del ferrocarril y otras obras públicas hidráulicas, completan el universo penitenciario de la década de 1940. Una mano de

4 Debates Parlamentares, 22.02.1961. Projecto de Lei.

obra que no recibía un salario correspondiente a su esfuerzo, sino un descuento en los años de pena de sus sentencias judiciales.

FRANCISCO FRANCO Y AMÉRICO TOMÁS EN LA FRONTERA DEL DUERO, 1964

Figura 1, Fotografía del ministro Arantes e Oliveira, almirante Américo Tomás, general Francisco Franco, en la inauguración de 1964

Fuente: Fototeca de Euronatura. Coleção Arantes Oliveira, 17.10.1964

Desde principios de siglo XX se suceden varios proyectos españoles para la regulación de este tramo fronterizo del río Duero. Pero las propuestas fueron varias veces "bloqueadas por el silencio administrativo portugués." En la Conferencia Mundial de la Energía, celebrada en 1924 en Londres, José Orbegozo presentó una versión con una presa de cabecera, un trasvase por la ladera española y una presa en el tramo internacional del Duero, en Aldeadávila (Bueno & Saldaña, 2002). La difusión de esta propuesta puso en alerta a la opinión pública portuguesa. En agosto de 1927 ambos países firmaron un acuerdo que establece las condiciones del reparto del

Duero internacional (Pozo, 1999). La presa de Ricobayo se terminó en 1934. Le siguieron los saltos de Villalcampo y Castro, en servicio en 1949 y 1952 respectivamente.

En 1964 se concluían a la vez dos presas, una española y otra portuguesa, para hacer un total de cinco en ese trozo internacional, descrito como "uma das maiores fontes de energia da Europa". Según el DL, la conclusión de las obras hidroeléctricas del trozo internacional del río Duero, en Salamanca y Tras os Montes, festejadas con la presencia de Américo Tomás y de Francisco Franco, era ejemplo de las "fraternas relações entre Portugal e Espanha". El desnivel de 557 m. del cauce, entre la meseta y Portugal, se concentra en un tramo de unos cien kilómetros. El río abre un cañón con paredes verticales que superan en algunos puntos los 400 m. de altura. Es un paisaje "abrupto y violento, solitario y conmovedor" (Callis, 2016). Es también una oportunidad, desde principios de siglo XX, para el aprovechamiento hidroeléctrico.

El 17 de octubre de 1964 se prepararon varias ceremonias: una primera en España, en la Presa de Aldeadávila, propiedad de la empresa Iberdrola, donde se produjo el primer encuentro entre el almirante luso y el generalísimo gallego, "muito cordial."[5] El DL describía esta presa como el "maior emprendimento hidroeléctrico da Europa ocidental". La altura era de 115 metros y la capacidad de agua de 115 millones de m3. La producción eléctrica suponía el 10% de la total española. Una comida fue organizada en el "edificio de comando".

Por la tarde, con un viaje de 75 minutos y paso de la frontera por Fermosille, hubo otra conmemoración en el lado de Portugal, en Bemposta. Esta presa tenía 87 metros de altura por encima del terreno de fundación, y una capacidad de 128 millones de m3, y 1100 millones de kv/h. Las obras necesitaban una media de 3000 trabajadores, pero en un momento se alcanzó un máximo 3740, en 1962.

5 Sobre los encuentros de Franco com Salazar, ver Rezola (2008).

LA PRESA AMÉRICO TOMÁS EN EL RÍO CAIA, 1967

La zona del Alentejo tiene actualmente muchas presas, destacando con diferencia Alqueva, presa inaugurada en 2004 con una altura de 96 metros. Si Alqueva ya fue un proyecto de los ingenieros del Estado Novo, concluido apenas décadas después, muchas de las otras presas fueron finalizadas antes del regreso de la democracia en 1974. Sin embargo, cuando se estudian estos elementos tan determinantes en la región, pocas son las alusiones desde el ámbito histórico (Melo, 2009). Lo que no sucede con el aspecto ambiental, ya que existen numerosos artículos que abordan análisis y estudios sobre el tratamiento de las aguas y el impacto ambiental que ha tenido la zona a partir del levantamiento de estas instalaciones.

En los debates parlamentares hay noticias del avanzo de las obras en río Caia, en un discurso de un técnico agrícola ("regente"), José Vicente Abreu, que llegó a ocupar la alcaldía de Elvas:

> Encontram-se em adiantada fase as obras do aproveitamento hidroagrícola do Caia, que abrangerá terras dos concelhos de Campo Maior e de Elvas. Uma vasta área será irrigada a partir de canais que já serpenteiam ao longo dos campos e em breve estará erguida a barragem que permitirá que a água seja posta à disposição dos agricultores da zona incluída neste perímetro de rega.
>
> A formação de uma extensa albufeira terá para a região vantagens enormes, pois permitirá que se garanta, a partir dela, abastecimento de água a Elvas e a Campo Maior e ainda às sedes de diversas freguesias dos dois concelhos. Do ponto de vista turístico, a albufeira terá também o maior interesse, uma vez que possibilitará a prática da natação, e dos desportos náuticos numa região onde os Estios são duros e as gentes sofrem, de Junho a Outubro, a inclemência de clima deveras agreste.
>
> Na zona a irrigação abrange uma faixa de terrenos que se estendem numa área de 7400 ha.
>
> Nela encontramos variados tipos de solos, que não vamos aqui enumerar, apenas dizendo, quanto à sua classificação, que 16 % são terras de primeira, 24,1 % de segunda e 59,9 % de terceira.

> Com a próxima chegada da água terá de se levar a cabo uma obra de reconversão cultural profunda, em muitos casos, e já atrás dissemos o que o termo significa para a lavoura. E é assim, como também frisámos, porque sabe que toda a mudança traz despesa e que quase todo o capital a investir terá de ser obtido através de operações de crédito.
>
> É evidente que a lavoura pode recorrer à JCI — e não será de mais louvar aqui o que este organismo tem feito através da Lei de Melhoramentos Agrícolas —, mas estamos certos de que nem sempre conseguirá que o juro a praticar permita que o empreendimento seja rentável, nem terá disponíveis bens não comprometidos que possam garantir os empréstimos que aquele organismo lhe possa facultar.[6]

Indagando sobre una fecha exacta de inauguración en Caia, con la ayuda de la hemeroteca de la biblioteca pública de Évora, se pudo encontrar algunas noticias con información relevante. En varios momentos, en la prensa regional como la local de Elvas y Évora, surgió la figura de un agrónomo, Domingos Victória Pires, fundador de la Estação de Melhoramento de Plantas de Elvas en 1942, y secretario de Estado da Agricultura entre 1950 e 1958, y en un segundo momento, entre 1965 y 1969.

Una primera fecha fue del 10 de febrero de 1967. Una noticia del periódico Noticias d'Évora, aparece con el título de "Três membros do Governo visitam hoje a Barragem do Divôr". La noticia reporta en el inicio la hora de la visita –11 am– en que el ministro de Obras Públicas (Eduardo de Arantes e Oliveira, 1907-1982) su sub-Secretario de Estado (Joaquim Silva Pinto) y el Secretario de Estado de Agricultura (Victória Pires) visitaron esta presa cercana a Évora, señalada como una "obra importante de aprovechamiento hidro-agrícola da la región". En Divor fueron recibidos por el alcalde de Arraiolos (sede del término municipal), y por el presidente de la Junta Distrital de Évora. También en esta noticia, hay datos técnicos sobre la nueva presa de Divor, como su capacidad hídrica (11,9 millones de m3) la

6 Debates Parlamentares, 18.01.1966

cual según la información, "se destinan al refuerzo de abastecimiento a la ciudad de Évora y al riego de 476 hectáreas agrícolas".

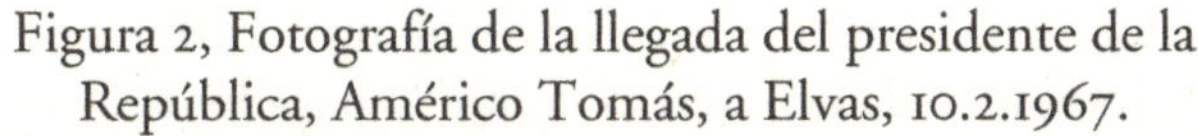

Figura 2, Fotografía de la llegada del presidente de la República, Américo Tomás, a Elvas, 10.2.1967.

Fuente: Fototeca de Euronatura.

En otro periódico, el Jornal de Évora, esta vez datado en dos días posteriores (12 de febrero) con la noticia "Três membros do Governo visitaram as obras de rega no Alentejo", reportando los sucesos de dicha visita para este corresponsal. En esta, se esclarece que la obra continúa en ejecución y que a dicha comitiva del gobierno, se sumaron los directores de Servicios Agrícolas, Forestales e Hidráulicos, el presidente de la Junta Hidráulica Agrícola, el director de Servicios de Aprovechamiento Hidráulico y otros técnicos, los cuales fueron recibidos por algunas autoridades de la región. Se menciona además que dicho grupo tuvo la oportunidad de observar el área beneficiada por el riego de la futura instalación, haciendo mención nuevamente del total hectáreas abarcadas. También, se señala una vez más la capacidad útil de la presa, dato que el periódico alude haberlo referido antes, por lo que evidencia información relativa a la instalación en números anteriores. Sin embargo, esta noticia aporta otros datos técnicos de interés como el volumen a utilizar en el riego durante la temporada de junio a octubre (2,6 millones de m.3) y los datos de extensión de la red de riego y el desenvolvimiento del canal conductor general (16 y 5,9 km. aproximadamente).

Siguiendo la pista que dejó ver la primera noticia sobre el itinerario siguiente de los miembros del gobierno, se pudo encontrar, esta vez en el periódico *A Defesa* del 18 de octubre, la noticia titulada: "Visita do Sr. Ministro das Obras Públicas à Barragem do Caia", donde el grupo, junto entidades oficiales civiles y militares del distrito de Portalegre, llegaban desde la Asociación de Regantes de Aprovechamiento Hidroagrícola de Caia, hasta la presa de mismo nombre, a las 15 horas del día 10. Dicha notica expone que el Ministro de Obras Públicas viajó hasta este sitio para presidir la ceremonia de clausura de la construcción de la estructura hidráulica, comenzando así el llenado del respectivo reservorio. El artículo menciona también, muchos de los nombres de las personas que estuvieron presentes, ingenieros, entidades públicas y privadas, como el alcalde de Campo Maior y del Consejo Parroquial de São João Batista. Además, hace alusión a los futuros beneficios de la nueva presa, explicando su aporte a la valorización económica y social del distrito de Portalegre, especificando los términos municipales de Campo Maior y Elvas, siendo estos, parte del Plan de Riego del Alentejo. También se señala la labor de poner este plan en práctica por parte del Gobierno para ayudar esta provincia en la defensa de la crisis económica de la época, producto de los pésimos años agrícolas sufridos poco antes, haciendo énfasis en posteriores resultados como el reposicionamiento de la provincia como puntera en estos temas, a partir de las reformas en los sistemas de aprovechamiento de la tierra y la transformación de la cultura de secano.

Figura 3. Ministério, 1965, detalle de una de las cartografías del memorandum.

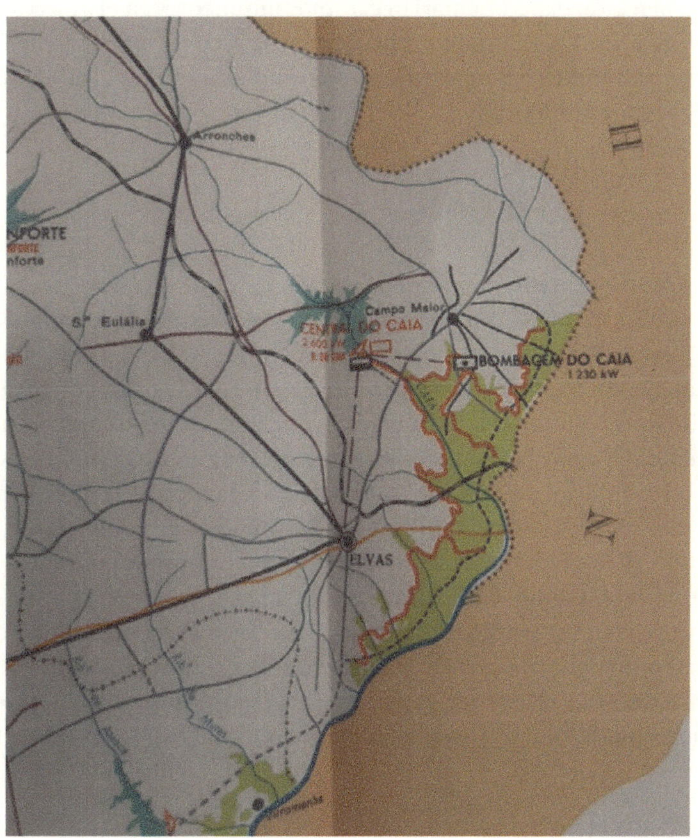

Fuente: Detalle de una de las cartografías del memorándum (Ministério, 1965).

Esta noticia también aporta datos técnicos de valor como la capacidad de la presa de Caia, el cual excede los 200 millones de m3, y la inmensa área que para aquel entonces se cometía irrigar (7.400 hectáreas). Toda esta superficie comprendía los terrenos de los términos municipales de las dos ciudades mencionadas, pudiendo proveer de 10.000 m3 para el abastecimiento de agua en sus localidades. Se comenta incluso reflexiones acerca de las condiciones ambientales de la región y como estas estrategias incidirían positivamente en el desarrollo de esta, como las zonas desérticas de gran parte del año de esta región experimentarían cambios inminentes en el aspecto de la vegetación, la valorización pecuaria y forestal, el establecimiento de nuevas industrias aparte de la cultura del cereal, la cual tendría un mayor rendimiento.

CONCLUSIONES

La historia contemporánea de la gestión del agua en Portugal es un tema importante. Como país con clima mediterráneo, son grandes los contrastes entre los meses húmedos y secos. Las inundaciones y los meses sin lluvia son cada vez más un asunto urgentemente político. Y como se ha visto en este capítulo, un mejor aprovechamiento del agua ya era una forma de legitimar un gobierno, en este caso autoritario, desde los primeros años de la dictadura de Salazar.

Los ingenieros de caminos y agrónomos del gobierno de la dictadura, de una manera material y simbólica, produjeron nuevas naturalezas. Como en los campos de Badajoz, en Idanha y Caia, y en otros muchos puntos del país, mediterráneo y tropical, surgieron nuevos artefactos y territorios, base de una nueva modernidad, a la vez con fuerza estética y con violencia, para alcanzar una nueva "hidro-modernidad" (Swyngedouw, 2015).

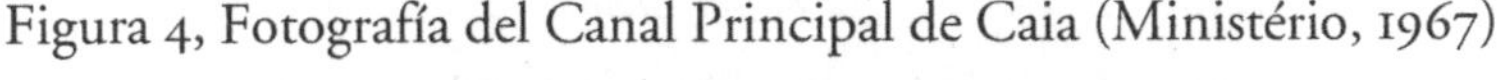

Figura 4, Fotografía del Canal Principal de Caia (Ministério, 1967)

Fuente: Fotografía del Canal Principal de Caia (Ministério, 1967).

BIBLIOGRAFÍA

Arranja, C. (2010). *Aproveitamento Hidroagrícolas em Portugal: Instalação, Evolução e Modernização.* Universidade de Évora.

Baptista, F. O. (1993). *A Política Agrária do Estado Novo.* Afrontamento.

Bueno & Saldaña, D. (2002). Evolución de la ingeniería de presas en España. El caso de los Saltos del Duero. In *Actas del I Congreso Nacional de Historia de las Presas* (pp.397-413). Diputación de Badajoz.

Callis, E. (2016). *Arquitectura de los pantanos en España.* Ediciones UPC.

Câmara Municipal de Campo Maior. (1950). *A Albufeira do Caia.* CMCM.

Camprubí, L. (2011). Frankie the Frog': the total transformation of a river basin as 'totalitarian' technology (Spain, 1946-1961). *Endeavour,* 36, 1, 23-31.

Cardigo, E. (1958). Os Regadios de Badajoz. *Vida Rural,* 7 de Junho, 8-10.

D'Amaro, F. (2022). *Antipatriotas del Agua. Conflictos y grupos de interés en el franquismo.* Comares.

Diogo, C. (2010). *A Reforma Agrária em Idanha-a-Nova* [Tese de mestrado, ISCTE].

Feio, M. (1963). *Crítica ao estudo económico do plano de rega do Alentejo*. Federação dos Grémios da Lavoura do Baixo Alentejo.

Freire, D. (2014). Entre sequeiro e regadio. Políticas públicas e modernização da agricultura em Portugal (século xx), In *XIV Congreso de Historia Agraria*. Universidad Badajoz/SEHA.

García-Pereda, I. (2011). *Mário de Azevedo Gomes, 1885-1965: Mestre da Silvicultura Portuguesa*. Parques de Sintra-Monte da Lua.

García-Pereda, I. (2023). O *Posto Agrário de Tavira (1926-1974)*. Direção Regional de Agricultura e Pescas do Algarve.

Gil-Farrero, J. (2018). *Natura en conflicte. La construcció del patrimoni natural a Catalunya, del franquisme a la democràcia (1955-1992)* [Tesis de doctorado no publicada, Universitat Autònoma de Barcelona].

Isaacman, A. F. & Sneddon, C. (2003). Portuguese colonial intervention, regional conflict and post-colonial amnesia: Cahora Bassa dam, Mozambique 1965–2002. *Portuguese Studies Review*, 11 (1), 207-236.

Mayer, R. (1926). *O Problema da Agua na Agricultura Portuguesa*, Universidade de Coimbra.

Mayer, R. (1943). *A Água na Defesa da Terra – A Obra da Junta Autónoma das Obras de Hidráulica Agrícola*. Instituto Superior de Agronomia.

Melo, J. J. (2009). Alqueva: alegrias e frustrações da mais emblemática obra pública portuguesa do séc. xx. In *Cidadãos pelo ambiente: Conservação da Natureza e Biodiversidade em Portugal* (pp. 125-131). Esfera do Caos Editores.

Ministério da Economia. (1947). *Relatórios dos trabalhos e contas de gerência – ano de 1945*, Junta de Colonização Interna.

Ministério da Economia. (1948). *Barragem Marechal Carmona e Obras da 1a Parte da Campina da Idanha*. Bertrand.

Ministério das Obras Públicas. (1965). *Plano de valorização do Alentejo: Rega de 170.000 hectares*. Direcção-Geral dos Serviços Hidráulicos.

Ministério das Obras Públicas. (1967). *Obra de Rega dos Campos do Caia*, Direcção Geral dos Serviços Hidráulicos.

Pozo Serrano, M.P., (1999). El régimen jurídico de los cursos de agua hispano-portugueses. *Anuario Español de Derecho Internacional*, 15, 325-361.

Rezola, I. (2008). The Franco–Salazar Meetings: Foreign Policy and Iberian Relations During the Dictatorships (1942-1963). *e-JPH* 6 (2).

Riesco Roche, S. y Rodríguez Jiménez, F. (2017). El autoritarismo franquista visto a través de los orígenes del plan Badajoz. In *La Historia: lost in translation?* (pp.1335-1346).

Saraiva, T. (2015). Fascist Modernist Landscapes: Wheat, Dams, Forests, and the Making of the Portuguese New State. *Environmental History,* 21(1), 54-75.

Seco, J. (2018). Dimesión social del regadío y la colonización de Vegas Altas. *Revista de Historia de las Vegas Altas,* 12, 87-107.

Swyngedouw, E. (2015). *Liquid Power: Contested Hydro-Modernities in Twentieth-Century Spain.* MIT Press.

II.
CONTROL Y USOS DEL AGUA EN ESPAÑA

9.

LA GESTIÓN DEL AGUA EN EL CÍSTER FEMENINO DE CASTILLA. PODER, ADMINISTRACIÓN Y EMPLAZAMIENTO

Ester Penas González
Universidad Autónoma de Madrid

INTRODUCCIÓN[1]

Se exponen los elementos hidráulicos de los cotos de seis monasterios cistercienses femeninos castellanos: San Vicente el Real (1156, Segovia), Santa María de Cañas (1170, La Rioja), San Andrés de Arroyo (ca. 1175, Palencia), Las Huelgas (ca. 1180, Burgos), Santa María de Vileña (1222, Burgos) y Abia de las Torres (1280, Palencia).

Las instituciones femeninas, debido a la clausura, desarrollaron un modelo de gestión de sus propiedades diferente al de las masculinas, generalmente indirecto a través de agentes que actuaban en su nombre (Pérez-Embid, 1986a, p. 306; 1986b, p. 763; Berman, 2012, pp. 134-135; Baury, 2013, pp. 44-46; Cavero, 2013, p. 83). Además, la economía más limitada de estos monasterios provocó que su coto fuese más pequeño que el de uno masculino y tuviese menos áreas económicas (Jorge, 2012, pp. 8-10; López, 2012, p. 99), aunque existen excepciones.

Los ejemplos seleccionados presentan algunas similitudes, pero también importantes diferencias derivadas de su localización y economía, condicionadas por sus patronos, la topografía, los recursos hídricos y su fecha fundacional, estando sujetos a la coyuntura económica, social y religiosa del momento (Pérez-Embid, 1986a, pp. 388-344; Locatelli, 1994, p. 18; Kinder, 2002, p. 105; Bond, 2007; Baury, 2012, pp. 93-103, 201; 2013, pp. 35, 38, 41; Jorge, 2012, pp.

1 Este trabajo e investigación se han llevado a cabo en el marco de la Beca de Doctorado de la Fundación Juanelo Turriano (2021-2023).

37-38; 2018, pp. 35, 37-38; López, 2012, p. 80; Jamroziak, 2013, pp. 52, 73-74, 144).

El coto monástico estaba formado por aquellas tierras y propiedades en el entorno del edificio claustral (France, 1998) que permitían, si no lograr la autosuficiencia que obligaba la *Regla de San Benito* (Capítulo LXVI: 90), sí garantizar sus necesidades básicas (Bond, 2001a). El coto era más amplio en los monasterios rurales al disponer de mayor facilidad y espacio para adquirir terrenos y organizarse (Bond, 1989, pp. 83, 85; 1993). Solían existir propiedades inmediatas al monasterio, generalmente cercadas, y otras, algo más alejadas, que complementaban el área de económica interna (France, 1998, pp. 22-28) como se observa con claridad en el monasterio masculino de Matallana (Crespo, Herrán y Puente, 2006, p. 31; Crespo, 2019, pp. 51, 74-76), y en los femeninos de Las Huelgas (Lizoain y García, 1988) y Abia (De la Fuente, 1986; Sáez, 1996).

En el coto había distintos elementos hidráulicos para el abastecimiento interno y la economía: algún río, arroyo o cuérnago; agua potable de manantiales o pozos; estructuras de almacenaje; cultivos de regadío; zonas para el pasto y la bebida de los animales; industria –molinos, herrerías, batanes, almazaras, tenerías–, etc. (Braunfels, 1975, p. 143; Coppack, 1994, pp. 415-416; Benoit, Baudin y Rouillard, 2019; Jorge, 2012, p. 71; 2018; Miguel y Muñoz, 2015; Maduro, Mascarenhas y Jorge, 2017). Por ello, la falta o inadecuación de los recursos hídricos provocaba el traslado de muchos monasterios (Jorge, 2018, pp. 35-38; Bond, 1989, pp. 85-86; López, 2012, p. 92; Lekai, 1987, pp. 368-369; Bonis y Wabont, 2001, p. 172). Además, durante la fundación se procuraba que las captaciones interna y externa naciesen en el coto para evitar conflictos con los vecinos por el aprovechamiento y el paso de la conducción de agua (Bond, 2001b).

Al organizar el coto, los monasterios transformaban el paisaje. Muchos compraron parcelas lindantes con ríos para poder modificar su trazado –Citeaux (Berthier, 2012), Vileña[2], etc.–, y otros adquirieron el agua –Veruela– (Rodríguez, 2009). Algunos tuvieron que drenar

2 1336-51: ACV, Pergs., 75, edit. Cadiñanos, 1990, Doc. CLXXXV: 173-174; Pergs., 74, edit. Cadiñanos, 1990, Doc. CLXXXVI: 174-175; Pergs., 80, edit. Cadiñanos, 1990, Doc. CXCVIII: 190-192.

sus terrenos de asentamiento y construir diques y grandes sistemas de evacuación para impedir inundaciones –Morimond, Trois-Fontaines, Vauluisant, Fontenay (Francia)– (Bond, 1989, p. 99; Kinder, 1996, p. 84; Bond, 2001, p. 105; Jorge, 2012, pp. 38-39; Benoit y Rouillard, 2012, pp. 18-19, 27; López, 2012, pp. 80, 94, 100). Otros se levantaron sobre una terraza –Coyroux, Obazine (Francia)– (Barrière, 1992, pp. 76-77; 1996, pp. 15-16, 19).

EMPLAZAMIENTO

Distintos autores han establecido tipologías de emplazamientos en función de las poblaciones, la topografía y los recursos hídricos (Bonis y Wabont, 2001, pp. 151, 163; López, 2012, pp. 90-97, 310; Jorge, 2012; Benoit y Rouillard, 2012):

Según la población. James Bond sostiene que es difícil definir este tipo debido a las transformaciones que han sufrido los núcleos de habitación desde la Edad Media: hay monasterios que dieron lugar a poblaciones en su entorno y otros que, siendo rurales, fueron englobados por la expansión del urbanismo (1989, p. 83; 1993, p. 43). En todo caso, pueden determinarse tres categorías:

Urbanos. Emplazados desde su fundación dentro del entramado urbanístico de una ciudad o pueblo –Las Huelgas (Valladolid), San Benito (Talavera)–. No tenían mucho espacio para desarrollar su coto.

Periurbanos. Fundados extramuros de una ciudad; podían desarrollar un coto y un patrimonio semejante al de un monasterio rural, pero tenían particularidades en la forma configurar su dominio inmediato por la alta concentración de propietarios –Las Huelgas (Burgos), San Vicente–.

Rurales. Aquellos monasterios emplazados en el campo, con espacio suficiente para organizar el coto y que solían ser señores del término –Vileña, Arroyo y Cañas, siendo Abia una excepción en material jurisdiccional–.

Según la topografía. Los tipos más comunes son en llanura aluvial –Las Huelgas, Vileña, Cañas, Abia y Villamayor de los Montes–, en fondo de valle –Arroyo– y en ladera –San Vicente–.

Según la disponibilidad de agua. Los monasterios contaban con agua potable y no potable, pudiendo combinar recursos: pozo, manantial y arroyo/cuérnago –San Andrés–; pozo y río –Cañas–; dos corrientes fluviales y dos manantiales –San Vicente–; río/cuérnago y dos manantiales –Las Huelgas–; manantiales, arroyos y cuérnago –Abia–.

EL COTO MONÁSTICO

Los monasterios femeninos, a causa de la clausura, gestionaban su coto de forma indirecta, lo que no impedía que en ocasiones fuesen las propias monjas quienes realizasen estas tareas. Urraca Pérez de Rojas, abadesa de San Andrés de Arroyo, solicitó personalmente la ayuda de Alfonso XI en 1326 en un pleito por el portazgo de Aguilar de Campoo[3]. Sin embargo, la mayor parte de los documentos económicos revelan que cuando la comunidad debía firmar una transacción, tomar posesión o desprenderse de una tierra o librar un pleito, nombraba por reunión capitular a un procurador o personero, que solía ser un oficial de la comunidad –capellán, mayordomo, criado, etc.–. Existían oficiales específicos como provisores, veedores, merinos, alguaciles, alcaldes o jueces que colaboraban en las actividades administrativas (Coelho, 2006, pp. 127, 153-155; Cavero, 2013, pp. 82-83). Si no las propias monjas, los patronos y reyes proveían a los monasterios de los oficiales necesarios (Baury, 2012, pp. 262-263), como hizo Alfonso VIII en Las Huelgas en 1200[4], y Alfonso XI con la exención de impuestos a sus trabajadores en 1339 (Bango, 1998, p. 70). Fernando III permitió a Las Huelgas nombrar un juez para su jurisdicción[5], y Alfonso X concedió en 1256 ocho excusados –entre ellos, dos mayordomos–, duplicados por Enrique IV, a San Vicente el Real[6] (Pérez-Embid, 1981, p. 375; Casas y Palomo, 1991, p. 39).

3 Archivo Histórico Nacional, Clero, Carp. 1733, Docs. 4, 6, 9; Carp. 1734, Doc. 3.
4 AMHB, Leg. 3, Nº 94-B, edit. Lizoain, 1985a: Vol. 1, Doc. 54: 96-98.
5 AMHB, Leg. 2, Doc. 39-a, edit. Lizoain, 1985b, Doc. 466, pp. 274-276.
6 Archivo del Monasterio de San Vicente el Real, Pergaminos, Docs. 3, 14, 15.

Para gestionar sus propiedades, Las Huelgas contaba con hermanos legos que habían profesado ante la abadesa, pero que vivían separados de la comunidad (Pérez-Embid, 1986b, pp. 791-792; Kinder, 2002, p. 308; Baury, 2012, p. 257; sobre la jurisdicción de este monasterio, véase el estudio de Escrivá de Balaguer, 1976)): en Población de Soto tenía un mayordomo mayor, dos capellanes y cinco legos (Pérez-Embid, 1986b, pp. 791-792; Lizoain y García, 1988, pp. 260-264; Baury, 2012, p. 257). Además, los criados y trabajadores –hortelanos, molineros, agricultores, pastores, artesanos, canteros, fontaneros, etc.–, dependientes del mayordomo, permitían gestionar el coto (Coelho, 2006, p. 155; Baury, 2012, pp. 262-264). Este oficio se diferenciaba de la mayordoma o cillerera porque la oficial gestionaba los asuntos económicos internos del monasterio, y el mayordomo, los externos[7] (*RSB*, Capítulo XXXI: 61-62; *EEOO,* Capítulo CXVII, edit. Guignard, 1878, pp. 240-241; Carlontrigo, 1786, p. 118; Cantera, 2013, pp. 241-242; Abella, 2016, pp. 290-291; Coelho, 2006, p. 142; Lizoain y García, 1988, p. 372; France, 1998, pp. 96-97; Lapeña, 2019, pp. 112-115; Bango, 1998, p. 73).

Tabla 1. Dimensiones (superficie) del coto interno de varios monasterios cistercienses castellanos.

Monasterio	Fundación	Coto interno (Ha)	Coto externo (Ha)	Emplazamiento	Género
Poblet	1149	1,98 / 19	–	Rural	Masculino
San Vicente el Real	Ca. 1156	2,29	20	Periurbano	Femenino
Santa María de Cañas	1170	2,2	–	Rural	Femenino
Santa Maria de Matallana	1175	4,34 / 16,33	360	Rural	Masculino
San Andrés de Arroyo	Ca. 1175	2,41	–	Rural	Femenino

7 Arroyo, siglos XIII y XIV: AHN, Clero, Carps. 1734, 1735 y 1736; Vileña, 1375: Archivo de la Real Chancillería de Valladolid, Pergaminos, Carp. 142, Doc. 6; Archivo General de Simancas, Patronato Eclesiástico, Leg. 300, s/f, Capítulo II.

Monasterio	Fundación	Coto interno (Ha)	Coto externo (Ha)	Emplazamiento	Género
Las Huelgas de Burgos	Ca. 1180	4,68	100	Periurbano	Femenino
Santa María de Vileña	1222	2,10	100	Rural	Femenino
Villamayor de los Montes	1228	1,47	–	Rural	Femenino
Abia de las Torres	1280	9,53	70	Rural	Femenino
Sab Benito de Talavera	1300	0,88	–	Urbano	Femenino
Las Huelgas de Valladolid	1320	1,25	–	Urbano	Femenino

Fuente: Elaboración propia

Los monasterios femeninos tenían áreas de explotación en su entorno, pero con límites poco definidos y sin cercarse, puesto que las trabajaban oficiales y jornaleros externos, mientras que los masculinos incluían una reserva bien delimitada que era trabajada por la propia comunidad.

Todos los monasterios femeninos estudiados tenían una huerta dentro de su recinto, pero los molinos no siempre podían emplazarse allí, pues dependían del sistema hidráulico externo. Así, San Vicente los tenían en el Eresma y el Ciguiñuela, y lo mismo sucedía con uno de los molinos de Abia y varios de Las Huelgas. Monasterios que contaban con un molino en su coto eran Arroyo y de nuevo Abia y Las Huelgas. En las huertas conventuales se cultivaban tanto hortalizas como frutas: por ejemplo, la huerta sur de Arroyo era de hortaliza, y la llamada Huerta Vieja, al este, de frutales[8]. Además, existían áreas ajardinadas (Martínez, 1992): en Las Huelgas se documenta, por ejemplo, el "vergel e huerta de la sennora abadesa"[9], y en algunos de estos espacios verdes se cultivaban plantas medicinales para proveer

8 AGS, PEC, Leg. 297, s/f.
9 1472, Archivo Histórico de la Nobleza, Frías, C. 388, Doc. 4, f. 97v.

boticas y enfermerías (Abella, 2012, p. 16; Gilchrist, 2020, pp. 73, 75, 82-83, 96, 102): Matallana disponía del llamado Jardín de la Botica junto al refectorio (Crespo, Herrán y Puente, 2006, p. 129; Crespo 2019, p. 74), San Vicente de parte de la Huerta del Noviciado, al norte[10], y Las Huelgas del patio del claustro de San Fernando, denominado "Herbolario" desde época medieval[11].

Fuera del coto interno también había diferentes huertas: Las Huelgas poseía, en el siglo XIII, la Huerta Mayor, la de las casas de Suso de la judería, la del barrio de la Vega, la de Domingo Rinal y el parral junto al Arlanzón[12]. En el siglo XV se documentan la Huerta Mayor, una huerta con su molino, la de las "casas de Suso", la "de tras la salçeda", la de Per Adam, la de Pie de Perro, la del Girón, la de los Sabucos, la de Maestre Baly, la de la Pesquera, la del Sero y la de Gamonal[13]. San Vicente disponía en su entorno de la huerta "de enfrente", la del molino de linaza, la del Ciguiñuela, la del Baño, etc[14]. Ambas comunidades arrendaron sus plantaciones de regadío, incluidas las huertas conventuales –"de las raciones"y "de casa", respectivamente–[15]. Las Huelgas vendía parte de su producción[16], mientras que San Vicente recibía productos hortícolas como pago por el arrendamiento[17].

Las huertas exteriores podían estar abastecidas por la conducción externa, pero en ocasiones contaban con su propio sistema de riego. Por ejemplo, en Las Huelgas, el apeo de 1232 menciona el "arroyo que trae el agua a las huertas" y los canales "por do va el agua a la salzeda del mayordomo"[18]. En el arrendamiento de la huerta "de enfrente" de San Vicente existía un sobrecoste para repartir con los

10 Agradezco a la comunidad de San Vicente de Segovia esta información.
11 AHNob, Frías, C. 388, Doc. 1, f. 39v.
12 APR, C. 183, Exp. 6, edit. Lizoain, 1985b, Doc. 269, pp. 21-26.
13 AHNob, Frías, C. 388, Doc. 1, f. 8v; Doc. 2, f. 10v; Doc. 3, f. 9v; Doc. 4, f. 10r.
14 AHN, Clero, L. 11990, ff. 82r, 82v; L. 12046, Cuaderno 4, f. 77v; L. 12003, s/f; L. 12036, f. 79r; ARChV, Pleitos Civiles, Varela, C. 132, Doc. 13; AMSV, Cuadernos de Rentas (1423-1831), s/f; *Libro Becerro* (1827), f. 176r.
15 San Vicente: 1827, AMSV, *Libro Becerro* (1827), f. 165r. Las Huelgas: 1868, Archivo General de Palacio, Patronatos Reales, Huelgas y Hospital del Rey, Leg. 10, Exp. 35; 1884, Leg. 40bis.
16 AHNob, Frías, C. 388, Doc. 2, f. 9r.
17 AMSV, *Libro Becerro* (1827), f. 165r.
18 APR, C. 183, Exp. 6, edit. Lizoain, 1985b, Doc. 269, pp. 21-26.

dominicos de Santa Cruz la Real "las canales que se pusieron en el Puente de San Lorenzo para el riego de las huertas"[19]. Para ello era necesario contar con derechos al uso del agua, muy controvertidos. Aquellos monasterios cabeza de su población, como Arroro o Vileña, disponían con mayor facilidad del agua del río, y ambos recintos estaban atravesados por cuérnagos, pero las fundaciones periurbanas como Las Huelgas o San Vicente a menudo entraban en conflicto con los vecinos e instituciones del entorno por el uso del agua. Es de obligada mención el conflicto entre Las Huelgas y el Concejo de Burgos por el agua del Arlanzón, en el que tuvo que mediar Enrique III a favor del monasterio en 1396, afirmando que las monjas podían "levar agua del río Arlançón contra las huertas del dicho monesterio e para prouysion e mantenimyento de las dichas huertas e (...) para mantenimiento e cryazon de los arboles e ortalyza que estaua en las dichas huertas de tanto tiempo aca que memoria de omes non es en contrario"[20]. Posteriormente se produjeron otros enfrentamientos como el de 1674 por la cantidad de agua que debía entrar al cauce de Las Huelgas, que no debía incorporar la del río Pico, pudiendo únicamente desviar la de los dos primeros ojos del Puente de Santa María[21]. El cauce molinar, documentado ya en el siglo XIII como "arroyo de la regadera del monasterio de Sancta Maria la Real"[22], recorría una distancia de 1,4 km desde el azud pasado el Puente de Santa Maria hasta el Barrio de Las Huelgas, bifurcándose en el Arco del Amparo en tres ramales: uno rodeaba las casas de la actual C/ Alfonso VIII, abastecía el pisón del Compás, se introducía en la huerta conventual y salía por la esquina noroeste, que aún conserva un tramo de la bóveda, hacia el Hospital del Rey (AMHB, *Libro de Caja,* 1888-1889, cit. Alonso, 2007, p. 381, nota 623, 187-188; García, 1942, p. 15; Penas, 2023, p. 104). El segundo atravesaba el coto de este a oeste en paralelo a la tapia sur, evacuando el lavadero, las cocinas y las letrinas (Alonso, 2007, p. 319; Penas, 2023, p. 104)[23], y el tercero

19 1756-1777, AHN, Clero, L. 12046, Cuaderno 4, f. 77v; L. 12003, s/f; L. 11930, s/f.
20 AMHB, Leg. 5, Nº 158, edit. Peña, 1991, Doc. 484, pp. 238-241.
21 Archivo Municipal de Burgos, Archivo General, Fondo Municipal, Sección Histórica, HI-0755, f. 3v.
22 AMHB, Leg. 12, Nº 391-2, edit. Lizoain, 1985b, Doc. 436, pp. 229-230.
23 Agradezco a Madre Julia (Las Huelgas) esta información.

rodeaba el monasterio por el sur, irrigando las huertas del entorno (Penas, 2023, p. 104)[24].

San Vicente el Real irrigaba sus huertas interiores con el agua de sus manantiales: la conducción de la fuente de Izquierdo, a 346 m al norte del conjunto, finalizaba en una alberca que abastecía la Huerta del Noviciado[25]. Posteriormente, la de la fuente de los Poyatos, a 410 m, se unía con un ramal de Izquierdo en la bodega (Penas, 2021, pp. 633-634). El sobrante del sistema interno iba hacia otra alberca intermedia, en la huerta sur, irrigaba las terrazas y completaba el suministro de la cacera (Herrera y Álvarez, 1996, Tramo 12-13). La alberca inferior recibía el agua de la cacera, abasteciendo la parte llana de la plantación, de 1,25 Ha. El monasterio de Vallbona de les Monges (Lérida) se vio obligado a repartir el agua de su manantial con el pueblo que se organizó a su alrededor (López, 2012, pp. 285, 289). Además, su sistema hidráulico externo recibía el agua de un manantial, almacenada previamente en dos balsas para distribuirla de forma constante (López, 2012, pp. 289-290).

Era común que los cauces monásticos abasteciesen también a otros propietarios, imprimiendo un control sobre el agua y, por consiguiente, sobre sus usuarios (Del Val, 2003). Así, el cauce de Población de Soto, además de abastecer los molinos de Las Huelgas, seguramente daba servicio al monasterio de San Salvador de Nogal de las Huertas, emplazado a su inicio, y el canal de Obazine abastecía a los pobladores de la zona (Barrière, 1996, pp. 18, 24). San Vicente era un usuario más de la Cacera de Regantes de San Lorenzo que, desde un azud en el Eresma, distribuía el agua por el barrio a través de cepos y, tras 3 km de recorrido, llegaba al monasterio (Herrera y Álvarez, 1996). El reparto del agua entre los hortelanos se realizaba por horas semanales, cerrando y abriendo compuertas cuando correspondía. Así, en 1791-93, el monasterio tenía 61 horas[26]; en 1814, 65[27]; en 1816-18, 68[28]; y en el siglo xx, 31 (Herrera y Álvarez, 1996).

24 Planimetrías MTN 50 (1a Ed.). CNIG (http://centrodedescargas.cnig.es/) (22/01/2023).
25 AHN, Clero, L. 12046, Cuaderno 7, f. 73v.
26 AHN, Clero, L. 11973, f. 58v; L. 11953, f. 58v.
27 AHN, Clero, L. 11943, f. 158r.
28 AHN, Clero, L. 12036, f. 97r.

Las huertas abastecidas por esta conducción eran, en el siglo XVIII, la huerta "de casa" o huerta sur[29], la "huerta primera frente este monasterio" o "huerta de en frente", junto al molino de papel[30], y la huerta "frente al molino de azeite linuesso"[31].

Si las canalizaciones partían de un río, solían tomar el agua de un azud –Las Huelgas, San Vicente, Vileña, Abia– o de una derivación –Arroyo– (Jorge, 2018, p. 49). Si el regadío se realizaba desde un manantial –a través de un ramal de la conducción o con el sobrante del sistema interno–, el agua se almacenaba en albercas –San Vicente, Vallbona– (López, 2012, pp. 280-290), estructuras abiertas necesarias cuando el flujo era irregular (Bueno, 2012, p. 110; Bond, 2001b, pp. 91, 96). Como se ha indicado, San Vicente disponía de una alberca para recoger parte del agua del manantial de Izquierdo, en la Huerta del Noviciado, y otras dos en la huerta sur. Las estructuras externas de dos de ellas son de hormigón, aunque la alberca inferior fue remodelada, y la que recoge el agua sobrante del sistema interno, muy antigua, dispone de un caño antropomorfo reutilizado. Los libros de contabilidad del siglo XVIII ya aluden a albercas en la huerta de este monasterio[32].

Los canales solían ser abiertos, superficiales y por gravedad, y se irrigaba por inundación (Magnusson, 2003, p. 64). El cuérnago de San Andrés dispone de un primer tramo excavado en el terreno, de otro, ya en el interior del recinto, reforzado por sillares, que incorpora las evacuaciones del sistema interno, de una tercera parte subterránea hasta las letrinas y de un recorrido final de sillarejo hasta la balsa del molino (Penas, 2018, p. 79). El cauce de Las Huelgas, según las fotografías de 1922[33], estaba excavado en el terreno e iba paralelo al camino hacia el monasterio desde la ciudad; semejantes debieron de ser los de Abia y Vileña, aún visibles por fotografía aérea.

29 AHN, Clero, L. 11990, ff. 82r, 82v; 1543, ARChV, PlC, Varela, C. 132, Doc. 13.

30 1756, AHN, Clero, L. 12046, Cuaderno 4, f. 77v; L. 12003, s/f.

31 AHN, Clero, L. 12003, s/f; L. 12036, f. 79r.

32 1775, AHN, Clero, L. 12003, s/f; L. 12045, Cuaderno 4, f. 58r; 1780, Cuaderno 5, f. 60v; 1787, L. 11955, f. 60r; 1804, L. 12040, f. 81r.

33 Vicente González Manero, AMB, AG, Colección Gráfica, Colección Fotográfica, GM-751; GM-1516.

Una vez en el coto, era necesario distribuir el agua por sus diferentes áreas, cuya disposición dependía de la hidráulica y de la topografía: la conducción de San Vicente, en ladera, tuvo que incorporar saltos de agua –la alberca de la Huerta del Noviciado, una pila en la Cava y la bodega– (Penas, 2021, pp. 633-634). En Las Huelgas y en Arroyo, la distribución pudo realizarse de forma más sencilla, pero en Vileña, la Huerta, a una cota muy superior al cuérnago, no podía irrigarse por él. Por otro lado, las descripciones de Arroyo correspondientes a su intento de traslado en 1600 señalan que la huerta conventual, al sur, estaba irrigada por el sobrante del sistema hidráulico interno[34].

LA FORMACIÓN DE LOS COTOS

Aunque existían elementos comunes esenciales para el desarrollo de la vida religiosa, cada coto era único.

San Vicente el Real de Segovia. Según la tradición, se afilió al Císter en 1156, aunque las primeras noticias conservadas de su pertenencia a la Orden datan del siglo XIII (Casas y Palomo, 1991: 33-34). La compleja disposición de los edificios y sus diferentes fases se debe a que sufrió dos incendios, uno a principios del siglo XIV y otro en 1617 (Casas y Palomo, 1991, pp. 45, 53; Ruiz, 1996, pp. 25-26, 31). Se emplaza en una ladera sobre el río Eresma, por lo que sus pabellones están escalonados, lo que obligó a adaptar el sistema hidráulico con los citados saltos de agua y a aterrizar las áreas productivas del coto. Así, de norte a sur, se hallaban la Huerta del Noviciado y los corrales, el compás con las casas de los trabajadores y del capellán al este, el edificio claustral en posición central y la huerta principal al sur. Desde el siglo XIII, la comunidad adquirió prados y huertas próximas[35]. Disponía de varios molinos en los ríos Eresma y Ciguiñuela y de una presa en el primero[36]. Entre los elementos hidráulicos destacan las tres albercas, las cuatro arquetas de la conducción del manantial de los

34 AGS, PEG, Leg. 297, s/f.
35 AHN, Clero, Carp. 1956, Docs. 10, 11, 14, 15, 16.
36 AMSV, Pergs., Doc. 9; Censos y apeos, s/n; AHN, Clero, Leg. 6323, s/f; ARChV, Taboada (F), C. 1072, Doc. 6, s/f.

Poyatos, fuentes –compás, claustro y patio interior–, lavaderos –patio interior y huerta sur, este último ya desaparecido– y la conducción de la cacera –reformada en el siglo xx– (Penas, 2021, pp. 633-635). El sobrante del sistema hidráulico interno evacuaba las letrinas.

Santa María y San Salvador de Cañas. Su sistema hidráulico ha sufrido una gran transformación desde la Edad Moderna. Los primeros elementos documentados son un manantial, que nacía en el término cercano de Villar de Torre, y un molino[37]. Esto evidencia que existía una infraestructura de agua corriente que abastecía al coto, hoy desaparecida. Actualmente hay tres pozos: en el centro del claustro, en la parte exterior de la cilla, al oeste, y al norte, a la salida de la iglesia. En la parte este había una huerta, convertida en una zona ajardinada, y al sur hay un viñedo.

Santa María y San Andrés de Arroyo. Según la descripción de 1600, el coto interno presentaba tres cercas concéntricas: en la exterior se encontraban las viviendas de los trabajadores y oficiales; en la intermedia, las de los capellanes, y en la interna, la clausura, a la que se accedía a través de una portería, cerca de la cual estaban las dependencias abaciales[38]. Contaba con agua no potable abundante para las actividades económicas, que se introducía por la tapia este desde el Arroyo de San Andrés hacia la Huerta Vieja, evacuaba las letrinas y accionaba el molino, que tenía una balsa; y con agua potable para las necesidades internas de la comunidad, que procedía de un manantial en el interior del recinto encauzado hasta el claustro y las cocinas[39]. Se conservan una descripción y un plano de finales del siglo xviii del sistema hidráulico interno[40] (Balado, Garnelo y Centeno, 2008, p. 345). Al sur del recinto se halla la huerta conventual, de 1 Ha, y rodeando el coto hay varias casas que fueron viviendas y talleres, entre ellas una fragua. En su entorno había también zonas de pasto y de cultivo[41].

---

37 S. xvi, AHN, Clero, Leg. 2838, s/f.
38 AGS, PEC, Leg. 297, s/f.
39 AGS, PEC, Leg. 297, s/f.
40 Archivo del Monasterio de San Andrés de Arroyo, *Libro Becerro*, ff. 391r-391v; Planos, s/n.
41 AGS, PEC, Leg. 297, s/f.

Santa María la Real de Las Huelgas de Burgos. Su coto, además de incluir el espacio cercado actualmente, se extendía unas 100 Ha, que incluían un parral, la Huerta Mayor al norte y tierras de cultivo, donde nacían los manantiales, al sur (Alonso, 2007; Lizoain y García, 1988). Los principales elementos hidráulicos eran el cauce molinar y regadíos asociados, los manantiales que abastecían el sistema interno, el lavadero de la esquina noreste del recinto, desaparecido en el tercer tercio del siglo pasado[42], las huertas –Mayor, Menor/"de las raciones", del Cementerio y abacial– y los molinos –el pisón del Compás y el molino de la huerta, ambos del siglo XIII–[43]. Los privilegios e infraestructuras de Las Huelgas permitían a los habitantes del compás, bajo su jurisdicción, y a los pobladores próximos beneficiarse de sus recursos hídricos, formando organizaciones de regantes[44] (1666, Cámara, 1987, p. 337; Casado, 1987, pp. 205-206) y tomando agua potable de las fuentes públicas del Barrio de Las Huelgas, que pertenecía a la comunidad[45].

Santa María la Real de Vileña. Hay noticias de la formación del coto desde la Plena Edad Media. Este espacio, configurado de forma alargada hacia el término de Quintanillabón, incluía elementos hidráulicos como la presa en el río Oca[46], a la altura del término anterior, o el cuérnago que nacía de ella a 3,8 km del monasterio, que iba en paralelo al río, pero a una cota superior para poder abastecer el recinto[47], y que accionaba tres molinos del monasterio en su recorrido: el de "Myndíaz"/la Vega, el de Santa Casilda y el de Calahorrilla/Izquierdo, que aún se observan en la cartografía y fotografías aéreas de principios del siglo XX[48]. También disponía, dentro del pueblo,

42 Agradezco a Sor Mª Paz Domingo (San Vicente) esta información.

43 1232, APR, C. 183, Exp. 6, edit. Lizoain, 1985b, Doc. 269, pp. 21-26; 1435, AHNob, Frías, C. 388, Doc. 2, fg. 40v-41v.

44 1674, AMB, AG, FM, SH, HI-0755, f.12v; 1897, Sección Facticia, C-19-B/2; 1923, Aguas, 2-572; 1935, Obras Públicas, 18-2702.

45 1911-23, AGP, PR, H y HR, C. 2464, Exp. 14, Doc. 1, ff. 1r-5r.

46 1336, ACV, Pergs., 75, edit. Cadiñanos, 1991, Doc. CLXXxv: 173-174.

47 1336, ACV, Pergs., 74, edit. Cadiñanos, 1991, Doc. CLXXxvi: 174-175; AHN, Clero, Leg. 1395, s/f.

48 Archivo Histórico Provincial de Burgos, C. 24, Exp. 3, f. 6r; C. 38, Exp. 11, f. 13r; Hacienda, C. 168, Exps. 33-39, ff. 23-24; AGS, Consejo de Estado, Registro General, L. 19, f. 405r.

de los molinos de la C/ del Convento y de la C/ del Río[49]. Tenía una huerta al norte, seguramente irrigada por otra conducción o por el agua del manantial que abastecía la fuente del claustro (siglo XIV) (Cadiñanos, 1991, p. 38; Casas, 2004, p. 294).

Nuestra Señora de los Barrios (Abia de las Torres). Fundado en 1280 por Rodrigo Rodríguez y su mujer, doña Urraca (De la Fuente, 1986, p. 25), en la llanura aluvial del río Valdavia, desapareció en 1610 por la disposición tridentina que obligaba a las comunidades femeninas a emplazarse en núcleos poblados[50] (Bonis, Dechavanne y Wabont, 2001, p. 14; López, 2012, p. 285; Soriano, 2000) y por las humedades, que hacían inhabitable el lugar (De la Fuente, 1986, p. 25). La comunidad se trasladó a Santo Domingo de la Calzada, donde sigue en activo (De la Fuente, 1986, p. 25), aunque continuó poseyendo tierras en Abia de las Torres hasta la Desamortización (Sáez, 1996, p. 216). El monasterio, paulatinamente arruinado, se convirtió en ermita, y en 1718 la abadesa de Las Huelgas instó a la de Arroyo a trasladar el cementerio comunitario de Abia al trascoro de la iglesia andresina (De la Fuente, 1986, p. 25; Ibáñez y Armas, 1996). Apenas quedan restos del monasterio en la actualidad: las parcelas 16, 17 y 18 (polígono 203) del Catastro se denominan "Convento", y en el MTN 50 aparece en esa zona "La Ermita Vieja" (De la Fuente, 1986, pp. 26-27). Por fotografía a aérea se observa la cimentación de la iglesia y de algunos pabellones claustrales, que seguían la planta cisterciense. El coto estaba formado por un terreno de cultivo al norte y algunos edificios económicos cuyos restos también se observan por crecimiento diferencial de la vegetación, emplazándose el monasterio en la esquina suroeste. Tanto la documentación escrita como la ortofotografía confirman que el coto estaba rodeado por arroyos y canales: uno lo delimitaba por su lado este, de norte a sur, y otro de oeste a este, naciendo seguramente en un azud en el río Valdavia a 1,450 km del monasterio[51]. Posteriormente, recorría 363,63 m por el interior de la parcela, siguiendo un trazado sinuoso por la zona sur, muy próximo al edificio claustral, por lo que es probable

49 AHPB, C. 44, Exp. 1, ff. 37r; Hacienda, C. 168, Exps. 33-39, ff. 24-25.
50 AGS, PEC, Legs. 296-300.
51 AHN, Clero, Legs. 3157, 3160, s/f.

que atravesase la planta baja de las letrinas en la esquina sureste, en el extremo del dormitorio, sobre la sala de monjas (Abad, 1998, p. 232). Solo una excavación arqueológica podría confirmarlo. El cauce abastecía el molino de la esquina suroeste del coto, el recinto y las huertas del entorno, que en función del apeo de finales del siglo XVI parecían pertenecer al monasterio, por lo que es muy plausible que la conducción, denominada "Acequia" en las planimetrías del MTN 50, fuese construida por y para el uso de las monjas. Tras abandonar el coto, a 2,126 km al este de la captación, se bifurcaba en dos ramales: el que se encontraba al norte abastecía otro molino, cuyos restos se observan en la cartografía y ortofotografía histórica. El ramal más al sur atravesaba varios cultivos y finalizaba en el río. En torno a 1580, "Tratóse de cercalles un pedaço de la casa porque tuviesen agua dentro porque el verano padecen mucha falta della"[52]. Un apeo de 1518 refleja las posesiones del monasterio en Abia, siendo abadesa Isabel de Guzmán[53]:

Tabla 2. Propiedades del monasterio de Abia en 1518.

Fuentes	Molinos	Huertas	Otras estructuras
"una fuente luego del molino de Verguinazo", lindante con el monasterio / "la fuente mayor que linda con el cuérnago y con el molino de Verguinazo"	Molino de Verguinazo	Herrén del monasterio	Cuérnago
"la fuente acá del monesteryo", junto a una pradera, el herrén del monasterio y un arroyo, así como una tierra	"molino de Vega ques de dicho monesteryo"	Huerta junto al molino del monasterio, gestionados por don Juan, mayordomo	Herrería

52 AGS, PEC, Leg. 297, s/f.
53 AHN, Clero, Leg. 3157, s/n, ff. 3r, 5r-5v.

Fuentes	Molinos	Huertas	Otras estructuras
"otra fuente que linda con la de fuentemayor y con el cuérnago asta el dique del monesteryo"	"la parte del molino de villa, que es la mitad de lo que rrenta de dicho monesterio", lindante con varias corrientes de agua, el río y tierras hacia Villaprovedo, término al norte de Abia		Dique
	"otro molino del que se llama el Molino de Casa con un pedaçito de fuerta que linda con el dicho monesterio"		

Fuente: Elaboración propia desde AHN, Clero, Leg. 3157, s/n, ff. 3r, 5r-5v

Otro apeo de 1560 recoge los siguientes elementos: un molino de dos ruedas lindante con el monasterio y la huerta de Liquete, y otro bajo el monasterio, también de dos ruedas y lindante con el cuérnago y la tierra del monasterio; un herrén junto al molino del monasterio y el cuérnago; otro herrén "tras la torre del dicho monesterio"; un prado junto al cuérnago y las tierras del monasterio; la "huerta del prado", junto al cuérnago y al prado conventual; y la huerta de Liquete, lindante con el cuérnago y la huerta de los nogales, también del monasterio[54].

Gracias a esta información se sabe que el molino del monasterio era de dos ruedas y que la huerta junto a él se corresponde con la de Liquete. El otro molino mencionado, también de dos ruedas según un apeo posterior, seguramente sea el que se encontraba aguas abajo del cuérnago. El apeo de 1584, realizado por García Torre bajo las órdenes del mayordomo, Antonio de Miranda, refleja la existencia de tres huertas en el coto: la del Prado, la citada de Liquiete y la huertezuela en el camino de la iglesia; también figuran el molino de dos

54 AHN, Clero, Leg. 3157, s/f.

ruedas junto al monasterio y la huerta de Liquete, el otro citado bajo el monasterio, la huerta "del prado", junto al cuérnago y al cuérnago del monasterio, la huerta de Liquete, y la dicha "güertejuela"[55]. En 1540-42, los oficiales de la villa de Abia prohibieron "pastear en los términos y yuntos de ella los ganados que tenía el dicho monasterio, y que tampoco les permitían el sacar de el río cantos y arena para la fábrica que estaban haciendo en dicho convento"[56], a lo que se puso remedio por real provisión.

El *Catastro de Ensenada* (1752) ya no hace alusión a ningún convento en Abia[57], y los cuatro molinos que recoge (uno del marqués de Aguilar y tres del Concejo)[58] dejan ver que los que habían sido de la comunidad cisterciense ya no le pertenecían. El MTN muestra que, a principios del siglo xx, el molino del coto se había convertido en una fábrica de luz.

CONCLUSIÓN

Dada la falta de datos sobre la ubicación y dimensiones de las tierras que componían el coto externo de un monasterio, no es posible determinar su extensión. Como se ha comprobado, todos los monasterios femeninos tenían un coto con propiedades económicas e industrias, que gestionaban de forma indirecta e incluso arrendaban, pero que les proporcionaban suministros para su vida diaria. Cada casa organizaba su coto según sus posibilidades económicas y su emplazamiento, especialmente en función del espacio y los recursos disponibles. El recinto mejor organizado era el de Las Huelgas de Burgos, que contó con la ayuda del monarca para constituirlo y gestionarlo; San Vicente, a pesar de su condición periurbana, también pudo organizar un coto muy completo, y Vileña y Abia destacan sobre los demás por su amplia variedad de propiedades hidráulicas.

55 AHN, Clero, Leg. 3157, s/f.
56 AHN, Clero, Leg. 3160, s/f.
57 AGS, CE, RG, L. 425, f. 557v.
58 AGS, CE, RG, L. 425, f. 543r.

FUENTES Y BIBLIOGRAFÍA

FUENTES PRIMARIAS

Archivo General de Palacio: Patronatos Reales, Huelgas y Hospital del Rey, Caja 2464; Legajos 10, 40bis.

Archivo General de Simancas: Patronato Eclesiástico, Legajos 296, 297, 298, 299, 300; Consejo de Estado, Registro General, Libro 19.

Archivo Histórico Nacional: Clero: Carpeta 1956; Legajos 1395, 1733, 1734, 2838, 3157, 3160, 6323; Libros 11930, 11943, 11955, 11973, 11990, 12003, 12036, 12040, 12045, 12046.

Archivo Histórico de la Nobleza: Frías, Caja 388.

Archivo Histórico Provincial de Burgos: Desamortización, Cajas 24, 38, 44; Hacienda, Caja 168.

Archivo del Monasterio de San Andrés de Arroyo: *Libro Becerro.*

Archivo del Monasterio de San Vicente el Real: Censos y apeos; Cuadernos de Rentas; *Libro Becerro* de 1827; Pergamino 9.

Archivo Municipal de Burgos: Archivo General; Fondo Municipal: Aguas, 2-572; Sección Facticia, C-19-B/2; Sección Histórica, HI-0755; Obras Públicas, 18-2702; Colección Gráfica; Colección Fotográfica, GM-751, GM-1516.

Archivo de la Real Chancillería de Valladolid: Pergaminos, Carpeta 142; Pleitos Civiles, Taboada (F), Caja 1072; Varela, Caja 132.

Planimetrías MTN 50 (1a Ed.): CNIG (http://centrodedescargas.cnig.es/).

BIBLIOGRAFÍA

Abad, C. (1998). Sala de monjas. Santa María la Real de Las Huelgas (Burgos). In Bango, I. (coord.), *Monjes y monasterios. El Císter en el medievo de Castilla y León.* JCyL, 232.

Abella, P. (2012). *Pro salute fratris infirmi.* La enfermería del monasterio de La Oliva. *Príncipe de Viana*, 255, 7-25.

Abella, P. (2016). *Patronazgo regio castellano y vida monástica femenina: morfogénesis arquitectónica y organización funcional del monasterio cisterciense de Santa María la Real de Las Huelgas de Burgos (ca. 1187-1350)* [Tesis Doctoral, Universitat de Girona].

Alonso, Mª P. (2007). *El Real Monasterio de las Huelgas de Burgos: Historia y arte.* Caja Círculo.

Balado, A.; Garnelo, R., y Centeno, I. Mª. (2008). Excavaciones arqueológicas en la abadía cisterciense románica de San Andrés de Arroyo (Palencia). *Sautuola*, XIV, 337-358.

Bango, I. (1998). El monasterio. In Bango, I. (coord.), *Monjes y monasterios. El Císter en el medievo de Castilla y León.* JCyL, 67-98.

Barrière, B. (1992). The Cistercian Convent of Coyroux in the Twelfth and Thirteenth Centuries. *Gesta*, 31/2, 76-82.

Barrière, B. (1996). Les cisterciens d´Obazine en Bas Lomousin (Corrèze, France). Les transformations du milieu naturel. En A. Bonis, M. Wbont, L. Pressouyre, y P. Benoît (eds.), *L'hydraulique monastique. Milieux, réseaux, usages* (pp. 13-33). Créaphis.

Baury, G. (2012). *Les religieuses de Castille. Patronage aristocratique et ordre cistercien XIIe XIIIe siècles.* Presses Universitaires de Rennes.

Baury, G. (2013). Las monjas cistercienses, sus patronos y la orden en Castilla (siglos XII y XIII). In Alburquerque, J. (dir.), *Mosteiros Cistercienses. História, Arte, Espiritualidade e Património,* Vol. III. Jorlis.

Benito de Nursia (San) (2010). *La Regla. Libro II de los «Diálogos».* Traducción de I. Aranguren y L. Mª Sansegundo. BAC.

Benoit, P.; Baudin, A., y Rouillard, J. (2019). *L'industrie cistercienne.* Somogy éditions d'art, 269-286.

Berman, C. H. (2012). Agriculture and Economies. In Birkedal, Mette, y Jamroziak, Emilia (eds.), *The Cambridge Companion to the Cistercian Order* (pp. 126-138). Cambridge University Press.

Berthier, K. (2012). Cîteaux y el control del agua en la Edad Media: la creación del canal del Cent-fonts. En Torró, J., y Guinot, E.: *Hidráulica agraria y sociedad feudal: prácticas, técnicas, espacios* (pp. 51-77). UV.

Bond, J. (1989). Water Management in the Rural Monastery. En R. Gilchrist, y H. Mytum, (eds.), *The Archaeology of Rural Monasteries* (pp. 83-111). BAR.

Bond, J. (1993). Water Management in the Urban Monastery. En J. Bond, R. Gilchrist y H. Mytum (eds.), *Advances in Monastic Archaeology* (pp. 43-73). BAR.

Bond, J. (2001a). Production and Consumption of Food and Drink in the Medieval Monastery. En G. Keevill, M. Aston y T. Hall (eds.), *Monastic Archaeology. Papers on the Study of Medieval Monasteries* (pp. 54-87). Oxbow Books.

Bond, J. (2001b). Monastic Water Management in Great Britain: a Review", En G. Keevill, M. Aston y T. Hall, T. (eds.), *Monastic Archaeology. Papers on the study of Medieval monasteries* (pp. 88-136). Oxbow Books.

Bond, J. (2007). The Location and Siting of Cistercian Houses in Wales and the West. *Archaeologia Cambrensis*, 154, 51-79.

Bonis A.; Dechavanne, S., y Wabont, M. (2001). Introduction. En B. Barrière, y M. E. Henneau, (dirs.), *Cîteaux et les femmes* (pp. 7-17). Creaphis.

Bonis, A. y Wabont, M. (2001). Cisterciens et Cisterciennes en France du Nord-Ouest. Typologie des fondations, typologie des sites. En B. Barrière y M.E. Henneau (dirs.), *Cîteaux et les femmes* (pp. 151-175). Creaphis.

Bueno, F. (2012). Las obras hidráulicas medievales en España. Una visión general. En Val Mª I. Del y Bonachía, J. A. (coords.), *Agua y sociedad en la Edad Media hispana* (pp. 95-128). UGr.

Braunfels, W. (1975). *Arquitectura monacal en Occidente.* Barral.

Cadiñanos, I. (1990). *El Monasterio de Santa María la Real de Vileña. Su Museo y Cartulario.* Caja de Burgos.

Cámara, C. (1987). El real monasterio y el compás de Las Huelgas (Burgos) durante el siglo xvii. Aspectos urbanísticos y transformaciones arquitectónicas. *Cistercium*, 39/173, 335-348.

Cantera, M. (2013). La comunidad monástica de Santa maría de Nájera durante la Edad Media. *En la España Medieval*, 36, 225-262.

Carlontrigo, R. (1786). *Definiciones Cistercienses de la Sagrada Congregación de San Bernardo, y Observancia en Castilla.* Viuda e hijos de Santander.

Casado, H. (1987). *Señores, mercaderes y campesinos: la comarca de Burgos a fines de la Edad Media.* JCyL.

Casas, E. (2004). *Arquitectura de los monasterios cistercienses femeninos en Castilla y Leon. Siglos xii-xiii.* Vols. 1 y 2 [Tesis Doctoral, UAM. Director: Isidro Bango].

Casas, E., y Palomo, G. (1991). Santa María y San Vicente el Real. In VVAA: *Segovia cisterciense: estudios de historia y arte sobre los monasterios segovianos de la orden del Císter* (pp. 33-94). Segovia.

Cavero, G. (2013). Poder y sumisión: las abadesas del monasterio cisterciense de Santa María de Gradefes (ss. xii-xiii). En J. Alburquerque (dir.), *Mosteiros Cistercienses. História, Arte, Espiritualidade e Património*, vol. III, (pp. 67-86). Jorlis.

Coelho, Mª F. (2006). *Expresiones del poder feudal: El Císter femenino en León (Siglos xii y xiii).* Universidad de León.

Coppack, G. (1994). The outer courts of Fountains and Rievaulx Abbeys. The interface between Estate and Monastery. En L. Pressouyre (ed.), *L'espace cistercien* (pp. 415-425). CTHS.

Crespo, M. (2019). El monasterio cisterciense de Santa María de Matallana. En A. Balado (ed.), *Monasterios y conventos vallisoletanos: arqueología y patrimonio: Segundas jornadas de "Patrimonio y ciudad Villa de Prado"* (pp. 49-77). Asociación de Vecinos Villa de Prado.

Crespo, M.; Herrán, J. I., y Puente, Mª J. (2006). *El monasterio cisterciense de Santa María de Matallana (Villalba de los Alcores, Valladolid).* Diputación de Valladolid.

Escrivá de Balaguer, J. M. (1976): *La abadesa de las Huelgas.* Edición crítico-histórica de María Blanco y María del Mar Martín (2016). Rialp.

France, J. (1998). The Cellarer's Domain. Evidence from Denmark. En M.P. Lillich (ed.), *Studies in Cistercian Art and Architecture. Vol. 5*, (pp. 1-39). Cistercian Publications.

García, I. (1942). Curiosas e importantes obras de contención y paso, realizadas en el río Arlanzón a fines del siglo XVI", *BIFG*, 79, 13-22.

Gilchrist, R. (2020). *Sacred Heritage: Monastic Archaeology, Identities, Beliefs.* Cambridge University Press.

Guignard, P. (ed.) (1878). *Les monuments primitifs de la Règle cistercienne.* Rabutot.

Herrera, V., y Álvarez, I. (1996). *Estado de la Cacera de Regantes de San Lorenzo (año 1996). Propuestas para su conservación.* Informe inédito, Archivo Municipal de Segovia.

Ibáñez, S., y Armas, N. (1996). Poder señorial y ardid económico: el traslado del convento de Abia de las Torres a Santo Domingo de la Calzada. En M.V. Calleja (ed.), *Actas del III Congreso de Historia de Palencia: 30, 31 de marzo y 1 de abril de 1995.* Vol. 3, (pp. 221-238). Diputación Provincial de Palencia.

Jamroziak, E. (2013). *The Cistercian Order in Medieval Europe 1090-1500.* Routledge.

Jorge, V. F. (2012). Os cistercienses e a água. *Revista Portuguesa de História*, 43, 35-69.

Jorge, V. F. (2018). A gestão da água em mosteiros e conventos medievais e modernos em Portugal. *História e culturas da água*, 35-56.

Kinder, T. N. (2002). *Cistercian Europe: Architecture of Contemplation.* Kalamazoo: Cistercian Publications.

Lapeña, A. I. (2019). La distribución y las funciones de los oficios monásticos. En J. A. García de Cortázar y R. Teja (coords.), *Las edades del monje: jerarquía y función en el monasterio medieval* (pp. 98-131). FSMLR.

Lekai, L. J. (1987). *Los cistercienses. Ideales y realidad.* Herder.

Lizoain, J. M. (1985a). *Documentación del monasterio de Las Huelgas de Burgos (1116-1230),* Vol. 1. GG.

Lizoain, J. M. (1985b). *Documentación del monasterio de Las Huelgas de Burgos (1231-1262),* vol. 2. GG.

Lizoain, J. M., y García, J. J. (1988). *El Monasterio de las Huelgas de Burgos: historia de un señorío cisterciense burgalés (siglos XII y XIII).* GG.

Locatelli, R. (1994). Rappel des principes fundateurs de l´Ordre Cistercien. Aux origines du modèle domanial. En L. Pressouyre (ed.), *L´espace cistercien* (pp. 13-26). CTHS.

López, J. M. (2012). *Sistemas hidráulicos en los monasterios cistercienses de la Corona de Aragón: arquitectura y sostenibilidad* [Tesis Doctoral, UA. Director: Luis Ferre].

Maduro, A. V.; Mascarenhas, J. M. de, & Jorge, V. F. (2017). Water planning in Alcobaça Cistercian Lands. *Riparia*, 3, 95-126.

Magnusson, R. (2003). *Water Technology in the Middle Ages. Cities, Monasteries and Waterworks after the Roman Empire.* The Johns Hopkins University Press.

Martínez, A. M. (1992). El jardín monástico medieval (siglos IV-XI). Testimonios literarios. *Codex aquilarensis. Cuadernos de investigación del monasterio de Santa María la Real*, 7, 117-156.

Miguel, F., y Muñoz, F. (2015). La captación, distribución y uso del agua en los monasterios cistercienses del reino de León. Aproximación a su estudio. En J.A. García de Cortázar y R. Teja (coords.), *El ritmo cotidiano de la vida en el monasterio medieval* (pp. 193-243). FSMLR.

Penas, E. (2018). Un análisis arqueológico de la hidráulica en el Císter femenino castellano: Santa María de Vileña y San Andrés de Arroyo. En VVAA: *Actas de las III Jornadas de Jóvenes Investigadores en Arqueología, 26-27 de febrero de 2018* (pp. 69-109). UCM.

Penas, E. (2021). El sistema hidráulico de la abadía cisterciense de San Vicente el Real (Segovia): génesis, evolución y Conservación del Patrimonio. In Retuerce, M. (ed.), *Actas VI Congreso de Arqueología Medieval (España-Portugal). Alicante, 2019,* (pp. 633-638). AEAM.

Penas, E. (2023). Higiene y liturgia. Las dimensiones del agua en un monasterio cisterciense femenino. En A. Muñoz y I. Baquedano (coords.), *Tejiendo Pasado. Los conventos femeninos, espacios, poderes culturas.* Consejería de Cultura.

Pérez-Embid, J. (1981). Del Císter medieval castellano: San Vicente de Segovia y San Bernardo de Guadalajara. *Cistercium*, 160, 371-381.

Pérez-Embid, J. (1986a). *El Císter en Castilla y León. Monacato y dominios rurales (S. XII-XV).* JCyL.

Pérez-Embid, J. (1986b). El Císter femenino en Castilla y León. La formación de los dominios (siglos XII-XIII). *En la España Medieval*, 9, 761-796.

Prieto, J. A. (2017). La percepción maniquea del agua en los ambientes monásticos castellanos durante la Baja Edad Media. En M.I. del Val (coord.), *El agua en el imaginario medieval. Los reinos ibéricos en la Baja Edad Media* (pp. 85-105). UA.

Rodríguez, F. S. (2009). Mudéjares y agua en los dominios del monasterio cisterciense de Santa María de Veruela durante la Edad Media. En VVAA. *XI Simposio Internacional de Mudejarismo. Teruel, 18-20 de septiembre de 2008. Actas* (pp. 409-422). Instituto de Estudios Turolenses.

Sáez, E. (1996). Abia de las Torres en el siglo XVIII: aproximación histórica y miscelancia. *Publicaciones de la Institución Tello Téllez de Meneses*, 67, 181-242.

Soriano, C. (2000). Trento y el marco institucional de las órdenes religiosas femeninas en la Edad Moderna. *Hispania Sacra*, 52/106, 479-493.

Val, Mª I. Del (2003). *Agua y poder en la Castilla bajomedieval: el papel del agua en el ejercicio del poder concejil a fines de la Edad Media.* JCyL.

La gestión del agua en el Císter femenino de Castilla. Poder, administración y emplazamiento

Resumen. En este capítulo se expone el patrimonio hidráulico del coto de seis cenobios femeninos de la Orden Cisterciense en Castilla, analizando sus elementos y vías de administración, específicas a causa de la clausura. Para implantar el edificio claustral y sus áreas económicas circundantes era necesario contar con recursos hídricos, con la correspondiente transformación del paisaje y control poblacional.

Palabras clave: Dominio, hidráulica, monjas, coto monástico

Water management in the female Cistercian of Castile. Power, administration and location

Abstract. This chapter exposes the hydraulic patrimony of the court of six Cistercian Castilian nunneries, analyzing its elements and administration strategies, specifically because of the enclosure. It was necessary to have water resources to organize the abbey and its surrounding economic areas, with the transformation of the landscape and population control.

Keywords: Domain, hydraulics, nuns, monastic court

Gestão da água no cisterciense feminino de Castela. Poder, administração e localização

Resumo. Neste capítulo é exposto o património hidráulico da reserva de seis mosteiros femininos da Ordem de Cister em Castela, analisando os seus elementos e vias de administração, específicas devido ao encerramento. Para a implantação do edifício claustral e das zonas económicas envolventes foi necessário dispor de recursos hídricos, com a correspondente transformação da paisagem e controlo populacional.

Palavras chave: Domínio, hidráulica, freiras, reserva monástic

10.
AGUA, GESTIÓN Y CONFLICTOS EN EL VALLADOLID BAJOMEDIEVAL

Francisco Hidalgo-Crespo
Butler University

INTRODUCCIÓN

Valladolid es una ciudad única en muchos sentidos. Uno de ellos es su abundancia de agua. En un entorno –Castilla–, frecuentemente caracterizado por su escasez, esta abundancia, sin duda, es determinante en el origen de los primeros asentamientos llevados a cabo en su ubicación. Así mismo, también resulta determinante en la elección de su enclave para su fundación como ciudad en el año 1074, por parte del Conde Ansúrez, siguiendo las directrices marcadas por el monarca Alfonso VI. Encontramos en un documento del siglo XI la primera referencia a su fundación en un texto que indica como "ofrecemos por el remedio de nuestras almas y la de todos nuestros antepasados, a la iglesia de Santa María de Valladolid, la cual villa por nos es fundada junto al río Pisuerga, término de Cabezón" (Sagrador Vítores, 1851).

Esta presencia de recursos hídricos, tan profusos en la ciudad como exiguos en los territorios que la rodean, probablemente también están relacionados con su nombre, sobre el cual hay varias hipótesis. Una de las más aceptadas, hunde sus raíces en el término árabe دلب *abad* (ciudad), a cargo de un supuesto personaje histórico de nombre Olid. "Valle de los olivos" es otra de las posibilidades, basada en una representación de la ciudad que data del siglo XVI. Recientemente, se ha especulado con la posibilidad de que Valladolid signifique "el valle que tiene laguna", basándose en la palabra de origen indoeuropeo *oli* (cauce lento) y la letra t que indicaba posesión. Por último, la hipótesis más aceptada en el mundo académico es la del catedrático de la Universidad de Valladolid Ángel Montenegro, que, basándose en el posible origen celta de la palabra, concluye que la ciudad debe su nombre a sus recursos hídricos, derivando del término *Valles Toletum*, "el valle de las aguas" o, posiblemente, "lugar de aguas" (Vallejo del Busto, 1978).

Esa abundancia de agua es, con frecuencia, desconocida por los propios vallisoletanos, confundidos por la relativa falta de precipitaciones en la ciudad. La verdad es que cualquier ciudadano español puede reconocer el Pisuerga como río que atraviesa el casco urbano en la actualidad, quizás por aquel viejo dicho de "aprovechando que el Pisuerga pasa por Valladolid", que sirve para introducir temas sin relación alguna con la conversación en curso. Con certeza, cualquier vallisoletano puede nombrar el Esgueva como segundo río de la ciudad, aunque posiblemente ignorando la importancia histórica del mismo o el hecho de buena parte de su caudal discurre oculto por las canalizaciones subterráneas llevadas a cabo para tal fin en el siglo XIX. Sin embargo, muy pocos habitantes de la ciudad son siquiera conscientes de que un tercer río transcurre por la misma; ni más ni menos que el río Duero que atraviesa uno de sus barrios y antigua pedanía del municipio: Puente Duero.

Pues bien, estos tres ríos marcan la historia de la ciudad y la vida diaria de sus habitantes, desde sus orígenes, hasta nuestros días. Tres ríos con caudales y características diferentes, que dan lugar a usos desiguales de sus aguas. Esas divergencias en los usos provocan diferencias en la gestión de las mismas y, por tanto, una variedad de conflictos perfectamente identificables y diferenciables con respecto a los otros cauces. El presente artículo pretende ahondar en algunos de estos conflictos que se dan durante la Baja Edad Media. Para ello, nos centramos en los más representativos, así como los más repetidos en las fuentes primarias registradas en el Archivo de la Real Chancillería de Valladolid, así como en el Archivo General de Simancas.

PLANO DE LA CIUDAD

No se conservan planos medievales de la ciudad de Valladolid. El más antiguo disponible data del año 1738 y su autoría se atribuye a Bentura Seco. Si bien es muy posterior al periodo de tiempo que nos ocupa, sirve para mostrar varios aspectos básicos del urbanismo de la ciudad, heredados de épocas anteriores.

El primero y más evidente es el desarrollo de esta en el lado este del río Pisuerga, así como lo apartado que está el casco urbano de su orilla. Este aspecto resulta evidente en la representación, pese a que entre ambos periodos históricos, Valladolid ha experimentado un auge urbano derivado de su breve capitalidad del reino de España. Esta distancia al cauce define la relación de la ciudad con su este río, como veremos más adelante.

El segundo es la división del Río Esgueva en dos ramales antes de su llegada al núcleo urbano, de los cuales uno –el ramal sur–, se muestra como barrera natural a la expansión del casco en esa dirección. El ramal norte atraviesa el centro urbano y a él llegan las aguas subterráneas de varias fuentes que resultan fundamentales en la vida de sus ciudadanos. El plano muestra, asimismo, un importante número de huertas, solo posibles, gracias a la abundancia de agua. Su división en múltiples bifurcaciones, que con frecuencia sufren crecidas e inundan sus alrededores, sirve para explicar la relación de algún modo bipolar de los vallisoletanos con este caudal.

Por último, el plano muestra también algunas de las estructuras heredadas del Valladolid Medieval que merecen nuestra atención, como el Puente Mayor o los molinos sobre el río Pisuerga.

Figura 1. Plano de la ciudad de Valladolid en 1738.
(Copia de J. Agapito Revilla de 1901).

Fuente: Ayuntamiento de Valladolid. (Valladolid, 2023): https://www10.ava.es/cartografia/planos_historicos.html

RÍO ESGUEVA

El río Esgueva es el gran olvidado reivindicado en este relato. Pese a ser un gran desconocido, incluso para buena parte de los vallisoletanos de nuestros días, históricamente es el cauce más decisivo en el día a día de los habitantes de la ciudad. Nacido en la Cordillera Ibérica, en la provincia de Burgos, desemboca en el margen derecho del río Pisuerga en la ciudad de Valladolid. Dispone de un solo afluente, el río Henar, por lo que su caudal no es demasiado elevado. Sin embargo, la existencia de la capital castellana como ciudad y su desarrollo urbano solo pueden entenderse gracias, tanto al servicio aportado por el Esgueva a sus habitantes, como por los problemas de insalubridad derivados de sus frecuentes inundaciones. Es, esta última cuestión, la que llevó a la conclusión del soterramiento de uno de los dos ramales en los que se divide a su llegada a la ciudad, cruzándola de este a oeste y que se llevó a cabo entre 1850 y 1910 (Gigosos, 2011). Este es el principal motivo por el que los propios vallisoletanos de nuestros días apenas son conscientes de que buena parte de sus aguas fluyen hoy, invisibles, bajo las calles de la ciudad.

Valladolid, por tanto, desarrolla su casco urbano en el espacio comprendido entre estos dos ramales. El ramal norte, de caudal más voluminoso, marcó los límites de la ciudad hasta bien entrado el siglo XX. Si bien ya el emperador Carlos I mandó construir un puente para superarlo, la vida urbana tendió a concentrarse al sur de mismo. El ramal sur, fácilmente vadeable, sí permitió una rápida extensión urbana hacia el sur, aunque, durante décadas, el río actuó como línea divisora entre clases sociales. Es junto a la orilla sur, poblada por clases más humildes, donde, comenzado ya el siglo XVII, Cervantes escribe la segunda parte del Quijote.

Tanto el ramal norte, como el ramal sur tienen una gran importancia en la vida cotidiana y económica de Valladolid durante la Baja Edad Media, ya que sus aguas riegan la inmensa mayoría de las abundantes huertas de la ciudad. Así mismo, los pequeños manantiales que surgen del subsuelo y nutren el cauce del río tenían gran importancia para el consumo humano, al tratarse de aguas sin contaminar. Así mismo, la perforación de pozos y la construcción de aljibes, también resulta notable para las necesidades de sus habitantes. Si bien tanto los manantiales como pozos y aljibes no resultan suficientes, por lo que, ya a mediados del siglo XV, los monjes del monasterio de San Benito construyen un acueducto hecho con tubos de barro cocido para traer agua desde los terrenos de Pago de Argales, cedidos por Juan II en 1441, hasta su ubicación (Carricajo Carbajo, 2003). Cabe destacar que dicho monasterio se encuentra junto a la extinta muralla de la ciudad –no en vano, ocupa la ubicación del desaparecido alcázar de la ciudad– y muy próximo al río Pisuerga, lo que pone de manifiesto su deseo de disfrutar de aguas más puras provenientes del manantial de Argales. Así mismo, sugiere los problemas añadidos al consumo de agua del Pisuerga, como veremos más adelante. Este acueducto sienta las bases de lo que más tarde se convierte en el Viaje de Aguas de Argales, obra de ingeniería dirigida por Juan de Herrera, ejecutada entre las últimas décadas del siglo XVI y primeras del XVII, cuyas Arcas Reales, siguen en pie hoy en día y son consideradas únicas en su género (González Fraile & Sánchez Rivera, 1986).

Las aguas del Esgueva, por tanto, son un recurso fundamental para la economía agrícola de la ciudad, en la que pequeños huertos y arboledas comparten el espacio urbano con casas, palacios y edificios públicos. Así mismo, las aguas de las fuentes que nutren su cauce son esenciales para el consumo humano de los habitantes que viven a sus alrededores, aunque insuficientes para satisfacer el consumo total de los ciudadanos. No obstante, el mayor servicio que el cauce ofrece a los vallisoletanos de la Baja Edad Media es también su mayor problema: su uso como desagüe de aguas residuales y basuras, lo que, dada la impredecibilidad su tendencia a las crecidas, hacen que los problemas de insalubridad sean frecuentes en la ciudad con cada inundación experimentada. Esta desafortunada circunstancia se refleja en las fuentes primarias. Así, por ejemplo, el Registro General de Sello recoge un legajo del año 1494 en el que “el concejo de Valladolid ordena a las personas que han echado estiércol en el río Esgueva que limpien el cauce a su costa; y que las casas que tienen ajimeces, balcones y colgadizos a la calle pública se corten y se retraigan porque oscurecen las calles, pagando la obra los dueños de tales casas” (A.G.S., 1494).

El documento resulta revelador por el interés del concejo por preservar la salubridad de las aguas, así como la anteposición del bien común a los intereses individuales, al obligar a costear la limpieza a las personas responsables de la contaminación del cauce. Quizás aún más revelador resulta el hecho de que se castigue y obligue a rectificar la construcción de ajimeces, balcones y colgadizos por el hecho de oscurecer las calles. Se pueden hacer diferentes lecturas del detalle de esta orden, pero el hecho de que sea dictada al tiempo que se ordena la limpieza del cauce revela que el gran problema asociado a la insalubridad de las aguas son las inundaciones que esparcen la suciedad y las enfermedades asociadas. Se busca con esta medida, por tanto, atacar la propagación de enfermedades con la acción la luz solar, garantizando la llegada de los rayos del sol a las vías urbanas.

Las crecidas del Esgueva son frecuentes. Como ya hemos dicho, esa razón lleva al posterior soterramiento de uno de los ramales principales para evitar inundaciones. No obstante, el Valladolid del siglo XV no cuenta con esta infraestructura todavía, por lo que sufre esos desbordamientos. Estos, además de propagar enfermedades, causan destrucción por la fuerza de arrastre de sus aguas. Así, por ejemplo, el Registro de Sello de Corte de la Real Chancillería de los Reyes de Castilla recoge cómo, tras una de esas crecidas en el 1499, se envía una misiva para "que el corregidor de Valladolid envíe al Consejo una información sobre el estado de pobreza de Diego de Carrión, vecino de Valladolid, al que las aguas del río Esgueva le derribaron unas casas en la calle de la Costanilla y todo lo que tenía, por lo que solicita carta de espera para pagar a sus acreedores" (AGS, 1499). Cabe destacar que la calle Costanilla se emplaza en un lugar muy próximo al cauce del posteriormente creado Canal de Castilla, del que hablaremos más adelante, así como a la Fuente del Sol, un manantial que, desde principios de la Edad Moderna, es utilizado como zona de esparcimiento por los Vallisoletanos y que, una vez más, viene a demostrar la abundancia de recursos hídricos en la ciudad.

RÍO PISUERGA

El Pisuerga lleva el agua y el Duero la fama es un viejo dicho popular castellano que resume perfectamente la idea de la que nos hacemos eco en este estudio. Si bien el Duero ha inspirado a poetas de la talla de Gerardo Diego y Antonio Machado, en realidad se trata de un río con un cauce modesto hasta que el voluminoso Pisuerga confluye a la altura de Simancas, en las proximidades de la ciudad de Valladolid, tras 283 kilómetros de recorrido, dirección norte a sur.

El Pisuerga es, sin duda, el río más representativo de la ciudad y, sin embargo, sus ciudadanos siempre han vivido de espaldas al mismo. El plano del siglo XVIII muestra cómo las viviendas siguen construyéndose a una distancia significativa de su cauce, como ocurre en la Baja Edad Media. No es casualidad. Las crecidas del Pisuerga pueden ser tan impredecibles como las del Esgueva, con el peligro añadido de que este río concentra un volumen de agua muy superior. Lo que sí se aprecia en la imagen es la presencia de numerosas huertas, así como las aceñas construidas en el siglo XIII junto al Puente Mayor, que data de la misma época en base a su estilo, aunque se cree que tiene su origen en el siglo XI, coincidiendo con la fundación de la ciudad.

Parece evidente que el río Pisuerga, si bien no proporciona el servicio doméstico y cotidiano que sí facilita el Esgueva, tiene un gran peso en la economía local. A las citadas huertas y molinos harineros, habría que añadirle la lógica actividad pesquera y las no desdeñables tenerías, esenciales en las manufacturas textiles de la época. Es precisamente en esta última actividad económica donde más claros resultan los conflictos derivados de su uso. Por ejemplo, al menos tres documentos escritos entre los años 1493 y 1494 tratan cuestiones vinculadas a esta cuestión. El Registro del Sello de Corte recoge, en 1493, "el daño que causan las tenerías de Valladolid al monasterio de Santa María de Prado" (A.G.S., R.G.S., 1493). Un año más tarde, el mismo registro recoge "que el corregidor de Valladolid ejecute la sentencia dada a favor de los frailes y convento del monasterio de Santa María de Prado en pleito con el concejo de Valladolid por las tenerías que la dicha villa edificó fuera de la Puerta del Campo, en sitio inmediato al río Pisuerga, de que el citado convento recibe perjuicio, porque el agua del río iba dañada cuando llegaba a dicho monasterio a causa de tales tenerías" (A.G.S., R.G.S., 1494). Como vemos, el corregidor –y por tanto la corona– se muestra a favor de la demanda impuesta por los afectados frailes, por encima de la autoridad del concejo. Cuestión que resulta muy interesante porque demuestra la implicación de distintos poderes y la lógica resolución del conflicto por parte de la autoridad superior, en este caso la reina. Lo frailes, dado el problema de polución, buscan como solución acceder a las aguas del río en un punto no contaminado. Cuestión sobre la cual también se debe deber decidir, por lo que el registro recoge una "Comisión al doctor de Villaescusa, corregidor de Valladolid, a petición del concejo de esta villa, para que los herederos de García del Corral vendan un camino señalado a fin de que los religiosos de Nuestra Señora del Prado puedan coger agua del río que no esté contaminada por las tenerías" (A.G.S., R.G.S., 1494).

Quizás más frecuentes aún que los pleitos por las tenerías sean los provocados por la gestión de los molinos hidráulicos. En una comarca conocida por su producción harinera, la importancia de las aceñas es incuestionable, tanto para el consumo de sus habitantes, como para la economía local. La Real Chancillería de los Reyes de Castilla recoge múltiples entradas de casos como en 1485 el "Amparo de unos molinos a Lope Rodríguez de Astudillo y a Fernando de Frómista" (A.G.S., R.G.S., 1485). Algunos de los documentos recogen simples transacciones de venta como, en el año 1467, la "Carta de venta por la que Pedro de Villandrando, conde de Ribadeo y del Consejo del Rey, vende a Pedro González de Calatayud, mercader, vecino de Valladolid, y a su mujer Leonor de San Juan, una aceña llamada Aceña Sirga, sita en el río Pisuerga, en la parada de aceñas que llaman Zamadueña, sita entre Valladolid y Cabezón de Pisuerga (Valladolid)" (ARCHV, 1467). Otras entradas, en cambio, reflejan los conflictos derivados de su control como la "Ejecutoria del pleito litigado por el convento de la Santísima Trinidad, orden de la Santísima Trinidad, situado en Valladolid, con Alonso de Virues, vecino de Valladolid, sobre posesión de unas aceñas en el río Pisuerga" (ARCHV, Registro de Ejecutorias, 1499).

Dado que estos molinos representan un elemento esencial de la economía local, los pleitos no se limitan a problemas derivados de la posesión y compra-venta de los mismos, sino que también incluyen conflictos causados por su alquiler, como la "Comisión al corregidor de Palencia para que resuelva la demanda de García de Villalaco, vecino de Torquemada, con motivo de ciertos arrendamientos que se hicieron de dos aceñas del río Pisuerga, de las que esta poseía una parte" (A.G.S., R.G.S., 1497). Si bien este último no ocurre en la ciudad de Valladolid, sino en la localidad de Torquemada (Palencia), sí tiene como protagonista el río Pisuerga que ocupa esta sección de nuestro relato.

Por último, otros documentos, se hacen eco de los cambios en la propiedad de las mismas, como la "Toma de posesión por Alfonso Fernández de Zamora, en nombre de Álvaro de López de Zúñiga Guzmán, conde de Plasencia y [futuro I duque de Plasencia], de unas aceñas en el río Pisuerga, entre Valladolid y Cigales (Valladolid) que pertenecieron al mariscal Sancho de Zúñiga. Natividad Manzano Rubio en el año 1456" (AHNOB, 1456).

Vemos, por tanto, que el río Pisuerga cumple una importante función en la economía de la ciudad, especialmente en lo referente a las manufacturas –en particular Tenerías– y la industria harinera –aceñas–. Así mismo, podríamos añadir la pesca y, hasta cierto punto, el transporte de pequeño calado o el trabajo de las lavanderas.

Un aspecto más a considerar en cuanto a la relevancia del Pisuerga en la historia de la ciudad es su labor defensiva. El río, dado su voluminoso cauce, constituye una barrera natural solo franqueable por el Puente Mayor, único en la ciudad desde el siglo XI hasta la construcción del segundo puente a finales del siglo XIX. No en vano, la extinta muralla medieval de la ciudad, construida en el siglo XIV y que amplía el recinto de la muralla anterior del siglo XII, discurre paralela al Pisuerga.

RÍO DUERO

El río Duero es, sin duda, el más conocido de los recursos hídricos presentados en este trabajo y, sin embargo, rara vez es identificado con la ciudad de Valladolid. No es casualidad. El hecho de que hoy atraviese uno de sus barrios –Puente Duero–, se debe exclusivamente a la expansión experimentada por la ciudad en las últimas décadas. La antigua pedanía se sitúa a escasos kilómetros de la capital castellana en el siglo XV, por lo que podemos considerarla parte del entorno rural que rodea el núcleo urbano. De esta circunstancia podemos deducir que el principal uso que se hace de sus aguas es agrícola, sin menospreciar la importancia de molinos, el uso ganadero de las mismas e incluso el transporte, especialmente tras la confluencia del Pisuerga y el consecuente aumento del caudal. De hecho, las referencias más frecuentes que se hacen de este río están relacionadas con estas cuestiones estas cuestiones. Dado que en el siglo XV Puente Duero no puede ser considerado todavía parte de la villa de Valladolid, extendamos el alcance geográfico de nuestra investigación para comprobar hasta qué punto estos asuntos generan conflictos y la intervención de los poderes.

El transporte es una de las cuestiones a menudo pasada por alto, dadas las limitaciones de volumen hídrico de los ríos españoles. Sin embargo, eso no significa que el transporte fluvial no existiera, aunque este fuera de pequeño calado. Así, en el Archivo de la Nobleza y específicamente de los duques de Baena, encontramos un documento del año 1494 que contiene *la* "escritura de venta de una barca y su apeadero situado en el lugar de Herrera (Valladolid), en la ribera del río Duero, entre las monjas del Convento de Santa Clara de Valladolid y Gonzalo de Baeza" (AHBOB, 1494).

Directamente relacionado con la cuestión del transporte, debemos mencionar la construcción y gestión de puentes. Tradicionalmente en manos del poder nobiliario local, vemos cómo en el siglo XV aparecen casos en los que se permite su construcción sin asignación de derechos de tributo. Así se muestra en un documento de 1494 en el que se presenta la "Comisión al doctor de Villaescusa, corregidor de Valladolid, a petición de la villa de Olivares, acerca del permiso para construir un puente sobre el río Duero que comunique también con la villa de Quintanilla de Yuso, sin perjuicio de parte ni cobranza de portazgo" (A.G.S., R.G.S., 1494).

Caso similar encontramos en la población de Villanueva, donde se autoriza la construcción de puentes sin tributo para facilitar la comunicación con Valladolid. El documento, que data de 1496, se redacta "a petición del lugar de Villanueva, jurisdicción de Olmedo, situado entre el río Duero y el Adaja, se ordena guardar la ley inserta autorizando la construcción de puentes a costa del interesado sin llevar tributo y prohibiendo a los prelados que se opongan a su construcción, ya que el citado concejo de Villanueva quiere levantar un puente sobre el Adaja "a do disen la Cuesta de la Coloma para pasar a la dicha villa de Valladolid" (A.G.S., R.G.S., 1496).

El uso que se hace del agua sacada del río, incluyendo los regadíos, es otra de las cuestiones que puede generar conflicto. Por ejemplo, en el año 1498 en Aranda de Duero, se ordena (A.G.S., R.G.S., 1498). Sin salir de la misma localidad, ni del mismo afluente del río Duero, encontramos otro documento del año anterior, en el que se ordena "Que el corregidor de Aranda de Duero haga cumplir una carta dada sobre el regadío de los linos y cáñamos en el concejo de La Aguilera con agua del río Gromejón" (A.G.S., R.G.S., 1497).

Sin embargo, al igual que ocurre con el Pisuerga, la causa de conflicto más recurrente en las crónicas es la construcción y gestión de aceñas.

Alejándonos de Valladolid, pero permaneciendo en el mismo río, encontramos otro "Pleito sobre razón de una aceña sita en el río Duero" (A.G.S., R.G.S., 1497), en Zamora en el año 1489.

En la provincia vallisoletana, encontramos la "Ejecutoria del pleito litigado por García de Santiesteban, vecino de Tudela de Duero (Valladolid), con Diego Álvarez Osorio, sobre denuncia de nueva obra de unas aceñas en el río Duero" (ARCHV, Registro de Ejecutorias, 1493).

Un año más tarde, en 1494, la Real Audiencia y Chancillería de Valladolid recoge la "Ejecutoria del pleito litigado por Alonso de Tordesillas, vecino de Tordesillas (Valladolid) con el convento de Santa Clara, situado en Tordesillas, orden de San Francisco, sobre reedificación de ciertas aceñas al río Duero" (ARCHV, Registro de Ejecutorias, 1494). Este caso es particularmente llamativo, si consideramos la importancia del convento que, años más tarde, acoge el cuerpo de la fallecida reina Juana I.

Sin salir de la villa de Tordesillas, encontramos documentos que muestran la importancia económica de las aceñas, a través de la propiedad de las mismas, en manos personajes de relevancia. Vemos, en 1468, la "Carta de venta por la que Beatriz Manrique, viuda del mariscal Sancho, vende a Pedro López de Calatayud, mercader, vecino de Valladolid, y a Leonor de San Juan, su mujer, tres casas de aceñas situadas en el río Duero, en el pago de La Moraleja, término de Tordesillas (Valladolid)" (ARCHV, Pergaminos, 1468).

En el año 1479, el Archivo de la Real Chancillería de Valladolid recoge la "Carta de venta por la que Alfonso Enríquez, almirante mayor de Castilla, y su mujer María de Velasco, venden a Leonor de San Juan y a sus hijos Pedro López de Calatayud, deán de Ávila, y Juan López de Calatayud, regidor y vecino de Valladolid, la mitad de unas aceñas en el río Duero, en el pago de La Moraleja, término de Tordesillas (Valladolid)" (ARCHV, Pergaminos, 1479). Cabe destacar que Tordesillas, a finales del siglo XV, goza de la categoría de villa y alberga un palacio real de la casa Trastámara –del que hoy solo se conservan sus jardines–, por lo que se convierte en lugar habitual de residencia para personajes ilustres y miembros de la nobleza.

Así mismo, encontramos documentos que muestran el dinamismo económico del sector, a través del cobro de rentas. Así, el Archivo Histórico de la Nobleza, registra un documento del año 1494 perteneciente al condado de Luque, consistente en una "Escritura de poder otorgada por Juan López, oidor de Valladolid, y de Mayor de Ulloa, su mujer, vecinos de Palacios Rubios (sic), a favor de Francisco Fernández para cobrar unas rentas y así poder arrendar un quiñón de aceña, denominado el Puerto, al lado del río Duero" (AHNOB, Luque, 1494).

LO QUE EL PLANO NO MUESTRA

Como ya hemos dicho, el plano del siglo XVIII muestra características que pueden extrapolarse al periodo temporal objeto de este estudio. Así mismo, podemos deducir ciertas características del entorno bajomedieval, basándonos en aspectos que no muestra el dibujo, ya sea porque son anteriores o posteriores a la elaboración del mismo.

Por ejemplo, la imagen no muestra los dos canales que se construyen en las décadas siguientes: el Canal del Duero y el Canal de Castilla. Este último, construido entre la última mitad del siglo XVIII y el primer tercio del siglo XIX, constituye una obra de ingeniería de primer orden destinado al transporte del cereal castellano hacia los puertos del norte de la península. El canal del Duero, por otro lado, tiene como objeto abastecer de agua potable la ciudad, así como facilitar el regadío de las huertas cercanas. Con una longitud menor (52 kilómetros, frente a los 207 del Canal de Castilla), toma sus aguas del río Duero y pone de manifiesto las paradójicas dificultades de abastecimiento de agua para consumo humano en una ciudad rica en recursos hídricos. En cualquier caso, la presencia de dos canales, sumados a los tres ríos locales, no hacen sino elevar el atractivo de la ciudad por su abundancia de agua, lo que ayuda a comprender su desarrollo demográfico.

Tampoco muestra otra de las obras de ingeniería hidráulica más brillantes en su momento: *las Arcas Reales*. También llamadas *Viaje de aguas de Argales*, fueron construidas entre los siglos XVI y XVII con el objeto de traer agua potable al centro urbano, aunque encuentran su origen en el viejo acueducto construido en el siglo XV por los monjes del monasterio de San Benito, al que ya hemos hecho referencia. El viaje de aguas, en su mayoría subterráneo, recorre 5 kilómetros, jalonados por 32 de estas arcas diseñadas para recoger el agua, salvar desniveles y ofrecer un cierto nivel de filtrado. El viaje concluía en tres fuentes de libre acceso situadas en tres puntos diferentes del centro urbano. El esfuerzo realizado en su diseño y construcción, al igual que el Canal del Duero, pone de manifiesto las dificultades de abastecimiento de agua potable, pese a la abundancia de recursos.

El plano tampoco muestra el posterior soterramiento del ramal sur del río Esgueva, así como los pequeños cauces que nacen de fuentes y se unen al río. Este aspecto contribuye al olvido, por parte de los ciudadanos, de su presencia en la ciudad y fomenta las inevitables sorpresas cuando sus crecidas provocan inundaciones en los sótanos de algunos edificios céntricos.

Por último, mencionemos algunos de los aspectos del Valladolid bajomedieval que el dibujo del siglo XVIII no representa. Quizás exagerando el desarrollo urbano de una ciudad que llegó a ser capital de España entre los años 1601 y 1606, mitiga la importancia de la actividad agrícola en el Valladolid del siglo xv. En una villa –Valladolid no adquiere la categoría de ciudad hasta el año 1596– con tal presencia de agua y dada la endémica ausencia de la misma en la meseta, resulta lógico pensar que los huertos de regadío tienen una importancia mayúscula, tanto en la vida económica del lugar, como en la vida cotidiana de sus habitantes. Así mismo, aparecen representados las aceñas de gran importancia localizadas junto al Puente Mayor y cuya planta se conserva hoy en día, pero ignora otros elementos del río Pisuerga mencionados en las fuentes primarias como otros molinos hidráulicos o las desaparecidas tenerías. Así mismo, la frecuente presencia de pozos y aljibes no es reflejada, dado su pequeño tamaño o la discreción con la que suelen ser excavados. Del mismo modo, el plano, lógicamente centrado en elementos arquitectónicos, no refleja elementos que, pese a su movilidad, tienen importancia en la vida cotidiana y en las relaciones económicas y sociales de los vecinos. Entre ellos y vinculados a la presencia o ausencia de agua podemos destacar las actividades de aguadores, lavanderas o el transporte en barcas.

En definitiva, la historia de Valladolid, desde sus orígenes hasta su desarrollo más reciente, está estrechamente relacionada con una presencia de recursos hídricos abundantes, en un entorno –la meseta castellana– donde brillan por su ausencia. A la presencia de tres ríos –Esgueva, Pisuerga y Duero–, así como de múltiples fuentes y manantiales, con los siglos se le une la construcción del viaje de Aguas de Argales, cuyos orígenes datan del siglo xv y, más adelante, la construcción de dos canales –Canal de Castilla y Canal del Duero– en los siglos xviii y xix. Esta abundancia de agua permite el desarrollo urbano de la villa medieval y su transformación en ciudad, facilitando la actividad agrícola de regadío, así como otras actividades vinculadas al agua, destacando la importancia de aceñas y tenerías. Paradójicamente, la abundancia de recursos hídricos no siempre se corresponde con una abundancia de agua potable, por lo que, con el paso del tiempo, se llevan a cabo importantes obras de ingeniería para abastecer a los Vallisoletanos de agua apta para el consumo humano. Una de las más importantes tiene su origen precisamente a finales del siglo xv: el Viaje de Aguas de Argales. Así mismo, esa abundancia de recursos con frecuencia se vuelve en contra de sus habitantes, provocando inundaciones e, incluso, la propagación de enfermedades derivadas de las condiciones insalubres de las aguas.

Dada la importancia del agua en la vida cotidiana de los vallisoletanos, tanto por razones de consumo, como por motivos de índole económica, con frecuencia surgen conflictos. Los más frecuentes tienen que ver con el uso de aceñas y el uso de agua para regadío, aunque también son habituales los derivados de los daños producidos por inundaciones o por la contaminación de las aguas. Esa contaminación se produce por el vertido de residuos a los cauces, principalmente al río Esgueva, pero también por la presencia de industrias contaminantes, en particular la presencia de tenerías en el río Pisuerga. Estos conflictos requieren de la intervención de los poderes que emiten veredictos que demuestran la percepción del agua como un bien común. Valladolid, como sede de la Real Chancillería, ofrece valiosa información de primera mano relativa a la gestión de las aguas en la España bajomedieval.

FUENTES Y BIBLIOGRAFÍA

FUENTES

Archivo. General de Simancas. (1485). Registro. General del Sello de Corte. *Legajo 10,9*. Vallodolid: Portal de Archivos Españoles. Ministerio de Educación y Deporte.

A.G.S. (1493). R.G.S. *Legajo 01,84*. Valladolid: Portal de Archivos Españoles. Ministerio de Educación y Deporte.

A.G.S. (1494). R.G.S. *Legajo 02,116*. Valladolid: Portal de Archicos Españoles. Ministerio de Educación y Deporte.

A.G.S. (1494). R.G.S. *Legajo 04,541*. Valladolid: Portal de Archivos Españoles. Ministerio de Educación y Deporte.

A.G.S. (1494). R.G.S. *Legajo 02,322*. Valladolid: Portal de Archivos Españoles. Ministerio de Educación y Deporte.

A.G.S. (1494). Real Chancillería de los Reyes de Castilla. Registro General del Sello de Corte. *Legajo 10.590*. Valladolid: Portal de Archivos Españoles. Ministerio de Cultura y Deporte.

A.G.S. (1496). R.G.S. *Legajo 03,7*. Valladolid: Portal de Archivos Españoles. Ministerio de Educación y Deporte.

A.G.S. (1497). R.G.S. *Legajo 06,138*. Valladolid: Portal de Archivos Españoles. Ministerio de Educación y Deporte.

A.G.S. (1497). R.G.S. *Legajo 06,218*. Burgos: Portal de Archivos Españoles. Ministerio de Educación y Deporte.

A.G.S. (1497). R.G.S. *Legajo 06,218*. Zamora: Portal de Archivos Españoles. Ministerio de Educación y Deporte.

A.G.S. (1498). R.G.S. *Legajo 09,180*. Burgos: Portal de Archivos Españoles. Ministerio de Educación y Deporte.

AGS. (1499). R.G.S. *Legajo 10,429*. Valladolid: Portal de Archivos españoles. Ministerio de Educación y Deporte.

Archivo de la Nobleza. (1494). Ducado de Baena. *C.20, D.12-14*. Valladolid: Portal de Archivos Españoles. Ministerio de Educación y Deporte.

AHNOB. (1456). Ducado de Osuna. *C.316, D.84*. Valladolid: Portal de Archivos Españoles. Ministerio de Educación y Deporte.

AHNOB. (1494). Luque. *C.52, D.65*. Valladolid: Portal de Archivos Españoles. Ministerio de Educación y Deporte.

Archivo de la Real Chancillería de Valladolid. (1467). Pergaminos. *Caja 22,1*. Valladolid: Portal de Achivos Españoles. Ministerio de Educación y Deporte.

ARCHV. (1468). Pergaminos. *Caja 22,2*. Valladolid: Portal de Archivos Españoles. Ministerio de Educación y Deporte.

ARCHV. (1479). Pergaminos. *Caja 22,5*. Vallaolid: Portal de Archivos Españoles. Ministerio de Educación y Deporte.

ARCHV. (1493). Registro de Ejecutorias. *Caja 61,31*. Valladolid: Portal de Archivos Españoles. Ministerio de Educación y Deporte.

ARCHV. (1494). Registro de Ejecutorias. *Caja 75,3*. Valladolid: Portal de Archivos Españoles. Ministerio de Educación y Deporte.

ARCHV. (1499). Registro de Ejecutorias. *Caja 134,19*. Valladolid: Portal de Archivos Españoles. Ministerio de Educación y Cultura.

BIBLIOGRAFÍA

Carricajo Carbajo, M. Á. (2003). *El viaje de las Arcas Reales.* Ayuntamiento de Valladolid.

Gigosos, P. (2011). La Esgueva soterrada. En *Conocer Valladolid IV. Curso de patrimonio cultural 20/10/2011* (pp. 13-26). Ayuntamiento de Valladolid.

González Fraile, E., & Sánchez Rivera, J. I. (1986). El viaje de Aguas de Argales de Valladolid. Una obra hidráulica del siglo XVI trazada por Juan de Herrera. *Estudios sobre historia de la ciencia y de la técnica. IV Congreso de la Sociedad Española de Historia de las Ciencias y de las Técnicas* (pp. 783-800). Valladolid.

Sagrador Vítores, M. (1851). *Historia de la muy noble y real ciudad de Valladolid. Desde su más remota antiguedad hasta la muerte de Fernando VII.* Imprenta de D.M. Aparición.

Valladolid, Ayuntamiento de (2023, Enero 15). Retrieved from ava.es: https://www10.ava.es/cartografia/planos_historicos.html

Vallejo del Busto, M. (1978). *El cerrato castellano.* Diputación provincial de Palencia.

Agua, gestión y conflictos en el Valladolid bajomedieval

Resumen. Valladolid es una ciudad única en muchos sentidos. Uno de ellos es la abundancia de agua en su suelo. Situada en el corazón de la árida Castilla, esta abundancia, sin duda, fue determinante en el origen de los primeros asentamientos llevados a cabo en su ubicación. Así mismo, también resultó determinante en la elección de su enclave para su fundación en el siglo XI, así como, probablemente, en el origen etimológico de su nombre. Se trata de una ciudad con la inusual característica de contar con tres ríos, todos con caudales y características diferentes. Una ciudad que, paradójicamente, ha sufrido insalubridad causada por sus inundaciones, al tiempo que ha tenido que idear medios para garantizar el abastecimiento de agua potable para sus habitantes. Contradicción que ha generado conflictos y la intervención de los poderes en su gestión. El presente artículo se centra en esos conflictos y regulaciones consecuentes, que ayudan a entender la evolución de la ciudad.

Palabras clave: Agua, Edad Media, conflictos sociales, abastecimiento, insalubridad.

Water, management and conflicts in late medieval Valladolid

Abstract. Valladolid is a unique city in many ways. One of them is the abundance of water in its soil. Located in the heart of arid Castilla, this abundance, without a doubt, was decisive in the origin of the first settlements carried out in its location. Likewise, it was also decisive in the choice of its enclave for its foundation in the 11th century, as well as, probably, in the etymological origin of its name. It is a city with the unusual characteristic of having three rivers, all with different flows and characteristics. A city that, paradoxically, has suffered unsanitary conditions caused by its floods, at the same time that it has had to devise means to guarantee the supply of drinking water for its inhabitants. Contradiction that has generated conflicts and the intervention of the powers in its management. This article focuses on those conflicts and consequent regulations, which help to understand the evolution of the city.

Key words: Water, Middle Ages, Social unrest, supply, insanitary conditions.

Água, gestão e conflitos em Valladolid tardo-medieval

Resumo. Valladolid é uma cidade única em muitos aspectos. Uma delas é a abundância de água em seu solo. Situada no coração da árida Castilla, esta abundância, sem dúvida, foi decisiva na origem dos primeiros povoamentos realizados na sua localidade. Da mesma forma, também foi determinante na escolha do seu enclave para a sua fundação no século XI, bem como, provavelmente, na origem etimológica do seu nome. É uma cidade com a característica inusitada de possuir três rios, todos com caudais e características diferentes. Uma cidade que, paradoxalmente, tem sofrido com as condições insalubres causadas por suas enchentes, ao mesmo tempo em que tem que criar meios para garantir o abastecimento de água potável para seus habitantes. Contradição que tem gerado conflitos e a intervenção dos poderes na sua gestão. Este artigo enfoca esses conflitos e consequentes regulamentações, que ajudam a entender a evolução da cidade.

Palavras chave: água, Idade Média, conflitos sociais, abastecimento, insalubridade.

11.
INSTITUCIONALIZACIÓN, RESOLUCIÓN Y REGULACIÓN EN LA ADMINISTRACIÓN DE LAS AGUAS DE REGADÍO EN EL CURSO BAJO DEL RÍO SEGURA ENTRE LOS SIGLOS XIII-XV

Miriam Parra-Villaescusa
Universidad de Alicante

INTRODUCCIÓN

El agua ocupó un lugar clave en las formas de producción agrarias y, por ende, en las relaciones sociales de la sociedad bajomedieval. El proceso de conquista cristiana ibérica sobre los territorios bajo el poder de al– Andalus suscitó la llegada a los territorios que fueron pasando a estar bajo el dominio de los distintos reinos cristianos, de la implantación cultural de unos sistemas de gestión de las aguas destinadas al regadío dispares a los anteriores islámicos, definidos por las demandas socioeconómicas de las gentes y los poderes que a partir de tales fechas se encargaron de dirigir la mecánica de explotación y aprovechamiento de los recursos naturales. En ello, las sociedades cristianas fueron receptoras de las costumbres y de las infraestructuras materiales creadas por los andalusíes para el regadío de las tierras, pero también a partir de su asentamiento fueron las generadoras de una ruptura de las formas desarrolladas desde la política del Estado andalusí como desde las comunidades campesinas rurales musulmanas para el uso del agua como de las posibles realidades socioproductivas que pudieron existir en ese manejo. Examinar las vicisitudes y controversias nacidas en torno a dicho proceso nos revela el trasfondo político que emanó desde las sociedades cristianas para, a través de la resolución y la regulación, crear y desenvolver una institucionalización de una administración encargada de estipular, aplicar y controlar una normativa sobre riego (una organización político-institucional), como asimismo los intereses sociales y económicos que se irradiaron en el disfrute del recurso hidráulico (la organización sociopolítica y socioeconómica). En este sentido, la historiografía sobre el mundo del agua en su destino agrícola tras las conquistas cristianas de al– Andalus es amplia, sobre todo aquella focalizada en las últimas centurias medievales. Los y las medievalistas desde finales de los años setenta y sobre todo desde la década de los ochenta y noventa del pasado siglo, han ido renovando el enfoque en torno a estas cuestiones dando como resultado una gran variedad de investigaciones en las que se ha analizado esta temática desde diferentes perspectivas, atendiendo a la materialidad tecnológica de los sistemas hidráulicos, como también a las connotaciones sociales que subyacieron en la toma de decisiones para la construcción de una estructura social y política que facultara el control y la distribución del agua en los distintos reinos ibéricos[1]. Unos estudios que se han entendido desde abordajes plurales que asumen que las formas en las que los sistemas de riego fueron implantados y utilizados se basaban en relaciones diversas y complejas de interacción social y gubernamental.

En este trabajo se pretende realizar una profundización en el análisis de las formas de gobernabilidad y el aparato institucional creado por la sociedad cristiana para la utilización de las aguas destinadas al regadío en las tierras regadas por el curso bajo del río Segura durante la baja Edad Media. Un área que durante las centurias bajomedievales estuvo inserta en los lindes del término municipal de la villa, luego ciudad, de Orihuela, enclave que fue la capital de la circunscripción administrativa de las tierras meridionales del reino de Valencia inserto en la Corona de Aragón. Un territorio que fue conquistado por la Corona de Castilla a mediados del Doscientos (1244), pero que pasó tras su anexión a finales de dicha centuria (1296– 1304) a formar parte

1 Por lo que refiere a esta última línea de estudios, la estructura de gestión y administración en el uso de las aguas para el regadío, que enmarca la temática de este trabajo, y sin pretender realizar una ponderación historiográfica, se apuntan algunos trabajos más recientes que valgan como representación de tal línea de investigación: Esquilache, 2018; Guinot, 2005, 2007a, 2007b, 2008, 2016; Guinot y Esquilache, 2014, 2017; Guinot y Romero, 2005; Guinot y Torró, 2012; Jiménez, 2021; Martínez Martínez, 2010; Martínez Sanmartín, 2014; Martínez Sanmartín y Terol, 2014; Oliva, 2003, 2008; Torró y Guinot, 2012; Val, 2003, 2013; Val y Bonachía, 2012.

de los dominios catalano-aragoneses dentro del mencionado reino de Valencia (véase figura 1).

Figura 1. El sur del reino de Valencia y la Gobernación de Orihuela en los siglos XIV-XV en la frontera con el reino castellano de Murcia. En la franja inferior se sitúa el término que se encontraba bajo la dependencia de la villa de Orihuela.

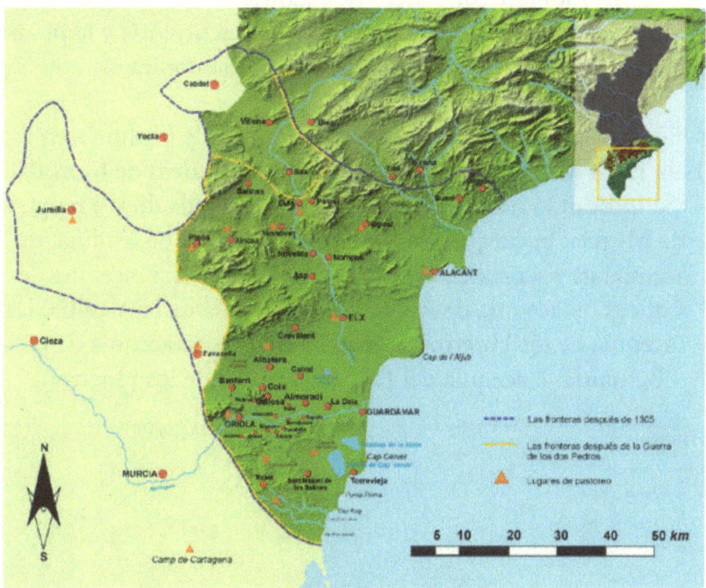

Fuente: Elaboración propia.

Un entorno geográficamente ubicado en la actual comarca de la Vega Baja del Segura cuyo epicentro está conformado por la denominada Huerta de Orihuela. Un llano fluvial en el que en época andalusí se comenzaron a diseñar y construir distintos sistemas de irrigación que fueron el germen y la base fundacional de lo que actualmente es el área de regadío más importante de la actual provincia de Alicante. Unos sistemas de regadío que fueron diseñados para cumplir una doble función: por un lado, regar, haciendo llegar el agua a las tierras mediante canales de distribución (acequias, arrobas, brazales e hilas) y, por otra, drenar las aguas sobrantes del riego o las acumuladas por las lluvias, torrentes o ramblas con conducciones de drenaje (azarbes, azarbetas y escorredores). Ingenios hidráulicos que por lo que refiere a la cronología medieval, van a ponerse en uso dentro de un entorno natural del valle donde el ecosistema de humedal estaba muy presente mediante la existencia de zonas endorreicas de marjales y saladares –inexistentes en nuestros días– ubicados en los finales de los sistemas hidráulicos, o áreas de estancamiento de aguas dentro de los perímetros irrigados formadas por la escorrentía y la planicie del terreno con respecto al nivel del mar (véase figura 2).

Figura 2. Sistemas de regadío en la Huerta de Orihuela en la Baja Edad Media, con la delimitación de las áreas de humedal. Se indican los sistemas hidráulicos: a. acequia de la Puerta de Murcia. b. acequia de Alquibla. c. acequia de Molina. d. acequia de Escorratel. e. acequia de Almoravit. f. acequia de Callosa. g. acequia de Almoradí. h. acequia de la Alcudia. i. acequia de los Huertos. j. acequia del Pla. k. acequia de la Bernarda. l. acequia del Río. m. acequia de los Huertos.

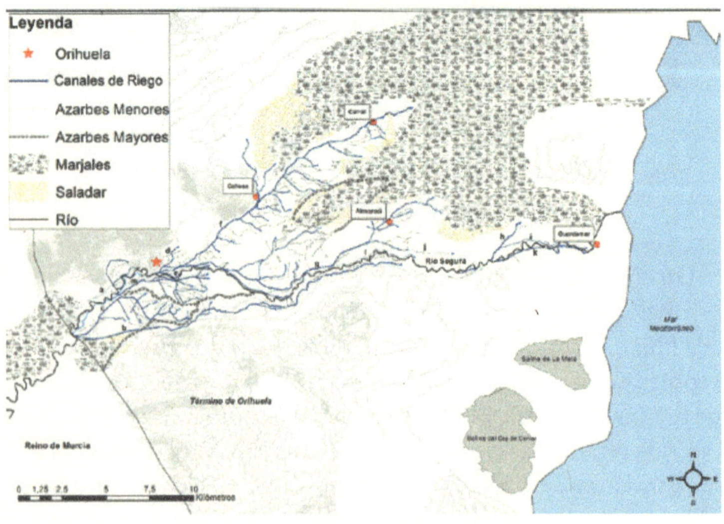

Fuente: Elaboración propia.

LA CONQUISTA CRISTIANO FEUDAL Y LA GESTIÓN DE LAS AGUAS: DE LA ANEXIÓN TERRITORIAL AL APROVECHAMIENTO DE LOS RECURSOS HIDRÁULICOS (SEGUNDA MITAD DEL SIGLO XIII-INICIOS DEL SIGLO XIV)

La conquista y la colonización cristiana supuso heredar del mundo andalusí prácticas y hábitos en las utilidades y gobernabilidades de los recursos hídricos para la agricultura, pero el profundo cambio en las relaciones sociales, económicas y políticas dominantes, alteró las formas y acuerdos de empleabilidad de las aguas con tales fines. En el territorio lindado bajo la medina islámica de Orihuela, la conquista castellana y la consiguiente reorganización del territorio musulmán dio inicio a un proceso de colonización sociocultural sobre y en relación al componente demográfico preexistente, pero también sobre el entorno medioambiental de este territorio. La manera de acometer tal tarea desde los poderes cristianos fue a través de la materialización del Repartimiento que inició el reparto y partición de las tierras que quedaron amojonadas bajo la jurisdicción municipal de la villa de Orihuela. Tal proceso se acometió entre el año 1266 y 1330 e implicó no solamente la distribución de las tierras, sino también del resto de recursos naturales del entorno como era el agua. De forma paralela e interrelacionada se fue definiendo una red de habitabilidad donde se delimitó un gran alfoz que quedó bajo la jurisdicción del *consell* de la villa de Orihuela, siendo esta el núcleo de las relaciones políticas con la Corona y el centro de intercambios comerciales dentro de su territorio, en cuyo término se insertaban categorías de núcleos poblaciones menores como aldeas –tales como Callosa, Almoradí, Catral o Guardamar[2]– con una mayor presencia en el espacio, y otros de un carácter más intermitente denominados como lugares y/o alquerías de mayor o menor extensión –su mayoría con un origen islámico–, que se extendían por el llano fluvial y por el Campo oriolano (Parra Villaescusa, 2023) (véase figura 3).

2 Guardamar fue una villa de nueva fundación cristiana en el último tercio del siglo XIII. Núcleo que tras la Guerra de los Dos Pedros (1356– 1369) acabó perdiendo su autonomía y pasó a insertase administrativamente en el alfoz municipal de la villa de Orihuela (Parra Villaescusa, 2022).

Figura 3. Alfoz delimitado bajo la dependencia de la villa bajomedieval de Orihuela tras la conquista cristiana y núcleos de poblamiento (finales del siglo XIV y el siglo XV).

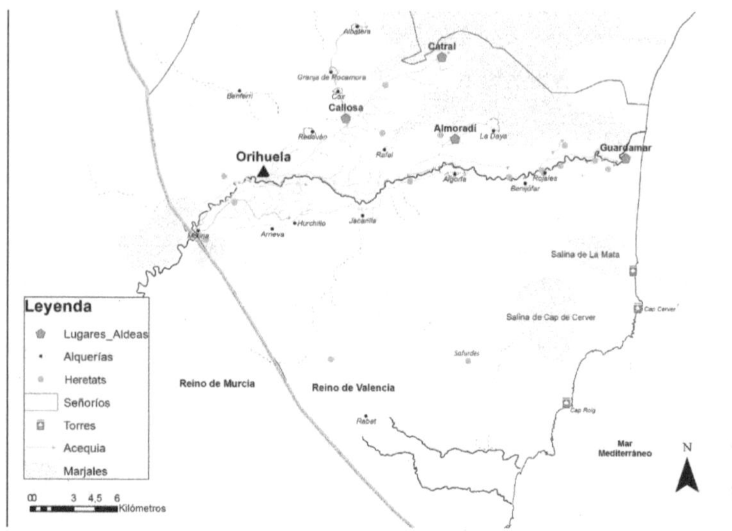

Fuente: Elaboración propia.

El corpus documental que nos ha llegado de este Repartimiento de las tierras de la Huerta y Campo de Orihuela, recoge desde 1268-1271 algunas de las medidas gubernativas encabezadas por el poder real con el fin de definir una administración correcta de las aguas en paralelo a las concesiones de tierras. En esta sintonía, una de estas primeras diligencias se recoge en la ordenación por parte de Alfonso X a Joan Álvarez, su escribano, a Miguel de Cascante, Bartolomé de Castelnovo, Pere Samatan, "*veedores en la partiçion de Oriola*", y a otro Bartolomé, *sogueador3*, encargados de acometer la tareas del Repartimiento en el marco de la tercera-cuarta partición[4], que

3 Figura especializada en la medición y partición de terrenos.

4 El proceso del Repartimiento de Orihuela se efectuó a partir de un total de seis particiones: la primera entre 1265y 1266, la segunda entre 1266 y 1268, la tercera entre 1268-1269 y 1271, la cuarta entre 1271 y 1275, la quinta entre 1288 y 1295 y la sexta entre 1300 y 1314. A estas se sumó una séptima acometida entre 1329– 1330, que fue más de reorganización de lo repartido que de nuevos repartos de tierras.

hicieran que todos los que habían recibido lotes de tierras debían atender a la limpieza y cuidado de todas las acequias y azarbes del término con la pretensión de que "*vengan las aguas sin embargo neguno assi como uenia en tempo de moros*", y que repartieran las aguas unidas a la tenencia de la tierra "*por atafullas a cada uno segunt lo que ouiere, asi como las auian drechamente en tempo de moros*", imponiendo la pena de requisar las tierras concedidas a aquellos que no cumplieran tal mandato, especificando que si alguno "*forçaren las aguas a los acequieros, que les recabden los cuorpes et tudo quanto que ouiere para ante el rey*" (Torres Fontes, 1988, p. 51). Dentro de esta voluntad de insertar los temas del regadío en la organización social del territorio y en la nueva estructura del poder en miras de hacer efectivo un dominio sobre el aprovechamiento agrario de la Huerta, el rey castellano daba capacidad a la villa en julio de 1271 para que mandara que todos los herederos contribuyeran, en base a las tierras que poseían, a dicha reparación y conservación de acequias y azudas, así como con todas aquellas tasas que pudieran sufragar la reparación de norias y aceñas, que eran fundamentales para elevar el agua a las terrazas de cultivo (Llorens, 2001, p. 105). En misma cronología, se refiere a la entrega de tierras a Pedro Guarner de la "*terra doue ya debdas al cequiaje que ellas an de pagar*" (Torres Fontes, 1988, p. 78), registro que nos indicaría la existencia de cierto sistema de tributación sobre las aguas. Estas primeras regulaciones nos muestran, desde las primeras décadas de dominio cristiano castellano, cómo se fue haciendo efectivo el ejercicio del control por parte del poder real del regadío disponiendo desde la monarquía directamente o a través de cesión administrativa, la villa, de encargados de hacer cumplir los ordenamientos reales, principalmente partidores, *sogueadores* u otros, individuos involucrados en el Repartimiento, expertos encargados de realizar la medición y partición de las tierras para entregarlas a los nuevos pobladores cristianos, como también de sobreacequieros[5]

5 Entre otros, en la cuarta partición se registra el reparto de tierras a sobrecequieros: "Otrosi, tenemos por bien que los otros sobrecequieros que ayan cada uno X at.", *Libre dels Repartiments de les terres entre vehins de la molt noble y leal e insigne ciutat de Oriola, Ed. fácsimil Centro de Investigación del Bajo Segura "Alquibla", Murcia, 2011 (Libre dels Repartiments... –en adelante-), columna del manuscrito* 128.

y acequieros o cequieros –oficios con reminiscencia islámica que se insertaron dentro del entramado sociopolítico cristiano adaptando sus funciones y papel a los requerimientos feudales–. Estos últimos en alguna escueta referencia se vehicula su función en relación a un sistema hidráulico de una acequia[6].

La llegada de nuevos pobladores para morar, ocupar y roturar tierras implicó una ordenación más regularizada y estipulada del reparto del agua, que la villa buscó solucionar a través de la petición al rey del nombramiento de una persona responsable de la organización del regadío. Cuestión solventada el 14 de mayo de 1275 cuando el rey Alfonso X concedía al concejo de Orihuela el privilegio de nombrar un sobrecequiero, oficio al que se le daba la potestad de ejercer el gobierno sobre todas las cuestiones referidas al regadío en el término oriolano cuya elección quedaba sujeta al municipio de la villa. El primero en ostentar tal cargo fue Pedro Zapatero, el cual tenía que ejercer el control sobre las aguas de las acequias y los azarbes, para lo cual se le daba la prerrogativa de poder nombrar y disponer de acequieros, los cuales debían ayudarle "*con su concejo*" en la distribución de las aguas "*lealment, et por dar su derecho a cada una*" y en el cumplimiento de limpiar las acequias, arrobas, filas y azarbes cada año "*d'aquells acequia do fuere acequiero*", en tal manera que los canales "*rieguen e lieguen como solian en tiempo de moros et si mas pudieren...et que fagan que todas las tierras se rieguen por las paradas por do solian tomar su tanda en tiempo de moros non por otro lugar*". Los acequieros debían informar al sobrecequiero de los daños causados en el buen gobierno de las aguas, teniendo que atender el sobrecequiero todos los días las disputas que pudieran surgir, y estipular las penas pecuniarias y jurídicas a las que debían de atenerse aquellos que no le obedecieran. En el desenvolvimiento de tal labor se le permitía poder contar, si por consiguiente lo necesitara, con un "*consejo de omnes buenos*", teniendo el concejo, los "*alcalles*", el alguacil y los jurados de la villa que asistir a Pedro Zapatero si este lo requiriera. Asimismo, se estipulaba que era potestad del sobrecequiero que se

6 Ejemplo de ello, en el Libro del Repartimiento de Orihuela se menciona: "*...et mana an Jacme Cap de Bou, çequer en esta sao del azequia de Catral...*" (Torres, 1988, p. 103).

hiciera pagar el cequiaje, requiriendo Pedro Zapatero que aquellos que no pagaran el cequiaje en un plazo de tres días, se ordenaría la venta de sus tierras pasando la deuda al nuevo comprador[7].

La elección del sobrecequiero tuvo una duración indefinida hasta que en 1295 el infante Fernando convirtió en anual la periodicidad de dicho cargo[8], reforzando el control institucional de este oficio y el jurisdiccional sobre las aguas por parte del municipio. No obstante, también hay que señalar que, en estas fechas, en la quinta partición (1288 y 1295), se muestra en el Repartimiento algunas controversias que nos aluden al papel de ciertos vecinos, propietarios de tierras, que parecen tener cierto grado de actuación en la resolución de los temas de aguas. Así lo vemos en la referencia a la celebración de una reunión el 19 de octubre de 1295 entre los "*herederos de la çequia de Catral*", a la que asistieron unos cuantos, en representación de otros regantes, por problemas que había habido por la edificación del azud o presa con la que se regaban las tierras de Callosa y Catral. Dos de ellos, Bonet y "*el gagella de Calloxa*" "*por si et por los otros herederos*" mandaban que, Pero Albaredes, también "*heredero*", hiciera un azud con caballos "*et testadas de tocha et piedra bien fecha*" tarea por la que se le pagaría 250 maravedíes, que le serían dados por Guillem Zariera de la recaudación de los costes que habrían abonado los vecinos junto al pago del cequiaje[9]. Este acto es la primera noticia documental que nos indica cierta organización comunal entre algunos regantes en la Huerta oriolana, en este caso en torno a la acequia de Catral, aunque su escueto desarrollo en esta fuente escrita no permite ponderar el grado de autonomía y actuación que podría tener a finales del siglo XIII con respecto al municipio.

Tras la integración de este territorio a la Corona de Aragón a inicios del siglo XIV, se prosiguió con la mecánica ya puesta en funcionamiento por los castellanos continuando la cesión en el control

---

7 Archivo Municipal de Orihuela (AMO), Códice, *Libro de privilegios y reales mercedes concedidas a la muy noble y muy leal ciudad de Orihuela*, folios (ff.) 126–127. Documento transcrito en: Llorens, 2001, pp. 254-255 (documento (doc.) número (núm.) 178).

8 AMO, Códice, *Libro de privilegios y reales mercedes concedidas a la muy noble y muy leal ciudad de Orihuela*, ff. 14v. Documento transcrito en: Llorens, 2001, p. 157 (doc. núm. 40).

9 *Llibre dels Repartiments...* columna del manuscrito 208.

de las aguas por la monarquía al consistorio oriolano, aunque sí que se tuvo el menester de modificar o confirmar algunas disposiciones dadas por el rey castellano Alfonso X con el fin de estabilizar los equilibrios en el reparto del agua[10].

DEFINICIÓN Y CONSOLIDACIÓN EN LA ADMINISTRACIÓN HIDRÁULICA: CONFLICTOS, OFICIOS, INSTITUCIONES Y PERFILES SOCIALES EN EL MANEJO DEL AGUA DE RIEGO (SIGLOS XIV– XV)

RUPTURA DE LOS EQUILIBRIOS Y DESARROLLO DE LA CONFLICTIVIDAD EN EL USO DEL AGUA DE RIEGO

La consolidación del proceso colonizador, la roturación de nuevas tierras y la búsqueda por ejercer un control cada vez más delimitado y perfilado de los recursos naturales, ocasionó la aparición de una latente conflictividad por el uso del agua para el regadío, que se acrecentó desde finales del siglo XIV e inicios del siglo XV ante el desarrollo económico y productivo que experimentaron las

10 Como ya recogía en otro trabajo, muestra de ello son los contratiempos que emergieron en 1318 entre vecinos de los lugares de Guardamar, Almoradí y La Daya y el concejo de Orihuela. En concreto, la disputa surgió porque los primeros captaban agua de la acequia de Almoradí, cuya presa se situaba en el paso del Segura por la villa de Orihuela, y se quejaban que por estar en esa ubicación los de Orihuela hacían un uso abusivo de las aguas del azud de Almoradí, amparándose en un privilegio y unas ordenanzas otorgadas por el rey Alfonso X, normas que les causaba que a sus tierras sitas más aguas abajo del curso llegara menos aguas. Ante ello, se pedía que se derogase tal normativa, solicitud que concedió el rey eliminando las ordenanzas castellanas y destruyendo la función de tal azud (Archivo de la Corona de Aragón (ACA), Cancillería (C), Registro (Reg.) 164, folios (ff.) 257 r– v (25, febrero, 1318. Valencia). Probablemente este hecho pueda relacionarse con los indicios, según algunos cronistas, de la existencia de una antigua ubicación del azud de Almoradí un poco más arriba del actual, localizado junto al azud de la acequia de Callosa, que se habría destruido en estos momentos creando desde entonces un único azud para las acequias de Almoradí, Escorratel, Almoravit y Callosa sobre el que la ciudad podía ejercer un mayor control de su uso. De similar modo, en 1401 se atendía a la petición de Jaume de Masquefa, caballero de Orihuela, de solucionar unos desacuerdos que se habían generado entre los pueblos de Callosa y Catral por el reparto de las aguas. Estos se quejaban que la distribución que había de aguas entre ambas poblaciones contradecía un privilegio que había sido concedido por el "*altre rey de Castella*", y pedían que se respetase tal ordenamiento ya que era "*praticat en la dita vila del temps a ença que memoria de honmes no es en contarien*" (Archivo Municipal de Orihuela (AMO), Actas Capitulares (AC), Libro A11, f. 130r (1401, junio, 19. Orihuela) (Parra, 2013, pp. 480– 481).

tierras del sur del reino de Valencia a partir de dicha cronología. Las distensiones fueron diversas y amplias y nos reflejan los motivos que generaban la ruptura o alteración de los equilibrios fijados en acuerdos políticos y sociales. Desde los cambios efectuados en la base material, estructura y diseño de los sistemas hidráulicos, a la distribución de las aguas, o la limpieza y el cuidado de los canales de riego y drenaje, podían perturbar la mesura social instaurada. La búsqueda de solución o soluciones para tales desavenencias vislumbra las partes implicadas e interesadas y los encargados de dirimir estos asuntos como las formas y vías de hacerlo, tanto en el interior de las comunidades rurales, por parte del municipio y/o de la monarquía.

En relación a la primera causa motivacional de tal rotura señalada, nos encontramos como la construcción o reparación de azudes, modificaciones en las tomas de las acequias, en el propio recorrido de los canales de riego o de drenaje, o la construcción de molinos hidráulicos podía ser el motivo de la disensión. De esta suerte, a inicios del Trescientos el monarca se dirigía a los jurados y vecinos de Orihuela, informándoles que había recibido dos cartas por la construcción de un nuevo azud en el Segura por los de la villa y los problemas que este hecho había causado por el robo de agua que cometían algunos regantes de la acequia de Alquibla y la acequia de Almoradí, lo que causó perjuicios al resto de regantes. El rey Jaime II ante tales sucesos estipulaba que se observaran los privilegios y las ordenanzas que tenía la villa en materia de riegos y que nadie las incumpliera, como había ocurrido en estos hechos que habían motivado la alteración de lo acordado[11]. Otro ejemplo se nos muestra a mediados del Cuatrocientos, en concreto en octubre de 1443, cuando Nicolau Perez, notario del *consell*, daba a conocer una protesta presentada por el municipio de Murcia originada porque en el término de la ciudad de Orihuela se había hecho una presa en el río con hiladas de piedra que se llamaba de *Beniaçam*[12], en el límite fronterizo entre ambas ciudades, cerca de la alquería de Calatayud,

11 ACA, C, Reg. 245, f. 180 r (25, agosto, 1319).
12 Posiblemente, este azud intentará construirse en el inicio del término de Orihuela en las inmediaciones de la partida de la Puerta de Murcia.

lo que causaba importantes daños a las heredades oriolanas al captar agua a esta altura del cuso del lecho fluvial[13]. Se ordenaba que por parte de las dos ciudades se evaluara la situación con "*buenos hombres*" y se retornara a la situación anterior dejando fluir el agua del Segura en este punto. Desconocemos documentalmente si finalmente se derribó dicho azud, materialmente no tenemos constancia de él, aunque el hecho muestra la alteración que podía producir la creación de nuevas presas, en este caso con más incidencia en el reparto de las aguas fluviales por situarse aguas arriba del río.

Asimismo, en la correcta distribución del agua según las ordenanzas establecidas, era fundamental la situación y las características materiales de las boqueras de las arrobas, de su altura, sus dimensiones y la ubicación de los partidores. El 8 de septiembre de 1492 Blay Ransell, Joan Guillem y Alfons Mendo, ciudadanos de Orihuela elegidos prohombres por los *jurats* de la ciudad, acudieron a ver la boquera de la arroba de San Bartolomé por la diferencia que había entre los que regaban de la arroba y los regantes de la acequia mayor –la acequia de Almoradí, de donde esta arroba captaba el agua–. El problema había surgido por la realización de una modificación en la boquera de la arroba y por consiguiente de la cantidad de agua que desde entonces entraba en esta conducción. Los prohombres aseguraron haber examinado la boquera y el agua que cogía "*la arroua novament feta*", por la cual había surgido el problema, y constataban que esta se había hecho más honda que la "*arroua vella*" produciéndose un "*salt*" de más de un palmo[14]. Por ello, exponían que el "*aygua que pren la dita arrova nova*" se debía elevar la tercera parte para que no tocara los límites "*del losat bax*" sino "*als costals*" y que se tenía que reparar una de las "*branques*" de la arroba que entraba en la acequia porque estaba deshecha, señalando que si los regantes de la arroba nueva no querían acometer estas tareas, que fuera "*tota laygua per la dita arrova vella huytanta braces fins a tornar en la dita arrova nova*"[15]. Ante tal situación, la inoperancia del sobrecequiero y los jurados

13 AMO, AC, Libro A25, años 1443– 1445, s.f. (25, octubre, 1443).

14 "Salt": Lugar donde el agua de un río o un canal cae repentinamente a un nivel mucho más bajo.

15 AMO, AC, Libro A34, años 1490– 1492, ff. 202r– 205r (8, septiembre, 1492).

suscitó la necesidad de la intervención del poder real para solucionar tal controversia. Unos años después, en 1533 tenemos constancia de un pleito entre Callosa y los señores de Cox, Albatera y La Granja porque se habían acometido cambios en la toma de Alfoxma, donde captaba el agua la acequia de Cox de la de Callosa. Los regantes de Cox, Albatera y La Granja demandaban justicia por las modificaciones realizadas sobre "*los libells que havien llevat en la boquera de l'açequia de hon se sustenten los tres llochs*". Los señores de esos lugares disponían de escrituras que describían el nivel exacto de la solera ubicada en la acequia de Cox en el punto donde tomaba agua de la acequia de Callosa, donde la de Cox recibía la quinta parte del caudal de agua. Los niveles de la solera habían sido modificados por los de Callosa, elevándose su altura y con ello disminuyendo la entrada de agua a la acequia de Cox. El 21 de octubre del mencionado año, por noticia del noble Gaspar Maça, *hereter* regante de la acequia de Catral, sabemos que el sobrecequiero había mandado bajar el "*libell*" de la boquera de la acequia de Cox, pero esto no se podía hacer sin convocar a los síndicos y *hereters* de los lugares de Callosa y Catral a los que se les causaba daños con esta fábrica. Solicitaba entonces que se revocase dicho mandato y convocara a los interesados[16].

La creación de nuevos canales o el cambio del trazado de estos podía no solo alterar los acuerdos establecidos sino convertirse en un obstáculo para el correcto funcionamiento de un sistema de riego[17]. Ejemplo de ello y de la rigidez del diseño original de los sistemas, fue la causa surgida en 1440 en el que la reina María ordenaba al sobrecequiero de Orihuela que anulara la licencia otorgada para el cambio del azarbe de Abanilla ante las protestas de los vecinos de La Daya, alegando que dicho cambio iba contra las ordenanzas por las que se debía regar la ciudad y si se realizaban tales obras en el azarbe, la alquería de La Daya se convertiría en un almarjal. Otro caso destacable es el ocurrido un año antes en la acequia de Callosa

16 AMO, AC, Libro D2213, años 1532– 1533, f. 437r (21, octubre, 1533).

17 En el privilegio de sobrecequiero de 1275, ya se instaba bajo pena que no se realizaran nuevos canales sin permiso previo. "*Iten mando que ninguno non defaga açarbe ny acequia ny escorredor daguas ny los trenga ny y faga plantas e qui lo ficiere e sobrecequiero que gelo mande tornar e que le prende por diez moravedís...*". Documento transcrito en: Llorens, 2001, pp. 254– 255.

cuando en junio se elevaba a la instancia real un litigio ocasionado entre los regantes de este canal. En la búsqueda de la resolución de la disputa aparecen: por una parte, Galcerán Perez, sobrecequiero de la ciudad; por otra parte, Pere López y Martí Caranyana –ciudadano de Orihuela, habitante en el lugar de Callosa– como síndicos y procuradores de los "*hereters terratinents*" del "*delmari*" de la acequia de Callosa, y Jaume Orumbella –ciudadano de Orihuela–, síndico de los *hereters e terratinents –regants–* del *delmari* de Catral; y por último, Jaume Spina y Martí Crespo, ciudadanos habitantes en el lugar de Callosa, regantes de la acequia de Callosa. Los síndicos de la acequia demandaban la actuación del sobrecequiero por una sentencia que se había promulgado ante un contratiempo producido en febrero del año anterior que el documento recoge. Este se había suscitado porque Spina y Crespo habían intentado realizar un *mudament* –un cambio en el trazado de un canal– en la acequia de Callosa, sin consentimiento de los síndicos, perjudicando a un grupo de regantes. En la sentencia recogida se alude a la reunión que se había hecho para resolver este suceso, en la que se involucraron Martí Gil, sobrecequiero –predecesor de Galcerán Perez–, los síndicos mencionados, y Martí Crespo y Jaume Spina. En ella los síndicos expusieron que tanto ellos como sus predecesores habían tenido "*e posseyt axi com huy en dia tenen e possehexem per mes de temps de deu, vint, trenta, quarenta, cinquanta, sexanta, setanta, huytanta, noranta, cent anys com a cosa sua propia*" la administración de la acequia de Callosa, la cual cogía agua del río Segura "*de aprop del moli de en Avella axi com va per hom a present va e es anada*", "*mondant, esbardomant e traent los ribaços de aquella*" y guiando el agua por la acequia en uso y "*ampriu*" suyo para regar las tahúllas en legítima posesión. Continuaban exponiendo la importancia del trazado de la acequia de Callosa ya que cuando la rambla de Benferri "*ve gran*" parte del agua "*buyda e scorre per la dita çequia*" por el "*qual scorriment de aygua no solament les tafulles regants de la dita çequia mes altres moltes en gran nombre ne aconseguexen en gran profit*". Expuesto esto, se informaba que Martí Crespo, Jaume Spina y otros, indebidamente y sin justa causa, querían "*e entenen mudar part de la dita cequia ço es en la Mizlacha*" haciéndola ir cerca de la sierra de Callosa "*e en apres avallar la de aquesta parte de la serra apellada d'En Balsa*". Los síndicos clamaban que no se consintiera dicha obra porque aquella acequia era propia de los "*dits proposants e de les heretats de aquells a hus e ampriu propri*" y que tenían derecho de regar sus tahúllas como solían. Por ello suplicaban al sobrecequiero que imposibilitara dicho *mudament*. Martín Gil, el sobrecequiero anterior, prohibió dichas obras impidiendo el *mudament* y reafirmó el poder de los síndicos sobre la administración de la acequia, estipulando que nadie podía hacer obras sin el previo consentimiento de estos procuradores bajo pena de 100 morabetinos de oro. La causa debió continuar a pesar de esta promulgación realizada por el sobrecequiero anterior, que posteriormente fue ratificada por Galcerán Perez, para impedir que no se cambiase el trazado por donde iba la acequia. El poder real revalidó en junio el dictamen de los sobrecequieros[18]. Es posible que fruto de este enfrentamiento se creara el actual brazal del Mudamiento situado en el inicio de la arroba de Mislaca. Un pleito que evidencia: por un lado, una cuestión técnica para el funcionamiento correcto y útil de este sistema de riego de la acequia de Callosa en su tramo medio, al señalar cómo esta tenía la función, entre otras, de recoger a esta altura de su recorrido el agua de crecida de la rambla de Abanilla-Benferri actuando como cono de deyección de unas aguas y limos que aportaban fertilidad a los campos, lo que apunta la importancia de conservar la lógica del diseño original de los sistemas hidráulicos; y por otra lado, administrativamente, el papel y la organización de esta comunidad de regantes con la presencia de cargos tales como síndicos o procuradores, representantes de los regantes referidos como "*hereters*", y la necesidad de esta de recurrir o apelar al poder municipal, representado en primera instancia por el sobrecequiero, para que dictaminase sobre un problema acaecido con dos regantes que se habían saltado su autoridad dentro de la organización comunal de la acequia; y por último, que la actuación y resolución promulgada por el sobrecequiero no solventó la situación, y tuvo que actuar la monarquía para reafirmar lo estipulado por los sobrecequieros.

---

18 Documento no inserto en ningún fondo documental procedente del Juzgado Privativo de Aguas de la Ciudad de Orihuela (17, junio, 1439).

En esta línea que estamos tratando de actuaciones sobre la base material de los sistemas de riego que creaban alteraciones en la norma, cabe igualmente atender a la edificación de molinos hidráulicos. Tras la conquista cristiana, se incentivó la concesión y el establecimiento enfitéutico de la fábrica de nuevos molinos o la reutilización de algunos ya existentes, siguiendo una tónica que se puede extrapolar a otros observatorios peninsulares o de las islas Baleares. Lo normal es que antes de la construcción de la instalación de un molino nuevo se hiciera un reconocimiento del lugar donde se iba a construir para que no afectara negativamente a la red hidráulica. Su edificación, insertándolos en la red de riego preexistente fue el *quid* de largos y significativos litigios entre los regantes, en los que en numerosas ocasiones la monarquía tuvo que mediar ante la ineficacia de los poderes municipales. Muestra de ello, en Orihuela, podemos citar la controversia iniciada en julio de 1486 por la construcción de un molino sobre la acequia de Almoradí, de la cual nos ha llegado la disposición real para su resolución firmada en junio de 1488 (Parra, 2013, pp. 482– 483). En ella, en concreto el rey se dirigía a los regantes "*per consilium hereditatorum cequia vulgo dicte Almoradi*" y al sobrecequiero de Orihuela, Pedro Ximenez, por la fricción que se había suscitado porque los representantes de la comunidad de regantes habían destruido sin permiso del sobrecequiero ni del *consell* de Orihuela, un molino harinero que había sido construido por dos *hereters* de esta acequia, los cuales argumentaban que lo erigieron previa concesión dada tanto por la comunidad, por el *consell* como por el Baile. Fruto de ello, se había alzado una diferencia que conllevó iniciar un proceso de constatación de los hechos donde actuaron todas las partes implicadas, pudiendo apreciar la existencia de una clara estructura organizativa interna de la comuna constituida por los "*hereters*" –propietarios de tierras regadas y miembros de las familias más destacadas de la oligarquía ciudadana, algunos señores o miembros de la nobleza–, el síndico de la acequia, emanado de la misma comuna, como también el nombramiento entre ellos de encargados de vigilar la construcción del molino para que no dañara al resto de regantes, y otros que resolvían si se construía o no. En él apreciamos como a pesar de que la comuna había actuado de manera autónoma presentando el problema y decidiendo demoler el molino, hechos que después fueron ratificados por el poder municipal –aunque se hicieran sin su consentimiento–, fue al final el poder real el que intervino para solventar la contienda. Un hecho que nos transmite la incapacidad del sobrecequiero para hacer efectiva su autoridad. Otra causa, se nos enuncia a principios del siglo XVI por la edificación de un molino harinero entre los nobles Ramon Rocafull, señor de Albatera, Joan Rois, señor de Cox y Joan Rocamora, señor de la Granja[19]. En el proceso se refiere a la relación pacifica por el uso de las aguas que entre estos había habido durante casi un siglo, usándolas para un molino harinero llamado de Parres, que estaba en Callosa bajo la posesión de los tres lugares. Para suministrarle agua tenían *libells* puestos en la arroba llamada de *les Parres* desde hacía ocho años, pero el molinero o molineros rompieron los *libells* para que no pudiera ir el agua a los tres lugares, no pudiendo moler sino a "*balcades*" y generando daños en el regadío de los señoríos. El sobrecequiero de la ciudad, visto el daño de los *libells*, dictaminó que la arroba se volviera a poner como estaba. Un pleito que se alargó ante la necesidad de bajar la boquera de la acequia de Cox para arreglar estos desperfectos en la arroba[20]. En mismas fechas se informaba en el *consell* por el sobrecequiero de la discordia causada entre los tres señores y la viuda de Parres por razón de "*libellat*" la arroba llamada de los Censales, de la cual habían "*arrancat los libelles*". El sobrecequiero intercedió recogiendo testimonios de ambas partes y dictaminó que el agua de la arroba era básica para el sustento de los mencionados núcleos de población. Sin embargo, el pleito continuó tras este dictamen ya que se niveló la arroba de tal manera que no se podía coger agua para el molino[21].

Por otra parte, unos de los conflictos más comunes fueron los ocasionados por la distribución de las aguas entre los regantes que encontraría discordia entre los regantes aguas arriba y aguas abajo del río a su paso por el término de Orihuela. De tal modo, el 17 de

19 Posiblemente ubicado en la actual parada del molino en la acequia de Cox a su paso por Callosa.

20 AMO, AC, Libro D2213, años 1532– 1533, ff. 431r– 433v (8, octubre, 1533).

21 AMO, AC, Libro D2213, años 1532– 1533, ff. 439r– 440r (14, octubre, 1533).

septiembre de 1419 en reunión del *consell* Vidal Manresa, como síndico de los *hereters sobirans* de la acequia de la Alquibla, sacaba a colación una provisión dada por el rey a los *hereters jusans* en la que mandaba a los jurados que tramitaran en cuatro días los procesos surgidos por el uso de dicha acequia, dando potestad al sobrecequiero de las aguas para actuar en las cuestiones de los *hereters* de la acequia. Sin embargo, un tal Joan Ferrando había incumplido esos privilegios. Intervino el concejo ordenando que los justicias y los jurados mandasen a los síndicos de los *hereters* que a partir de esa fecha dispusieran a dos hombres buenos de cada una de las partes –regantes de arriba y de abajo– que determinasen qué medidas se podían establecer según lo que vieran y la información que recogieran. Un día después, Joan Perez de Vaello presentaba, como a *hereter jusan* de la dicha acequia, que no fueran los mencionados observadores, sino que se tratara el asunto directamente con los *hereters jusans* dado que de lo contario no obedecerían a los dichos jurados[22].

También un efectivo reparto del agua se vería obstaculizado por la captación indebida de tandas, turnos o fracciones de riego pertenecientes a otro regante que motivaba la reclamación por parte del resto de regantes perjudicados por tal hazaña. De tal manera, se nos refleja, cuando Jaime II se dirigía en 1324 al lugarteniente de procurador para resolver un problema originado entre Bernat Corrat y Pere Masquefa por la posesión de 6 tahúllas –que poseía el primero bajo renta del segundo–, a la hora de vender las tierras a Jaume Martí, vecino de Orihuela, por el uso de las aguas de la acequia y el robo del agua de sus tandas que se había producido con este traspaso de la propiedad que tenía establecida Corrat[23]. En cercanas fechas, Alfonso IV ordenaba que en referencia a la causa que se le había informado de que ciertos vecinos cogían agua de noche y de forma clandestina de la acequia de Alquibla, que pertenecía a otros

22 AMO, AC, Libro A18, años 1419– 1420, s.f. (17 y 18, septiembre, 1419).

23 ACA, C, Reg. 184, f. 99 r– v (25, septiembre, 1324). En el mismo año, intervenía de nuevo el monarca en otro problema surgido entre los regantes y herederos de una acequia por una sentencia de estos herederos y Guillem de Buadella, vecino de Orihuela, a causa de una apelación que le llegó al justicia de Orihuela. El rey mandaba que se conociera dicha apelación y se solucionara por el consejo de la villa. ACA, C, Reg. 184, f. 118 v (8, octubre, 1324).

regantes, proveía que ni de día ni de noche se extrajera agua de la acequia si no se tenía permiso, cogiéndola solo en el modo que fuera justo para todos los regantes[24]. Ya a finales del Trescientos, en una apelación atendida por los jurados de Orihuela el 29 de marzo de 1378, por un dictamen ordenado por el sobrecequiero, Francesc Boadella, se informaba de un pleito surgido entre Guillem del Castellar, de una parte, demandante, y Martí Fuster de la otra. Castellar había hecho una parada y cogía agua para regar una heredad de tierra que tenía en los huertos del camino de Callosa de una parada que tenía Fuster para regar un trozo de tierra suya por la arroba del Camino de Callosa. Guillem del Castellar apelaba que le pagara la mitad de lo que le costara hacer la dicha parada de argamasa. El sobrecequiero consideró que si Castellar cogía agua para regar su heredad de la parada que hizo, causaría daños a la tierra de Fuster cada vez que este tuviera que regar, por lo que decretó que tomara el agua para regar su heredad por otro lugar[25].

Añadido a lo expuesto, el uso de los canales de avenamiento, imprescindibles para recoger las aguas sobrantes del riego y evitar el encharcamiento de las parcelas, también creó inconvenientes entre los regantes, como fueron las generadas por el pago correspondiente por su uso. Mismamente ocurría en enero de 1415 cuando Jaume Desprats, procurador de los *hereters* del azarbe de los caballos y una serie de regantes, requerían a los jurados y los *hereters*, que Rui Ferrandes y Ferrando Cabrero, de la partida del azarbe llamada de Na Merina, al regar de la arroba de Arzoya –de la acequia de Moquita– tenían que contribuir con las correspondientes tasas en la comuna del azarbe de Na Merina y de los Caballos[26]. El sobrecequiero mediaba en tales dilemas, pudiendo los *hereters* reclamar ante los jurados si no estaban conformes con el dictamen. Por lo tanto, una comuna representada por un procurador, *hereter*, y la existencia de un sistema de recaudación de tasas para el cuidado y el sostenimiento de las infraestructuras de drenaje. Otro ejemplo, nacía por la construcción de un canal sobre el azarbe de la Font en 1514 entre los "*hereters discorrents*" en

24 ACA, Cartas Relaes (CR), Alfonso IV, núm. 73 (26, enero, 1328).
25 AMO, AC, Libro A4, años 1375– 1378, ff. 107v– 108v (29, marzo, 1378).
26 AMO, AC, Libro A15, años 1415– 1416, ff. 15r-v, (30, enero, 1415).

el azarbe[27]. Joan Colom, sobrecequiero, había promulgado que los *hereters* de la comuna *sobira* del azarbe pudieran hacer el acueducto sobre el mismo para regar sus tierras pagando a la comuna del azarbe, lo cual contravenía a los dichos *hereters*[28].

En parte de las divergencias percibimos que el sobrecequiero tenía dificultades para ejercer su oficio y que en muchas ocasiones veía mermada su autoridad jurisdiccional. Una capacidad de actuación que se vio menguada además en las tierras pertenecientes a particulares, en los señoríos, que reclamaban jurisdicción en la gestión y uso del agua. Su presencia en la Huerta de Orihuela fue una de las trabas para que el poder municipal pudiera imponer su criterio sobre las aguas en el término desde el sobrecequiero, y constituyó el germen de algunos problemas en la administración del regadío. Paradigma de ello, el 17 de diciembre de 1401 Martín I ordenaba al gobernador *dellà Xixona*, sobrecequiero, cequiero y jurados de Orihuela que cumplieran lo dispuesto por Alfonso X sobre las aguas de riego[29], pero en 1425 el señor de La Daya nombraba un cequiero propio con jurisdicción en su señorío. Ante este hecho el sobrecequiero de la ciudad declaró que el tal cequiero tenía que jurar en su poder, apelando al rey para que el señor de La Daya dejará de patentar ese poder y solicitando al municipio que defendiese la jurisdicción real y el privilegio de sobrecequiero. El señor de La Daya reclamó que no se informara a los síndicos –entendemos de la acequia de Almoradí de donde se regaban sus tierras–, pero el *consell* le respondió que no tenía cabida su demanda dado que la jurisdicción del sobrecequiero era real y tenía la obligación de favorecerla (Bellot, 2001, p. 164). En 1425 Alfonso V ordenaba a Jaume Masquefa, señor de La Daya, que no se entrometiera en las decisiones del sobrecequiero y cumpliera con lo regulado ya desde tiempo de Alfonso X y Jaime II, y que los posibles "*greuges quis dirien essser fets*" por el sobrecequiero en el ejercicio de su cargo, fueran determinados y controlados por los jurados según

27 Los azarbes van a una cota inferior a la de los de riego o las parcelas irrigadas para cumplir su función drenante de las aguas sobrantes.

28 AMO, AC, Libro A39a, años 1516-1517, ff. 138r-v (25, octubre, 1515).

29 AMO, Códice, ff. 152 v-153. Documento transcrito en: Llorens, 2001, p. 124.

lo estipulado ya por los reyes Jaime II y Martín I[30]. En esta misma dialéctica, el sobrecequiero no solo tuvo que lidiar con los señores, sino también con las ansias de autonomía jurisdiccional del lugar, antes villa, de Guardamar, que, aunque desde finales del siglo XIV dependía de la ciudad de Orihuela, su cierta autonomía administrativa devenida de su origen fundacional, fue germen de choques jurisdiccionales por la gestión del agua. En la primavera de 1456, se presentaba en el *consell* por el lugar de Guardamar una provisión del rey de Navarra, lugarteniente general de Alfonso V, por la cual se mandaba al sobrecequiero de la ciudad no ejercer su oficio en el término de Guardamar ya que ello iba contra la costumbre. El *consell* alegaba que esta provisión derogaba la jurisdicción del sobrecequiero que hasta ahora había ejercido en el término del lugar, dado que las acequias de la Alquibla y del Pla que regaban su término, cogían agua en presas de la ciudad, en especifico de la acequia de Almoradí. Por ello, se resolvía que se notificara a Guardamar que dicha provisión tenía que ser revocada[31].

"... *PER UTILITAT ET PROFIT DELS ABITANTS EN AQUELLA VILA, ET BON REGIMENT DE LES AYGUES*": ORGANIGRAMA SOCIOPOLÍTICO Y SISTEMA INSTITUCIONAL PARA LA GOBERNABILIDAD DEL REGADÍO

El examen de la documentación escrita bajomedieval nos permite vislumbrar la reconversión del modelo social del gobierno del agua tras la conquista cristiana y su definición en los finales de la Edad Media. La llegada de nuevos pobladores cristianos y el reparto de tierras tras el Doscientos alteraron el antiguo sistema de ordenamiento de aguas, creando unas nuevas necesidades que se tradujeron en ordenanzas y remodelaciones de los espacios irrigados. Proceso que conllevó la implantación de una distinta estructura social del agua que permitiera el acceso de los regantes al riego, no solo a través de las infraestructuras sino a través de la regulación que regía la organización de los regantes. El municipio, a través de

30 AMO, Códice, ff. 177v-178r y AMO, Códice, ff. 177v-178v. Documentos transcritos en Llorens, 2001, pp. 337-339 (núm. docs. 288 y 28).
31 AMO, AC, Libro A30, años 1455-1489, f. 97r (18, mayo, 1456).

distintos oficios, las comunidades de regantes, junto a la presencia de señores que buscaban apropiarse de los recursos económicos del entorno de sus señoríos y aumentar sus atribuciones jurídicas, conformó una simbiosis ecléctica a distinta escala social y política.

Con la concesión de privilegio de sobrecequiero en el siglo XIII el poder municipal conseguía regir con autonomía en el gobierno del agua con respecto al poder real. La labor del sobrecequiero se extendía a Orihuela y su amplia circunscripción territorial. Sin embargo, la figura del sobrecequiero, tal y como muestran los casos de estudio analizados, no siempre pudo realizar con éxito sus tareas, mediando en la resolución de los problemas otros cargos municipales o el poder real. Distintos monarcas –Jaime II en 1323, Martín I en 1401 y Fernando el Católico en 1501– tuvieron que confirmar la vigencia de la norma y la competencia exclusiva del sobrecequiero en la jurisdicción total y absoluta de las aguas de riego. En 1384 Pedro IV confirmaba el documento por el que todos aquellos que tuvieran armas y caballos podían acceder a los oficios de jurados, justicia, almotacén y sobrecequiero del *consell* de Orihuela[32]. Durante el Cuatrocientos el cargo fue desempeñado por linajes de la oligarquía oriolana tales como los Masquefa, Liminyana o Rocamora, pero también por ciudadanos con oficios menestrales, como pudo ser Jaume García, pelaire, que fue sobrecequiero electo en 1497 (Mas, 2008, p. 179), así como a inicios del siglo XVI parece que el cargo pudo llegar a ser desempeñado por algún "*llaurador*". Las cuestiones de agua tenían que ser presentadas por el sobrecequiero en el *consell*, donde en reunión se trataban los distintos hechos acaecidos, pudiendo disponer de delegados que podían sustituirle en sus funciones[33] o de la potestad de nombrar a otro como sobrecequiero en su ausencia[34], como de poder contar

32 AMO, Códice, f. 70 v. Recogido en: Llorens, 2001, p. 121.

33 En este sentido, en julio de 1427 el sobrecequiero Simón Vidal delegó "*per son loctinent al honrat en Pasqual Gil vehi de la dita vila el qual rebent en si lo dit ofici jura per me senyor deu i sobre lo señal de la creu*". AMO, AC, Libro A20, años 1427– 1440, ff. 66r (20, julio, 1427).

34 En el mismo año 1427, el citado Simón Vidal, ordenó que el cargo de sobrecequiero fuera "*acomanat al dit en Francesch Vidal*" que era su hijo ya que este se había tenido que ausentar de su oficio unos días, jurando Francesch al día siguiente el cargo. AMO, AC, Libro A20, años 1427– 1440, ff. 67r– 68v (27, julio, 1427) y s.f. (28, julio, 1427).

con un asesor y escribanía propia (Mas, 2008, p. 130). Su elección fue ininterrumpida durante el Cuatrocientos, siendo elegido anualmente por el *consell* el día de Pascua de Quincuagésima de entre los distintos candidatos propuestos por parroquia de la villa alternando en la ocupación del cargo por año a un ciudadano y un caballero (Barrio, 1993a, pp. 272-281; 1995, pp. 125-128 y 184-185). Sin embargo, su presencia en la primera mitad del siglo XIV no parece que fuera tan continuada, y a pesar de su continua reelección en el siglo XV y de los poderes atribuidos al oficio, las discrepancias surgidas entre los regantes causaban que a las veces finalmente fuera el *consell* o el mismo rey quienes solventaran los problemas surgidos y no este oficial, o que, en otros casos, sus obligaciones fueron asumidas por los jurados, cuyas competencias ocasionalmente también chocaban con las del propio sobrecequiero. En consecuencia, en muchas diligencias fueron los jurados los que arbitraban y solventaban las discrepancias entre los regantes o propietarios de tierras. Papel que fue reafirmado con el privilegio de Jaime II en 1324, por el que el rey ordenaba que solo los jurados de Orihuela tenían competencias sobre las apelaciones a las sentencias dictadas por el sobrecequiero, prohibiendo al gobernador general intervenir en estas cuestiones (Barrio, 1993a, p. 274)[35]. Si bien, la dubitativa en las jurisdicciones y la ausencia de una clara notoriedad del sobrecequiero en sus tareas, haría necesario la reafirmación de su jurisdicción de nuevo en 1501 por Fernando el Católico especificando que por apelación se habría de recurrir a los jurados y recordando al gobernador que los asuntos de aguas en Orihuela los juzgaba en primera instancia el sobrecequiero, y luego los jurados y justicia. Del mismo modo, las discrepancias que pudieran darse entre el sobrecequiero y el almotacén las sentenciarían las autoridades citadas[36].

Por lo que refiere a la presencia de acequieros o cequieros, como hemos mostrado, el privilegio de sobrecequiero de 1275 daba la

35 En abril de 1415 se ordenaba que los justicias y jurados en las fiestas de Pascua hicieran "*instar*" a los *hereters* de la acequia de la Alquibla para que estos fueran bien avenidos con las cuestiones surgidas por el riego de la acequia. AMO, AC, Libro A15, años 1415– 1416, ff. 202r– 203r (2, abril, 1415).

36 AMO, Códice, f. 201 v. Recogido en: Llorens, 2001, p. 134; Mas, 2008, p. 182.

facultad a este cargo de elegir una serie de cequieros que actuarían bajo su poder, con el fin de ayudarle en las tareas de su competencia. Es plausible que a pesar de ser dependientes del sobrecequiero en su elección y desempeño, terminaran en el transcurso de los siglos XIV– XV siendo oficios dependientes o monopolizados por el poder de las comunidades de regantes, como ocurre para el caso de la Huerta valenciana. No obstante, no parece que fuera así hasta comienzos del Quinientos. A inicios del siglo XIV, el rey enviaba carta a Guillem Montagut, lugarteniente de procurador, por una petición de Orihuela en la que se informaba que se había hecho una audiencia entre caballeros, personas generosas y habitantes de la villa de Orihuela, como por el cequiero de la acequia de Almoradí y sus herederos –*cequiarium in cequia vocata de Almoradino*–, para tratar que la elección del cequiero pertenecía al *consell* de la ciudad como el resto de oficios, y que el municipio era el que acostumbraba a poner el cequiero en las acequias del término de la villa. El documento alude a que el cargo no debía ser ocupado por "milites" o personas generosas[37]. Más datos podemos observarlos en la siguiente centuria cuando, por ejemplo, a finales de julio de 1474 se convocó consejo por la acequia de Almoradí para elegir el "çequier" de esta acequia, nombrándose a Joan Agullana, para que diera a conocer al sobrecequiero de la villa que se estaban realizando correntías[38]. Un caso que podía indicar la capacidad de la comuna de elegir cequiero o un salto de la autoridad del sobrecequiero, ya que en la centuria siguiente, en diciembre de 1488, tenemos constancia de que se envió una carta a los justicias y los jurados de Orihuela para informar que Jaume Tegell de Almoradí, había sido notificado por los jurados sobre el hecho de que a principios de año Gines Ponç lugarteniente de sobrecequiero del dicho lugar, "*lo feu çequier a poder regir la aygua de la*" acequia mayor de Almoradí "*dentro loch avall*" con las arrobas que cogían agua de la dicha acequia. Jaume Tegell, en el desempeño

37 ACA, C, Reg. 187, f. 102 v (9, marzo, 1326).

38 Conducciones o acomodamiento de las parcelas de tierras para el riego de las mismas relacionado sobre todo con el cultivo de arroz. Archivo Histórico de Orihuela (AHO), Protocolo Notarial (Prot. Not.), Jaume Liminyana, número (PN.) 1, años 1408– 1482 (31, julio, 1474).

de tal cargo, había dado potestad para tomar agua de la arroba de Cotillén a Ginés Agullana para regar, pero Tegell constató que esta licencia producía alteraciones en el reparto de las aguas. Ante este hecho Ginés Ponç intervenía para solucionar el problema entre Gines Agullana y el cequiero[39]. De nuevo se nos subraya que, en fechas finales del siglo XV, el cequiero era un cargo elegido por el *consell* o por el sobrecequiero como representante del municipio en los temas de aguas. Unos años después, el síndico y el cequiero de la acequia de Moquita, junto a la mayor parte de los *hereters* de la misma, en representación de la mayoría, convocaron consejo en "*la cort de la ciutat*", para atender que Joan Garao Florejant, miembro de la comuna, había hecho una acequia de un azarbe hasta otro para regar, acto que debía estar supervisado por el síndico de la acequia y "*dos bons homes hereters de la dita cequia per temps de deu anys e aço per preu es a saber de diner i mealla per tahúlla*", destinando tal recaudación "*lo terç al dit Florejant lo terç al acusador i lo terç al cequier*", tal como acostumbraba hacer el sobrecequiero, puntualizando en que si hacía una parada de agua sin licencia del "*cequier*", tendría que abonar una multa "*com es acostumbrada del sobrecequier i coneguda del sobrecequier*". En este documento vemos que el cequiero y el síndico de la acequia, convocaron reunión de los *hereters* y resolvieron un problema por la construcción de un canal y la alteración en la distribución de las aguas que esto produjo, estando presente a través del cequiero el poder del sobrecequiero[40].

De esta manera, pudo existir un cequiero por cada una de las acequias más importantes del término y la información extraída desde las controversias suscribe que el síndico sería un cargo independiente del acequiero, nombrado por los regantes dentro de la comuna, que en ocasiones recibiría el nombre de procurador de los *hereters*. Estos acequieros eran los responsables junto al síndico o procurador, de poner en común las posturas y decisiones de los regantes en las reuniones de las comunidades y en las convocatorias de *consell*. En la Huerta de Valencia, dentro del entramado administrativo comunal de las

39 AMO, AC, Libro A32, años 1474– 1485, 1488, f. 342v (28, diciembre, 1488).
40 Archivo Catedralicio de Orihuela (ACO), Protocolo Notarial (Prot. Not)., Sancho Liminyana, R. 355, años 1514– 1516 (6, abril, 1516).

comunidades de regantes independientes entre sí, el cequiero era el cargo principal dentro de las mismas que era elegido en consejo por los *hereters* de la comunidad, variando sus funciones en función de las particularidades jurisdiccionales, el tamaño o la importancia de la acequia. En ello, el sobrecequiero fue un oficio que se mantuvo hasta el siglo XV, aunque fue más un cargo esporádico que permanente, actuando en muchas resoluciones los jurados como sobrecequiero frente a las demandas de las comunidades (Glick, 1988, pp. 31-32, 36; Guinot y Esquilache, 2014).

Sumado a estos dos cargos, como se ha ido mostrando, se deshila la existencia de unas comunidades de regantes que presentaban una organización interna estructurada y jerarquizada desde la figura del síndico, *hereter* de la comuna, a los *hereters,* entre los que se distribuían funciones para corroborar los hechos demandados y testimoniados en los pleitos, o para ejecutar transformaciones en las redes de riego o en las normas reguladas. Estas comunas parece que tuvieron la atribución de poder convocar consejo entre sus miembros para la solución de problemas que atenían a las tierras regadas por el sistema hidráulico en torno al que se organizaban, por estar regadas por este las parcelas que poseían. En este sentido, la administración de estas comunas era controlada por los propietarios de las tierras denominados *hereters* –no siempre habitantes de los lugares señalados o regantes directos–, que eran por lo general ciudadanos de Orihuela miembros de la oligarquía o patriciado urbano –grupo dirigente de la política emanada desde el consistorio municipal–, escenificándose con ello el dominio social de la ciudad sobre los recursos rurales[41]. Si bien también, constatamos la presencia, más testimonial, en los cargos de

41 Este patriciado urbano poseía en propiedad la mayor parte de la Huerta y Campo del término. Se trataba de un grupo de caballeros villanos cuyos orígenes se sitúan en los momentos de la colonización cristiana de estas tierras del sur del reino de Valencia durante los reinados de Alfonso X y Jaime II, marcado por el carácter periférico y de frontera que definieron este territorio en los siglos bajomedievales. Se fue erigiendo como una oligarquía militar fundamentada en la posesión de tierras que fueron adquiriendo a través de los distintos repartos de tierras, como de rentas anuales concedidas por la Corona junto a la ocupación de cargos municipales y reales. La acaparación de posesiones territoriales y del ejercicio del poder en el *consell* les convirtió en una clase dirigente formada por un número reducido de linajes (Ferrer, 1999; Barrio, 1998; Parra, 2013).

las comunas a finales del Cuatrocientos e inicios del Quinientos, de individuos que podemos vincular a ciertas familias pertenecientes a la capa social del campesinado enriquecido –los denominados en las fuentes como "*llauradors*"– que escenificaron en dicha cronología un protagonismo creciente en los mercados y la gestión de los recursos rurales –tales como los Colom, Ponç o Tegell–, los cuales pudieron desempeñar las tareas de *hereter*, a las veces de síndico, otras de çequier, dentro de las comunidades de regantes, pero en algún caso, fuera de ellas, como lugarteniente de sobrecequiero o como sobrecequiero.

Los aludidos *hereters*, como argumentamos, se vehiculaban formando una comunidad de regantes en relación o por pertenencia a un *rech*, a un sistema hidráulico, el riego de una acequia madre, aunque también en relación a la regulación del riego aguas arriba o abajo del curso del Segura –comunas *d'amunt* y *d'avall*–, de azarbes[42] o de arrobas de mayor envergadura, con sus propios síndicos. Estas comunidades de regantes establecerían normas y/o acuerdos entre ellos, o entre los mismos y el poder municipal, pero muestran una autonomía menor a, por ejemplo, la de las comunidades de regantes de la Huerta valenciana para similares cronologías, ya que el *consell* estaba presente en la búsqueda de las soluciones de los problemas, ya fuera a través del sobrecequiero o los jurados, o mediante el control del nombramiento de cequieros. Hasta la fecha, no hemos documentado un cuerpo de ordenanzas como tal de las propias comunidades, sino que parece que están regulando, a veces modificando u adaptando, ordenanzas reales o municipales, siendo sobre todo a partir de finales del XIV y principios del XV, cuando estas comunas consiguieron un mayor protagonismo en un momento de aumento demográfico, ampliación del área cultivada y con ello de las redes de riego, que incidió en una pérdida de control de los poderes

42 Entorno a los canales de drenaje estas se organizan principalmente para atender cuestiones emanadas de la limpieza y el mantenimiento de estos. En azarbes de Murcia también se documenta una organización administrativa regida por un procurador elegido por los herederos de las tierras recorridas por el azarbe y que se encargaba de dirigir su limpieza y asegurar su mantenimiento y vigilancia rindiendo cuentas posteriormente ante procuradores nombrados por el concejo (Martínez Carrillo, 1997, pp. 154–156).

reales y municipales de las aguas y que los conflictos por encabezar prerrogativas fueron cotidianos[43].

Junto al sobrecequiero, los jurados, los cequieros y las comunidades de regantes, existían también una serie de oficios con ciertas funciones en el gobierno del agua o en el mantenimiento de las estructuras del riego, como fueron los *veedors* que ayudaban a las comunidades de regantes, al cequiero y al sobrecequiero en la observación de los hechos acaecidos en un pleito, inspeccionando o supervisando que no se incurriera lo dictaminado por el sobrecequiero y se cumplieran los dictamines del poder municipal. Igualmente fue asidua la intervención de niveladores –*livelladors*– y palafangueros en la consecución de obras de drenaje, la apertura de canales, la conservación de la estructura técnica de las infraestructuras hidráulicas –canales, boqueras, presas–, el control de los lindes del marjal o la limpieza de los canales tanto de riego como de avenamiento[44]. En este sentido, palafangueros o mondadores, tenían la función de mondar o *esbardonar*[45] para conseguir que el riego y el drenaje de los campos de cultivo se pudiera acometer sin generarse el embalsamiento de aguas, con la pretensión análogamente de aminorar los efectos de las riadas al no poder funcionar los canales como cauces de desviación de las crecidas por la acumulación de materiales en los mismo o su falta de mantenimiento. Ya en la concesión de sobrecequiero, este mandaba se pregonase en la villa la monda de las acequias y que se hiciera escribir en "*el libro de los alcalles que todos aquellos que touieren de fazer que lo fagan dentro del plazo que el les diere et si non que les prende por el duplo de cuanto costara la su parte de fazer*". La monda de los canales debía ser debidamente cumplida, por lo que

43 Para ilustrarlo, podemos recoger como en septiembre de 1492 como la mayor parte de los regantes de la arroba de San Bartolomé, con la presencia del síndico de la acequia, *hereter* también de la misma "*per ells e per tots los altres hereters ateneres al greuge que les es stat fer per lo magnifich sobrecequier de la present ciutat en haver tancar la dita arrova*", reclamaban su poder de decisión en los temas de aguas y su autonomía en la elección de sus propios síndicos. AHO, Prot. Not., Salvador de Loazes, PN. 20, año 1492 (2, septiembre, 1492).

44 Sobre estos oficios y la transmisión de técnicas hidráulicas andalusíes para el desarrollo de estas tareas a las sociedades cristianas puede consultarse el trabajo de: Torró, 2013.

45 Limpiar el fondo de un río, un canal o un pozo.

se estipularon unas ordenanzas que regulaban su ejecución material y el proceso administrativo imprescindible para su cometido. Tras el pregón por el sobrecequiero, se daba inicio a las tareas de limpieza tanto en las zonas irrigadas bajo jurisdicción municipal como señorial. En los sistemas hidráulicos donde había organización comunal por las comunidades de regantes, estas se encargaban encabezadas por los acequieros de adobar y limpiar las conducciones, recayendo la financiación de este cometido y su realización en los señoríos en sus propietarios. El sobrecequiero era el responsable y supervisor de esta actividad, pudiéndose apelar a él si se producían problemas. Las problemáticas germinadas por tales tareas y la pretensión de controlarlas más eficazmente, debió ocasionar la creación de una figura delegada desde el poder municipal "*el taulager*" encargado de la administración de la "*taula de les mondes de les çequies, azarbes y escorredors*" que constatamos actuando en la villa de Orihuela al menos desde 1443[46]. Cargo que refleja que la regulación de la monda conllevó la creación de una *taula* para administrar la recaudación de los pagos pertinentes para su consecución.

Por último, cabe añadir que el buen gobierno de las aguas, en este entramado social, político y jurídico presentado en torno a la organización del regadío, tuvo que lidiar, como ya se ha apuntado, con las pretensiones de tenencia jurisdiccional entre señores y poder municipal ante la progresiva señorialización del espacio rural oriolano durante el Cuatrocientos, lo que también incidió en las realidades que se dieron en la institucionalización del regadío. En este sentido, hay que puntualizar, para comprender esta dicotomía jurisdiccional, que a finales del siglo XV en el alfoz oriolano existían lugares o aldeas dependientes de la ciudad de Orihuela –Callosa, Catral y Almoradí –que caminaban hacia el afán de mayor autonomía administrativa y, con ello, hacia la municipalidad–, señoríos de jurisdicción baronal –Albatera, La Daya–, la villa-lugar de realengo como Guardamar, alquerías bajo poder señorial, y en las últimas décadas del XV se

46 AMO, AC, Libro A25, años 1443– 1445, f. 71r (9, junio, 1443). En 1445 se recoge la elección de este cargo en los capítulos de la insaculación otorgados a la ciudad de Orihuela. AMO, Contestador de 1443– 1445, ff. 82– 92 Documentación transcrita en: Bernabé, 2012 (en concreto, p. 309).

produjo la colonización señorial de tres núcleos Redován, Cox y La Granja, que se convirtieron en señoríos alfonsinos. Este marco poblacional administrativamente plasmaba la presencia en la Huerta y el Campo del término de Orihuela, de jurisdicción municipal a través del sobrecequiero representando al *consell* oriolano, jurisdicción baronal, jurisdicción alfonsina y ciertos señores que reclamaban la posesión de la jurisdicción civil, camino para poder acaparar los usos y repartos del agua. En los señoríos el nombramiento de cequieros solían hacerlo los nobles, aunque por delegación del sobrecequiero de Orihuela, pero los señores intentaron saltarse esa delegación como así lo intentó hacer en distintas ocasiones el señor de La Daya en un camino hacia favorecer la capacidad de jurisdicción de un cequiero del lugar hasta que la disputa con el poder ejercido por el sobrecequiero oriolano, parece concluir en 1452, cuando Alfonso V confirmó al propietario de este lugar la jurisdicción civil, dándole acceso de esta manera al control de las aguas del lugar (Barrio, 1993b, pp. 263-264; 1995, pp. 123-124).

Incluso, este proceso de pérdida de control del agua por el consejo oriolano personalizado en el sobrecequiero, se evidencia en las tierras regadas en el lugar de Guardamar por su singular realidad administrativa con respecto a otras aldeas del término que hizo que el lugarteniente general en 1455 escribiera al sobrecequiero de la ciudad para que no interviniera en los asuntos de las acequias de Guardamar, ya que este lugar tenía su propio funcionario. Asimismo, con la creación a finales del Medievo de los tres señoríos alfonsinos ya mencionados, los temas de aguas de estos lugares pasaron a depender, con la concesión de jurisdicción de *mixto imperio*, de la jurisdicción señorial ejercida mediante un procurador a través de la progresiva consolidación del sobrecequiero o cequiero local (Bernabé Gil, 2010, p. 67)[47].

47 A inicios de la Modernidad, las colonizaciones alfonsinas de Cox, La Granja y Redován, en el sistema de la acequia de Callosa, de Benejúzar, Jacarilla y Bigastro en la acequia de Alquibla, de Rafal en la acequia de Almoradí y de Molins en la acequia de los Huertos, debilitaron progresivamente el papel del sobrecequiero oriolano al mermar sus capacidades jurisdiccionales. A este respecto consúltese: Bernabé, 1993, 2010, 2014.

REFLEXIONES FINALES

La observación sistematizada de los casos recopilados nos manifiesta el funcionamiento de unas instituciones y organismos para el régimen del regadío para los siglos bajomedievales, estables pero dinámicos. Unas estructuras y cargos que pudieron tener un origen andalusí o estar fundamentados en oficios o formas de organización social administrativa andalusíes, pero que fueron transformados o adaptados en su definición dentro de los mecanismos sociales cristianos ya desde los primeros momentos de anexión territorial por los cristianos. La alusión reiterativa en la documentación de inicios de la conquista cristiana de establecer los riegos "*com en temps de moros*" se sustentaba en la intencionalidad de los poderes cristianos de evitar la distorsión técnica de los sistemas hidráulicos islámicos. Por ello, para su correcto funcionamiento se buscó conservar los principios organizativos originales para mantener una buena praxis: un reparto del agua que permitiera mantener una estabilidad social. Sin embargo, desde los primeros años del comienzo del proceso de colonización asistimos a una "reconversión" de la lógica y la pragmática social del hidraulismo andalusí y aunque las ordenanzas de época andalusí debieron perdurar con la nueva legislación al igual que en otras partes del reino, ante la insistencia de mantener las pautas de irrigación que se practicaban por los musulmanes cuando se produjo la conquista –así aparece también en el privilegio de sobrecequiero–, fue una perduración inserta en la ambición de adecuarla a una nueva realidad cultural.

Las regulaciones promulgadas desde la segunda mitad del Doscientos fueron el inicio de la constitución de una normativa en materia de riegos que se fue adaptando y desarrollando al unísono de las dificultades en el ejercicio del control y el poder sobre las aguas. Orden institucional y jurídico que se precisa más desde la concesión del privilegio de sobrecequiero a la villa de Orihuela, oficio que aparece frecuentemente en la resolución de las fricciones surgidas junto a otros oficiales municipales, principalmente jurados. Sumado a ello otros individuos, propietarios de tierras, en acción colectiva actuaron dentro de unas comunidades de regantes, perfectamente organizadas comunalmente desde al menos finales del siglo XIV, sino antes, que aumentaron su papel de estructura, de actuación y autonomía en el siglo XV.

El establecimiento de las normas lo hacía el consejo municipal a través de sus competencias jurídicas, o bien una comunidad de regantes bajo la norma real y municipal, coexistiendo un modelo político municipal con otro comunal, dentro de una estructura sostenida por la justicia monárquica y, por delegación, por la villa y el entramado socio-político que dominó el *consell* municipal de Orihuela. Aunque las comunidades de regantes pudieron actuar autónomamente, el consistorio municipal dirimía en sus asuntos ya fuere a través del oficio de sobrecequiero, de los *jurats*, o de ambos, prevaleciendo en esa simbiosis un derecho "común de aguas" basado en la "tradición" de prácticas agrícolas e ingenios hidráulicos ya presentes desde el origen de la creación social de los sistemas hidráulicos en época andalusí, sobre cuya base se instauró la difusión de las prácticas sobre el regadío traídas por los colonos cristianos, cuya suma y acomodación fueron la base legal de las normas.

De esta manera, el control sobre el agua en la Huerta de Orihuela se establecía en dos niveles, de un lado el municipal y de otro las comunas de *hereters*. En ello la diversidad jurisdiccional, la intromisión y la confusión existente –intencionada o no– en ocasiones, en la distribución de funciones y obligaciones entre el poder municipal y los *hereters* o los regantes dificultaba concluir con éxito las tareas de gerencia hidráulica. Desde el *consell*, la figura del sobrecequiero o jurados, a los cequieros y las comunidades de regantes o a otro tipo de oficios encargados del mantenimiento y la monda de las acequias, la diversidad de encargados en estas labores, rebela la dificultad y complejidad que implicaba ejercer el arbitrio sobre la hidráulica agraria. A su vez la progresiva señorialización del alfoz oriolano, alentada por una política de repoblación de núcleos rurales del término en la última centuria medieval, supuso una diversidad de jurisdicciones que entorpecieron el reparto y la distribución del agua, y las tareas ligadas al uso y el mantenimiento de los sistemas hidráulicos. Contexto que incidió en la merma del control por el sobrecequiero como representante del *consell* y del poder real en la resolución de tales dificultades sobre las aguas del Segura y el funcionamiento de unas ordenanzas de carácter general para todo el alfoz oriolano. El propio desarrollo de los organismos del regadío en el final de la Edad Media, ha de comprenderse en un contexto de reforzamiento de los poderes municipales equidistante al enriquecimiento de las oligarquías ciudadanas, propietarias de las tierras, y con ello de aumento de maniobra de las comunidades de regantes, y al engrandecimiento jurisdiccional y poblacional de ciertos señoríos. Con todo, se llegó a un escenario a finales del siglo XV y principios del siglo XVI en el que el poder concejil desde Orihuela vio obstaculizado seriamente su papel de ordenador del disfrute del regadío dentro de una dinámica donde el conflicto y la resolución se instituían como binomio hilado al aprovechamiento agrario.

REFERENCIAS BIBLIOGRÁFICAS

Barrio, J. A., (1993a). *El ejercicio del poder en un municipio medieval: Orihuela 1308-1479* [Tesis doctoral inédita, Universidad de Alicante].

Barrio, J. A. (1993b). El señorío de la Daya y el municipio de Orihuela en el siglo XV. En E. Serrano Martín y E. Sarasa Sánchez (Eds.), *Señoríos y feudalismo en la península ibérica.* Vol 3 (pp. 259-270). Diputación Provincial de Zaragoza, Instituto "Fernando el Católico".

Barrio, J. A. (1995). *Gobierno municipal en Orihuela durante el reinado de Alfonso V, 1416-1458.* Universidad de Alicante.

Barrio, J. A. (1998). La articulación de una oligarquía fronteriza en el mediodía valenciano: el patriciado de Orihuela (siglos XIV y XV). *Revista d'historia medieval*, 9, 107-110.

Bellot, P. (2001). *Anales de Orihuela* (Edición a cargo de J. Torres Fontes). Instituto Alicantino de Cultura Juan Gil-Albert, Real Academia Alfonso X el Sabio y Diputación Provincial de Alicante.

Bernabé, D. (1993). Una coexistencia conflictiva: municipios realengos y señoríos de su contribución general en la Valencia foral. *Revista de Historia Moderna*, 12, 11-77.

Bernabé, D. (2010). Regadío y transformación de los espacios jurisdiccionales en el Bajo Segura durante la época foral moderna. *Investigaciones Geográficas*, 53, 63-84.

Bernabé, D. (2012). *Privilegios de insaculación otorgados a municipios del Reino de Valencia en época foral.* Diputación Provincial de Alicante, Instituto Alicantino de Cultura Juan Gil– Albert.

Bernabé, D. (2014). Impacto de las segregaciones municipales sobre los juzgados de aguas del Bajo Segura en el siglo XVIII. En C. Sanchís-Ibor, G. Palau-Salvador, I. Mangue Alférez, L. P. Martínez– Sanmartín (Eds.). *Irrigation, Society, Landscape. Tribute to Thomas F. Glick* (pp. 528-542). Universidad Politécnica de Valencia.

Esquilache, F. (2018). Una herència reconstruïda. Canvis físics i institucionals en les hortes fluvials andalusines després de la conquesta cristiana. En E. Vicedo-Rius. (Ed.). *IX Congrés sobre sistemes agraris, organització social i poder local. Recs històrics: pagesia, història i patrimoni,* Lleida (pp. 449-474). Institut d'Estudis Ilerdencs.

Ferrer, M. T. (1999). Discòrdies entre la petita noblesa urbana i els homes de vila a les terres mediridionals valencianes en el primer terç del segle XIV. *Anuario de Estudios Medievales*, 29, 300-313.

Glick, Th. F. (1988). *Regadío y sociedad en la Valencia medieval.* Del Cenia al Segura.

Guinot, E. (2005). Usos i conflictes de l'aigua. *Afers: fulls de recerca i pensament*, vol. 20 (51), 265-270.

Guinot, E. (2007a). Comunidad rural, municipios y gestión del agua en las huertas medievales valencianas. En A. Rodríguez (Ed.), *El lugar del campesino: en torno a la obra de Reyna Pastor* (pp. 309-330). España: Consejo Superior de Investigaciones Científicas (CSIC) y Servicio de Publicaciones de la Universidad de Valencia (PUV).

Guinot, E. (2007b). El gobierno del agua en las huertas medievales mediterráneas: los casos de Valencia y Murcia. En G. del Ser Quijano e I. Martín Viso (Eds). *Espacios de poder y formas sociales en la edad Media: estudios dedicados a Ángel Barrios* (pp. 99-118). Ediciones Universidad de Salamanca, Caja Duero, Diputación Provincial de Salamanca.

Guinot, E. (2008). "Com en temps de sarraïns". La herencia andalusí en la huerta medieval de Valencia. In M. I. del Val Valdivieso y O. Villanueva Zubizarreta (Eds.). *Musulmanes y cristianos frente al agua en las ciudades medievales* (pp. 173– 193). Universidad de Castilla La– Mancha y Universidad de Cantabria.

Guinot, E. (2016). The transition between the Andalusi and the Christian Worlds in 13th Century Valenciatradition and change in water management in irrigation agriculture. En I. Czeguhn, C. Möller, Y. M. Quesada Morillas, J. A. Pérez Juan (Coord.), *Waser, Wege, Wissen auf der iberischen Halbinsel: Vom Römischen Imperium bis zur islamischen Herrschaft* (pp. 135-150). Nomos Verlagsgesellschaft.

Guinot, E. y Esquilache, F. (2014). La gestió tècnica de la irrigació en les hortes històriques valencianes. El sequier, dels orígens a la desaparició (segles XIII-XVII). *Millars: espai i història*, 37, 59-99.

Guinot, E. y Esquilache, F. (2017). Not only peasants: the myth of continuity in the irrigation communities of Valencia (Spain) in the Medieval and Early Modern Ages. *Continuity and Change*, 32(2), 129-156.

Guinot, E. y Romero, J. (2005). El Tribunal de les Aigües de l'Horta de València continuïtat institucional i canvi social. En *Derecho, historia y universidades: estudios dedicados a Mariano Peset* (pp. 755-769). Servicio de Publicaciones de la Universidad de Valencia (PUV).

Guinot, E. y Torró, J. (Eds.) (2012). *Hidráulica agraria y sociedad feudal: prácticas, técnicas, espacios*. Servicio de Publicaciones de la Universidad de Valencia (PUV).

Jiménez, E. (2021). *Agua y sociedad en Madrid durante la Edad Media*. Servicio de Publicaciones de la Universidad de Cádiz (UCA).

Llorens, S. (2001) (Ed.). *Libro de privilegios y reales mercedes concedidas a la muy noble y muy leal ciudad de Orihuela. Estudio codicológico y diplomático*. Diputación Provincial de Alicante, Instituto Alicantino de Cultura Juan Gil– Albert.

Martínez Carrillo, M. de los Ll. (1997). *Los paisajes fluviales y sus hombres en la baja Edad Media. El discurrir del Segura*. Universidad de Murcia.

Martínez Martínez, M. (2010). *La cultura del agua en la Murcia medieval (ss. IX–XV)*. Fundación Centro de Estudios Históricos e Investigaciones Locales de la Región de Murcia y Servicio de Publicaciones de la Universidad de Murcia.

Martínez Sanmartín, L. P. (2014). Tecnoexperts, perits i sistemes hidraulics: la Séquia de Mislata i les comunitats de regants de l'Horta de València al segle XV. *Recerques: Història, economia i cultura*, 69, 31-97.

Martínez Sanmartín, L. P. y Terol, V. (2014). El libro de los actos, provisiones y reuniones de la acequia de Favara (1362-1521): aproximación a un registro clave para la historia del regadío en la Huerta medieval de Valencia. In C. Sanchís-Ibor, G. Palau-Salvador, I. Mangue Alférez, L. P. Martínez– Sanmartín (Eds.).

Irrigation, Society, Landscape. Tribute to Thomas F. Glick (pp. 598– 618). Universidad Politécnica de Valencia.

Mas, A. (2008) (Ed.). *Antoni Almúnia: Libre de tots los actes, letres, privilegis y altres qualsevol provisions del Consell d'Oriola.* Servicio de Publicaciones de la Universidad de Valencia (PUV).

Oliva, H. R. (2003). Gestión del agua, economía agraria y relaciones de poder en Tierra de Campos a fines del medievo. *Historia agraria. Revista de agricultura e historia rural*, 30, 11– 30.

Oliva, H. R. (2008). L'eau et le pouvoir dans les villes castillanes à la fin du Moyen Âge. Palencia, un exemple de concurrence de pouvoirs. *Histoire Urbaine*, 22, 59– 75.

Parra, M. (2013). Control del agua y poder en la frontera sur valenciana: la huerta y el campo de Orihuela durante la baja Eda Media. *Roda da Fortuna. Revista Electrônica sobre Antiguidades e Medievo*, 2 (1-1), 470– 500.

Parra, M. (2022). Poblamiento, agua y huerta: la construcción socioeconómica del paisaje rural de la villa-lugar de Guardamar (siglos XIII-XV). En Aniversari de la vila i castell de Guardamar (pp. 141-164). Guardamar: Ayuntamiento de Guardamar del Segura.

Parra, M. (2023). De la alquería islámica a la alquería feudal: unidades de poblamiento y de explotación agraria tras la conquista cristiana en el paisaje rural oriolano. En F. Esquilache Martí y V. Baydal (Eds.), *La herencia reconstruida. Crecimiento agrario y transformaciones del paisaje tras las conquistas de al– Andalus (siglos XII– XVI)* (pp. 135-186). Publicaciones Universitat Jaume I.

Torres, J. (1988). *Repartimiento de Orihuela.* Academia Alfonso X el Sabio.

Torres, J. (1984). *Colección de documentos para la historia del Reino de Murcia.* Vol. III. Academia Alfonso X el Sabio.

Torró, J. (2013). Canteros y niveladores. El problema de la transmisión de las técnicas hidráulicas andalusíes a las sociedades conquistadoras. *Miscelánea medieval murciana*, 37, 209-232.

Torró, J. y Guinot, E. (2012). Introducción. ¿Existe una hidráulica agraria "feudal"?. En J. Torró Abad y E. Guinot Rodríguez (Coords.), *Hidráulica agraria y sociedad feudal: prácticas, técnicas, espacios* (pp. 9-20). Servicio de Publicaciones de la Universidad de Valencia (PUV).

Val, M. I. (2003). *Agua y poder en la Castilla bajomedieval: el papel del agua en el ejercicio del poder concejil a fines de la Edad Media.* Junta de Castilla y León.

Val, M. I. (2013) (Coord.). *Monasterios y recursos hídricos en la Edad Media*. A. C. Almudayna.

Val, M. I. y Bonachía, J. A. (coords.) (2012). *Agua y sociedad en la Edad Media hispana*. Editorial Universidad de Granada.

Institucionalización, resolución y regulación en la administración de las aguas de regadío en el curso bajo del río Segura entre los siglos XIII-XV

Resumen: En el presente trabajo se pretende profundizar en el examen de la gestión puesta en funcionamiento y el aparato institucional creado por la sociedad cristiana para la utilización de las aguas destinadas al regadío en las tierras regadas por el curso bajo del río Segura durante la baja Edad Media. Desde los inicios de la conquista cristiana de este territorio por la corona de Castilla a mediados del Doscientos, su incorporación a los dominios territoriales de la Corona de Aragón con su inserción en el reino de Valencia a inicios del Trescientos, a las realidades sociopolíticas articuladas en las últimas dos centurias medievales para el gobierno del aprovechamiento hidráulico del bajo Segura para la agricultura, se aborda el origen de tal estructura administrativa, su proceso de constitución y definición, así como su desarrollo en la búsqueda, por los poderes y comunidades implicadas en ello, de su estabilización y consolidación.

Palabras clave: agua, institucionalización, resolución, regulación, administración hidráulica, río Segura, sureste peninsular, baja Edad Media.

Institutionalization, resolution and regulation in the administration of irrigation waters in the lower course of the Segura River between the 13th and 15th centuries

Abstract: This chapter aims to deepen the examination of the management put into operation and the institutional system created by the Christian society for the use of water for irrigation in the lands irrigated by the lower course of the Segura River during the late Middle Ages. From the beginning of the Christian conquest of this territory by the crown of Castile in the middle of the 12th century, its incorporation into the territorial domains of the Crown of Aragon with its insertion in the kingdom of Valencia at the beginning of the 13th century, to the socio-political realities articulated in the last two medieval centuries for the government of the hydraulic use of the lower Segura for agriculture, it addresses the origin of such an administrative structure, its process of constitution and definition as well as its development in the search, by the powers and communities involved in it, of its stabilization and consolidation.

Keywords: water, institutionalization, resolution, regulation, hydraulic administration, Segura river, peninsular southeast, Late Middle Ages.

Institucionalização, resolução e regulação na administração das águas de rega no baixo curso do rio Segura entre os séculos XIII e XV

Resumo: Este artigo tem como objetivo aprofundar o exame da gestão posta em funcionamento e do aparato institucional criado pela sociedade cristã para o uso da água para irrigação nas terras irrigadas pelo baixo curso do rio Segura durante o final da Idade Média. Desde o início da conquista cristã deste território pela coroa de Castela em meados dos Duzentos, a sua incorporação nos domínios territoriais da Coroa de Aragão com a sua inserção no reino de Valência no início dos Trezentos, às realidades sócio-políticas articuladas nos últimos dois séculos medievais para o governo do uso hidráulico da baixa Segura para a agricultura, Aborda-se a origem de tal estrutura administrativa, seu processo de constituição e definição, bem como seu desenvolvimento na procura, pelos poderes e comunidades nela envolvidos, de sua estabilização e consolidação.

Palavras-chave: água, institucionalização, resolução, regulação, administração hidráulica, rio Segura, sudeste peninsular, final da Idade Média.

12.
LOS SISTEMAS DE ABASTECIMIENTO EN LAS CIUDADES ANDALUSÍES DE LA CUENCA DEL TAJO

Eduardo Jiménez-Rayado
Universidad Rey Juan Carlos

INTRODUCCIÓN

La irrupción del islam en la península ibérica trajo consigo un renovado modelo de relacionarse con el agua. Consciente de su importancia vital, la nueva religión le aportó también un simbolismo casi sin precedentes entre las civilizaciones del pasado. Ello fomentó la preocupación por dotarse de grandes cantidades agua que cubriesen no solo las necesidades vitales y económicas de una sociedad cada vez más compleja, sino también las obligaciones religiosas vinculadas a ellas –las abluciones– y, en algunos casos, las exigencias estéticas, en las que el preciado elemento tuvo un considerable protagonismo. Esta preocupación se tradujo en el desarrollo de diferentes sistemas de extracción, conducción y suministro de los recursos hídricos del territorio, a partir, en muchos casos, de las experiencias aportadas por civilizaciones previas. Su diversidad se debe a que las autoridades islámicas adaptaron su tecnología a las condiciones naturales del territorio sobre el que se asentaron, invirtiendo grandes esfuerzos en aquellos donde los recursos escaseaban y limitándolos en zonas de abundantes aguas. Esto, que parece responder a toda lógica, no siempre se ha tenido en cuenta a la hora de elaborar hipótesis sobre los posibles sistemas de abastecimiento en las ciudades andalusíes.

Para ver esas diferentes respuestas que el islam dio a las distintas situaciones territoriales, he decidido fijar la mirada en tres localidades aparentemente de diferente categoría pero que guardan grandes semejanzas y, sobre todo, una historia común: Tulaytulah/Toledo,

Madīnat al-Faray/Guadalajara y Maŷrit/Madrid. Tres localidades con orígenes distintos. En el caso toledano, estos orígenes se remontan al periodo romano, mientras que en los casos de Guadalajara y Madrid están vinculados con el mundo bereber. La primera sería fundada por los Banū al-Faraŷ, de raíces Imasmudan o Maṣmūda, mientras que la segunda sería el resultado de un asentamiento por parte de familias también de origen Maṣmūda en torno al castillo levantado por orden de Muhammad I en pleno reordenamiento de *al-ṯaġr al-awsaṭ* o Marca Media. Tanto Guadalajara como Madrid pertenecían al territorio dominado por los Banū Sālim, señores de Medinaceli, con quienes estaban emparentados ambos grupos de familias (Bueno Sánchez, 2012).

Precisamente la decisión del emir cordobés de reordenar el *ṯaġr* puso en estrecha relación a las tres localidades. Por un lado, el castillo madrileño quedaba bajo la administración de Guadalajara, el principal centro administrativo de la Marca Media y, por otro, uno de los principales objetivos de la fundación de castillos como Madrid era vigilar de cerca a la población levantisca de Toledo (Manzano, 1990, p. 27). Las dos grandes ciudades, Toledo y Guadalajara, quedaron vinculadas por uno de los caminos principales abiertos en tiempos del califato, y que unía Córdoba con la ciudad del Tajo, prolongado hasta la segunda a través de la vega del Tajo y Aranjuez. Quizá por ello, Maŷrit orientó su principal entrada de la ciudad, llamada posteriormente arco de Santa María, hacia el camino califal. Junto a esa puerta se levantaron dos de sus edificios principales: la mezquita, a intramuros, y los baños, a extramuros. La vinculación definitiva entre las tres localidades se consolidó con la configuración del reino de Toledo tras la desintegración del califato durante el siglo XI. Desde entonces, las tres localidades compartieron destino.

También compartieron un territorio que, a grandes rasgos, presenta unas características homogéneas desde el punto de vista geológico, hidrográfico y climatológico, aunque con matizaciones que resultaron esenciales a la hora de dar respuesta a la demanda de agua. Por tanto, las siguientes páginas pondrán sobre la mesa la disposición y composición del territorio, con el objetivo de ver cómo influyeron a la hora de establecer el método de explotación de los recursos hídricos. A partir de ahí, se expondrá en qué se asemejaron y en qué se distinguieron las respuestas dadas por las autoridades locales en cada caso. A través de esta comparación, podremos conocer mejor la relación establecida entre el agua y las ciudades andalusíes, tanto a nivel general, como a nivel regional, así como a nivel particular de cada localidad. Por razones de espacio, me centraré en aquellos sistemas de abastecimiento destinados al consumo humano.

Para su estudio, se ha echado mano tanto de la documentación escrita como de algunos de los estudios arqueológicos realizados en las tres ciudades, y se han consultado algunos de los principales trabajos realizados previamente sobre la gestión y explotación del agua en ellas. En este sentido, para el caso toledano contamos con una considerable cantidad de estudios, destacando en ello la labor del profesor Ricardo Izquierdo, gracias al cual tenemos un conocimiento bastante fidedigno de la explotación de los recursos hidráulicos por parte de la ciudad del Tajo durante toda la Edad Media. El caso de Guadalajara es distinto, pues la cuestión hidráulica durante el periodo medieval no parece haber generado el mismo interés que en Toledo y el número de trabajos al respecto son notablemente más escasos, entre los que destacaré el estudio de Javier de la Plaza para el periodo bajomedieval y que ha servido de gran ayuda para estas páginas. Para el caso de Madrid he echado mano de mi propia experiencia como cuestión central de mis principales investigaciones, así como del trabajo de otros autores y autoras.

Lo mismo se puede decir de los estudios arqueológicos en torno a la explotación hidráulica. Vuelve a ser Toledo la que concentra el mayor número de trabajos al respecto, los cuales han sido igualmente básicos para realizar esta comparativa. También contamos con un buen número de estudios realizados a partir de las intervenciones arqueológicas realizadas en suelo madrileño desde la perspectiva del agua, mientras que la cantidad de estos se reduce en el caso de la ciudad de Guadalajara, si bien su provincia sí ha sido objeto de algún tipo de iniciativa al respecto[1].

1 El trabajo de Miguel Ángel Cuadrado Prieto y María Luisa Crespo Cano para la obra colectiva *Arqueología medieval en Guadalajara: Agua, paisaje y cultural material* (2018) da algunos datos interesantes para la cuestión y sería recomendable para iniciar un

En cuanto a la documentación escrita, para el periodo andalusí, contamos con poca información. De nuevo, Toledo es la gran excepción, pues sobre sus aguas encontramos alguna referencia de la mano de algunos autores como al-Idrisi o del anónimo *Dikr bilad al-Andalus*. En este caso, Guadalajara también cuenta con alguna referencia relevante a sus aguas, también en ocasiones de la mano del geógrafo árabe, mientras que sobre Madrid no contamos con ninguna noticia escrita salvo su propio nombre y alguna frase indirecta.

La situación cambia con el paso de los siglos y con la llegada de las autoridades castellanas, cuya documentación, a pesar de la distancia en el tiempo, resulta esencial para entender los sistemas de abastecimiento andalusíes, una vez que fueron heredados por aquellas. Las referencias al suministro de agua van en aumento a medida que pasan los siglos y en la Baja Edad Media contamos con un considerable número de textos al respecto. Este aumento se debe a los esfuerzos por parte de las autoridades locales de garantizar el suministro en todo momento, en un contexto en que comenzaron a detectarse los primeros signos de escasez, así como de asegurar su calidad y salubridad. De esta manera, estos esfuerzos quedaron reflejados en la documentación municipal, especialmente durante el periodo bajomedieval, constituyendo la mayor parte de las referencias sobre el agua que hallamos en los textos[2]. Para el caso que nos ocupa, Madrid y Guadalajara ofrecen en sus acuerdos municipales un número considerable de referencias a la gestión en torno al abastecimiento de agua, a diferencia que Toledo, cuyas actas resultan bastante parcas sobre la cuestión (Izquierdo y Passini, 2018).

---

estudio que vaya reduciendo el vacío que todavía hay en torno a la cuestión del agua en Madīnat al-Faray.

2 Juan Antonio Bonachía realizó un extraordinario estudio sobre las posibilidades que ofrecen la documentación municipal en el estudio del aprovechamiento urbano del agua (Bonachía Hernández, 1998).

LA ELECCIÓN DEL TERRITORIO

El territorio sobre el que se asentaron las tres localidades muestra una serie de características similares. Los dos elementos principales son los mismos en los tres casos: una elevación de terreno y un curso fluvial. En todos ellos, un río bordea al menos una de las laderas de la elevación, convertida en la razón de ser de esas localidades. Con estos elementos se pretendía cubrir dos de las principales necesidades de un asentamiento: abastecimiento de agua y seguridad. La elevación permitiría controlar y vigilar tanto el territorio circundante como las rutas que se abrieran en él. Al mismo tiempo favorecía la defensa del asentamiento, al dificultar, si no impedir, el ataque por parte de un ejército enemigo. Ello explica por qué las tres localidades se levantarían en lo alto de una elevación de terreno con fuertes pendientes en prácticamente todas sus laderas, formando en algunos casos, barrancos difícilmente transitables.

En el caso de Madrid, la elevación mostraba sus mayores desniveles en las laderas occidental, septentrional y meridional, lo que permitía un mayor control visual del territorio por el oeste y norte, zona de posibles incursiones cristianas y por donde discurrían los principales caminos hacia la sierra (Malalana, 2017), y por el sur, territorio sobre el que Madrid ejercería un dominio directo y que se extendía hacia el administrado por Toledo. La ladera occidental es la más abrupta y desde la cima se descendía de los 650 a los 590 metros de altitud en los primeros 60 metros de pendiente, para posteriormente extenderse una explanada de unos 400 metros de longitud con un desnivel de 20 metros hasta llegar al río. Su cara meridional es ligeramente más suave, aunque todavía acentuada: los primeros 60 metros de desnivel se salvan en un recorrido de 700 metros. La ladera norte presenta un suave barranco frente a una explanada de 20 metros de desnivel que la separaba de otras colinas situadas a más de medio kilómetro hacia el norte. Por último, la ladera oriental muestra un desnivel apenas perceptible durante un kilómetro en dirección este y sureste.

El acentuado desnivel de la ladera oriental madrileña es muy similar a la que presentan las laderas este, sur y oeste del cerro sobre el que se asentó Toledo. En todas ellas se pasa de 440 a 500 metros de altitud en apenas 60 metros de longitud, para luego seguir subiendo durante 150 metros más de longitud hasta alcanzar los 550 metros de altitud en el que situaría el alcázar. La inexistencia, al contrario de lo que sucede en Madrid, de una explanada hacia el río hace aún más abruptas estas tres laderas, convirtiendo el cerro en prácticamente un islote fácilmente defendible. Algo más suave es la ladera norte, en la que el descenso de altitud es de unos 20 metros a lo largo de los primeros 60 metros en los puntos de mayor desnivel. En la parte más oriental de esta ladera se abre una pequeña explanada a unos diez metros por debajo de la cima de unas 8 hectáreas con una mínima pendiente hacia el norte, que hace más accesible el cerro.

Por último, la loma sobre la que se asentó Guadalajara presenta un mayor desnivel hacia el noroeste, con una diferencia de 20 metros de altura en una distancia de 130 metros entre el río –630m– y el extremo noroccidental del cerro –650m–. Desde este punto, la elevación se abre en dirección suroriental en forma de triángulo a través una explanada en ligera pendiente hasta alcanzar los 670 metros de altura en el que se levantaría el alcázar. En esta expansión, la loma se encuentra flanqueada por dos barrancos: el Alamín, situado al noroeste y el de San Antonio, al suroeste. Finalmente, hacia el sureste la superficie se sigue elevándose de manera regular y suave hasta los 700 metros de altitud que alcanza el resto de la localidad, para continuar elevándose otros cincuenta metros durante los siguientes dos kilómetros, punto en el que comienzan a elevarse los cerros de La Alcarria.

LOS RECURSOS HÍDRICOS DEL TERRITORIO

La región en la que se levantaron las tres localidades es una tierra, en líneas generales, árida y de escasa pluviosidad, y sus lluvias suelen concentrarse en cortos periodos de tiempo a lo largo del año (Almudayna, 1998, p. 29). A pesar de ello, la composición geológica permite cierta permeabilidad, lo que favorece la aparición de concentraciones de agua subterránea que acaban reapareciendo a la superficie en forma de manantiales y escorrentías que nutren los diferentes arroyos y ríos de la zona. Ello hace que se localicen zonas de especial concentración hídrica que permitieron su explotación para diferentes actividades económicas, como la agricultura, pesca o la industria textil, algunas de ellas situadas en los espacios entre las tres localidades. Entre Guadalajara y Toledo, por ejemplo, se extendía la zona de la vega del Tajo entre Toledo y Aranjuez, con una relativa concentración hídrica gracias a la confluencia de los ríos Jarama y Tajuña con el Tajo y a manantiales y aguas subterráneas, que permitieron la aparición de extensas zonas de cultivo y molinos (Urquiaga, 1998, p. 15).

LOS RÍOS

Las tres localidades surgieron en torno a tres ríos que marcaron en buena medida el devenir de cada una de ellas. Esos tres cursos fluviales pertenecen a la cuenca hidrográfica del Tajo, una de las de mayor extensión de la península. Con una orientación este-oeste, recorre el centro peninsular entre la cordillera Central y los montes de Toledo ocupando una superficie de más de 78.000 km2.

El principal río de la zona es aquel que vertebra toda la cuenca y que le da nombre: el Tajo, en torno al cual nació Toledo. Constituye el más largo de toda la península ibérica con sus 1.050 kilómetros de recorrido a lo largo de los cuales desciende casi 1.600 metros de altura, más de 1000 antes de llegar a la actual Comunidad de Madrid. Con una altura media de 481 metros sobre el nivel del mar, el caudal medio anual del Tajo se sitúa en torno a los 450 m3/s, lo que le hace el tercero más caudaloso de la península después del Duero y Ebro, aunque muy por debajo de los grandes ríos europeos. Es durante su curso medio cuando, a través de un pronunciado meandro, rodea por tres de sus laderas el cerro sobre el que se levantó la ciudad de Toledo, convirtiéndolo en prácticamente un islote y dejando la cara septentrional como su única salida natural.

Por su parte, el territorio alcarreño queda atravesado por el río Henares, el séptimo de los ríos más largos de la cuenca, llamado durante el periodo andalusí *Wād al-Ḥaŷarah*, con el que se acabaría identificando a la capital alcarreña. Recorre la actual provincia durante 125 de sus 173 kilómetros de longitud con un caudal medio de 30 m3/s, lo que le valió el calificativo de "pequeño" en las descripciones que de él hicieron los geógrafos andalusíes como al-Idrisi (1901, p. 27). Tras los primeros cien kilómetros desde su nacimiento, a su margen izquierda se eleva la loma sobre la que se asentará, en periodo andalusí, la ciudad de Guadalajara. Desde ese punto gira ligeramente hacia el suroeste, trazado con el que se aleja rápidamente de la localidad en dirección a la actual provincia de Madrid. Allí, tras rodear otras localidades como Alcalá de Henares o Torrejón de Ardoz, vierte sus aguas en el río Jarama.

Por último, en las actuales tierras de Madrid, recorre varios kilómetros al oeste el río Manzanares, conocido durante el periodo medieval como Guadarrama, derivación del árabe *Wādī-r-Raml*. Este es el más pequeño de los principales ríos de la cuenca con sus 92 kilómetros de longitud y un caudal medio que apenas llega a los 15-20 m3/s. Nacido en los neveros de la sierra de Guadarrama, toma dirección sur y ya en su curso medio, tras recorrer unos sesenta kilómetros, a unos 500 metros de su margen izquierda se elevaba la cima con dos colinas sobre la que se levantó, en tiempos de Muhammad I, el castillo originario de Maŷrit. Durante casi un kilómetro el río recorre en paralelo la ladera occidental de la elevación hasta dejarla atrás y a 1,5 km, gira en dirección sureste, alejándose progresivamente de la cima hasta la actual localidad de Perales del Río, donde toma dirección sur hasta Rivas-Vaciamadrid, tras lo cual desemboca en el río Jarama.

ARROYOS, MANANTIALES Y AGUAS SUBTERRÁNEAS.

La elevación sobre la que se asentó Madrid ofrecía numerosos recursos hídricos en forma de arroyos, manantiales y aguas subterráneas. El territorio, perteneciente la cubeta o fosa de Madrid de la cuenca del Tajo, está compuesto por elementos detríticos con una permeabilidad de nivel medio, lo que permite la formación de masas de agua subterráneas de considerable extensión. La clave reside en la fragmentación del terreno, que facilita la aparición del agua en la superficie y activa su circulación, fomentando así la formación de bolsas de aguas renovables. Todo ello se traduce en la aparición de un considerable número de surgencias y manantiales en la propia cima de la elevación, algunos con el suficiente caudal como para formar pequeños arroyos que acababan alimentando al río cercano. Uno de ellos era el llamado en la documentación municipal bajomedieval "arroyo de la Villa" (Rubio Pardos et al., 1982, p. 14), nacido de un manantial situado en las cercanías de la actual plaza de Puerta Cerrada y que recorría la cima en dirección este-oeste formando un pequeño valle y dividiendo la cima en dos colinas. A lo largo de su recorrido, en ambos lados del valle, una serie de pequeñas surgencias de agua alimentaban el curso del arroyo en su recorrido hacia el Guadarrama-Manzanares y permitían la aparición de vegetación a su alrededor. Al norte, otro arroyo transcurría de manera paralela al anterior, conocido en la documentación bajomedieval como "del Arrabal" o "de San Ginés", por situarse su cabecera junto a la iglesia homónima, a unos 450 metros al este de la colina. En su trazado medio, con un fuerte desnivel con respecto a la colina septentrional, formaba un espacio abierto donde se acumulaban sus aguas y las de un copioso manantial que aparecía en su margen derecha, y que los textos llaman fuentes del Arrabal. Inmediatamente después de dejar atrás ese espacio, el arroyo tomaba una dirección norte para verter sus aguas en otro de los arroyos del territorio, el llamado posteriormente de Leganitos, a unos 350 metros al norte de la elevación, y que tomaba en ese momento dirección oeste para enlazar con el río.

El número de cauces aumentaba en el territorio circundante a la cima, fundamentalmente por el norte, este y sur, con arroyos como el de Atocha, Abroñigal o Castellana. Con el paso de los siglos y, como resultado de la explotación y crecimiento de la ciudad, han ido desapareciendo o han sido ocultados bajo el asfalto.

Regresando a la cima, una buena parte de esa masa de agua subterránea se encontraba en forma de acuíferos a pocos metros de profundidad con respecto a la superficie. Estas aguas, fácilmente accesibles contienen altos niveles de bicarbonato cálcico, consideradas aptas para el consumo humano (Díaz-Guerra, 2000, p. 33).

Con respecto a Guadalajara, el territorio ofrecía también una importante concentración de recursos hídricos, si bien distribuidos de manera diferente a los del paisaje madrileño. Los arroyos están presentes fundamentalmente en los alrededores de la elevación y no en su superficie, como en el caso de Madrid. En estos alrededores, el río Henares recibe agua procedente de una serie de arroyos de pequeña y mediana entidad: el arroyo de la Vega, a unos tres kilómetros al norte de la colina, el conjunto formado por los arroyos del Sotillo, de la Culebra y Olmeda del Conde, junto al barranco nororiental, y el arroyo del Robo, que vierte sus aguas frente a la elevación. Ya aguas abajo con respecto a la localidad aparecen otros arroyos, destacando el de Zurraque-Huerta de la Limpia.

Estos arroyos se alimentaban fundamentalmente de las aguas subterráneas que surgían a la superficie a través de fisuras del suelo, en ocasiones en forma de manantiales. En este sentido, la loma alcarreña se encuentra entre dos extensos acuíferos subterráneos. Al norte y noroeste, la masa de agua subterránea de Guadalajara, perteneciente a la cubeta o fosa de Madrid, es alimentada gracias a una superficie compuesta en su mayoría de elementos detríticos que permite una considerable permeabilidad de agua, con índices que oscilan entre media y muy alta (GME-DGA, 2010). Al sur y sureste, la MASb de La Alcarria presenta una permeabilidad de nivel medio. En la loma, estas surgencias aparecerían en los puntos de menor altitud de sus laderas, formando pequeños cauces que alimentarían el río Henares. Quizá fueran pequeños cauces los que formaron los dos barrancos que rodean la loma, si bien su caudal sería intermitente y solo aparecerían tras intensas lluvias (Plaza, 2016, p. 253). En el barranco del Alamín y vinculado quizá a este supuesto cauce, se abría paso un manantial, el más cercano a la cima y que la documentación llamaría igual que al barranco. Al otro lado del río surgiría un segundo manantial, conocido como la fuente del Camino de Cabanillas, a unos dos kilómetros al sur de la elevación y que alimentaría el arroyo homónimo. El resto de posibles manantiales se encontraban ya a una distancia considerable, cercanos a La Alcarria (Plaza, 2016, p. 254).

A nivel hidrográfico, el caso más dramático lo representa Toledo. Si bien cuenta con el mayor de los ríos de la cuenca, el Tajo, el cerro toledano carecía de cualquier tipo de arroyo sobre su superficie y los posibles cursos de agua apenas pasarían de ser pequeñas escorrentías.

Se han localizado algunas surgencias y manantiales en la actual plaza de las Fuentes, en el Arrabal, situado en una zona baja de la elevación y en las inmediaciones de la puerta de Bab al-Mardóm, si bien la mayoría aparecen en los niveles más próximos al río[3]. Este déficit contrasta con la situación de su alrededor. Por él discurrían una veintena de arroyos a ambos márgenes del río, algunos de los cuales tuvieron posteriormente un papel relevante en el sistema de abastecimiento de la ciudad. Todos ellos se encontraban en el margen izquierdo del río, al sur del cerro. El arroyo de la Rosa finalizaba su recorrido sur-norte a casi 1,5 kilómetros al este desde el puente de Alcántara. Aguas abajo, frente a la cara suroriental del cerro, vertía sus aguas al río el arroyo de la Degollada también en dirección sur-norte. Al otro lado de la ciudad, frente a su cara suroccidental, hacía lo propio el arroyo de la Cabeza, también con esa misma dirección. Bastante más alejado aparecía otro curso fluvial que acabaría jugando un papel esencial en la historia de la ciudad: el arroyo Guajaraz. Habiendo transcurrido 11,50 kilómetros aproximadamente desde que dejara atrás el cerro, el Tajo recibía las aguas de este arroyo, que al tomar una dirección noroccidental mantenía una cierta distancia con respecto al cerro. En el curso de algunos de estos arroyos aparecían manantiales de cierta consideración, como los de Cabrahigos, situados en el otro margen del río.

Regresando a lo alto del cerro, a la escasez de arroyos había que sumar la composición del subsuelo. La presencia de elementos litológicos, gneis y granito, lo hacen impermeable al agua de lluvia, la cual solo es capaz de adentrarse a través de las diferentes fracturas del terreno (Díaz-Guerra, 1999), dejando una capa muy superficial de agua. Solo un aumento del régimen de lluvias podría hacer aumentar estas aguas del subsuelo toledano (Obregón et al., 2018). Por último, la presencia de altos niveles de sal en el agua, así como su dureza (Díaz-Guerra, 1999), la hacen desaconsejable para el consumo humano.

3 Se han localizado surgencias naturales en la Plaza del Colegio Infantes y en el Nuncio Viejo (Obregón et al., 2018).

LOS SISTEMAS DE ABASTECIMIENTO

A partir de la orografía, de la disponibilidad de recursos hídricos y de la propia calidad-salubridad del agua, la nueva población y sus autoridades planificaron un sistema capaz de aprovechar al máximo tales condicionantes naturales, para lo cual aplicaron las técnicas tanto originalmente propias como las aprendidas en otras regiones, fundamentalmente de oriente. El caso de Toledo quizá fuera el que más desafío presentaba, dada la escasez de recursos hídricos y la pobreza de sus suelos. No obstante, las autoridades andalusíes contaban con un sistema de abastecimiento previo, organizado y construido en tiempos romanos y que probablemente siguió utilizándose durante la dominación visigoda, si bien en este último periodo su estado de deterioro era ya considerable, hasta el punto de llevar a las autoridades a establecerse en la Vega Baja para garantizarse el abastecimiento (Izquierdo, 2012, p. 212). El hecho de ser una localidad ya habitada obligó a las nuevas autoridades a adaptarlas a una organización ya establecida. En los casos de Madrid y Guadalajara se partía de cero, una vez que ninguno de las elevaciones había sido habitado previamente o, al menos, no había dejado huella alguna.

EL ACCESO DIRECTO AL AGUA

El sistema de abastecimiento más simple consistía en acceder directamente a las diferentes surgencias, manantiales y cursos fluviales presentes en la superficie del territorio. En este sentido, el paisaje madrileño era el que ofrecía mayores posibilidades. La gran oferta hídrica de su territorio posibilitó un fácil acceso al agua, lo que se tradujo en un sistema básico de abastecimiento sin grandes complejidades, al menos en los primeros momentos del asentamiento. El agua para el consumo humano quedaba asegurada por los dos arroyos, especialmente a través de los diferentes manantiales y surgencias situados en la propia cima.

Como ya he señalado, en Toledo hay también constancia de la existencia de fuentes y manantiales tanto en el interior como en el entorno de la ciudad, como los de la plaza de las Fuentes, el Arrabal o la puerta de Bab al-Mardóm, si bien la mayoría se encontraban alejados o eran de difícil acceso. Del periodo romano no tenemos noticias sobre el aprovechamiento de estos manantiales (Tsolis, 2018), pero sí lo fueron durante el periodo andalusí, al menos las dos primeras. Sin embargo, el agua de estas fuentes, al menos las situadas en el cerro, no era apta para el consumo humano, por lo que sería destinada a otras actividades[4]. El acceso directo al agua para el consumo quedaba, por tanto, limitado al río Tajo, que, si bien ofrecía una reserva prácticamente ilimitada, se encontraba a un fuerte desnivel con respecto al cerro, complicando así su accesibilidad.

El punto intermedio lo representaba Guadalajara, que, si bien no contaba con manantiales en la superficie de la loma, sí existían varias fuentes naturales de agua potable en sus cercanías, además a una altura mayor que en el caso de Toledo, lo que facilitaba su acceso (Plaza, 2016, p. 266).

LA LÓGICA MILITAR EN LA ORGANIZACIÓN DEL TERRITORIO

El territorio sobre el que se levantaron las tres localidades fue, durante tres siglos, un territorio de frontera. Aquel quedó integrado en el siglo IX en el *al-Ṯaġr al-Awsaṭ* que separaba el entonces emirato de Córdoba con los reinos cristianos del norte. Así permaneció hasta finales del siglo XI. Conquistado entonces el territorio por parte de Castilla, el carácter de frontera no desaparecería del todo hasta la disolución del imperio almohade a comienzos del siglo XIII. Todo este tiempo en la frontera impuso obligatoriamente una lógica militar a la hora de organizar la explotación del territorio y de sus recursos. Para el caso que nos ocupa, esta lógica trajo consigo una necesidad de garantizar el agua en caso de asedio, lo que se tradujo en la dotación de un conjunto de infraestructuras hidráulicas para ello. Estas infraestructuras fueron concebidas, en primer lugar, para el alcázar o fortaleza del lugar, que no dejaba de ser el principal

4 En el caso de estos manantiales del Arrabal sería empleados para la industria alfarera, mientras que el de la plaza de las Fuentes surtirían de agua a hasta cinco casas de baños situados en sus inmediaciones (Izquierdo, 2012).

elemento que defender, y posteriormente se hicieron extensibles al resto de la población.

Una de las respuestas habituales de esa lógica militar en los asentamientos fue la de defender los accesos al agua a través de un sistema de corachas, consistente en una ramificación de la muralla que se extendía hacia el río o arroyo, dibujando un camino fortificado. De nuevo, en Toledo parece haber indicios de la existencia de este sistema destinado exclusivamente al abastecimiento de la alcazaba (Izquierdo, 2012, p. 212). Se ha especulado con la posibilidad de que Madrid también se dotara de una pequeña coracha para garantizar la llegada del agua procedente del arroyo al sur de la fortaleza (Montero Vallejo, 1992, p. 83). Sin embargo, hasta la fecha no se ha hallado indicio alguno sobre su existencia, como tampoco tenemos evidencias en el caso de Guadalajara.

De lo que sí tenemos constancia tanto documental como material es la presencia de pozos abiertos en la superficie de las tres localidades. Contar con este tipo de estructuras en el interior de la ciudad y del alcázar-fortaleza aseguraba la disponibilidad de agua en caso de asedio. Como hemos visto, se asentaron sobre una capa freática que acumulaba agua subterránea a la que poder acceder de manera bastante sencilla y en todas ellas se abrieron pozos tanto públicos como privados para extraer dicha agua. En Toledo se habían abierto pozos desde época romana, como parece confirmar el hallado en el número 6 de la calle Airosas (Tsolis, 2018), y durante el periodo andalusí se fueron construyendo nuevos, como el famoso Pozo Amargo, que actualmente da nombre a una calle de la ciudad, el pozo de Torre Alforach, o el hallado en los números 3 y 5 de la calle Trinidad (Obregón et al., 2018), que siguieron siendo empleados durante periodo bajomedieval. No obstante, el agua extraída tampoco era recomendable para el consumo humano, por lo que sería destinadas a otras actividades que requiriesen su explotación. A pesar de ello, no se debe descartar que algunas familias llegasen a abastecerse del agua de estos pozos públicos.

En Madrid y Guadalajara, por el contrario, la capa freática sí permitía un agua apta para el consumo humano, lo que fomentó la multiplicación de este tipo de estructuras. En territorio madrileño se ha hallado un considerable número de pozos de periodo andalusí tanto en el interior como en el exterior del recinto que parecen vinculados con el consumo humano. Los pozos extramuros posiblemente fueran destinados al consumo colectivo y se abrirían en espacios públicos, fundamentalmente para las familias de los arrabales que habían ido surgiendo a su alrededor. Por su parte, de los pozos aparecidos a intramuros, si bien alguno podría tener también esa misma función pública, la mayoría respondía a un consumo privado, al hallarse en los patios interiores de algunas de las viviendas aparecidas en la intervención de la plaza de la Armería (Andreu, 2007, p. 694). La presencia en Maŷrit de familias vinculadas a la administración local incentivó la construcción de este tipo de infraestructuras en el interior de sus hogares, pues, además de la comodidad, suponía igualmente un símbolo de distinción social, algo que se mantendría durante el posterior periodo cristiano. De periodo andalusí, en la zona de extramuros también se han localizado pozos en las actuales Cuesta de la Vega, calles del Espejo y Cava Baja, entre las calles del Rollo y Sacramento, en las cercanías de las plazas de Carros y San Andrés[5], diez en la actual plaza de Ramales y un total de catorce bajo la plaza de Oriente. Todos estos lugares fueron fundamentalmente de explotación agrícola, si bien algunos de esos pozos seguramente fueran destinados al consumo humano por parte de las familias que habitaban los arrabales cercanos de la medina madrileña.

En Guadalajara, por su parte, también se han hallado estructuras de pozos de periodo andalusí en el interior de la ciudad, posiblemente también de carácter privado y localizados en los patios de viviendas particulares. Al igual que ocurriera en Madrid, probablemente este tipo de estructuras siguieran siendo empleados tras la conquista castellana como explotación privada, lo que escaparía del control de las autoridades municipales y, por tanto, quedaría al margen de la documentación municipal (Plaza, 2016).

Es probable que algunos de estos pozos formaran parte de un sistema más complejo que no buscara captar agua de la capa freática

5 Los análisis y descripciones de gran parte de estos pozos se pueden consultar en varios de los capítulos incluidos en la obra colectiva Turina et al. (2000). También resultan imprescindibles Retuerce (2000) y Yáñez et al. (1992).

sino la de lluvia, que había sido acumulada en cisternas excavadas en el subsuelo. Estos aljibes fueron otro sistema que garantizaba el suministro de agua en caso de asedio, al tiempo que aprovechaba al máximo los recursos hídricos que ofrecía el paisaje, en este caso, procedentes de los cielos. El agua de lluvia era captada de los tejados a través de albañales que la conducían hasta una serie de albercas o depósitos abiertos en la superficie. De ellas se podía obtener el agua directamente, si bien la mayor parte era filtrada a través de sumideros a los aljibes o cisternas subterráneas que la mantendrían a baja temperatura y lejos de la contaminación lumínica. Para extraerla se abría en la superficie un pozo dotado de un sistema de extracción, ya fuera un simple cubo o algún tipo de noria.

A pesar de no contar con evidencias, no es muy aventurado pensar que el alcázar-fortaleza de estas tres localidades se dotaran de este sistema. Es cierto que esta agua de lluvia no era considerada apropiada para el consumo humano y estaba dirigida fundamentalmente al lavado y a la higiene. No obstante, en caso de necesidad se podía echar mano de ella. Es probable que en Toledo estuviera presente desde el periodo romano, como uno de los sistemas alternativos de abastecimiento al acueducto, la gran obra hidráulica de esos momentos. Este sistema de aljibes también se emplearía en el periodo andalusí, tanto para el alcázar como para las viviendas de la ciudad. Sin embargo, por el momento no contamos con evidencias físicas de posibles *compluvium* entre los restos romanos hallados (Rubio Rivera, 2018), aunque sí numerosas cisternas para acumular agua, si bien todavía no queda claro a qué tipo de sistema de abastecimiento correspondían. Por su parte, del periodo andalusí solo contamos con un aljibe, localizado junto a la catedral, supuestamente perteneciente en su origen a la antigua mezquita mayor. Desde la conquista castellana pasaría a formar parte del templo cristiano. Su datación se sitúa entre finales del siglo x y comienzos del xi y contaba con una noria para elevar el agua (Yuste, 2018).

En la documentación escrita no encontramos registro alguno de aljibes hasta el periodo bajomedieval. No obstante, y como sucedía con el ejemplo de la mezquita, gran parte de los aljibes referenciados en ese periodo eran de herencia andalusí. Volviendo al aljibe de la mezquita-catedral, siguió siendo utilizado para el abastecimiento de la catedral, a pesar de que se debió renunciar a la noria, sustituida por un pozo simple construido en el patio del edificio, aunque recuperada a mediados del siglo XV. Sin embargo, esta agua sería destinada al riego de la huerta y jardines de la catedral, mientras que para el consumo de los capellanes procedería de la traída por los azacanes (Yuste, 2018).

En el caso de los aljibes destinados al consumo en las viviendas, se abrían en los patios de los hogares un pozo con su correspondiente cubo. Según se puede intuir a partir de la documentación, es probable que su construcción y mantenimiento, al menos a la altura de finales del siglo XV, recayeran sobre los propietarios de las viviendas, mientras que la intervención municipal se limitaba a legislar para aclarar qué familias podían apropiarse del agua de lluvia cuando esta caía sobre espacios compartidos por diferentes viviendas[6].

Su existencia en Madrid o Guadalajara entra en el campo de lo hipotético, pues no se han hallado en ninguno de los dos casos evidencias definitivas de su presencia en periodo islámico. Como se ha indicado anteriormente, quizá algunos de los muchos pozos hallados en suelo madrileño y alcarreño estuvieran vinculados con un sistema de aljibes. Sí hay presencia de albercas[7] y cisternas, así como de albañales en la documentación bajomedieval. Sin embargo, en el caso de los depósitos de agua son de nueva fabricación, y no parecen vinculados a sistema de canalización y almacenamientos subterráneos, mientras que los segundos simplemente estaban destinados al desagüe del agua de lluvia y no para su almacenamiento.

SISTEMAS COMPLEJOS DE ABASTECIMIENTO

Los sistemas aptos para los tiempos de guerra, sin embargo, no resultaban eficaces para satisfacer completamente la demanda, especialmente ante el crecimiento de la población y las cada vez mayores y más diversas necesidades en unas localidades cada vez

6 Para una descripción más detallada sobre el funcionamiento y mantenimiento de estos sistemas de aljibes: (Izquierdo, 2012).

7 Archivo de la Villa de Madrid (AVM), Secretaría, 3-90-2.

más complejas. Por ello, buena parte de las ciudades andalusíes se dotaron de sistemas de abastecimiento que superaran esa lógica militar en favor de una mayor cantidad de agua disponible para su consumo y explotación. Estos sistemas eran mucho más complejos y, en consecuencia, exigieron mayores inversiones, pero, paradójicamente, resultaban más fáciles de sabotear por el enemigo, una vez que gran parte de sus infraestructuras se encontraban a extramuros.

De las tres localidades, fue Toledo la que debía dotarse de sistemas más complejos, debido a las mayores dificultades que encontraba a la hora de acceder al agua, hándicap acentuado por albergar una población mucho más numerosa que las otras dos. La documentación disponible parece confirmar este escenario. A Toledo pertenece la principal referencia a un ingenio hidráulico de la zona en la documentación árabe. Se trata de la descripción de una extraordinaria obra de ingeniería realizada por el geógrafo al-Idrisi en su *Dikr al-Andalus*[8], y recogida igualmente en la obra anónima *Dikr bilad al-Andalus*: una noria de enormes dimensiones que permitía elevar el agua del Tajo al nivel de la ciudad. El ingenio, levantado a mediados del siglo XI, tendría supuestamente como objetivo principal abastecer al palacio del rey Yahya ibn Ismail al-Mamun (Passini, 2018, p. 293) y el alcázar de la ciudad. La falta de evidencias arqueológicas siembra dudas entre quienes han estudiado el ingenio, no tanto sobre la veracidad de las palabras de Idrisi, sino sobre su ubicación exacta. Se ha considerado que la noria aprovecharía parte del sistema de acueductos y canales construido en periodo romano, que se encontraba en esos momentos completamente arruinado. Para otros autores, como Jean Passini (2018), la noria fue levantada a 130 metros aguas abajo del puente de Alcántara, en el mismo punto donde en el siglo XVI se levantó el artificio diseñado por Juanelo Turriano para elevar el

8 El geógrafo así lo refiere: "Se ve allí un acueducto muy curioso compuesto de un solo arco por debajo del cual las aguas corren con gran violencia y hacen mover en la extremidad del acueducto una máquina hidráulica que hace elevar el agua a 90 codos de altura [45-50 metros] permitiendo que circule el lomo de la construcción en su misma directo y penetra de seguido en la ciudad" (trad. en 1901, p. 26).

agua a la ciudad. Esta propuesta supondría la construcción de un sistema desde cero, lejos del viejo acueducto romano y, siguiendo la propuesta de Passini, la noria transportaría el agua del Tajo por la ladera este del cerro, elevándola para introducirla a intramuros a través de una sucesión de canales, norias de sangre y cisternas hasta llegar al palacio del al-Mamun. Por tanto, estaríamos ante un sistema abastecimiento exclusivamente privado, si bien, de ser cierto, no se descartaría algún desvío para el consumo público de una parte de esa agua, aunque resulte imposible conocer a cuántas de las familias toledanas podía abastecer (Carrada et al., 1999). Por el momento, ante la falta de evidencias arqueológicas son simples hipótesis. Es posible, incluso, la existencia de otras norias, las cuales alimentaría de agua la almunia que hizo construir el mismo rey toledano (Torres Balbás, 1942) y, según palabras del propio Idrisi, los "jardines que rodean a Toledo" (trad. en 1901, p. 27). Gran parte de estas norias, si no todas, debieron ser abandonadas y derruidas con la llegada de las autoridades castellanas, según se intuye por la falta de referencias en la documentación posterior (Izquierdo, 2018, p. 223).

En Madrid también hay indicios de la existencia de norias en el periodo islámico, gracias a hallazgos de pozos rectangulares y arcaduces en diferentes intervenciones arqueológicas, como las de la actual plaza de Oriente de Madrid y calle Noblejas (Retuerce, 1998). Estas, sin embargo, eran de dimensiones mucho más reducidas que las toledanas y, sobre todo, estarían vinculadas con un sistema de riego. No obstante, al igual que ocurre en otras ocasiones, no hay que descartar la posibilidad de la presencia de norias en pozos destinados al consumo humano.

Todas estas norias debieron estar vinculadas a una red de canales que distribuían el agua a diferentes puntos del territorio. Este tipo de infraestructuras fueron muy habituales en las diferentes ciudades andalusíes, incluidas las tres que están siendo protagonistas en estas páginas. La documentación árabe hace algunas pequeñas referencias a su existencia, y al mismo tiempo, la arqueología ha sacado a la luz diferentes tramos de canales de periodo medieval-andalusí en estas tres localidades. Su presencia continuó durante los siglos posteriores, confirmada por las diversas referencias halladas en los textos bajomedievales. En estos encontramos caños[9], canales (Rubio Pardos et al., 1982, p. 49), o diferentes formas de cauce –caces, calçes, cauceras–. Pero lejos de imaginar grandes canalizaciones, en la mayoría de las ocasiones hacían referencia a pequeños conductos que encauzaban mejor alguna surgencia natural o lo transportaban a otro punto más cercano a las viviendas.

De nuevo, es Toledo la que ofrece una mayor información sobre este tipo de sistema de abastecimiento y distribución. No era difícil, pues la ciudad partía de un desarrollado sistema de canalizaciones procedentes del periodo romano, compuesto por, al menos, dos acueductos. El primero de ellos posiblemente se construyera para traer agua desde el cercano arroyo de la Degollada, y sus restos aparecieron recorriendo el margen derecho del arroyo, salvando el Tajo a través de un extraordinario puente-sifón para llegar así a la ciudad (Barahona, 2018, p. 31). Poco después, y quizá para aumentar su capacidad, se construyó un segundo acueducto, de dimensiones mucho mayores y que recogía agua de la presa de la Alcantarilla, que da nombre a este segundo acueducto, y que fue levantada sobre las aguas del arroyo Guajaraz y situada a algo más de 21 kilómetros de distancia en línea recta de la ciudad. Este acueducto de la Alcantarilla se uniría en algún punto, hoy desaparecido, con el de la Degollada para alcanzar la ciudad por el mismo puente (Barahona, 2018, p. 37). Se habla incluso de un tercer acueducto romano, conocido como de la Rosa, aunque hasta el momento las pruebas de su existencia en este periodo no parecen concluyentes. Una vez llegada a la ciudad, esta se distribuía por canales que iban recorriendo la ciudad hasta los puntos de recogida, la mayoría de ellos en espacios públicos, si bien no hay que descartar desviaciones a propiedades privadas. En las diferentes intervenciones arqueológicas a intramuros, han ido viendo la luz algunos hallazgos relacionados con estas canalizaciones, si bien no queda claro si formaban parte del sistema de abastecimiento o del sistema de evacuación de aguas residuales (Rubio Rivera, 2018). Sin embargo, este sistema parece que se encontraba ya muy

9 AVM, Secretaría, 1-90-24.

deteriorado en tiempos visigodos, posiblemente incluso arruinado, hasta que finalmente fue demolido en tiempos de Muhammad I (Izquierdo, 2018), por lo que se hizo necesaria una reestructuración completa del sistema para enlazarlo con la gran noria descrita por Idrisi (trad. en 1901), como el propio geógrafo aseguraba para otras norias presentes en la ciudad: "están surcados por canales sobre los cuales se han construido norias para el riego de las huertas, que producen, en cantidad prodigiosa, frutos de una belleza y de un sabor inexplicables" (p. 27).

Sin embargo, no se han hallado tampoco en esta ocasión evidencias arqueológicas vinculadas con este sistema principal de canalizaciones. Sí se han hallado otras en la zona de los arrabales, como las tuberías de barro y cerámica halladas en el rabad al-Dabbagin o barrio de Curtidores, situado al sur de Toledo[10].

En su análisis sobre lo hallado en torno al sistema de abastecimiento puesto en marcha desde época romana en la ciudad, Marisa Barahona (2018) abre la posibilidad de la construcción de un nuevo acueducto en periodo islámico, que tomaría sus aguas desde los manantiales de la Pozuela y que se seguiría empleando hasta al menos el siglo XVI. Sin embargo, la propia arqueóloga no parece vincularlo con el abastecimiento de la ciudad, sino que lo consideran parte de un sistema de regadío de los Cigarrales, al sudoeste de la ciudad (p. 36), de tecnología claramente oriental (Carroles y Morín, 2018, p. 269).

Por su parte, en Guadalajara no se han hallado ningún tipo de estructura relacionada con algún sistema complejo de canalización. Sin embargo, algunas fuentes árabes nos indican la presencia de abundante agua en la ciudad, como el *Kitab ar-rawd al-Mi'tar*, en el que al-Himyari (trad. en 1963), inspirándose en la descripción que ya había realizado al-Idrisi en el siglo XII, afirma que la ciudad está "rodeada de sólidas murallas y regada por aguas corrientes" (p. 387). La duda es si con estas palabras, los autores árabes hacían referencia a los arroyos de los alrededores de la ciudad o al espacio intramuros. En el caso de que se tratara de esta segunda posibilidad, y ante

10 En este caso, eran canalizaciones relacionadas con el suministro de agua para la industria de las tenerías. Para un estudio detallado de este sistema, véase García Sánchez (2018).

la presumible falta de fuentes naturales dentro de la ciudad, se ha abierto la posibilidad de la existencia de algún tipo de canalizaciones que trajeran agua de los manantiales del territorio circundante y diera abasto tanto a las familias alcarreñas como a infraestructuras tan vitales como los baños. A pesar de esa falta de evidencias materiales, si pusiéramos en relación las palabras de los autores árabes con la primera de las referencias a un sistema de abastecimiento en la ciudad podría dar validez a la hipótesis de una red de canales de origen islámico que se mantuvo en periodo castellano. Se trata de un privilegio de 1309 por el cual, el concejo de Guadalajara cedía el uso de un caudal de agua a las monjas del monasterio de Santa Clara (Plaza, 2016). Según este documento, un canal traía agua desde algún punto no especificado al sudeste de la localidad hasta la puerta de Bejanque, si bien, según Javier Plaza (2016), podría ser la fuente del Sotillo (p. 256). Siguiendo a este autor, al llegar a las inmediaciones de la puerta, el canal desembocaría en algún tipo de cisterna con el que se abastecía, entre otros, el monasterio de San Francisco. Un segundo tramo de canal llevaba el agua sobrante a una fuente situada junto a la iglesia de Santa María, a unos doscientos metros al noroeste. Dicha iglesia fue construida sobre una antigua mezquita, lo que bien podría ser un indicio del origen andalusí del sistema, que alimentaba las inmediaciones del templo para las abluciones. Desde esa fuente, el agua se repartía entre el alcázar y, a través de un canal de desvío, una segunda fuente, en esta ocasión, junto a la desaparecida iglesia de San Andrés, de arquitectura mudéjar. De ahí se puede intuir que la canalización principal recorrería la ciudad en un trazado similar a la actual calle Ingeniero Mariño, pasando por delante de la mezquita-iglesia de Santa María para continuar hasta la altura de la calle Teniente Figueroa. Allí se bifurcaría, a través de un primer ramal, que continuaría esa misma calle Mariño durante 500 metros más hasta el alcázar, y de un segundo ramal por Teniente Figueroa durante 200 metros hasta la iglesia de San Andrés. Sobre este sistema la familia Mendoza construyó su red de abastecimiento privado.

En el caso de Madrid, a pesar de la tradicional idea de la existencia de los antiguos qanats o viajes de agua de época islámica, no parece que fuera necesaria la construcción de una compleja red de canalizaciones para el abastecimiento humano. Se ha hallado algún tramo de canal, como el de la plaza de los Carros (Retuerce, 2000) o un hipotético segundo tramo de canal en el número 30 de la calle Cava Baja (Malalana, 2011, pp. 176-177), ambos a cielo abierto, pero sin rastro que pudiera vincularse con esos supuestos canales subterráneos. La única noticia documental que tenemos sobre una canalización bajo tierra hace referencia a los caños que alimentaban a los *hammam* o baños públicos de la ciudad, por lo que podría tratarse de una infraestructura de periodo andalusí. Una vez cerrado y derribado el edificio durante la segunda mitad del siglo XIV, estos caños serían aprovechados para construir una nueva fuente, la llamada de la Alcantarilla[11], por su cercanía al pequeño puente que salvaba el valle formado por el arroyo de la Villa. Estos caños probablemente tuvieron como función el aprovechamiento al máximo de algunas de las escorrentías y surgencias presentes en el pequeño valle del arroyo sobre el que se levantaron los baños. Sin embargo, la falta de cualquier tipo de referencias o indicios sobre posibles obras de reparo o ampliación en la documentación bajomedieval parecen corroborar su inexistencia. Esos tramos de canal hallados posiblemente estuvieron relacionados con la actividad agrícola a lo que se ha de sumar que, además, en el caso del de la plaza de los Carros fue abandonado poco después de haberse construido (Retuerce, 2000, p. 45).

La mayor parte de las canalizaciones a las que hace referencia la documentación bajomedieval también tenían que ver con un sistema de riego y, en menor medida, relacionadas con alguna otra actividad económica, como la pesca o la molienda. En cuanto a los canales para el consumo humano registrados en la documentación serían pequeñas tuberías destinadas al encauzamiento de las aguas de un manantial para su mejor recogida.

La construcción de la compleja red de canales subterráneos que caracterizaron el sistema de abastecimiento en Madrid comenzó a plantearse ya a comienzos del siglo XVI, cuando el constante aumento de la demanda de una población que aceleraba su crecimiento

11 AVM, Secretaría, 1-90-24.

empezó a agotar las reservas naturales y su regeneración. El sistema de fuentes, arroyos y pozos no daban abasto y comenzaban los primeros problemas de escasez de agua disponible. Sin embargo, las medidas tomadas siguieron girando en torno a la mejora del sistema ya existente. Fue ya a comienzos del siglo XVII cuando comenzó la construcción de los primeros viajes de agua madrileños. El primero de ellos fue impulsado por la Casa Real, que inició las obras del viaje del Amaniel para la traída de aguas al alcázar de la ciudad[12]. Apenas un año después, el concejo, basándose en el proyecto real, comenzó la construcción de los canales destinados a llevar agua a Madrid desde el noreste de la ciudad: los viajes del Bajo y Alto Abroñigal[13].

EL AGUA EN LOS HOGARES

A través de esos variados sistemas de abastecimiento: fuentes, arroyos, ríos, pozos, norias y canales, las ciudades garantizaban la llegada de agua a su interior y a sus alrededores. Con ello la población podía satisfacer sus necesidades básicas. Sin embargo, faltaba el último de los pasos para lograrlo: su llegada a los hogares. El papel y el esfuerzo de las autoridades municipales andalusíes se limitaban a permitir el acceso al agua, no de llevarlo a las casas. Esa posibilidad solo se podía obtener a través de la iniciativa privada. El alto coste que suponía la construcción de canales y su mantenimiento lo dejó exclusivamente en manos de las familias privilegiadas y vinculadas al gobierno municipal. Pero, a diferencia del periodo bajomedieval, no tenemos noticias sobre la existencia de sistemas privados salvo los relacionados con el abastecimiento del alcázar y palacios de Toledo, así como la constatación arqueológica de pozos en el interior de algunas viviendas, como el caso de Madrid.

La inmensa mayoría de la población, por tanto, carecía del acceso al agua en el interior de sus hogares, por lo que debían buscarla fuera de sus muros, en los puntos de surgencia públicos. Si bien carecemos

12 Archivo General de Palacio (AGP), Administración General, leg. 8 exp. 2 y 3.
13 AVM, Secretaría, 1-90-6.

de evidencias documentales sobre esa traída de agua previas al siglo XV, no parece que la situación cambiara en exceso en los siglos anteriores: quienes recogía el agua en fuentes y pozos públicos eran, en su gran mayoría, las mujeres de cada localidad. Eran ellas las que, desde edad muy temprana, acudían diariamente a los puntos de abastecimiento públicos, recorriendo, cántaro en mano, la distancia que los separaba de sus hogares. En ocasiones acarreaban el agua para sus propias familias, en otras para las familias para las que trabajaban, pues el transporte de agua era uno de los trabajos que debían realizar aquellas mujeres, generalmente jóvenes, que formaban parte del servicio doméstico en las casas más pudientes. Una vez traída a la casa, el agua era consumida inmediatamente o bien vertida en tinajas situadas en el hogar. Algunas de las casas podían disponer de un pequeño espacio que serviría de almacén donde acumular estos recipientes, como queda documentado en Toledo (Izquierdo, 1997, p. 323).

Este trabajo de acarreo de agua era, tanto por el esfuerzo físico como por la cotidianidad, una actividad tediosa. Se hacía especialmente duro en Toledo, dado que a su principal punto de abastecimiento, el Tajo, se accedía a través de fuertes desniveles. Ello obligaba a las toledanas a salvar diariamente las enormes cuestas que lo separaban la ciudad. Quizá por ello se popularizó en Toledo, antes que en las otras dos medinas, la figura del azacán o aguador: hombres dedicados a llevar agua del río a los hogares a cambio de un determinado precio. El fuerte desnivel existente exigió a estos azacanes el uso de mulas u otros animales para el transporte de los cántaros de agua (Izquierdo, 2018, p. 225). Tanto en Toledo como en Madrid se han hallado cántaros de cerámica de época islámica que presumiblemente usaban estas mujeres y estos azacanes. En la ciudad del Tajo su presencia se hizo tan esencial para el abastecimiento que su profesión acabó dando nombre a alguna de sus calles, como la que arrancaba de una de las puertas de la ciudad hacia el río o en la que, a la altura del siglo XV parecía concentrar la mayor parte de sus viviendas[14].

No solo el gran esfuerzo físico que conllevaba el acarreo motivó la aparición y consolidación de estos azacanes. La realización de

14 Se trata de las calles Puerta Nueva y Bajada Barco (Izquierdo, 2012, p. 212).

este trabajo también conllevaba peligros para las mujeres. Acudir de manera cotidiana a las fuentes y otros puntos hídricos conllevaba el encuentro habitual entre diferentes vecinas, tal y como se puede intuir de la documentación municipal bajomedieval de las tres localidades y se puede trasladar a tiempos anteriores. Esta circunstancia convirtió a estas fuentes en espacios feminizados, de contacto entre mujeres de diferentes edades, y generalmente de familias humildes. Los hombres entendieron esos lugares feminizados como espacios en los que poder satisfacer sus deseos sexuales. De esta manera, los puntos de recogida de agua, especialmente los más alejados de las murallas de la ciudad y los caminos hacia ellos se convirtieron en espacios potencialmente peligrosos para estas mujeres, en los que la amenaza a una agresión sexual estaba siempre presente. De nuevo, carecemos de cualquier noticia sobre ello para el periodo andalusí, pero sí para el bajomedieval, cuya documentación permite conocer cómo fue la reacción de las autoridades (Rubio Pardos et al., 1979, p. 34).

Al estar vinculada a un bien tan preciado como vital, la actividad del azacán-aguador debió estar controlada por las autoridades municipales. Que esta actividad la desarrollaran hombres de extracción humilde facilitaba sin duda el control escrupuloso por parte de aquellas. Pero esto, una vez más, entra en el ámbito de la especulación a partir de la experiencia posterior, esto es, a partir del control que los concejos castellanos que heredaron los sistemas de suministros andalusíes establecieron sobre esta actividad. Es probable que la vigilancia se centrara en el precio de la carga de agua, tendiendo a fijar la cuantía más baja posible para así hacer accesible su servicio a la mayor parte de la población, así como la cantidad de agua que debía tener cada carga, para evitar así la especulación.

BIBLIOGRAFÍA

Al-Himyari (1963). *Kitab ar-rawd al-Mi'tar* (Trad. M. P. Maestro González). Gráficas Bautista.

Al-Idrisi (1901). *Dikr al-Andalus* (Trad. A. Blázquez). Imprenta y litografía del Depósito de la Guerra.

Andreu Mediero, E. (2007). El Madrid medieval. *Caesaraugusta*, 78, 687-698.

Barahona Oviedo, M. (2018). La red romana de captación y conducción de agua a la ciudad de Toledo: balance tras una década de investigación. En R. Rubio Rivera, J. Passini & R. Izquierdo Benito (Coords.), *El agua en Toledo y su entorno. Épocas romana y medieval* (pp. 30-50). Ed. Universidad de Castilla-La Mancha.

Bonachía Hernando, J. A. (1998). El agua en la documentación municipal: los "libros de actas". In M.I. del Val Valdivieso (Coord.), *El agua en las ciudades castellanas durante la Edad Media* (pp. 41-70). Universidad de Valladolid.

Bueno Sánchez, M. (2012). ¿Frontera en el Duero oriental? Construcción y mutación de funciones en el a r Ban S lim (siglos VIII-XI). En J. Martos Quesada y M. Bueno Sánchez (eds.), *Fronteras en discusión. La península ibérica en el siglo XII* (pp. 165-190). A.C. Almudayna.

Carrada, A. I., Miguel, J.C. de, & Segura Graíño, C. (1999). Condiciones físicas y geológicas del emplazamiento toledano. En J.M. Macías, & C. Segura Graíño (Coords.), *Historia del abastecimiento y usos del agua en la ciudad de Toledo* (pp. 49-67). Ed. Confederación Hidrográfica del Tajo.

Carrobles, J. y Morín, J. (2018). Sistemas hidráulicos antiguos y medievales en el entorno de la ciudad de Toledo: los cigarrales. En R. Rubio Rivera, J. Passini & R. Izquierdo Benito (Coords.), El agua en Toledo y su entorno. Épocas romana y medieval (pp. 243-272). Ed. Universidad de Castilla-La Mancha.

Cuadrado Prieto, M. A. & Crespo Cano, M. L. (2018). Madinat al Faray/Wadi-l-Hiyara. Datos arqueológicos para definir la Guadalajara andalusí. En G. García-Contreras Ruiz & L. Olmo Enciso (ed. lit.), *Arqueología medieval en Guadalajara: Agua, paisaje y cultural material* (pp. 161-198). Ed. Alhuilia.

Díaz-Guerra, C. (1999). Condiciones físicas y geológicas del emplazamiento toledano.En J.M. Macías y C. Segura Graíño (Coords.), *Historia del abastecimiento y usos del agua en la ciudad de Toledo* (pp. 23-34). Ed. Confederación Hidrográfica del Tajo.

Díaz-Guerra, C. (2000). El marco físico de Madrid. En F. J. Martínez del Olmo (coord.), *Historia del Abastecimiento y usos de agua en la Villa de Madrid* (pp. 23-34). Ed. Confederación Hidrográfica del Tajo.

García Sánchez de Pedro, J. (2018). El agua y el curtido de la piel: las tenerías medievales. En R. Rubio Rivera, J. Passini y R. Izquierdo Benito (Coords.),

El agua en Toledo y su entorno. Épocas romana y medieval (pp. 327-347). Ed. Universidad de Castilla-La Mancha.

GME-DGA (2010). *Identificación y caracterización de la interrelación que se presenta entre aguas subterráneas, cursos fluviales, descargas por manantiales, zonas húmedas y otros ecosistemas naturales de especial interés hídrico. Demarcación hidrográfica 031 Tajo. Masa de Agua Subterránea 031.006 Guadalajara.* Instituto Geológico y Minero.

Gómez Iglesias, A. (1970). *Libros de acuerdos del concejo madrileño, 1486-1492* (Vol. II). Artes Gráficas Municipales.

Izquierdo Benito, R. (1997). La vivienda en Toledo a finales de la Edad Media. En M.I. Loring García (Ed.), *Historia social, pensamiento historiográfico y Edad Media* (pp. 311-326). Ed. del Orto.

Izquierdo Benito, R. (2012). El agua en Toledo en la Edad Media. En M.I. del Val Valdivieso y J.A. Bonachía Hernando (Eds.), *Agua y sociedad en la Edad Media hispana* (pp. 211-240). Ed. Universidad de Granada.

Izquierdo Benito, R. (2018). El agua en las ordenanzas municipales de Toledo. En R. Rubio Rivera, J. Passini y R. Izquierdo Benito (Coords.), *El agua en Toledo y su entorno. Épocas romana y medieval* (pp. 221-234). Ed. Universidad de Castilla-La Mancha.

Izquierdo Benito, R. y Passini, J. (2018). El agua en Toledo y en su entorno: Época Medieval. En R. Rubio Rivera, J. Passini y R. Izquierdo Benito (Coords.), *El agua en Toledo y su entorno. Épocas romana y medieval* (pp. 216-220). Ed. Universidad de Castilla-La Mancha.

Layna Serrano, F. (1997). *El palacio del Infantado en Guadalajara.* Aache Ediciones.

Malalana Ureña, A. (2011). *Madrid, génesis y evolución de la muralla del siglo XII.* Ed. La Librería.

Malalana Ureña, A. (2017). Ma r t durante los siglos IX-XI. Arquitectura militar, población y territorio. *Espacio, tiempo y forma. Serie I, Prehistoria y arqueología,* 10, 219-248. https://doi.org/10.5944/etfi.10.2017.15940

Manzano Moreno, E. (1990). Madrid en la frontera omeya de Toledo. In *Madrid del siglo IX al XI* (pp. 115-129). Comunidad de Madrid, Dirección General de Patrimonio Cultural.

Montero Vallejo, M. (1992). *El Madrid medieval.* Avapiés.

Muñoz Fernández, Á. (2000). Metáforas del agua en la cultura urbana madrileña (ss. XIII-XVIII). En F. J. Martínez del Olmo (coord.), *Historia del Abastecimiento y usos de agua en la Villa de Madrid* (pp. 163-182). Ed. Confederación Hidrográfica del Tajo.

Obregón Penis, T., Ruiz Sabina, J. A., Gómez Laguna, A. J. y García Almarcha, J. (2018). El sistema de pozos-manantial de los nº 3 y 5 de la Calle Trinidad. En R. Rubio Rivera, J. Passini y R. Izquierdo Benito (Coords.), *El agua en Toledo y su entorno. Épocas romana y medieval* (pp. 371-397). Ed. Universidad de Castilla-La Mancha.

Passini, J. (2018). Toledo medieval: la máquina hidráulica de Al-Idrisi. En R. Rubio Rivera, J. Passini y R. Izquierdo Benito (Coords.), *El agua en Toledo y su entorno. Épocas romana y medieval* (pp. 273-298). Ed. Universidad de Castilla-La Mancha

Plaza de Agustín, J. (2016). Agua y desarrollo urbano en la Castilla medieval: aportaciones a su estudio en la ciudad de Guadalajara. *En la España Medieval*, 39, 249-273. https://doi.org/10.5209/rev_ELEM.2016.v39.52340

Retuerce Velasco, M. (1998). Excavaciones en la plaza de Oriente-calle de Bailén (Madrid). *Qurtuba. Estudios andalusíes*, 3, 261-264.

Retuerce Velasco, M. (2000). El agua en el Madrid andalusí. En F. J. Martínez del Olmo (coord.), *Historia del Abastecimiento y usos de agua en la Villa de Madrid* (pp. 37-54). Ed. Confederación Hidrográfica del Tajo.

Rubio Pardos, C., Moreno Valcárcel, T., De la Fuente Cobos, C. y Meneses García, E. (1979). *Libros de acuerdos del concejo madrileño, 1493-1497* (Vol. III). Raycar.

Rubio Pardos, C., Sánchez González, R. y Cayetano Martín, M. C. (1982). *Libros de acuerdos del concejo madrileño, 1498-1501* (Vol. IV). Raycar.

Rubio Rivera, R. (2018). El agua "intra moenia" en el Toledo romano: cuestiones sobre abastecimiento, distribución y saneamiento. En R. Rubio Rivera, J. Passini y R. Izquierdo Benito (Coords.), *El agua en Toledo y su entorno. Épocas romana y medieval* (pp. 72-82). Ed. Universidad de Castilla-La Mancha

Torres Balbás, L (1942). La albolafia de Córdoba y la gran noria toledana. *Al-Andalus*, 7, 461-469. https://oa.upm.es/34084/

Tsolis, V. (2018). El agua y la problemática de su gestión en el entorno de "Toletum". En R. Rubio Rivera, J. Passini y R. Izquierdo Benito (Coords.), *El agua en Toledo y su entorno. Épocas romana y medieval* (pp. 18-27). Ed. Universidad de Castilla-La Mancha.

Turina Gómez, A., Pérez Navarro, A. & Quero Castro, S. (Coords.) (2004). *Testimonios del Madrid medieval. El Madrid musulmán*. Ed. Museo de San Isidro.

Urquiaga, D. (1998). Aproximación histórica. En F.J. Martínez del Olmo (Ed.), *Agua e ingenios hidráulicos en el valle del Tajo* (pp. 13-26). Ed. Confederación Hidrográfica del Tajo.

Yáñez Santiago, G., Serrano Herrero, E. y López Marcos, M. A. (1992). La Capilla del Obispo. *Arqueología, Paleontología y Etnografía*, 3, 277-318.

Yuste Galán, A.M. (2018). Abastecimiento de agua en la Catedral de Toledo: aljibes, norias, albercas, depósitos, pozos y fuentes en la Edad Media. En R. Rubio Rivera, J. Passini y R. Izquierdo Benito (Coords.), *El agua en Toledo y su entorno. Épocas romana y medieval* (pp. 349-370). Ed. Universidad de Castilla-La Mancha.

Los sistemas de abastecimiento en las ciudades andalusíes de la cuenca del Tajo

Resumen: La composición del suelo y la disponibilidad de los recursos hídricos del territorio condicionaron los sistemas de extracción y suministro que las autoridades islámicas establecieron en sus asentamientos urbanos. Estas adaptaron sus conocimientos tecnológicos al territorio esos recursos de la manera más eficiente, que incluía no solo obtener la mayor cantidad de agua posible, sino hacerlo invirtiendo el menor esfuerzo sin que ello supusiera una desatención de las necesidades vitales, religiosas y militares de los recintos. En este artículo se pone sobre la mesa la aparición de diferentes sistemas de abastecimiento, no solo de una localidad a otra, sino dentro de una misma ciudad, empleando el ejemplo de tres ciudades: Toledo, Guadalajara y Madrid.

Palabras clave: Agua, al-Andalus, sistemas de abastecimiento, Toledo, Madrid, territorio, recursos naturales, paisaje.

The supply systems in the Andalusian cities of the Tagus basin

Abstract: The composition of the soil and the availability of the territory's water resources conditioned the extraction and supply systems that the Islamic authorities established in their urban settlements. They adapted their technological know-how to the territory in the most efficient way, which included not only obtaining as much water as possible, but also doing so with the least possible effort, without neglecting the vital, religious and military needs of the enclosures. In this article we will discuss the appearance of different supply systems, not only from one locality to another, but also within the same city, using the example of three cities: Toledo, Guadalajara and Madri

Key words: Water, al-Andalus, water supply systems, Toledo, Madrid, Territory, natural resources, landscape.

Os sistemas de abastecimento nas cidades andaluzas da bacia do Tejo

Resumo: A composição do solo e a disponibilidade dos recursos hídricos do território condicionaram os sistemas de extracção e abastecimento que as autoridades islâmicas estabeleceram nos seus assentamentos urbanos. Adaptaram os seus conhecimentos tecnológicos ao território da forma mais eficiente, o que incluiu não só a obtenção da maior quantidade possível de água, mas também a sua utilização com o menor esforço possível, sem negligenciar as necessidades vitais, religiosas e militares dos recintos. Neste artigo discutiremos o aparecimento de diferentes sistemas de abastecimento, não só de uma localidade para outra, mas também dentro da mesma cidade, utilizando o exemplo de três cidades: Toledo, Guadalajara e Madrid.

Palavras-chave: Água, al-Andalus, sistemas de abastecimento de agua, Toledo, Madrid, Territorio, recursos naturais, paisagem.

13.
HISTORIA DEL ABASTECIMIENTO DE AGUA EN VITORIA (SIGLOS XV-XIX)

Jose Rodríguez-Fernández
Universidad del País Vasco-Euskal Herriko Unibertsitatea

INTRODUCCIÓN

Contar con un abastecimiento de agua para el consumo humano es uno de los principales problemas a los que se enfrenta una comunidad histórica. En Vitoria, como en cualquier otro núcleo, se documentan diversas fórmulas de aprovisionamiento. Las soluciones más sencillas derivan del aprovechamiento directo de ríos, arroyos, regajos, rezumaderos o lagunas cercanas. Existen también desde el siglo XIII dos importantes canalizaciones artificiales que acercan el agua al perímetro urbano, favoreciendo la presencia de cavas defensivas, industria hidráulica (molinos, herrerías, adoberías, tintorerías y batanes principalmente), abrevaderos de ganado, regadíos agrícolas (huertas periurbanas, árboles frutales o, en menor medida, parrales y viñedos) o incluso sistemas de evacuación de residuos por arrastre (Rodríguez, 2012).

Como es previsible, en este tipo de captaciones complejas y no exclusivas la acumulación de aprovechamientos influye negativamente en la cantidad o calidad del agua de boca. Este problema, crónico, se intenta suavizar mediante legislación de tipo coercitivo, establecimiento de horarios para distintos usos y organización topográfica de las instalaciones, generalmente derivando aguas abajo a los aprovechamientos más contaminantes[1]. Además, numerosos aljibes y pozos de titularidad pública y privada proporcionan agua

1 "... de las ynmundiçias e pelanbres e aguas ediondas que de las dichas adoberias se echaban en el rrio fue assentado e acordado por los dichos señores del ayuntamiento que de aqui adelante ninguna ynmundiçia ni pelo ni çumaque ni cal ni lentisco ni

para actividades domésticas auxiliares, si bien su ingesta directa, especialmente en el caso de los pozos tradicionales que se nutren del nivel freático, también se evita en la medida de lo posible por cuestiones de salubridad.

En cualquier caso, la instalación preferida, privilegiada y protegida para el abastecimiento de agua en Vitoria es la fuente pública, y en este espacio se centrarán los esfuerzos de este capítulo. Las "fuentes de la villa" van a conocer una profunda evolución desde la Edad Media hasta el siglo XIX, cambios en donde concurren factores de tipo técnico, económico, político y social y que, a su vez, van a afectar a las distintas formas de percibir el abastecimiento hídrico en la ciudad. No olvidemos que las fuentes, abrevaderos y lavaderos son servicios estratégicos de uso masivo y cotidiano, y por lo tanto en estos lugares podemos captar a la perfección la efervescencia social de una comunidad, en este caso Vitoria. Prueba de ello es que el concejo municipal actúa como garante de la salud física y moral del vecindario[2].

EL MODELO MEDIEVAL: LAS FUENTES EXTRAMUROS

En el siglo XV, Vitoria cuenta con cuatro instalaciones de servicio público que merecen el reconocimiento de "fuentes de la villa": fuente vieja, portal de Santa Clara, portal de Aldabe y portal de Urbina. El hecho de situarse directamente sobre manantiales, sin canalización, determina un patrón de asentamiento común, condicionado por la proliferación de surgencias de agua en las laderas y partes bajas de la orografía. En efecto, las cuatro fuentes se localizan extramuros, a una cota inferior respecto a la población.

---

tan echen en el rrio por manera que el rrio e agua que por el ba vaya linpio" (Archivo Municipal de Vitoria-Gasteiz (AMVG), Libro de Actas 1529-1536, 1536, fol. 254).

2 "... que puedan prender a las personas que dentro en la fuente labaren tripas y otras cosas salvo tan solo sacar agua de ella" (AMVG, secc. 17, 1487, leg. 13, núm. 6). "Bista la deshonestidad y descortesia que algunas personas onbres azian a las mujeres e mozas que van a la fuente [...] que cualquier ombre o mozo de cualquier calidad que sea que trabare o le tocare o hiziere algun gestto deshonesto a alguna mujer o moza pague 200 mrs. por cada vez e que esté nueve dias en el cepo" (AMVG, Libro de Actas 1529-1536, 1533, fol. 152v).

Esta forma de abastecimiento presenta varios inconvenientes. La distancia aumenta la incomodidad en el servicio y las posibilidades de contaminación del agua son bastante mayores que en otros elementos (posteriores) dotados de conducciones cerradas y con el manantial de origen alejado de ciertas actividades como el tratamiento del lino, del cuero, la limpieza de ropas o, simplemente, el abrevado de ganados y recuas, entre otras cosas porque los acuíferos aprovechados en estas fuentes sobre manantial están comunicados con las corrientes de agua próximas y, al afectarse mutuamente, se genera un peligro higiénico constante. Además, siempre está el riesgo de inundación debido a las crecidas periódicas de estos arroyos contiguos.

A pesar de estas limitaciones, existe una elección consciente de los manantiales aprovechables, por cuanto las cuatro fuentes de la villa se encuentran en lugares estratégicos para Vitoria y relacionadas con otros focos de dinamismo socioeconómico. En primer lugar, las fuentes se reparten por el perímetro de la población, tratando de evitar que algunos barrios queden segregados por completo del abastecimiento y potenciando de paso las identidades intraurbanas del tipo parroquia-vecindad, puesto que los habitantes hacen uso y cuidan en mayor medida el servicio hídrico más cercano. En segundo lugar, las fuentes se hallan junto a portales orientados hacia rutas mercantiles destacadas (Burgos, San Sebastián y Logroño) y consiguientemente controlados por los linajes más preeminentes de la ciudad en el tránsito de la Edad Media a la Moderna. En tercer lugar, dos de las fuentes (Vieja y portal de Santa Clara) coinciden con los principales espacios de mercado de la ciudad. En este sentido, si bien los servicios sobre manantial fueron construidos para abastecer a la población vitoriana, lo cierto es que terminan siendo elementos de provisión muy relacionados con los movimientos de personas y mercancías, esto es, con la proyección urbana hacia el exterior.

En cuanto a las cuestiones constructivas, un primer rasgo definitorio es que siempre aparecen semiexcavadas sobre el terreno para buscar el venero de agua, por lo que su presencia queda relativamente disimulada en el paisaje. Las arquitecturas no buscan destacar con un carácter decorativo, sino simplemente recoger las aguas. Analizando algunas menciones documentales[3] y varios ejemplares conservados excepcionalmente y adscritos con seguridad en torno a los siglos XV-XVI, algunos de ellos con análisis arqueológicos (Sánchez, 1997; Rodríguez, 2006 y 2007), podemos establecer que las construcciones se presentaban generalmente como un habitáculo pétreo de planta cuadrangular, aparejado en mampostería apenas desbastada o sillería de labra más trabajada, con enlosado en el suelo y cierre superior en bóveda por la cara interna y techumbre a dos aguas de losa por la externa, lo que les confiere un característico aspecto de edículo.

En algunos modelos, el depósito de captación sobre el nacedero y el vestíbulo o cámara de aprovisionamiento están separados por una pantalla en piedra que alberga los caños. Se trata de una diferencia técnica notable porque mejora considerablemente las condiciones higiénicas de la fuente, al quedar el agua oculta en un depósito trasero, lejos de cualquier contaminación antrópica directa, accediéndose a ella a través de un caño o ventana que hace algo más cómoda y salubre la recogida. Respecto a las dimensiones, son muy variables: si las arcas más modestas no superan los dos metros de lado en planta y algo más de un metro de altura máxima, las arquitecturas más ostentosas pueden alcanzar los quince metros cuadrados en planta y, sobre todo, sobrepasar los cuatro o cinco metros en altura desde la base del manantial, aunque no destaquen demasiado sobre el nivel del suelo circundante al tratarse de estructuras semiexcavadas.

El gobierno local de Vitoria es el encargado de la construcción y mantenimiento de fuentes, abrevaderos o lavaderos. Sin embargo, en las cuentas conservadas de 1428, 1463, 1464, 1465 y 1470 (Díaz de Durana, 1984; García, 2012) se identifican por lo general escasos gastos en estos elementos, y los poco habituales desembolsos documentados tienen que ver simplemente con limpiezas. Lejos de evidenciar una despreocupación municipal por la provisión de agua de calidad, lo que reflejan estas limitadas series de cuentas es la sencillez de mantenimiento de las fuentes sobre manantial respecto a

---

3 En 1561 se desmonta "la capilla de piedra" de la cubierta de la fuente de Aldabe, por ser considerada lúgubre y perniciosa para la salud (AMVG, Libro de Actas 1557-1561, 1561, fol. 221).

otras infraestructuras locales que requieren mayor inversión (muralla, portales, caminería, etc.).

Como veremos a continuación, el establecimiento de nuevas arquitecturas de fuentes con traídas de agua subterráneas en el siglo XVI va a provocar un enorme aumento de la inversión en obra y posterior conservación, gasto amortizado por el honor que otorga a la ciudad (y a sus gobernantes) el contar con nuevos servicios más bellos y de mayor calidad (Bonachía, 1996; Aranda, 1999; del Val, 2003). Este fenómeno, generalizado en toda Europa, es algo más tardío en las villas vascas respecto a las grandes urbes continentales, pero las razones que lo impulsan son similares: mejorar las condiciones de salubridad del agua de boca; asegurar un volumen de agua suficiente a la población; y proporcionar la máxima comodidad al vecindario aproximando los puntos de abastecimiento de agua a las viviendas (Rodríguez, 2019).

Figura 1. Ubicación de las fuentes sobre manantial (círculos) y los servicios canalizados (cuadrados) en Vitoria (siglos XV-XVIII).

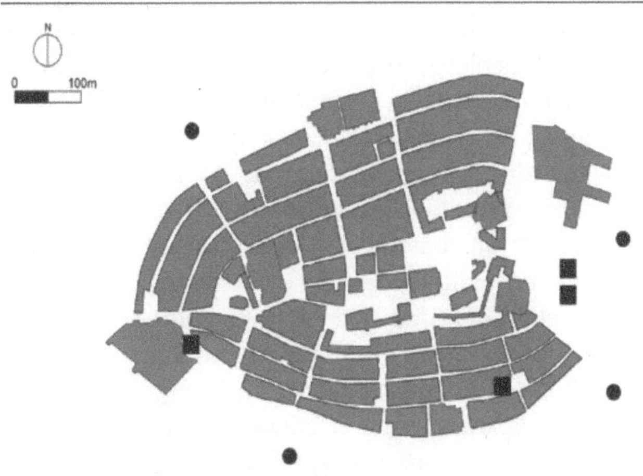

Fuente: Autor con datos del Archivo Municipal de Vitoria-Gasteiz

LAS FUENTES CANALIZADAS DE ÉPOCA MODERNA: EL AGUA ENTRA EN LA CIUDAD

En 1499 se produce un cambio de tendencia. Por primera vez, el concejo de Vitoria se vale de una traída exclusiva de agua de boca para sus servicios hídricos. En este primer proyecto no se habilita un espacio nuevo sino que se reaprovecha, adecuándola, una de las fuentes medievales de la plaza del mercado. En cuanto a la canalización, se trata de un recorrido de unos dos kilómetros y medio desde la cercana población de Armentia, descubierta y construida con pesebres de madera. La obra, encargada la dirección al "maestro de traer aguas" Juan de Briones, tiene un coste de 16.000 maravedís[4]. No se contempla, por razones técnicas y económicas, distribuir el agua por el interior de la ciudad.

Tras varias noticias que aluden a un mal funcionamiento del sistema, un acta municipal de 1539 ya trata abiertamente de "la necesidad de recobrar la fuente nueva de la plaza [...] y de allí provean de agua a otras partes de la ciudad [...] cuyas obras son ennoblecimiento de la ciudad"[5]. Por entonces Vitoria se halla en pleno proceso de transformación urbanística: empedrado de las calles; renovación de los antiguos inmuebles en madera por materiales más duraderos y, sobre todo, más resistentes al fuego; perfeccionamiento de las letrinas y ocultación bajo el suelo de los caños de aguas inmundas; dación de solares para edificaciones palaciegas de las principales familias (en ocasiones aprovechando solares propios del linaje y reconvirtiendo antiguas casas-torre); construcción de edificios públicos de importancia como el hospital de Santiago en la plaza, la nueva alhóndiga de la ciudad, el propio edificio del ayuntamiento o reconstruyendo espacios de abastecimiento como carnicerías y pescaderías municipales, etc. (Rodríguez, 2015a, p. 219).

En este contexto favorable, se contacta a un maestro fontanero de Bilbao para realizar una primera propuesta y ponderar el coste económico. Desde el inicio, el cabildo municipal busca el mecenazgo

4 AMVG, Libro de Actas 1496-1502, 1499, fols. 113v y 116.
5 AMVG, Libro de Actas 1536-1542, 1539, fol. 84.

de instituciones religiosas y linajes destacados para hacer frente al gasto de las obras. A cambio, se ofrece una porción de agua de uso privativo, pero siempre dejando claro que la propiedad de la fuente y su canalización sería de la ciudad, y los individuos o entidades que colaboren tienen que atenerse "al aprovechamiento del agua que la ciudad les diere" sin poder reclamar derecho alguno futuro sobre la traída[6].

El proyecto de 1539, heredero de aquella primera experiencia de 1499, no va a materializarse hasta la década de los sesenta del siglo XVI, convirtiéndose en la primera conducción capaz de alimentar varias instalaciones dentro del núcleo de Vitoria, servicios de agua de boca que rápidamente se acompañan de abrevaderos y lavaderos. Solo la conducción desde los manantiales de origen de Mendizabala y Arechabaleta –cuatro kilómetros de arcaduzado soterrado– tiene un coste de más de 93.000 maravedís, incluyendo el recorrido interior a través de la calle Herrería. Los restos parciales de esta canalización soterrada, con una tubería cerámica de 15 centímetros de diámetro cajeada en un encofrado cuadrangular de argamasa de gran compactación, fueron identificados en unos sondeos realizados en la actual plaza de la Virgen Blanca durante el año 2007, aunque corresponden más bien a una renovación posterior de la conducción entre los siglos XVII y XVIII (Cabrerizo & Cardoso, 2008).

El agua llega en primer lugar a la "fuente principal" de la plaza del mercado (de nuevo, la estructura principal se ubicó en el mismo lugar central de la población), un pilón redondeado en sillería con una bella columna pétrea central que sostiene una copa o depósito superior de donde manan varios caños. Corona el conjunto el escudo de la ciudad. Desde allí, la canalización soterrada dirige a las dos fuentes intramuros, una en la denominada plazuela de la Herrería y la otra en Santo Domingo. En realidad, la plaza de la Herrería es un espacio cedido por la poderosa familia Álava, y que formaba parte del espacio ajardinado y huerta del palacio reconstruido a fines del siglo XV sobre unas "antiguas casas" ya pertenecientes al linaje[7].

6 AMVG, Libro de Actas 1536-1542, 1539, fol. 85.
7 AMVG, secc. 24, 1558, leg. 1, núm. 1, s/f.

Con la instalación de la fuente pública, el lugar debe quedar abierto para la ciudadanía, "sin que se pueda poner impedimento alguno en gozar y llevar el agua"[8]. Si se cerrase, como el resto del jardín privado familiar, el Concejo trasladaría inmediatamente la fuente a otro lugar.

El pujante convento de Santo Domingo también se esfuerza en disponer de agua corriente. La congregación dona una huerta anexa y aporta 200 ducados para que el ayuntamiento los ocupe en la canalización que discurre desde el anterior servicio por toda la calle Herrería hasta el barrio de Santo Domingo, al norte de la ciudad, donde se coloca la segunda fuente intramuros[9]. El convento, como en el caso de los Álava, construye a sus expensas la conducción particular desde la fuente pública hasta el claustro. Otra coincidencia es que también el convento se halla por entonces inmerso en importantes reformas que reinventan la morfología medieval. Entre otras obras, nueva planta de la iglesia monasterial entre 1524 y 1536, hospedería en 1536, refectorio en 1539, sacristía en 1540 o claustro entre 1547 y 1563 (García & Mesanza, 2004). La colocación de una fuente monumental en el claustro parece formar parte de un programa constructivo general, por lo tanto.

Una intervención arqueológica dirigida por Paquita Sáenz de Urturi en 1996 pudo identificar bajo el empedrado del claustro, y atravesando de hecho todo el conjunto monasterial desde la antigua plaza de Santo Domingo (donde se ubicaba no lo olvidemos la fuente pública), los restos de una tubería de cerámica datada estratigráfica y tipológicamente en torno al siglo XVI, y que es una clara manifestación del éxito del convento en su maniobra para la apropiación privada del agua (Sáenz de Urturi, 1996).

Y es que el mecenazgo privado, alimentado desde hacía varias décadas por las necesidades de financiación del concejo municipal, va a generar que la familia Álava y los frailes dominicos consigan agua corriente en el interior de sus propiedades, algo impensable para el resto de vecinos en esas fechas de mediados del siglo XVI. Concretamente, obtuvieron cada uno un "hilo de agua" de una doceava parte

8 AMVG, secc. 24, 1559. leg. 1, núm. 1, s/f.
9 AMVG, secc. 24, 1563, leg. 1, núm. 1, s/f.

del total ("un caño de doce caños o un caño de medio real de plata castellano"). Dicho de otra manera, algo más del 16% del volumen de agua potable de la traída iba a parar a manos privadas. La propiedad del agua, sin embargo, y las arquitecturas de las fuentes son, como ya hemos avanzado, siempre públicas[10].

En el futuro, cada vez que se estime oportuno, se cortará la provisión no solo a las concesiones particulares, también a las fuentes públicas de la Herrería y Santo Domingo, centralizando todo el caudal en la fuente de la plaza del mercado. Estos episodios son relativamente frecuentes –hemos documentado una veintena entre los siglos XVI y XVIII– y provocan instantáneamente las enérgicas protestas de los vecinos próximos a ellas. El control del agua es posible gracias a las arcas o depósitos de distribución. Existen por supuesto varios depósitos a lo largo de la conducción, cuya función es eminentemente técnica: aireación de la cañería subterránea, vigilancia del caudal, detección de averías y decantación progresiva del agua para mejorar su calidad. Pero ahora nos interesan especialmente las arcas que anteceden a las fuentes de servicio, en donde se determina el caudal que mana hacia cada derivación. Estos receptáculos de piedra están protegidos por "puertas", "cerraduras", "almillas" y "cerrajas" que guardan un secreto en su interior. Allí se alojan varios caños de distribución con un diámetro determinado que, colocados a una mayor o menor altura, discriminan o favorecen la salida de agua según el volumen de agua almacenada y, por lo tanto, permiten la preeminencia de unos usos o derivaciones sobre otros.

No tiene nada de novedoso, es el sistema habitual en las distribuciones, por ejemplo, de época romana (Gros & Torelli, 1988; Adam, 1996). El caño de salida ubicado a una menor altura (el que alimenta a la fuente principal) tiene más seguro el abastecimiento, incluso durante periodos de inopia, mientras que a los dispuestos más arriba (aquellos que dan salida hacia los dos servicios secundarios y sus sobrantes privados) no llega el agua si el depósito no está prácticamente lleno. Simple y tremendamente efectivo. En un principio, las llaves de las arcas que dan acceso a manipular la distribución

10 AMVG, secc. 24, 1568, leg. 1, núm. 2, s/f.

interior deberían quedar en manos de aquellas personas que "la Justicia y Regimiento" de Vitoria acordasen pero lo cierto es que, ya en 1563, las llaves de las tres arcas (Fuente Principal, Herrería y Santo Domingo) terminan siendo custodiadas en el archivo concejil, por entonces alojado en la iglesia colegial de Santa María. Con ellas, se realizan visitas periódicas para asegurar el correcto funcionamiento de un sistema que requiere la correcta nivelación del agua como elemento clave para los diferentes repartos.

En los siglos posteriores las donaciones municipales de agua se van a multiplicar, extendiéndose a otros conventos y también a residencias palaciegas. Esto va a ser posible debido, en buena medida y como veremos a continuación, a que a la conducción inicial va a ser mejorada con nuevos manantiales. Por cuestiones técnicas –la traída de agua no es capaz de salvar el desnivel de la colina– las calles de la "Villa de Suso" y el sector oriental de la población (al otro lado de la traída) van a quedar fuera de estos repartos. En este sentido, es interesante señalar que buena parte de los estratos más dinámicos y preeminentes de la sociedad vitoriana habitan en la parte occidental del núcleo, relacionándose claramente con las fuentes intramuros y con las posibles "mercedes" de agua hacia sus complejos residenciales (Porres, 1994; García, 2005).

La materialidad de estas fuentes refleja los adelantos técnicos y las nuevas morfologías ligadas a la propia percepción ciudadana del servicio de agua. Como hemos visto, las antiguas arquitecturas funcionales sobre manantial, encastradas en el suelo y casi ocultas, dejan paso a elegantes torres o árboles decorativos coronados por el escudo de la ciudad, un signo más de distinción, hitos identificativos de la *res pública* y motivo de orgullo de vecinos, moradores y gobernantes. De esta forma, las fuentes adoptan un activo papel simbólico de representación urbana.

El cambio de las materialidades en el servicio urbano de agua potable dispara los gastos de ejecución y mantenimiento de fuentes, abrevaderos y lavaderos, debido fundamentalmente al elevado coste de las conducciones soterradas (entre el 50 % y el 75 % del presupuesto total) y a la posterior complejidad técnica de su conservación en comparación con la sencillez de funcionamiento de las captaciones sobre manantial. Para ilustrarlo, hemos revisado los gastos consignados en los libros de cuentas de Vitoria entre 1575 y 1600, fechas en las que las nuevas tres fuentes con canalización conviven con las cuatro antiguas instalaciones sobre manantial. El resultado es claro: las instalaciones hídricas con canalización consumen 10 veces más recursos económicos en mantenimiento que el modelo medieval sin arcaduzado (10.000 maravedís frente a apenas 1.000).

Por otra parte, la implementación del nuevo sistema canalizado por el interior del espacio urbano coincide con la desaparición de los "aguaderos" como grupo profesional en la documentación local, dedicado al acarreo de agua desde las fuentes perimetrales sobre manantial. Es posible que existan otros factores subyacentes, pero desde luego creemos que la presencia de nuevas fuentes en el interior del caserío, más próximas a las casas, condiciona negativamente la existencia de personas que se ganan la vida transportando el preciado líquido.

En realidad, estas prácticas no desaparecen en el siglo XVI en Vitoria, pero la misión de acarrear agua en las villas alavesas va a recaer exclusivamente en las mujeres, tal y como recuerda una noticia de 1590: "...porque en la dicha çiudad no ay aguadores como en otras partes de estos rreynos sino que cada uno se sirve de sus mujeres, hijas o criadas para el dicho efeto..."[11]. A partir de entonces, "mozas", "mujeres" y "criadas" son los colectivos que aparecen ligados al transporte de agua con cántaros. La diferencia reside en que la provisión de agua, como el lavado de ropas, se va a insertar en el ambiguo conjunto de las labores domésticas no remuneradas (no al menos específicamente) ejercidas por las mujeres y mozas de la casa, salvo en el caso de las criadas que operaban en casas ajenas, recibiendo manutención y poco más a cambio de numerosos quehaceres entre los que se encuentra "el conducir agua".

De esta forma, y a ello nos hemos referido en un trabajo anterior (Rodríguez, 2015b), los puntos de servicio hídrico –como el horno, las tiendas, el mercado, etc.– se convierten en áreas de contacto, de relaciones, de comunicación viva entre las mujeres de una vecindad.

11 AMVG, secc. 3, 1590, leg. 19, núm. 14, s/f.

Al mismo tiempo, la presencia de la mujer en áreas urbanas centrales puede provocar, en opinión de un concejo municipal conformado reiteradamente por las elites urbanas, situaciones de peligrosidad moral, por lo que trata de regular mediante decretos las formas adecuadas de comportamiento en las fuentes, abrevaderos y lavaderos, sobre todo en lo que se refiere a la interacción hombre-mujer (Manzanos, 2003).

Prosigamos. La "fuente mayor" o "principal" de la plaza del mercado cambia su fisionomía y se refuerza en torno a 1600 con la construcción de la "fuente de Triana" o "fuente chiquita", de similar factura y colocadas a escasos metros una de la otra. Este segundo servicio también es canalizado (1.354 metros de arcaduzado soterrado) y, aunque no conocemos con exactitud el coste final, a la altura de 1592 se llevaban gastados 227.438 maravedís y se estimaba que faltaban otros 700.000[12]. Las fuentes gemelas adoptan un pilón o depósito de servicio en planta ochavada, en cuyo centro se alza una columna que sostiene un cuerpo esférico dotado de varios caños metálicos decorativos.

La convivencia de estas dos arquitecturas finaliza en la década de los 70 del siglo XVIII, cuando se reordena el servicio de abastecimiento central en la plaza del mercado en una única fuente ("principal" o de "María Victoria") y se amplía el volumen de la traída con nuevos manantiales desde la aldea de Berrostegieta. El tiempo había hecho mella en las conducciones y el maestro arquitecto Fray Marcos de Santa Rosa (dominico en el convento de Atocha, Madrid), autor del proyecto, plano y condiciones de las obras, opina que la remodelación del conducto cerámico es necesario porque la cañería vieja está alojada en una trinchera de tierra y no en un cajeado de piedra y carece de suficientes arcas de depósito, limpia y ventilación, lo que resta salubridad al agua y aumenta la posibilidad de averías. Se instalan así 9.400 metros de cañería nueva que, junto a los nuevos veneros, multiplican por seis el abastecimiento anterior dedicado a tres fuentes (Principal, Herrería y Santo Domingo) y a una población cercana a los 7.000 habitantes (Fortea, 2009).

12 AMVG, Libro de Actas 1590-1594, 1592, fol. 148.

El presupuesto de ese ambicioso plan asciende a 20.043.476 maravedís y la obra es llevada a cabo bajo la dirección del maestro hidráulico y arquitecto Damián de la Mota, también vecino de Madrid[13]. Sin embargo, nunca consiguió funcionar de forma plenamente satisfactoria, y prueba de ello es que ya en 1820 el ayuntamiento se vio obligado a buscar nuevos manantiales en Arechabaleta y Gardelegi y a sustituir parte de la conducción por nuevas tuberías de hierro. Todo ello aumentó el coste inicial en 1.258.340 maravedís adicionales[14].

EPÍLOGO: EL SUMINISTRO DE AGUA EN VITORIA EN LA MODERNIDAD (SIGLOS XIX-XX)

Desde la segunda mitad del siglo XIX, Vitoria implementará de forma progresiva un sistema de abastecimiento hídrico más acorde con las nuevas exigencias del modelo de ciudad decimonónico, y que trataba de superar las limitaciones de las anteriores estructuras medievales y modernas. Se van a seguir utilizando en un primer momento los veneros del sur de la jurisdicción, uniéndolos mediante depósitos de captación y aumentando el volumen y calidad (materiales en sillería y forja) de la conducción ramificada. Por primera vez, en 1867, se construye un depósito en la parte alta de la ciudad, junto a la iglesia de San Vicente, de 200 metros cúbicos de capacidad. Y por primera también se aumenta el número de fuentes, abrevaderos y lavaderos que había quedado fosilizado desde mediados del siglo XVI. El coste del nuevo proyecto asciende a casi 150.000 reales, y contempla una distribución de puntos de agua de boca a partes de la ciudad anteriormente nunca contempladas, en concreto siete fuentes y dos abrevaderos nuevos que extienden el abastecimiento a la zona cimera y oriental del caserío (Elejalde & Ulibarri, 2007, pp. 29-38).

Poco más tarde tiene lugar un episodio que todavía ocupa un espacio importante en la memoria colectiva de la ciudad, y que en su momento tuvo un profundo eco en la prensa local, nacional e

13 AMVG, Libro de Actas 1774-1775, 1744, fols. 176v-192.
14 AMVG, secc. L, 1820, leg. 4, núm. 169 y 170, s/f.

incluso internacional. Desde 1877 a 1881, la antigua plaza del mercado (sustituida en sus funciones comerciales por la plaza Nueva a finales del siglo XVIII), va a ser el escenario de la perforación de un pozo artesiano que llegó a alcanzar los 1.021 metros de profundidad, el mayor de Europa en su tiempo. Las obras, dirigidas por el ingeniero francés Alphonse Richard y financiadas por un conglomerado de inversores privados y el propio ayuntamiento, se convierten en el centro de las miradas de toda la población vitoriana y reciben visitas de todas las partes, incluyendo la de Alfonso XII en 1878. Se escriben multitud de crónicas de lo que pretendía ser un milagro de la ingeniería y se llegan a componer piezas musicales inspiradas en el pozo artesiano. Como contrapartida, la población de la zona sufrió durante cinco años las molestias diarias de los trabajos realizados por percusión y ayudados por una máquina de vapor escasamente silenciosa (Guarás & Martínez-Torres, 1998). En todo caso, resultó otro proyecto fallido que, eso sí, obligó al ayuntamiento a reflexionar y a tomar un rumbo muy distinto en su política de abastecimiento hídrico.

A partir de entonces, los esfuerzos de captación se van a dirigir hacia los manantiales de la zona septentrional del macizo del Gorbeia, más lejanos pero más caudalosos y situados a una cota mayor. Se quiere satisfacer las necesidades de una población que ya ronda los 20.000 habitantes y que no cuenta todavía con un abundante número de fuentes, abrevaderos y lavaderos repartidos por la trama urbana. Además, las nuevas políticas higienistas exigen un volumen de agua mucho mayor que el por entonces existente para alimentar también bocas de incendios, encañados soterrados de aguas inmundas o riego de calles, paseos y jardines.

Tras varios años superando contratiempos administrativos, técnicos y económicos, el proyecto redactado por el ingeniero Ricardo Bellsolá ve la luz en 1884. El día 21 de septiembre se produce la inauguración del nuevo servicio que acapara las portadas de todos los periódicos locales de la época, al considerarse un símbolo del progreso de una ciudad de Vitoria que va desbordando las antiguas murallas para crear barrios modernos. Se hace necesario crear una "Sociedad para la Traída de Aguas" que reúne a 185 accionistas con desigual peso, hasta alcanzar un depósito inicial de más de 900.000 pesetas de la época. Esta fórmula empresarial no se limita a la ejecución de la traída, sino que alcanza también la distribución, aprovechamiento y explotación del recurso en su fase inicial. No obstante, es necesario señalar que 10 años después de la inauguración, la Sociedad vende toda la infraestructura y el derecho de aprovechamiento al Ayuntamiento de Vitoria por 1.081.453,16 pesetas.

Inicialmente se toman las aguas del manantial de La Gruta, también llamado Cueva Sale el Agua, pero posteriormente se irán añadiendo otros seis veneros cercanos, siempre en el municipio de Zigoitia. Casi 20 kilómetros de conducción en tubería de hierro fundido conducen el caudal hasta el nuevo y monumental depósito del Campillo, en la parte más alta de la ciudad. Desde allí, otros 10 kilómetros de red de distribución llevan el agua a todas las partes de Vitoria, alimentando fuentes públicas ya existentes y, por primera vez de forma sistemática, llevando el abastecimiento a todos los hogares. O al menos a aquellos que pueden permitirse las tasas del servicio (Elejalde & Ulibarri, 2007, pp. 45-77).

Y así finalizamos nuestro recorrido de 500 años por el abastecimiento histórico de Vitoria, aunque es necesario añadir que el sistema mejoró sustancialmente durante el siglo XX con la captación de aguas en Elgea y la creación de varios embalses en la zona de Gorbeia, Albina y Ullibarri-Gamboa. A modo de recapitulación, se ha plasmado un primer modelo medieval donde el protagonismo corresponde a las fuentes ubicadas sobre manantiales, sin canalización y dispuestas siempre extramuros. El siglo XVI alumbrará un nuevo patrón basado en canalizaciones subterráneas que, por primera vez, permite la construcción de fuentes, abrevaderos y lavaderos en el interior de la ciudad. Durante toda la época moderna se tratará de mejorar la situación inicial con nuevas captaciones y servicios de abastecimiento, pero lo cierto es que estas fuentes con canalización tuvieron una presencia muy limitada: una única línea de agua que nutría tres arquitecturas, dejando de lado dos tercios de la población. El abastecimiento no se repartirá de forma sistemática y efectiva a todas las vecindades hasta las traídas con depósito regulador del siglo XIX.

Figura 2. De izquierda a derecha y arriba hacia abajo, evolución arquitectónica de la fuente principal de la plaza del mercado: siglo XV (utilizando el modelo conservado y similar de Viñaspre); siglo XVI, siglo XVII (fuente de Triana); siglo XIX (María Victoria); pozo artesiano (1877-1881); inauguración del servicio de 1884.

Fuente: Fotografía propia (Viñaspre) y Archivo Municipal de Vitoria-Gasteiz.

BIBLIOGRAFÍA

Adam, J.P. (1996). *La construcción romana. Materiales y técnicas.* Editorial de los Oficios.

Aranda Pérez, F.J. (1999). Mecanismos y fuentes de la representación del poder de las oligarquías urbanas. En F.J. Aranda Pérez (Coord.), *Poderes «intermedios», poderes «interpuestos»: sociedad y oligarquías en la España moderna* (pp. 147-182). Universidad de Castilla-La Mancha.

Bonachía Hernando, J.A. (1996). Más honrada que ciudad de mis reinos.... La nobleza y el honor en el imaginario urbano (Burgos en la Baja Edad Media). En J.A. Bonachía Hernando (Coord.), *La Ciudad Medieval: Aspectos de la vida urbana en la Castilla bajomedieval* (pp. 169-212). Universidad de Valladolid.

Cabrerizo Benito, K. & Cardoso Tostado, J. (2008). Plaza de la Virgen Blanca. *Arkeoikuska2007*, 137-142.

Díaz de Durana Ortiz de Urbina, J.R. (1984). *Vitoria a fines de la Edad Media. 1428-1476*. Diputación Foral de Álava.

Elejalde Beristain, J.M. & Ulibarri Ruiz de Zárate, M.A. (2007). *Agua para Vitoria/Ura Gasteizerako*. AMVISA.

Fortea Pérez, J.I. (2009). La ciudad y el fenómeno urbano en el Mundo Moderno: España y su entorno europeo. *Anuario del Instituto de Estudios histórico sociales*, 24, 111-142.

García Fernández, E. (ed.) (2005). *Bilbao, Vitoria y San Sebastián, espacios para mercaderes, clérigos y gobernantes en el Medievo y la Modernidad*. Universidad del País Vasco-Euskal Herriko Unibertsitatea.

García Fernández, E. (2012). La vida política y financiera de Vitoria a partir de las cuentas municipales de fines de la Edad Media. *Studia histórica, Historia Medieval*, 30, 99-127.

García Gómez, I. & Mesanza Moraza, A. (2004). El fantasma del Convento de Santo Domingo de Vitoria. Patrimonio espectral, en las fronteras de la Arqueología de la Arquitectura. *Akobe*, 5, 26-30.

Gros, P. & Torelli, M. (1988). *Storia dell'urbanistica: il mondo romano*. Roma-Bari.

Guarás, B. & Martínez-Torres, L.M. (1998). El pozo artesiano de Vitoria. *Naturzale*, 13, 67-78.

Manzanos Arreal, P. (2003). Sociabilidades populares en Vitoria en el siglo XVIII. Espacios femeninos y masculinos. En I. Bazán Díaz (dir.), *VII Jornadas de Historia Local: Espacios de Sociabilidad en Euskal Herria, Vasconia. Cuadernos de Historia-Geografía*, 33 (pp. 267-282). Eusko Ikaskuntza.

Porres Marijuán, R. (1994). *Las oligarquías urbanas de Vitoria entre los siglos XV y XVIII: poder, imagen y vicisitudes*. Ayuntamiento de Vitoria-Gasteiz.

Rodríguez-Fernández, J. (2006). Fuente Vieja de Navaridas (1º parte). *Arkeoikuska2005*, 175-180.

Rodríguez-Fernández, J. (2007). Fuente Vieja de Navaridas (2ª parte). *Arkeoikuska2006*, 335-338.

Rodríguez-Fernández, J. (2012). Génesis y desarrollo del sistema hídrico en la Vitoria medieval: economía, urbanismo, sociedad, fiscalidad. En M.I. del Val Valdivieso y J.A. Bonachía Hernando (coords.), *Agua y sociedad en la Edad Media Hispana* (pp. 299-322). Universidad de Granada.

Rodríguez-Fernández. J. (2015a). *Agua, poder y sociedad en el mundo urbano alavés bajomedieval y moderno*. Universidad del País Vasco-Euskal Herriko Unibertsitatea.

Rodríguez-Fernández, J. (2015b). Agua, poder, sociabilidad y desigualdades de género en las fuentes públicas de las villas alavesas (1450-1550). En M.I. del Val Valdivieso (ed.), *La percepción del agua en la Edad Media* (pp. 17-37). Universitat d'Alacant.

Rodríguez-Fernández, J. (2019). Abastecimiento de agua y eliminación de residuos en las villas vascas durante el tránsito del Medievo a la Modernidad. En Y. Barriocanal López y A. Domínguez López (Coords.), *Perspectivas del agua. Arquitectura del agua y territorio en la época moderna* (pp. 17-41). Dykinson.

Sáenz de Urturi Rodríguez, P. (1996). Convento de Santo Domingo (Vitoria-Gasteiz). *Arkeoikuska1995*, 370-384.

Sánchez Zufiaurre, L. (1997). *Lectura estratigráfica de paramentos en la Fuente del Moro (Labraza)*. Informe de actuación depositado en el Museo de Arqueología de Álava.

Val Valdivieso, M.I del. (2003). *Agua y poder en la Castilla bajomedieval. El papel del agua en el ejercicio del poder concejil a fines de la Edad Media*. Junta de Castilla y León.

Historia del abastecimiento de agua en Vitoria (siglos XV-XIX)

Resumen. En este texto se va a realizar un relato histórico del abastecimiento urbano de agua en la ciudad de Vitoria (Álava, País Vasco) durante más de 500 años. Es un largo y complejo camino en el que, combinando fuentes documentales escritas y arqueológicas, observaremos cambios técnicos, pero también económicos, sociales y culturales. No es posible separar los sistemas de abastecimiento de agua del paisaje urbano en el que se integran, de la mentalidad de las elites, de las políticas de sanidad públicas o de las distintas formas de vivir el agua en función del nivel socioeconómico.

Palabras clave: Agua; Abastecimiento; Ciudad; Historia; Arqueología.

History of the water supply in Vitoria (15th-19th centuries)

Abstract. This text is a historical account of the urban water supply in the city of Vitoria (Álava, Basque Country) for more than 500 years. It is a long and complex journey in which, combining written and archaeological sources, we will observe technical, but also economic, social and cultural changes. It is not possible to separate the water supply systems from the urban landscape in which they are integrated, from the mentality of the elites, from public health policies or from the different ways of experiencing water depending on the socio-economic level.

Key words: Water; Supply; City; History; Archaeology.

História do abastecimento de água em Vitoria (séculos XV-XIX)

Resumo. Este texto é um relato histórico do abastecimento urbano de água na cidade de Vitória (Álava, País Basco)
ao longo de mais de 500 anos. É uma longa e complexa viagem na qual, combinando fontes documentais escritas e arqueológicas, observaremos mudanças técnicas, mas também económicas, sociais e culturais. Não é possível separar os sistemas de abastecimento de água da paisagem urbana em que estão integrados, da mentalidade das elites, das políticas de saúde pública ou das diferentes formas de experimentar a água, dependendo do nível socioeconómico.

Palavras chave: Água; Abastecimento; Cidade; História; Arqueologia.

14.
LA GESTIÓN DEL AGUA EN LAS CIUDADES PREINDUSTRIALES: ESPAÑA (SIGLOS XVI-XVIII)

Juan Manuel Matés-Barco
Universidad de Jaén

EL AGUA EN LA EDAD MEDIA Y MODERNA[1]

El abastecimiento de agua potable en las Edades Media y Moderna tuvo unas características propias, bastante diferenciadas de las surgidas con el crecimiento de las ciudades en la etapa contemporánea. Generalmente se ha empleado la expresión *Sistema Clásico de Agua Potable* para denominar el suministro a las poblaciones durante la etapa preindustrial. Los estudios sobre este proceso de cambio son numerosos (Matés-Barco y Rojas-Ramírez, 2018; Matés-Barco, 2018 y 2019). En breves trazos este *Sistema Clásico* se caracteriza por su escasa oferta. Por ejemplo, la ciudad de Madrid, en los años finales del siglo XVI no superaba los 3 litros por habitante y día; y Cádiz, en fecha tan avanzada como 1780, solo llegaba a los 2 litros.

Otras de sus características eran sus limitaciones en la organización, la inexistencia de suministro domiciliario generalizado y el empleo de formas colectivas de aprovisionamiento a través de fuentes y pozos de uso público. Otro de los elementos identificadores de este sistema era el régimen de financiación empleado a través de los *arbitrios*. Gracias a estos impuestos, los ayuntamientos intentaban sufragar el coste del servicio. La acuciante precariedad del suministro obligaba a los cabildos a recurrir con frecuencia a la provisión de nuevas cargas impositivas.

---

1 Esta investigación forma parte de los resultados del Proyecto FEDER-UJA-1381621 (2021-2022): "La gestión sostenible de los servicios públicos: Agua en Andalucía (1800-2020", dentro del Programa Operativo FEDER Andalucía I+D+i (2014-2020) y que ha sido financiado por la Junta de Andalucía y los Fondos FEDER.

Por último, cabe reseñar la ausencia de control sobre la potabilidad del agua y la exigua proyección de redes de alcantarillado para la evacuación de las aguas residuales. La carencia de sistemas de saneamiento provocaba la contaminación de pozos, fuentes o manantiales; con la consiguiente difusión de enfermedades epidémicas. Esta situación auspiciaba la posibilidad de sufrir un colapso hidrológico en cuanto experimentara un mínimo crecimiento la población.

El Sistema Clásico de Agua Potable evolucionó hacia nuevas fórmulas gracias a la influencia de las nuevas tecnologías y su aplicación en las obras hidráulicas. Asimismo, tuvieron gran peso la creciente demanda y la implantación de formas empresariales más acordes con la progresiva expansión de la economía de mercado. El nuevo modelo –Sistema Moderno de Agua Potable–, experimentó a su vez diversas transformaciones y existe un permanente cuestionamiento sobre el modelo de gestión (Matés-Barco y Torres-Rodríguez, 2019; Matés-Barco y Caruana, 2021).

En cualquier caso, durante las Edades Media y Moderna, las poblaciones continuaron abasteciéndose esencialmente de los ríos y manantiales. Estos constituían la principal fuente de aprovisionamiento e incluso servían de colectores de las aguas negras. El lento, pero progresivo, desarrollo de las actividades artesanales también propició el aprovechamiento industrial de las vías fluviales.

El consumo doméstico y la limpieza de calles generaron progresivamente un mayor volumen. En esta misma línea, las actividades industriales exigieron un incremento de la demanda de agua, que trajo consigo un aumento de su precio. El poder adquisitivo de la población se fue acrecentando a un ritmo superior al de las tarifas del agua, aunque la oferta continuó siendo más bien limitada.

La confluencia de estas situaciones –incremento de la demanda e insuficiencia de la oferta–, incidieron negativamente en la calidad de la prestación. Las autoridades municipales fueron tomando conciencia del problema de la salubridad del agua y de forma paulatina dictaron ordenanzas que diferenciaban los distintos usos del agua con el objetivo de evitar pandemias y contagio de enfermedades.

LAS COMPETENCIAS MUNICIPALES

La gestión del agua en el Sistema Clásico cuenta con dos puntos principales que sirven de referencia. En primer lugar, el agente encargado de resolver el problema de la oferta, que esencialmente es la administración pública y en particular el ente local. La presencia de iniciativas y recursos privados es bastante escasa en este sistema y esto hace que la caracterización jurídico-económica del recurso lo defina como bien público. Hasta mediados del siglo XIX las disposiciones legislativas fueron bastante escasas. Las primeras normas dictadas sobre estas cuestiones se encuentran en los Fueros o Cartas Puebla concedidas a poblaciones que se ocupaban en las distintas etapas de la Repoblación. Estos documentos muestran que el monarca, tras señalar e individualizar los términos de una determinada villa, declaraba que todos los habitantes hacían suyas las fuentes, ríos, pastos, minas y cuánto estuviese dentro de los límites prescritos. Los Fueros de Sepúlveda –otorgado por Fernán González, conde de Castilla–, y los de Logroño y Miranda de Ebro, confirmados por Alfonso VI en el siglo XI, son un claro ejemplo. A los pobladores se les concedían las aguas conocidas, pro también las que pudiesen descubrir por cualquier medio y fuesen útiles para el riego de campos, huertos, viñas o para el movimiento de los molinos. El citado monarca otorgó en 1076 el Fuero de Nájera y sus disposiciones impelen a la existencia de un abastecimiento continuo a la población. Concretamente, ante la escasez de agua en épocas estivales, se instaba a romper las presas superiores existentes en el río que cruza la ciudad, para satisfacer el suministro de molinos y huertos (García Gallo, 1975, pp. 341-488; Muñoz y Romero, 1973; Alvarado Planas, 1995).

En este largo período de tiempo –desde el renacer de la vida urbana medieval hasta los albores del siglo XIX–, se advierte el progresivo interés de los Concejos hacia los problemas de salubridad en la vida de la ciudad. Las primeras referencias medievales se encuentran ligadas a temas relacionados con las concesiones reales. Por ejemplo, la utilización y aprovechamiento del caudal de un río, manantial o fuente, dependía casi siempre de la voluntad del monarca, pero la intervención del concejo también solía ser ineludible. Cabe citar la concesión realizada por Pedro IV de Aragón a la ciudad de Manresa –23 de agosto de 1339–, de las aguas del Llobregat con el fin de abastecer a la ciudad y facilitar el riego de sus campos aledaños, así como para la construcción de un canal. Por otra parte, eran numerosas las referencias a las penalizaciones impuestas a todos aquellos que dañaran una fuente u obstruyeran el curso de un manantial. En Barcelona, en 1314, se dictó un bando penalizando con una sanción de 100 sueldos a toda persona que ocasionara daños en la fuente instalada en Montjuit o a sus aguas (Alzola Minondo, 1899, p. 98; Conillera Vives, 1991, p. 17).

La limitación para afrontar proyectos de gran envergadura que pudieran aportar soluciones al conjunto de la población y la lentitud para llevarlas a cabo, eran otras rémoras que caracterizaban al Sistema Clásico de Agua Potable. En Barcelona, durante la etapa medieval, las Ramblas representaron durante largo tiempo una verdadera frontera entre la ciudad y el arrabal. Aunque la muralla, ya en el siglo XIV, había envuelto los barrios occidentales, tuvieron que pasar trescientos años para iniciar las obras de suministro de agua a esta zona de la localidad. En todo este tiempo solo existió la fuente del Hospital de la Santa Cruz, que databa de 1400. El manantial del que se abastecía era desviado en parte, antes de la entrada a la ciudad, para abastecer otras fuentes del núcleo urbano. En esta línea, la ciudad condal muestra también la lentitud en acometer nuevos proyectos. Desde la traída de agua realizada en el siglo XIV y hasta el siglo XVII, concretamente entre 1620 y 1650, no se realizó ninguna obra de envergadura para la mejora del suministro de agua; hasta el punto que continuaron subsistiendo las antiguas redes de conducciones y no existió interés en instalar otras nuevas. A partir de la segunda mitad del siglo XVII, las repetidas sequías y el aumento considerable de la población, condujeron a una situación bastante crítica ante el deterioro del equipamiento existente y la necesidad de captar nuevas fuentes de suministro que mitigaran la creciente demanda de la población urbana.

Durante la Edad Moderna la normativa sobre el agua no fue muy abundante, pero tuvo gran relevancia en los procedimientos que regulaban las distintas formas de riego. Sin embargo, no existió una reglamentación tan exhaustiva sobre el abastecimiento a las poblaciones. Por ejemplo, las Ordenanzas de Granada, de comienzos del siglo XVI, regulaban el uso de las acequias, su limpieza y conservación; e incluso proporcionaban buena información sobre las huertas y jardines de los alrededores de la ciudad. Pero las noticias sobre el sistema de abastecimiento eran más limitadas (Diego-Velasco, 1984, pp. 256-258).

La regulación de los usos del agua contempló una gran diversidad y minuciosa rigidez en las prácticas consuetudinarias o codificadas en ordenanzas escritas. Las zonas donde los caudales eran bastante irregulares o el agua estaba unida a la tierra –como las huertas del río Segura–, existía una exhaustiva regulación de las tandas o turnos de riego a lo largo de las acequias. Asimismo, eran muy prolijas las reglamentaciones para el uso de las aguas de drenaje o la normativización de medidas compensatorias para corregir los efectos del alejamiento de la captación en el río. Las ordenanzas existentes sobre el riego de las huertas son ejemplos claros de las minuciosas regulaciones. El objetivo era doble y contradictorio. Por un lado, procuraban la equidad en los repartos; por otro, la salvaguarda de los privilegios adquiridos.

Las variaciones de los derechos sobre el agua, tanto en el tiempo como en el espacio, confirman los conflictos provocados por su escasez, puesto que era un factor de producción tan vital como la tierra que regaba. Cristina Segura (1984) ha estudiado las Ordenanzas de Almería de 1578 y señala la detallada descripción de las formas de regar y los modos de llevar agua por las acequias, brazales e hijuelas, sorteando campos a los que no correspondía el riego. Esta minuciosa enumeración evidencia las prolijas referencias al riego y las escasas noticias sobre el abastecimiento de agua a la población. La historiografía europea ha resaltado la detallada legislación española sobre riegos, especialmente la reglamentación sobre la intervención de los interesados, la descripción de la metodología para la elección de cargos y las atribuciones de los representantes de los labradores; así como los límites en la intervención de los agentes de policía, la sanción penal aplicada a los infractores y el funcionamiento de los tribunales de aguas. Todo esto sin olvidar la continua actualización de la legislación y las consiguientes reglamentaciones (Alzola Minondo, 1899, pp. 77 y 141; Segura Graiño, 1984, pp. 1010-1017; Hérin, 1990, p. 58).

En definitiva, las ordenanzas establecieron una clara distinción entre los diversos usos del agua, con el objetivo de proteger la salubridad y evitar la contaminación. Las normas referidas al consumo distinguían el agua para el consumo humano de la destinada a abrevaderos para animales con el fin de evitar la transmisión de enfermedades[2]. Por ejemplo, en Granada durante el siglo XVI, se dictaron normas sobre los caños de aguas sucias en las que se prohibía el uso de acequias de cloacas excepto por motivos muy justificados. La multa que se estableció fue de 1.000 maravedís y con idéntica cantidad se castigaba a las personas que quitaran alguna piedra de la acequia del Darrillo sin el consentimiento del Cabildo. Para la extracción de cieno y la limpieza de estas acequias se establecían determinadas condiciones y el material extraído debía salir de la ciudad en el plazo de tres días. Asimismo, como medida de higiene, se ordenaba que las letrinas estuvieran apartadas de las cloacas y que el caño que desembocaba en la general tuviera una rejilla de hierro con agujeros del tamaño de una octava, bajo multa de 300 maravedís. La obra se realizaría a costa del infractor. La insistencia por las normas de higiene era constante ante la falta de urbanidad de la población: costumbre de lavar cacharros sucios en las acequias y depósitos de agua destinada al consumo doméstico. Algunos oficios como curtidores, tundidores, tejedores y majadores de lino, remojaban cueros, paños y lino en cauchiles y albercas. Además, era frecuente que los hortelanos limpiaran hortalizas y frutas en los depósitos y fuentes de agua potable; al igual que sucedía con el pescado. La insalubridad que se originaba hizo intervenir enérgicamente a los cargos municipales, que establecieron multas de 400 y 600 maravedís y una condena de cárcel de diez a veinte días[3].

---

2 *Ordenanzas de Granada. Aguas*, Título CVII, n. 8, fol. 216.
3 *Ordenanzas de Granada. Aguas*, Título CVI, n. 20 y 21, fol. 213.

Un documento de arrendamiento de una noria en Almería, en 1508, especifica la existencia de un pilar aledaño y otro junto a la fuente del Almedina. El texto determina que su uso es exclusivo para beber "agua las bestias y los hombres", o para regar; pero prohíbe lavar paños, actividad que debe realizarse en la "pililla" del pilar que está próximo a la noria. En Granada se ha constatado la existencia de normas similares que prohibían lavar ropa en fuentes y acequias con agua destinada a consumo humano (Segura Graiño, 1984, p. 1008; Diego-Velasco, 1984, p. 274).

En cualquier caso, la intervención municipal fue bastante reducida. Se limitaba a mantener la red de abastecimiento en buen estado y evitar algunas costumbres y tropelías que denotaban una gran falta de higiene. Por estos motivos eran abundantes las noticias de reparaciones de las instalaciones –pozos, fuentes, abrevaderos, etc.–, por parte de los consistorios municipales (Diego-Velasco, 1984, p. 261).

Desde finales del siglo XVI las noticias sobre la intervención municipal en el abastecimiento de agua comenzó a manifestarse con más asiduidad. Los ayuntamientos comenzaron a controlar la compra-venta del agua, su precio, las medidas que debían tener los cántaros; así como las operaciones que se realizaban para extraerla de los pozos municipales. En 1578, en Almería, se conocen disposiciones que señalan a los regidores como operadores de las ordenanzas relativas al agua y sus repartimientos. El concejo tenía la administración y debía velar por el buen uso del agua de consumo doméstico y la destinada al riego (Segura Graiño, 1984, pp. 1010-1012). Disposiciones similares realizó el ayuntamiento de Cádiz en 1589, sobre la extracción y venta de agua del Pozo de la Jara, los materiales que debían emplear los aguadores y las medidas de los cántaros (Barragán Muñoz, 1993, pp. 140-150).

A lo largo de las centurias siguientes –siglos XVII y XVIII–, fueron surgiendo nuevas prestaciones que exigían un mayor control e intervención por parte de los cabildos. Por ejemplo, se incrementaron las inversiones en la instalación de baños públicos, lavaderos y en la reserva de algunas zonas determinadas de la ciudad para la instalación de talleres industriales. La antigua lentitud en la aparición de normas y ordenanzas, dejó paso a un mayor ordenamiento en la publicación de licencias para la venta del agua, la intervención sobre su precio y la salvaguarda de los lugares por donde discurría. Este interés se ve reflejado en la obra de Torija: *Tratado sobre las Ordenanzas de la Villa de Madrid y policía de ella*. Publicada en 1661, dedicaba tres capítulos a temas relacionados con el agua: la construcción de pozos, dónde debían estar situados y la ubicación de estanques y pilones. Ardemans, años más tarde, recogió muchos de estos principios para aplicarlos y desarrollarlos en sus famosas ordenanzas (Landa Goñi, 1986, pp. 38-39).

En el siglo XVIII, el reformismo borbónico –con el consiguiente desarrollo de la administración municipal–, provocó un cambio en la percepción de la salubridad y la higiene. Por otra parte, cierta mejora en la situación económica permitió afrontar determinados problemas y que los regidores locales pudieran acometer determinadas acciones en sus respectivas poblaciones. A su vez, las reformas carolinas propiciaron una mayor intervención de los organismos estatales en las decisiones municipales. Estas acciones generaron abundantes normas sobre la sanidad pública, la prevención de incendios y la preservación de zonas por donde discurría el agua; hasta el punto que se prohibía arar, plantar, cavar o construir a determinada distancia de los depósitos o conducciones de agua. Las obras de Teodoro Ardemans (1661-1726) estaban encaminadas en esa línea. En su *Declaración y extensión sobre las Ordenanzas que escribió Juan de Torija*, contemplaba el modo de construcción de los pozos, la parte en la que debían obrar y las prevenciones sobre las norias. Asimismo, trataba sobre la separación de las aguas limpias de las inmundas, la limpieza frecuente de los sumideros, la creación de *secretas*, etc. Este libro tuvo una gran trascendencia y fue reeditado en numerosas ocasiones desde 1720 hasta 1866. Se erigió en un tratado de referencia para arquitectos y maestros de obras, tanto en la capital del reino como en otras ciudades de la península. El texto era un compendio de las normas establecidas para ordenar y regular el espacio urbano. Posteriormente, en 1813, la Junta de Comisión de Ordenanzas Facultativas tomó este texto como base para redactar las ordenanzas municipales de Madrid (Ardemans, 1719; Landa Goñi, 1986, pp. 39-41; Barragán Muñoz, 1994, pp. 114-116; Blasco Esquivias, 2020).

La capital del reino contó con la actuación de la Junta de Fuentes. Aunque de creación bastante anterior, ocupó un puesto relevante en la organización del abastecimiento de agua de la ciudad a lo largo del siglo XVIII. Para aliviar las graves dificultades que padecía la población, este organismo desarrolló una serie de medidas. En primer lugar, aplicó un control más riguroso a los repartimientos de agua, signando en libros las características específicas de cada uno de ellos, anotando la cuantía y el procedimiento que se había seguido para su concesión. En épocas de sequía se prohibieron las concesiones de agua y se aminoraba el número de arcas y registros existentes en propiedades particulares. Asimismo, para mayor seguridad y con el fin de evitar fraudes, colocaron puertas de hierro en las arcas de agua. En segundo, la Junta promovió obras destinadas a prolongar la extensión de los "viajes de agua" e incorporar nuevos ramales. En esta línea, impulsó la revisión de los tres "viajes" principales y se revistieron las paredes de algunas minas de agua, renovando cañerías que se encontraban en lamentable estado y rehaciendo algunas fuentes (Verdú Ruiz, 1984, pp. 126-127).

A pesar de estas medidas, los problemas de abastecimiento no desaparecieron. En la búsqueda de soluciones se planteó realizar tomas de agua de ríos como el Jarama y el Lozoya. Este último tuvo su aplicación efectiva, pero bien entrado el siglo XIX; durante el XVIII no pasó de ser un sueño imposible.

Normas similares se dictaron en la ciudad de Lérida en 1789. Un bando del alcalde de 24 de junio prohibía: "labar las mugeres, ropas, verduras y platos y otras cosas en la fuente de la Catedral" bajo la pena de 10 sueldos; y un segundo del 27 de julio del mismo año:

> para evitar los disturbios, riñas y demás acciones poco conformes que se experimentan en algunos hombres... Mando que nadie se ponga sobre el borde de las citadas fuentes ni siquiera echando piedras tierra ni otras porquerías a las fuentes, o los que van a buscar agua baxo la pena de tres libras y en su sitio la de ocho días de cárcel, cuya pena pagarán los padres por los hijos y los amos por sus criados, que no lleguen a la edad de doce años. Igualmente mando que tocadas las oraciones de la noche, que ningún hombre este

> parado a diez pasos de distancia de las citadas fuentes, baxo la pena de seis libras y en su sitio la de quince días de cárcel, que se executará irremisiblemente contra cualquiera que contrariase a lo que se manda. (Rabasa-Fontsere y Rabasa-Reimat, 1983, pp. 408-409).

El siglo XIX contempló la aparición de una normativa más prolija y detallada sobre el suministro de agua (Matés-Barco, 2021). Barcelona fue una de las ciudades pioneras en esta cuestión. En 1840, con el objetivo de establecer criterios claros sobre los derechos y obligaciones de los propietarios de caudales de agua de la Acequia Condal, el ayuntamiento acordó elaborar unas Ordenanzas para delimitar su régimen y gobierno. Una vez aprobadas, en 1844, se formuló un Reglamento que se aprobó por Real Orden de 12 de junio de 1846. Por su parte, Jerez en 1874, como ejemplo de una ciudad del sur peninsular, recogió en sus Actas capitulares normas sobre higiene y salubridad que prohibían el lavado de ropas o arrojar inmundicias en las fuentes destinadas al consumo doméstico (Conillera i Vives, 1991, pp. 42-47; Barragán Muñoz, 1994, pp. 155-156).

DERECHOS DE PROPIEDAD Y USOS DEL AGUA

Los derechos de propiedad de las aguas en la sociedad medieval resultaban muy complejos de dilucidar. El dominio presentaba una dualidad propia del régimen feudal y una tendencia a la patrimonialización. Por un lado, se consideraba su pertenencia al monarca, que las reconocía como una regalía; por otro, por los concejos, que las separaba de su carácter comunal. También existió una tendencia al reconocimiento de la propiedad individual (Alzola Minondo, 1899, p. 77; Lalinde Abadía, 1968, pp. 43-94; Maluquer de Motes, J. 1983, pp. 79-83 y 1988, pp. 275-296; Macías Hernández, 1990, p. 123).

El régimen jurídico del aprovechamiento de aguas en la etapa medieval y su desarrollo posterior, se puede sintetizar en cuatro puntos. El primero hace referencia a la declaración del uso público de los ríos, que fundamentalmente son las corrientes navegables. Era competencia del monarca proteger el citado uso, pero al mismo tiempo tenía la facultad de otorgar concesiones o derechos privativos sobre citado río. Por ejemplo, para la práctica de la pesca, la instalación de molinos, etc. El segundo, se refería al resto de las aguas corrientes y estaba sometido al propietario ribereño o a las personas que obtuvieran una autorización. El único límite se establecía en no causar lesión ilegítima al vecino. Por ejemplo, que mengüe el agua para los molinos existentes, pero no importaba si las rentas del más antiguo disminuían por tener un competidor (Lalinde Abadía, 1968, p. 45; Gallego Anabitarte, Menéndez Rexach y Díaz Lema, 1986, pp. 127-145). El tercero hacía referencia a determinados supuestos y asentaba que los titulares de señoríos eran también de los derechos privativos sobre las aguas corrientes en su feudo. El cuarto punto y último, determinaba el sometimiento de las aguas corrientes a la apropiación de los concejos –propietarios de los terrenos por donde nacían o discurrían–, o a grupos determinados de vecinos en virtud de aprovechamientos comunes.

En cualquier caso, resulta muy complejo y dificultoso el conocimiento de la realidad jurídica de las aguas en Castilla desde la Edad Media hasta el siglo XIX. En este sentido han sido continuos los debates entre especialistas sobre el tema. Lalinde Abadía (1968, pp. 45-50) mantiene el carácter público de las aguas durante la Alta Edad Media y su patrimonialización durante la Baja. Asimismo, ha resaltado que el Derecho aragonés en esta materia ha transcurrido por vías menos autoritarias y más propias de lo que actualmente se conoce como Estado de Derecho. Este planteamiento chocaba con el concepto de regalía castellana que, en ocasiones, no respetaba los límites impuestos por la necesidad pública; puesto que concedía a determinadas personas los aprovechamientos hidráulicos y privaba de este bien a poblaciones concretas. Otros autores han mantenido que el derecho de aguas de las regiones periféricas españolas estaba constituido por las regalías menores que podían ser cedidas por contratos a particulares. Sin embargo, en Castilla se afirmó un derecho basado en la libertad e igualdad de los hombres, asentando que el aprovechamiento hidráulico era una necesidad de todos los hombres sin distinción y todos podían ser titulares del mismo. En resumen, el aprovechamiento hidráulico en Castilla en el siglo XVI "no se afirmará como un privilegio singular o excepcional, sino en función de un orden general o superior basado en la justicia y en la igualdad esencial de los hombres, independientemente de su riqueza, posición social o vecindad" (Gallego Anabitarte, Menéndez Rexach, Díaz Lema, 1986, p. 133, nota 4).

En los fueros se reconocía a las poblaciones la propiedad de todas las aguas del entorno o perímetro urbano y se consideraban de su patrimonio exclusivo. La concesión no se realizaba a la unidad de la "población", sino a favor de todos los pobladores; hasta el punto que si alguno descubría una fuente la hacía de su propiedad y no tenía obligación de entregarla al común, ni ceder su uso a los vecinos. Es decir, las "nuevas" fuentes pertenecían a la persona que la encontrase o descubriese; mientras que las "conocidas" –corrientes antiguas nacidas en los términos del pueblo–, se otorgaban a los que morasen en ellas y se cedían colectivamente, no pudiendo ninguno en particular alegar preeminencia de derecho.

Las Partidas son el eco de esos antiguos fueros. Este código, todavía vigente a mediados del siglo XIX–, otorgaba a las poblaciones todas las aguas nacidas en su término y sus representantes eran los encargados de su administración. Por ello, asumían todas las cargas y gravámenes que llevaran consigo: garantizar su buen uso, conducción, limpieza de canales y cañerías, desagües, así como la publicación de ordenanzas para el buen régimen de todo lo perteneciente a esta materia.

A mediados del siglo XIX todavía se consideraba a las poblaciones como individuos y no gozaban como unidades morales, sino de los derechos concedidos a menores. Es decir, el derecho de los particulares estaba por encima del común. En un juicio no se podía alegar nada contra el libre ejercicio de las facultades concedidas a otros individuos por las leyes; excepto que se pudiera probar que las usaron maliciosamente y con ánimo de perjudicar. El carácter comunal de las aguas no era antitético, sino por el contrario, complementario del dominio eminente de los señores o del propio rey. El elemento comunal se insertaba dentro del señorial. Las aguas comunales siempre procedían de concesión real o señorial a las comunidades establecidas mediante cartas de población, franquicias, privilegios o fueros. Esta propiedad comunal se recogió en algunos códigos o compilaciones de las prácticas consuetudinarias (Nieto, 1964, pp. 55-56; Maluquer de Motes, 1990, pp. 315-316).

A continuación, se citan algunos ejemplos tomados de poblaciones del sur de la península. En Almería, a finales del siglo XV, los aljibes y las acequias estaban asignados al concejo, que ostentaba su administración. Su mantenimiento y conservación obligaba a unos gastos importantes, que se cubrían con las rentas obtenidas de unas heredades. El cabildo catedralicio no estaba conforme con esta apropiación, consideraba que ostentaba el derecho del cobro de esas rentas y era de su competencia el cuidado de los aljibes. La corona otorgó al cabildo esos derechos. Sin embargo, en 1500, el cabildo recriminaba al organismo eclesiástico su indolencia en la conservación y cuidado de los aljibes; hasta el punto que el monarca intervino llamando la atención a la institución catedralicia. Recibían una renta de 14.000 maravedíes con la obligación de mantener limpios y en buen estado los aljibes. En 1503, ante la desidia de los clérigos se llegó al acuerdo de retornar su administración y las rentas al concejo municipal[4].

Saltando en el tiempo y en el espacio se enuncia otro caso de similares características. En el Antiguo Régimen, la propiedad de los pozos pertenecía "rigurosamente al dueño del terreno", aunque su disfrute podía estar mediatizado por un convenio y la "práctica o costumbre del pueblo". En Cádiz, las ordenanzas municipales de 1845, que recogían una Real Provisión de 1797, dejaban clara esa normativa. Las fuentes podían tener un sistema de propiedad diferente al pozo del que se abastecían y pertenecer a un dueño o arrendador distinto. Esta complicada organización dilataba el cumplimiento de las diligencias relacionadas con la distribución del agua, que dependía exclusivamente de los propietarios y arrendadores. Los litigios por el control del agua, tanto entre particulares como entre estos y los ayuntamientos, han sido muy frecuentes, especialmente por la complicada maraña legal que existía sobre su gestión.

Por ejemplo, esta situación se evidencia en Granada, dónde era habitual el gran número de disputas existentes por el uso de acequias y aljibes, así como por su aprovechamiento. El administrador de las

4 Archivo Municipal de Almería, leg. 906, n. 14 y 16a.

aguas intervenía en todas las irregularidades cometidas por los vecinos en el consumo doméstico. Resultó frecuente la compra de casas contiguas que tenían agua corriente, o la desviación o ampliación de un ramal. Esto suponía una acaparación relevante frente a la escasez existente. Estos fraudes eran anotados por el administrador en el Libro de Aguas, con el objetivo de juzgar y multas esas actividades. El Juzgado Privilegiado de las Aguas debía dictar sentencia en un plazo máximo de veinte días (Diego-Velasco, 1984, p. 257; Martín-Rodríguez, 1988, p. I-XVIII)[5].

La normativa que afectaba a los pozos propiedad de particulares, estaba muy relacionada con los períodos de sequía. Estas disposiciones reconocían el derecho de propiedad, pero instaban que se facilitara el agua al resto del vecindario. En Madrid, desde el siglo XVII, se conocen diversas formas de propiedad en los viajes de agua. Era un sistema similar al existente para pozos y fuentes. Los viajes denominados públicos eran propiedad del concejo, otros pertenecían a particulares y otros a la casa real. Los primeros abastecían las fuentes públicas, los particulares adquirían el agua de los viajes por venta real mediante censos o incluso arrendamientos. Por último, existían las aguas de compensación y las de gracia. Las aguas se clasificaban según cinco grupos. El primero se refería a las aguas destinadas a las fuentes públicas; el segundo, las adscritas a particulares que las adquirieron a censo (arrendadas); el tercer grupo se refería a las aguas obtenidas en venta real; el cuarto las reservadas para compensación; y por último, las aguas de gracia pertenecientes al Estado y el patrimonio, la provincia y el municipio (Landa Goñi, 1986, pp. 34-35; Canal de Isabel II, 1986, p. 59). Además de los viajes de agua municipales exitían otros pertenecientes a la Casa Real (Amaniel) y a centros religiosos (conventos de las Descalzas Reales, de Santo Domingo, de Atocha, etc.). Por ejemplo, para el abastecimiento de agua del Real Sitio de la Florida existían 16 viajes de agua (Llorca Aquesolo y Monte Saez, 1984, p. 413).

Se conoce la existencia de pozos de propiedad municipal y otros que dependían de las autoridades militares. El ayuntamiento asumía

5 *Ordenanzas de Granada. Aguas*, CVIII, n. 15, fol. 218.

los gastos de construcción, conservación y limpieza. El cabildo de Lérida, en el siglo XIII, estableció unas normas para sacar a subasta la limpieza y conservación de los pozos de la ciudad. Crónicas posteriores, del siglo XVIII, plantean cuestiones similares[6].

Los ayuntamientos arrendaban o subastaban a particulares las fuentes y pozos de propiedad municipal, sobre todo cuando era necesario aliviar las cargas del cabildo. Era una forma de mitigar los elevados costes que provocaba el suministro de agua a las poblaciones. El arrendatario se comprometía a mantener el pozo o la fuente en buen estado y a facilitar el agua necesario para la limpieza municipal. En Almería, en 1508, se conoce la existencia de una noria que se arrendaba anualmente por 12.000 maravedís. La fuente se encontraba en buen estado y se obligaba al arrendador a su buen cuidado y a evitar la pérdida de agua[7] (Segura Graiño, 1984, p. 1008).

La administración de estos pozos no la realizaba directamente el ayuntamiento, sino se hacía a través de arrendatarios. En la ciudad de Lérida, tanto en 1749 como en 1842, se tiene constancia de esta práctica[8]. Similares situaciones se pueden describir de Cádiz y Jerez a lo largo del siglo XIX (Barragán Muñoz, 1993, p. 189; y, 1994, pp. 126-128). Por ejemplo, en la ciudad jerezana se han documentado siete fuentes: dos eran municipales –Alcubilla y San Telmo–, y las cinco restantes estaban en manos de particulares, unas en régimen de propiedad y otras en arrendamiento. Similar situación existía en los pozos y norias. El Pozo del Rey estaba arrendado y en cambio, eran de propiedad particular los situados en la Huerta de Acle, la Noria de los Pozillos y el Pozo de Ramos. Casos análogos se aprecian en Granada y Sevilla. En la capital nazarí, en plena época del liberalismo, el régimen jurídico era el establecido por las ordenanzas de la ciudad en 1538. El ayuntamiento admitía los derechos de antiguas concesiones, que los particulares tenían del agua que discurría por determinados ramales (Martín-Rodríguez, 1988, p. VI-VII). Por su parte, en Sevilla las aguas de los Caños de Carmona pertenecían al Real Patrimonio de la Corona que detentaba la propiedad, mientras que el

6 Archivo Municipal de Lérida, Reg. 436, fol. 103.
7 Archivo Municipal de Almería, leg. 906, n. 16a.
8 Archivo Municipal de Lérida, Reg. B. 23, 29 y 30.

ayuntamiento disfrutaba de su uso. El administrador de los Alcázares era el encargado de la jurisdicción, mientras que el cabildo atendía a su vigilancia y control. Esto suponía un desembolso importante en reparaciones y mantenimiento del servicio. Esta situación perduró hasta bien entrado el siglo XIX, aunque el triunfo del liberalismo y las sucesivas desamortizaciones, modificaron la duplicidad de funciones y cedieron la propiedad al ayuntamiento (Ayuntamiento de Sevilla y EMASESA, 1990, p. 145; Matés-Barco, 1998).

La evolución en la gestión del agua comenzó a experimentar cambios significativos desde mediados del siglo XIX. En 1857 existen datos de la presencia de una empresa de transporte de agua a domicilio en Jerez. Esta compañía ofertaba la prestación de su servicio a un precio menor que el establecido por los aguadores de la ciudad. El agua era transportada mediante carros y en barriles, para evitar "que nadie pueda beber en dichas vasijas como acontece en los cántaros de los aguadores". El objetivo no solo era una mejora en el suministro, sino también la prevención de enfermedades. La empresa aseguraba la provisión de agua en las casas a cualquier hora y los abonados no tenían que adelantar cantidad alguna, puesto que el cobro se hacía a domicilio por un empleado de la propia empresa (Barragán Muñoz, 1994, p. 126). El anuncio recogido por la prensa jerezana de la época, muestra algunas de las características que posteriormente adoptará el Sistema Moderno de Agua Potable: privatización de la oferta, suministro domiciliario, tarifa por consumo y tratamiento sanitario del agua. Resulta evidente el proceso de transición en el que estaba inmerso este servicio público, además de un cambio cuantitativo y cualitativo en la demanda. El nuevo ordenamiento urbano, la construcción de edificios de mayor altura, el crecimiento de la ciudad, etc., hacían cada vez más necesario el suministro domiciliario. Este moderno sistema, todavía algo ocasional, se fue implantando progresivamente en las últimas décadas del siglo XIX y primeras del XX, al menos en las ciudades más importantes del país.

Sin embargo, el complejo sistema de propiedad del agua existente en España, generaba dificultades que ralentizaban la adopción de medidas destinadas a solucionar el suministro.

Barcelona, como muchas otras ciudades de la península, comenzó a padecer de modo especial una persistente escasez de agua desde la segunda mitad del siglo XVII. Esta situación se agudizó más a finales del siglo XVIII y se convirtió en angustiosa a principios del XIX. Desde la época de la Ilustración se formularon proyectos encaminados a resolver el problema, pero no pasaron de meras elucubraciones reflejadas sobre plano. A partir de 1822 se adoptaron varias medidas encaminadas a proporcionar mayores caudales de agua a la ciudad, pero colisionaron con la compleja administración existente en los distintos caudales que abastecían a la población. Uno de los más importantes, la Mina de Montcada, que recogía las aguas subálveas del río Besós, pertenecía al Patrimonio Real. Con el advenimiento del régimen constitucional, surgió una lucha de poder entre los jefes políticos de la provincia y los componentes de la institución regia. Al final, en 1838, se constituyó una Junta compuesta por los propietarios de las fincas urbanas y rústicas que tenían derechos sobre el caudal de la mina. Todos los estamentos nombraron dos representantes: Patrimonio Real, ayuntamiento, propietarios de molinos, propietarios de las tierras de San Andrés del Palomar, San Martí de Provençals y de las huertas de las afueras de Porta Nova.

En Cataluña, desde la Baja Edad Media, estaba extendida la norma de adjudicar al Real Patrimonio la propiedad completa de todas las aguas, incluidas las subterráneas y manantiales, sobre las que no existiera titularidad dominical explícitamente registrada. El acceso a su aprovechamiento era completamente libre, mediante establecimiento enfitéutico y con la consiguiente carga de censos. Un excepción a esta norma casi general, era cuando el soberano había efectuado cesión expresa del uso libre e indefinido del agua a las poblaciones y, por consiguiente, en régimen de plena propiedad. Una segunda excepción correspondía a las aguas que formaban parte de un dominio señorial, cualquiera que hubiera sido la forma de obtención de derechos eminentes contractuales de carácter enfitéutico. Por analogía con el sistema de concesión practicado por el propio Real Patrimonio, o con los contratos de cesión de tierras, el sistema enfitéutico llegó a ser plenamente generalizado en Cataluña, como medio de obtención de derechos de uso sobre las aguas. Manuel

Colmeiro mostró que las ordenanzas municipales suplían el silencio de las leyes en cuanto a disfrute de aguas y, algunas veces, todo se regía por tradición o costumbre. Los monarcas acostumbraban a conceder el aprovechamiento de las aguas de un río a los moradores de una determinada vega, que acudían a sangrarlo con la construcción de acequias (Colmeiro, 1965, p. 329; Maluquer de Motes, 1990, p. 317; Conillera i Vives, 1991, p. 40).

CONCLUSIONES

En resumen, en la sociedad preindustrial las aguas tuvieron siempre la consideración de bienes personales o patrimoniales. Desde los primeros siglos medievales aparecieron como derechos de propiedad, sujetos al dominio eminente del soberano y con posibilidad de disponer de ellas. De ahí que el monarca pudiera cederlas o donarlas, a título privado, en beneficio de señores, monasterios o abadías. De este modo, los señores feudales asumieron, por acciones de traslación parcial de la soberanía, derechos hereditarios de carácter dominical o patrimonial de la propiedad sobre las aguas. Eso sí, siempre con la reserva de uso. Como señala Maluquer de Motes:

> la división de dominios propia del régimen feudal de propiedad se materializaba también en el ámbito hidráulico, al igual que en el de la tierra, puesto que el derecho señorial de disponer era compatible y complementario del derecho de terceros a usar. La propiedad eminente de los señores coexistía con la propiedad útil de terceros. Estos últimos como propietarios gozaban del agua de forma gratuita y perpetua, aunque limitada al uso y privada de la capacidad de disponer… Es decir… pertenecerían a los señores, pero no para usarlos como dominio particular o propiedad libre o franca, sino para cederlos sin contraprestación a uso comunal de los pueblos de su señorío (Maluquer de Motes, 1990, pp. 315-316).

Asimismo, se aprecia la existencia de problemas distintos. Por un lado, la propiedad de los recursos; por otro, la propiedad de las instalaciones necesarias, como podía ser el caso de las acequias. En este proceso de bienes naturales que se convierten en bienes públicos, se interponían las necesarias inversiones que hacían entrar en juego la propiedad privada. Por ejemplo, en los "repartimientos" del siglo XIV se concedían también derechos de agua de riego y es de suponer que algo parecido podía suceder para otros usos. También se observa la importancia que tenían las relaciones entre los agentes públicos y los arrendatarios en el suministro de agua. Parte de esas posibilidades –el protagonismo de los agentes privados–, se relanzaron más adelante y potenciaron la aparición de un nuevo sistema de abastecimiento de agua potable.

BIBLIOGRAFÍA

Alvarado Planas, J. (coord.) (1995). *Espacio y fueros en Castilla-La Mancha, siglos XI-XV*. Polífemo.

Alzola Minondo, P. de (1899). *Historia de las Obras Públicas en España*. [edición de 1979 del Colegio de Ingenieros de Caminos, Canales y Puertos & Ediciones Turner].

Ardemans, T. (1719). *Declaración y extensión sobre las Ordenanzas que escribió Juan de Torija*. Francisco del Hierro.

Ayuntamiento de Sevilla & EMASESA (1990). *El agua en Sevilla*. Ediciones Guadalquivir & Empresa Municipal de Abastecimiento y Saneamiento de Aguas de Sevilla, S. A. (EMASESA).

Barragán Muñoz, J. M. (Coord.) (1993). *Agua, ciudad y territorio. Aproximación geo-histórica del abastecimiento de agua a Cádiz*. Universidad de Cádiz.

Barragán Muñoz, J. M. (1994). *Aguas de Jerez*. Ayuntamiento de Jerez.

Blasco Esquivias, B. (2020). *Teodoro Ardemans*. Instituto de Estudios Madrileños. https://xn--institutoestudiosmadrileos-4rc.es/portfolio_page/a-9-ardemans-teodoro/

Canal de Isabel II (1986). *Antecedentes del Canal de Isabel II: viajes de agua y proyectos de canales*. Canal de Isabel II.

Colmeiro, M. (1965). *Historia de la economía española*. Taurus, t. I.

Conillera i Vives, P. (1991). *L'aigua de Montcada. L'Abastament Municipal de Barcelona. Mil Anys d'Historia*. Ajuntament de Barcelona.

Diego Velasco, M. T. (1984). Las ordenanzas de las aguas de Granada. *En la España Medieval*, 4, 249-275.

Gallego Anabitarte, A., Menéndez Rexach, A. y Díaz Lema, J. M. (1986). *El derecho de aguas en España*. MOPU.

García Gallo, A. (1975). Los fueros de Toledo. *Anuario de Historia del Derecho Español*, 45, 341-388.

Hérin, R. (1990). Agua, espacio y modos de producción en el Mediterráneo. En M.T. Pérez Picazo & G. Lemeunier (eds.), *Agua y modo de producción* (pp. 54-68). Crítica.

Lalinde Abadía, J. (1968). La consideración jurídica de las aguas en el derecho medieval hispánico. *Anales de la Facultad de Derecho (Universidad de La Laguna)*, 6, 43-94.

Landa Goñi, J. (1986). *El agua en la higiene del Madrid de los Austrias*. Comunidad de Madrid.

Llorca Aquesolo, J. y Monte Saéz, J. L. (1984). El antiguo sistema de abastecimiento de agua de Madrid y su influencia en la vía pública, construcciones en servicio y nueva construcción. *Revista de Obras Públicas*, VI, 407-428.

Macías Hernández, A. M. (1990). Aproximación al proceso de privatización del agua en Canarias, c. 1500-1879. En M.T. Pérez Picazo y G. Lemeunier (eds.), *Agua y modo de producción* (pp. 121-149). Crítica.

Maluquer de Motes, J. (1983). La despatrimonialización del agua: movilización de un recurso natural fundamental. *Revista de Historia Económica*, 2, 79-83.

Maluquer de Motes, J. (1988). Un componente fundamental de la revolución liberal: la despatrimonialización del agua. En A. García Sanz y R. Garrabou (eds.), *Historia agraria de la España contemporánea* (pp. 275-296). Crítica, vol 1.

Maluquer de Motes, J. (1990). Las técnicas hidráulicas y la gestión del agua en la especialización industrial de Cataluña. Su evolución a largo plazo. En M.T. Pérez Picazo y G. Lemeunier (eds.), *Agua y modo de producción* (pp. 311-348). Crítica.

Martín Rodríguez, M. (1988). Odisea del agua en la Granada moderna. En Introducción a la reedición de Alejo Luis Yagüe (1882), *Análisis de las aguas de Granada y sus contornos* (pp. V-XVIII). Emasagra.

Matés-Barco, J. M. (1998). Revolución liberal y Derecho de aguas en España. *Revista de Estudios Jurídicos*, 1, 257-274.

Matés-Barco, J. M. (2018). Ecología y servicios públicos: nuevas perspectivas y cambio de paradigma. En A. Torres-Rodríguez y E. Moral-Pajares (coords.), *Agua y Ecología Política en España y México* (pp. 41-85). UJA Editorial.

Matés-Barco, J. M. (coord.) (2019). *Empresas y empresarios en España. De mercaderes a industriales.* Madrid: Pirámide.

Matés-Barco, J. M. (2021). Public services in Spain (1840-1936): the role of water supply companies. En M. Vázquez-Fariñas, P.P. Ortúñez Goicolea y M. Castro Valdivia (eds.), *Companies and Entrepreneurs in the History of Spain. Centuries Long Evolution in Business since the 15th century* (pp. 135-159). Palgrave MacMillan. Doi: 10.1007/978-3-030-61318-1

Matés-Barco, J. M. y Caruana de las Cagigas, L. (eds.) (2021). *Entrepreneurship in Spain. A History.* Routledge.

Matés-Barco, J. M. y Rojas Ramírez, J. J. P. (coords.) (2018). *Agua y Servicios Públicos en España y México.* UJA Editorial.

Matés-Barco, J. M. y Torres-Rodríguez, A. (2019). *Los servicios públicos en España y México.* Silex.

Muñoz y Romero, T. (1973). *Colección de fueros municipales y cartas pueblas de los reinos de Castilla-León, Corona de Aragón y Navarra* (1847, reimpr. 1973). Atlas.

Nieto, A. (1964). "Bienes comunales". Un volumen de 975 páginas. Editorial Revista de Derecho Privado.

Rabasa Fontsere, J. y Rabasa Reimat, F. (1983). El suministro de agua potable a la ciudad de Lérida. *Ilerda*, 44, 305-428.

Segura Graiño, C. (1984). El abastecimiento de agua en Almería a fines de la Edad Media. *En la España Medieval*, 5, 1005-1017.

Verdú Ruiz, M. (1984). Algunas consideraciones en torno a los viajes de agua madrileños. *Anales del Instituto de Estudios Madrileños*, 21, 117-134.

La gestión del agua en las ciudades preindustriales: España (siglos XVI-XVIII)

Resumen: Este estudio se centra en algunos aspectos relacionados con la gestión del abastecimiento de agua potable a las poblaciones españolas en la etapa preindustrial. Esencialmente se aborda el progresivo protagonismo de los ayuntamientos en la gestión de este servicio público. Asimismo, se analizan los derechos de propiedad y usos del agua, así como su evolución en los primeros estadios de la revolución liberal.

Palabras clave: abastecimiento de agua potable, Edad Media y Moderna, Liberalismo, ayuntamientos.

Water management in pre-industrial cities: Spain (16th-18th centuries)

Abstract: This study focuses on some aspects related to the management of water supply to Spanish populations in the pre-industrial stage. Essentially, the progressive role of town halls in the management of this public service is addressed. Likewise, the property rights and uses of water are analyzed, as well as their evolution in the first stages of the liberal revolution.

Keywords: Water supply, Middle and Modern Ages, Liberalism, town halls.

Gestão da água em cidades pré-industriais: Espanha (séculos XVI-XVIII)

Resumo: Este estudo centra-se em alguns aspectos relacionados com a gestão do abastecimento de água potável às populações espanholas na fase pré-industrial. No essencial, aborda-se o papel progressivo das Câmaras Municipais na gestão deste serviço público. Da mesma forma, são analisados os direitos de propriedade e usos da água, bem como a sua evolução nas primeiras etapas da revolução liberal.

Palavras-chave: abastecimento de água potável, Idade Média e Moderna, Liberalismo, Câmaras Municipais.

15. LA INFLUENCIA DE LA REGULACIÓN DE LA GESTIÓN DEL AGUA EN LA CONSTRUCCIÓN DE LOS MERCADOS DE ABASTOS ANDALUCES (S. XIX)

Sheila Palomares-Alarcón
Universidad de Jaén

EL AGUA COMO SERVICIO PÚBLICO, LOS MERCADOS DE ABASTOS COMO EDIFICIOS DE USO PÚBLICO. CONTEXTO LEGISLATIVO[1]

Según Matés (1997, p. 346) los conceptos: dominio público, servicio público y obra pública se fueron definiendo a lo largo del siglo XIX. El autor añade que cuando los redactores de las leyes desamortizadoras[2] hablaban de servicio público no sabían con certeza a lo que se referían. Se trataba de un término que no estaba definido completamente y que se fue modulando a lo largo de la redacción de las distintas disposiciones.

A mediados del decimonónico siglo el servicio público se asociaba a obra pública, es decir, a carreteras, ferrocarriles, pantanos, etc. Fue con el paso del tiempo cuando se consideró una categoría diferenciada entre dominio público o de la obra pública, y el servicio público, que aludían, al uso público y general, a lo relacionado con la Administración, y a lo vinculado al interés público.

El abastecimiento de agua potable fue considerado servicio público en los albores del siglo XX y con ello, la progresiva intervención estatal en el servicio –que era de titularidad pública por parte de las administraciones locales quienes eran responsables de planificar,

1 Esta investigación forma parte de los resultados del Proyecto FEDER-UJA-1381621 (2021-2022): “La gestión sostenible de los servicios públicos: Agua en Andalucía (1800-2020”, dentro del Programa Operativo FEDER Andalucía I+D+i (2014-2020) y que ha sido financiado por la Junta de Andalucía y los Fondos FEDER.

2 Real Decreto de 19 de febrero de 1836. Para la enajenación de bienes nacionales. Decreto (2 de septiembre de 1841). Gaceta de Madrid, 2515, 5 de septiembre de 1841, 1.

organizar, coordinar ejecutar y controlar el abastecimiento-; y el debilitamiento de las empresas privadas que en un principio fueron las encargadas de gestionar y proporcionar el servicio en régimen de monopolio y de concesiones, a largo plazo. Cabe matizar que el carácter privatizador del agua como bien público se debió a dos premisas fundamentales: por un lado, a su adscripción municipal, y, por otro lado, a la exención de pago de derechos por su aprovechamiento (Matés, 2016, pp. 19, 21).

Ya en la Instrucción para el gobierno económico-político de las provincias de 1813[3] en su artículo 1º se establecía que era obligación de los ayuntamientos la policía de la comodidad y salubridad de los municipios, en concreto, la limpieza de los mercados y plazas (públicas y de los hospitales) y la desecación o curso de las aguas insalubres o estancadas. Añadía que para conseguir "la comodidad" el ayuntamiento "cuidará asimismo de que estén bien conservadas las fuentes públicas; y haya la conveniente abundancia de buenas aguas, tanto para los hombres, como para los animales" (Figura 1).

La misma competencia de los ayuntamientos de los pueblos sobre la policía de la salubridad y comodidad de mercados y plazas públicas se incluía en la Ley para el Gobierno económico-político de las provincias de 1823[4] (que no entró en vigor hasta el 15 de octubre de 1836 (Matés, 2017, p. 44)). Esta ley refería el deber del cuidado de las aguas estancadas y en el artículo 16º la obligación de la buena conservación y limpieza de las fuentes públicas, así como el abastecimiento de aguas para las personas y los ganados. Además, en el artículo 21º definía como obras públicas nacionales las carreteras generales, canales y otros semejantes "que por interesar al reino en general, han de estar al cuidado del gobierno, desempeñando los ayuntamientos acerca de ellos la parte que dicho gobierno le encargue".

En la Ley General de Obras Públicas de 1877[5] en el artículo 91º se refiere que el abastecimiento de aguas estaba a cargo de los

3 Decreto CCXIX, de 23 de junio de 1813. Instrucción para el gobierno económico-político de las provincias.

4 Decreto XLV de 3 de febrero de 1823: Ley para el Gobierno económico-político de las provincias. León: Fabricación: Imp. de la Diputación provincial.

5 Ley General de Obras Públicas (6 de julio de 1877). Gaceta de Madrid, 188, 7 de julio de 1877, 49-54.

ayuntamientos. A lo largo del texto utiliza diferente terminología en cuanto a lo que se consideraba obra pública, de dominio público, de utilidad pública o al servicio público.

Figura 1. Fuente pública de los Cristos, Málaga (1790). Fue una de las fuentes que surgieron a partir de 1785 tras la construcción del acueducto de San Telmo (Carranza y Heredia, 2006).

Fuente: Fotografía de la autora, 2023.

De la misma forma la Ley de Aguas de 1866[6] y la de 1879[7] corroboraron esta delimitación de competencia municipal y "limitaron los derechos de los propietarios privados" (Matés, 2016, p. 21). En la primera se establecieron las bases de dominio de las aguas subterráneas, especificando la pertenencia particular de las aguas subterráneas al propietario de un terreno que abriera un pozo ordinario y definiendo el aprovechamiento común de las aguas públicas para uso doméstico, así como para otros aprovechamientos.

No fue hasta la aprobación del Real Decreto de 12 de abril de 1924[8] cuando se declararon explícitamente en su artículo 1º como servicios públicos los suministros de gas, agua y energía eléctrica, y al Ministerio de Trabajo, Comercio e Industria como el encargado de reglamentar los citados servicios para garantizar la seguridad e interés público. En el mismo decreto se reglamentó sobre el suministro, los precios, tarifas y las empresas de suministro de estos servicios públicos. Se añadía, además, que los ayuntamientos debían evitar el monopolio de una sola empresa.

En paralelo, en la Ley de municipios de 1870[9] en su artículo 67º se definieron con detalle las atribuciones de los ayuntamientos entre los que especificaba el alcantarillado, el surtido de aguas y los mercados. Las mismas potestades se contemplaron en la Ley municipal de 1877[10], en el artículo 72º en el que se nombraban las competencias, pero no se especificaba si las aguas eran privadas, públicas o del ayuntamiento, ni si los servicios eran de su titularidad o a quién le correspondía su gestión. "El servicio público obligatorio para los Ayuntamientos eran las fuentes, los lavaderos y los abrevaderos, pero no el suministro domiciliario de agua potable" (Perdigó, 2019).

---

6 Ley (3 de agosto de 1866). Gaceta de Madrid, 219, 7 de agosto de 1866, 1-4.

7 Ley (13 de junio de 1879). Gaceta de Madrid, 170, 19 de junio de 1879, 799-805. Esta ley fue derogada más de 100 años después de su publicación por la Ley 25/1985, de 2 de agosto. Boletín Oficial del Estado, 189, 8 de agosto de 1985. Esta ley "ratificó la gestión unitaria y la existencia de un único organismo en cada cuenca, al que se le asignaban todas las funciones" (Matés, 2016, p. 21).

8 Real Decreto (12 de abril de 1924). Gaceta de Madrid, 106, 15 de abril de 1924, 306-308.

9 Ley municipal. (20 de agosto de 1870). Gaceta de Madrid, 233, 21 de agosto de 1870, 14-20.

10 Ley municipal. (2 de octubre de 1877). Gaceta de Madrid, 277, 4 de octubre de 1877, 39-46.

Es decir, la legislación liberal proclamada a lo largo del siglo XIX daba cada vez más competencias al municipio, una administración que no conseguía controlar con medios propios el aumento de la demanda de agua en las ciudades que incrementaban su población a pasos acelerados, por lo que tuvieron que ceder a compañías privadas la gestión y cesión del servicio para ponerlo en funcionamiento mediante la concesión. En la Ley de 1879 se definió la obligación de las compañías concesionarias a fijar una tabla de tarifas y se establecieron los plazos de caducidad en las concesiones[11] (Matés, 2016, pp. 21-24).

No obstante las disposiciones legislativas aprobadas, ciudades importantes como Málaga, Bilbao, Almería, Palma de Mallorca o San Sebastián no contaron con iniciativas privadas que se ocuparan de la gestión del agua hasta 1900, siendo sus ayuntamientos quienes lo gestionaron hasta ese momento de forma directa. En Andalucía, según (Villar, Castro & Matés, 2019, p. 11) las compañías fundadas antes de 1900 y que existían en 1920 eran: Aguas de Morón y Carmona (Morón de la Frontera, 1853); Aguas de Jerez (Jerez de la Frontera, 1868); Herederos de Andrés Serrano Puértolas (Motril, 1878); Sevilla Water Works C. Ltd. (Sevilla, 1881); Abastecedora de Aguas de Sevilla (Sevilla, 1883); Aguas Potables de Cádiz (Cádiz, 1885); Doetsch, D. L. (Huelva, 1891); y Aguas potables de Córdoba (Córdoba, 1891).

LAS PROPUESTAS HIGIENISTAS PARA LA MEJORA DE LAS POBLACIONES: LA GESTIÓN DEL AGUA Y LOS MERCADOS DE ABASTOS

> Siendo primordial deber del Gobierno velar por la conservación de la salud pública, y constituyendo la higiene su principal garantía, una de las medidas más urgentes que es necesario adoptar para prevenir la producción y desarrollo de las enfermedades en general, y muy especialmente las infecciosas y contagiosas, es el conocimiento exacto del estado sanitario de nuestras principales

11 A partir de la promulgación del Decreto-Ley de 28 de mayo de 1926, en el que se dispuso la organización de las Confederaciones Sindicales Hidrográficas y se creó la Confederación Sindical Hidrográfica del Ebro, la estructura de las competencias se basó en el concepto geográfico de cuenca (Matés, 2016, p. 24).

> poblaciones, de las causas que, resultando de la urbanización y modo de ser de los pueblos, puedan en cada localidad originar alteraciones de la salud y de los procedimientos y medios más eficaces y prácticos para evitarlas o por lo menos reducirlas (Reales órdenes, 20 de marzo de 1894, p. 1102)[12].

Con estas palabras iniciaba la Real orden de 1894 en la que se indicaba que las Juntas municipales de Sanidad se reunirían en ese mismo año. En la reunión habrían de designarse a dos personas (médico o farmacéutico y arquitecto o maestro de obras peritas en la ciencia de higiene y conocedoras de la localidad) que redactarían una memoria concisa en la que incluirían: las causas (probables o ciertas) que perjudicaban a la salud pública de la población así como las epidemias que hubieran existido en los últimos cinco años; las causas de la propagación de las enfermedades y epidemias; y las medidas de higiene pública y privada que debían adoptarse. También describirían el estado higiénico de la población con una memoria sobre: A. Mercados; C. Abastecimiento de aguas; y D. Desagüe y alcantarillado, entre otros.

Los informes enviados revelaron el abandono en el que se encontraban los grandes centros de población, la mayoría, sin un sistema de saneamiento ni de policía sanitaria adecuada. Los higienistas denunciaron la fata de iniciativa por parte de las autoridades, tanto nacionales como locales; y destacaron la urgencia en actuar para acatar las deficiencias relacionadas con el abastecimiento y el saneamiento del agua ya que, entre otras cosas, faltaba caudal para abastecer a las poblaciones, teniendo que recurrir con frecuencia a las aguas de los ríos que eran fácilmente contaminadas (Bernabeu & Galiana, 2011, pp. 12-13).

Ya afirmaba el ingeniero P. García en 1885 al hablar del mercado de San José de Barcelona que carecía "de las circunstancias higiénicas más indispensables para la vida" (García, 1885, p. 59) y proponía, para la mejora de las condiciones higiénicas de los mercados, el

12 Reales Órdenes (20 de marzo de 1894). Gaceta de Madrid, 81, 22 de marzo de 1894, 1102-1103.

aprovechamiento de los semisótanos y las grutas para guardar el género en buenas condiciones, evitando así manipulaciones y facilitando su inspección. Añadía, como propuesta, que los semisótanos pudieran estar en conexión subterránea con el sistema de alcantarillado y con los mataderos y los ferrocarriles mediante vías férreas, "con lo cual se mejorarían mucho la bondad, limpieza y baratura de los alimentos, circunstancias que influyen notablemente en la salubridad de las poblaciones" (García, 1885, p. 70).

Algunos años más tarde, en 1901 se publicó una Real orden que dio un paso más en la gestión del agua y que tenía una estrecha relación con los mercados: la Real Orden de 1901[13]. En este documento se establecía que todos los edificios públicos o de uso público debían tener antes del 1 de julio de 1902 los "sitios destinados a desagües en perfectas condiciones sanitarias"[14]. Consideraban a efectos de la Real Orden, edificios públicos o de uso público los mercados y "todo lugar donde el público tiene derecho a penetrar o permanecer".

Recordemos que durante el siglo XIX se produjo un importante cambio en la historia de la arquitectura de los mercados de abastos, y es que pasaron de realizar la compraventa normalmente al aire libre, a construirse edificios cubiertos de forma sistematizada, especialmente después de la construcción de *Les Halles* de Paris proyectadas por Baltard (1851) (Navascués, 2016, p. 20).

La publicación de la Real orden de 1901 tenía la intención de resolver el gran problema higiénico generado en las ciudades del siglo

13 Real Orden. (13 de julio de 1902). Gaceta de Madrid, 197, 16 de julio de 1901, 240.

14 Según el artículo 4º de la citada Real Orden, se consideraban buenas condiciones sanitarias: "A. Los lugares destinados a desagüe ya sean sumideros, urinarios, retretes, baños, fregaderos, etc., cuando estén situados en piezas que den directamente a patios o a la vía pública, se hallen muy bien alumbrados, tengan absoluta ventilación, no ofrezcan malos olores, estén completamente exentos de humedad y haya en ellos constantemente limpieza esmeradísima. B. Los sumideros de patios, fregaderos, urinarios, retretes y cualquier otro género de puntos de desagüe, cuando estén absolutamente aislados con la red de desagüe o depósitos de aguas sucias o materiales fecales, por medio de sifones u otro medio en tan perfecto estado de funcionamiento que impidan la salida del más insignificante olor. C. La red de desagües cuando sea completamente impermeable en todo su trayecto. D. Los depósitos de materias fecales o de aguas sucias cuando estén perfectamente cerrados para evitar el paso de gases a los lugares donde se hallen, y estén bien ventilados por tubos que alcancen mayor altura que los tejados de las casas en que se hallen y de las inmediatas" (Real Orden, 1901, p. 240).

XIX, debido, entre otras cosas, al gran aumento de la población, a la acumulación de un gran número de personas en zonas determinadas y a la falta de higiene. Este incremento de habitantes favorecía las infecciones y el contagio de enfermedades e implicó –en paralelo– una mayor necesidad de suministro de agua, tanto para el consumo doméstico[15] como para la higiene y limpieza de las calles (aun así, las políticas higienistas en España, que exigían una mayor calidad, claridad y potabilidad del agua, no fueron efectivas hasta el siglo XX).

El tratamiento de las aguas residuales se convirtió en una prioridad ya que estas eran responsables de epidemias. Como mencionaba P. García (1885, p. 21) no bastaba con desinfectar los alcantarillados pues podría haber gérmenes tan profundos que no pudieran alcanzarse desde la superficie. Añadía que los trabajos de saneamiento y limpieza eran una "obra de muchos años, requieren inteligencia, perseverancia y dinero y deben dirigirse a tacar el mal de raíz".

Entre 1870 y 1924, eran los cabildos los que tenían la potestad para gestionar los servicios municipales cuya inversión no era excesivamente elevada. Entre ellos, se encontraban los mercados de abastos, así como otras obras que los ayuntamientos podían ejecutar en varios ejercicios económicos anuales, como pavimentación, alcantarillados o ensanches[16]. Otros servicios como el agua, la electricidad, el gas o los tranvías fueron cedidos en régimen de concesión a empresas privadas (Fernández & Matés, 2017, p. 14).

Dado que la Real Orden de 1901 obligaba al cumplimiento de los preceptos de higiene en la vida social, competía a los ayuntamientos su cumplimiento y consideración y debían ser consideradas; en concreto, en las Ordenanzas municipales. Las Juntas municipales de Sanidad debían realizar un registro de todos los edificios que hubiera en el municipio especificando los que reunían las condiciones establecidas y los que carecían de ellas (una copia del registro la enviarían

15 La nueva costumbre de usar bañeras y sanitarios, así como la recepción de agua corriente en el domicilio implicó una demanda de agua cada vez mayor. Aun así, este suministro no fue generalizado hasta el siglo XX en las ciudades y hasta los años 60 del siglo XX en las zonas rurales (Matés, 2016, p. 27).

16 Se regulaban los proyectos de las obras de saneamiento y reforma interior de las ciudades mayores de 30.000 habitantes en la Ley (8 de marzo de 1895). Gaceta de Madrid, 80, 21 de marzo de 1895, 1043-1045.

a la Junta Provincial de Sanidad). Se recomendaba, además, que la humedad de los muros se previniese con materiales vitrificados y la de los suelos, con hormigón hidráulico.

En este contexto se refiere a modo de ejemplo, la *Memoria de Higiene de la Ciudad de La Carolina* (Sanz, 1905) situada en la provincia de Jaén, en la que después de realizar una reseña histórica y descripción de la categoría y condiciones del partido médico, el autor, el médico P. Sanz, expuso las condiciones hidrológicas del municipio en las que se describía que no existían ríos caudalosos sino riachuelos de poco caudal que arrastraban inmundicias de las minas y otros elementos "convertidos en verdaderos pudrideros que son el origen de los miasmas palúdicos, causa de la endemia de este país" (Sanz, 1905, p. 25).

Por el contrario, relataba que las aguas potables eran de excelente calidad, de rigurosa higiene y con las cualidades necesarias para la vida y usos domésticos. Describía las cuatro fuentes públicas y abrevaderos procedentes de cinco manantiales: 1º la fuente del matadero (para uso del establecimiento y abrevadero); 2º fuente de Navas de Tolosa (usos domésticos y abrevadero); 3º fuente de la Intendencia (usos domésticos y abrevadero) y 4º fuente del Ochavo (usos domésticos y abrevadero)[17].

Exponía el autor que las fuentes eran recogidas a manto y conducidas, las tres primeras, por una tubería de barro y la cuarta, por

17 Según Matés (1996, pp. 181-186) los pozos superficiales que habían estado utilizando las personas para abastecerse de agua, especialmente para el suministro de las fuentes públicas, se solían ejecutar de ladrillo, aunque conforme fueron apareciendo los nuevos materiales constructivos especialmente a partir de la segunda mitad del siglo XIX, los pozos se revistieron de hormigón armado y hierro fundido. Para excavar un pozo se necesitaba simplemente un tubo de sondeo que comprobase la verticalidad, un modo para retirar los materiales extraídos tras la excavación y un material para revestir el pozo. La profundidad de los pozos fue mayor conforme los avances tecnológicos permitieron que las perforaciones fueran más profundas, y además, la zonas industrializadas que contaminaban puntos de abastecimiento provocaron que algunos se abandonaran o que las perforaciones tuvieran que ser más profundas. La contaminación de las partes bajas de los ríos como consecuencia de la industrialización centró la atención en la obtención del suministro de agua directamente desde los nacimientos de los ríos, lo que requería la construcción de diques y presas que permitieran el almacenamiento de agua, especialmente a partir de la segunda mitad del siglo XIX. En un principio se utilizarían materiales cerámicos en su construcción, y *a posteriori*, hormigón.

una de hierro. Además, en la población había norias y pozos de agua no potable destinados a limpieza y obras de casas; y a riegos de jardines y huertas, lo que aumentaba la cantidad de agua que le correspondía a cada habitante. En el término municipal del municipio había también nacimientos de aguas ferruginosas, en dos de los cuales se hicieron establecimientos de baños medicinales aconsejables para dolencias reumáticas y dermatológicas, de las que solían beber anémicos y cloro-anémicos. Además, en las aguas de La Aliseda (término municipal de la vecina Santa Elena) había un balneario de gran importancia por sus dos manantiales salutíferos, aconsejados para enfermos del aparato respiratorio y digestivo.

P. Sanz describió y clasificó según el método higienista de Giné y Partagás los establecimientos públicos y privados del municipio. Consideró destinado a personas enfermas y foco permanente de mefitismo miasmáticos, el Hospital; los destinados a personas sanas los dividió en dos, por un lado, los de mefitismo periódico, templos, escuelas, teatros y molinos aceiteros, y, por otro lado, los de mefitismo permanente, cárcel, carnicería, mercado y tejares; finalmente, los de mefitismo permanente pútrido, que serían el matadero y el cementerio.

Sobre el mercado relataba que se situaba en la plaza central (lo que hoy es la plaza del Ayuntamiento) y que estaba compuesto de cajones, tiendas de tablas viejas y pedazos de lata, a modo de campamento, con calles estrechas y sucias, cajones hacinados y mal ventilados que constituía "un compuesto insalubre e infecto, por demás nocivo para compradores y vecinos de las calles inmediatas" (Sanz, 1905, p. 44).

A modo de conclusión propuso una serie de medidas como: "1º Alcantarillado completo para drenaje de la urbe; 2º Substitución de la tubería de barro por hierro para que lleguen a la población los 12 litros de agua por segundo que produce el mejor manantial, con lo que llegaría a la cifra de 72 litros por día a cada habitante; 3º Construcción de un mercado de hierro" (Sanz, 1905, p. 71).

La investigación realizada hasta este momento no ha permitido conocer si se ejecutaron finalmente las dos primeras propuestas. Sí se podría afirmar que el mercado de hierro no se construyó. La actividad comercial continuó desarrollándose en un mercado al aire libre que se desplazó de lugar pero siguió utilizando el mismo sistema de cajones y solo hasta los años 60 del siglo XX no se construyó en su lugar el mercado de abastos cubierto que se conserva en la actualidad, aunque con diferentes reformas y modificaciones (Palomares, 2013, pp. 101-102).

ABASTECIMIENTO Y SANEAMIENTO EN LOS MERCADOS DE ABASTOS ANDALUCES: SISTEMAS CONSTRUCTIVOS (S. XIX)

Aunque en Andalucía el *boom* de la construcción de los mercados municipales se produjo durante el último tercio del siglo XIX, desde principios del mismo siglo comenzaron a construirse cada vez más mercados cubiertos. Se ejecutaron siguiendo tres corrientes arquitectónicas principales: los construidos durante las primeras décadas, de corte neoclásico; los construidos principalmente a partir de los años setenta, que utilizaron estructura de hierro tanto en el interior como en el exterior e introdujeron elementos neoclásicos y neomudéjares en su decoración; y los construidos en las últimas décadas, que fueron mercados mixtos que utilizaban estructura de hierro en el interior y cerramientos de mampostería, ladrillo visto o sillería en el exterior, en los que se combinaban elementos neoclásicos con motivos *art Nouveau* o con regionalismos historicistas (Palomares, 2022, p. 181).

Julio de Saracíbar, quien proyectó dos extraordinarios mercados metálicos para la ciudad de Linares (Jaén) en 1897 (Palomares, 2016, p. 112) que no se llegaron a construir, indicaba que los mercados de abastos habían perdido importancia en su tratamiento si los comparábamos con los que se construyeron en Grecia y Roma, situados normalmente en el punto de mayor importancia de la ciudad, en la plaza pública, y que se embellecían con obras de arte. Explicaba, que, si bien estos edificios debían responder al comercio de comestibles, a la economía y la salubridad, no debían dejar a un lado la parte estética porque "como toda clase de edificios públicos, deben resplandecer y brillar"[18]. Refería que la mayoría de los mercados que se estaban construyendo desde la mitad del siglo XIX hasta finales

18 Archivo Histórico Municipal de Linares (AHML), 1897, Leg. 0967-001. Proyecto de mercados para Linares. Julio de Saracíbar y Gutiérrez de Rozas, arquitecto.

del mismo siglo, en 1897, cuando él escribió la memoria, se habían inspirado en *Les Halles* de París.

Otro arquitecto, José Esteve, quien proyectó el mercado de Jerez (Cádiz) en 1877, también citaba en la memoria descriptiva del proyecto la arquitectura de los foros romanos y de las tiendas construidas debajo de los pórticos en las que se producía el intercambio comercial. Especificaba que según el objeto del género el foro tomaba un nombre u otro, siendo "*venalia* para las mercancías, de *Olitorium* para la venta de las legumbres y foro *piscarium* para los peces, que en realidad no eran más que nuestras plazas de verduras y pescaderías"[19]. Se construían próximos los unos a los otros y en las partes más centradas de las ciudades.

El arquitecto J. Esteve también refirió a Vitrubio al explicar que los mercados en Grecia se rodeaban de pórticos anchos que tenían una doble función: proteger a las mercancías y al público de la intemperie, y crear un espacio de reunión y paseo para las distintas estaciones. También matizaba que con esta configuración se conservaban mercados en la Italia moderna.

Cabe añadir en este punto que, a finales del siglo XIX, cuando J. Esteve escribió las memorias del mercado de Jerez también existían mercados porticados en Andalucía como el mercado de central de Cádiz (1838), el mercado de Carmona (Sevilla) (1845), el mercado de Puerto Real (Cádiz) (1802)[20] o la plaza del mercado de Berja (Almería), de autor desconocido, concluida en 1860, que se construyó de planta rectangular, en forma de U, con viviendas perimetrales de dos plantas de altura y en cuya planta baja se ejecutó un pórtico compuesto por 37 arcos de medio punto (Ruz, 2012). Según una fotografía de 1911[21] en la que se puede observar la plaza, se contemplan los pórticos y una fuente en el centro[22].

19 Archivo Histórico Municipal de Jerez de la Frontera (AHMJ), 1877, Expediente Plaza de Abastos de Jerez de la Frontera, Plaza de Abastos. Memoria. Condiciones facultativas. José Esteve López, arquitecto.

20 Para saber más sobre estos mercados ver: Palomares (2022).

21 Biblioteca de la Diputación Provincial de Almería, 1911, nº de registro 1333, Berja (Almería). Plaza del mercado, Barcelona: Alberto Martín-Editor, [ca. 1911].

22 No fue la única fuente que se instaló en esta plaza. En la reforma de la plaza del mercado proyectada por el perito industrial Antonio Salmerón Pellón llevada a cabo en 1926 se construyeron dos pabellones de planta rectangular en el centro de la plaza,

Es escasa la bibliografía que refiere información sobre la gestión del agua en los mercados de abastos cubiertos contemporáneos. Sí se trata de un tema que ha sido especialmente estudiado en periodos históricos más antiguos. A modo de ejemplo, cabe citar que las intervenciones llevadas a cabo en los Mercados de Trabajo en Roma entre 2002 y 2014 han permitido que conozcamos cómo era el trazado completo de la innovadora red de saneamiento de agua de este referente mercado.

Según Bianchini & Vitti (2018, pp. 358-362) las pendientes y la dirección de los colectores dependían de la forma de las terrazas que a su vez estaban de cierto modo condicionadas por la orografía preexistente. Eran de tres tipos: terraza, a dos aguas y semicúpula.

Las aguas pluviales que venían de las terrazas y de los canalones que recogían el agua de las cubiertas de teja se canalizaban hasta las alcantarillas por medio de bajantes ejecutadas en terracota de entre 22 y 30 cm de diámetro. De forma puntual, en algunas bóvedas y en algunos muros del alzado se construyeron de cemento. El número de bajantes no era constante en cada edificio ni recogía a la vez las aguas de las distintas plantas. Cada bajante aseguraba la evacuación total de cada cubierta.

En algunos casos las alcantarillas que pasaban por el interior del mercado recogían las aguas residuales que provenían del suelo. De hecho, se ha conservado a la entrada de una tienda un pozo de registro que recogía el agua sucia de la habitación, compuesto por una placa de travertino en la que se perforó un hueco circular de 15 cm de diámetro con dos pequeños agujeros en el fondo. El desagüe descargaba en una alcantarilla que pasaba por debajo del suelo de la tienda y a la que también le llegaban otras bajantes, que normalmente se situaban lateralmente en los muros del edificio.

Las alcantarillas que recibían las aguas pluviales se dirigían directamente hacia el exterior del edificio donde descargaban en los colectores que pasaban por debajo de las calles de la ciudad. En todo

de mampostería, hierro y zinc, y se colocaron dos fuentes de agua potable, una en cada cabecero de cada pabellón. También se ejecutó en ese año la canalización de agua corriente en el municipio con una red de seis kilómetros de tuberías de hierro (Ruz, 2012).

el proceso se diseñó cuidadosamente la pendiente de los distintos elementos.

Se han conservado algunas tapas de alcantarilla originales de travertino. La mayor parte eran piezas rectangulares con un hueco circular de entre 23 y 50 cm de diámetro, aunque se han conservado dos tapas en las que los huecos son tres, alargados, paralelos, curvilíneos.

El aspecto de los conductos de las alcantarillas es uniforme. Están compuestos por un pavimento de ladrillo *bipedalis* (ladrillo de dos pies del lado mayor, 59,1 cm), paredes rematadas por una cobertura a dos aguas de ladrillo *bipedalis*, y a veces, con baldosas. El ancho de los colectores y de las alcantarillas secundarias es casi siempre de dos pies. La altura sí varía dependiendo del colector, que a su vez puede aumentar de sección conforme se le fueran uniendo conductos transversales pudiendo partir de 1,19 m de altura y llegar a 2,00 m. La altura de las alcantarillas secundarias varía entre los tres y cuatro pies.

El abastecimiento de agua en los mercados de abastos construidos en el siglo XIX en Andalucía es probable que se realizara principalmente a través de fuentes de agua corriente, como la citada en la plaza del mercado de Berja, o la que estuviera en la antigua plaza del mercado de Andújar (Jaén) construida en 1874 (Palomares, 2015, p. 938) que se trataba de una fuente de fábrica de planta circular que presidía el acceso al mercado[23]. Sendas fuentes tenían un cierto carácter monumental.

De otra tipología era la fuente que hubo en la antigua plaza del mercado de Algeciras (Cádiz) en los albores del siglo XX. En este caso se trataba de una fuente de hierro, de un solo caño, sobre una estructura de planta cuadrangular en la base, de mampostería, en la que se recogía el agua sobrante (Torremocha, 2019).

Aún se conservan en otros mercados de abastos fuentes de hierro, como la del mercado de abastos de Alcaudete (Jaén) (1894) que ya aparecía representada en el proyecto redactado por el arquitecto Francisco de Paula López Rivera en 1961 (Palomares, 2014, p. 161). En este caso, la fuente, de un solo caño, tiene una base circular de ladrillo en la que aún se recoge el agua sobrante. O la del actual

23 Instituto de Estudios Giennenses (IEG), expediente: A-351-1/15.

mercado de abastos de Andújar (1949), fuente de hierro de un solo caño, aunque en este caso con base de hierro (Figura 2).

También se han podido observar referencias en la bibliografía sobre la conexión de manantiales con edificios públicos como los mercados, como, por ejemplo, la del manantial Aguas Santo Domingo de Silos que abastecía el antiguo mercado público Corredera situado en la Plaza de la Corredera de Córdoba (Gamero, 2019, p. 185).

Figura 2. Detalle de la fuente de hierro. Mercado de Andújar (Jaén).

Fuente: Fotografía de la autora. 2016.

En los proyectos de arquitectura de mercados municipales redactados durante el siglo XIX en Andalucía a los que se ha podido tener acceso, la información que hace alusión a sistemas constructivos sobre el abastecimiento y saneamiento de agua es escasa.

A modo de ejemplo, podemos referir que Manuel Rivera al proyectar el mercado de Antequera (Málaga) que firmaba en 1885[24], al justificar las distintas partidas constructivas que habrían de considerarse

24 Archivo Histórico Municipal de Antequera (AHMA), 1885, Expediente mercado municipal de Antequera, Manuel Rivera Valentín, arquitecto.

para la construcción definitiva del mercado, añadió en el tercer apartado las alcantarillas y desagües, que no se tuvieron en cuenta en los dos proyectos anteriores[25] y refería que "son tan precisos que sin ellos no podría existir el mercado pues sus condiciones higiénicas serían detestables".

En el quinto apartado hablaba de piezas nuevas en la fuente de piedra. Enunciaba que en el proyecto primitivo se había considerado el traslado de la fuente que existía en el pasado en la plaza de San Francisco, pero consideraba que era pequeña y que estaba muy deteriorada por lo que propuso colocar otra de mayor dimensión perteneciente a la ciudad, sustituyendo las piezas que se encontrasen en mal estado.

De entre los planos proyectados por M. Rivera, en uno aparece la sección de una alcantarilla de mampostería, de 60 cm de ancho, de base rectangular y acabada en un arco de medio punto de ladrillo. También representaba la sección de la atar[j]ea, una tubería probablemente de hierro, de 32 cm de diámetro empotrada en un muro de mampostería.

J. Esteve, el arquitecto del mercado de Jerez de la Frontera, refería que para:

> la limpieza, tan precisa en esta clase de edificios, se facilitará por medio de bocas de riego convenientemente colocadas, para que suministren bastante cantidad de agua para apagar un incendio [...] Los caños cruzan todas las dependencias del mercado para recoger las aguas sucias por medio de cubetas o tragantes inodoros y las llovedizas de la cubierta, serán conducidas por canales o ta[j]eas que viertan en tubos de hierro colocados en el interior de los muros y pilares. De dos tamaños son los caños, uno que sirve para la limpieza de las calles y puestos, y otro mayor que reco[g]e todas las aguas para conducirlas a la madrona de la lancería[26].

25 Uno proyectado por Fernando de la Torriente y otro por Gerónimo Cuervo y González. Ellos dos junto con Manuel Rivera Valentín fueron los tres arquitectos encargados de la construcción del mercado de Antequera (Palomares, 2022, p. 181).

26 AHMJ, 1877, Expediente Plaza de Abastos de Jerez de la Frontera, Plaza de Abastos. Memoria. Condiciones facultativas. José Esteve López, arquitecto.

Describía, además, que las canales se ejecutarían de plomo, para las aguas potables, de tubos continuos. La madrona, sin embargo, sería de 50 x 42 cm cubierta por una bóveda de ladrillo de 14 cm de espesor, solada con ladrillo. Los caños se construirían con lozas de Tarifa de 28 cm de lado, apoyadas en muretes de ladrillo de 14 cm de espesor y el agua de las cubiertas se recogería con planchas de plomo situadas bajo la teja.

Cabe llamar la atención sobre el proyecto del arquitecto Joaquín Rucoba en el que representa el diseño del saneamiento del mercado de las Atarazanas de Málaga (proyectado en 1873 y construido en 1879)[27]. Tanto en el plano "Detalle del piso de las azoteas de los almacenes" como en el de "Detalles del piso y columnas de los almacenes" dibujó cómo los canalones verticales de la cubierta, en sección, conectaban con el interior de las columnas de fundición que tenían doble función, soporte estructural y conducción de las aguas pluviales (Figura 3).

En la sección transversal del mercado se puede leer bajo el pavimento una alcantarilla de sección rectangular coronada por un arco de medio punto que conectaría con la calle, a la que llegarían otras alcantarillas más pequeñas, pero de las mismas características, por las que pasarían una serie de tubos secundarios de conducción.

Los datos obtenidos hasta este momento no nos han permitido conocer cómo se realizaba el abastecimiento de agua en este mercado, si tuvo alguna fuente y/o si utilizaba alguna de las dos redes de suministro que existían en la ciudad en ese momento: una municipal (Aguas de la Trinidad) y otra construida por iniciativa del obispo Molina Larios a finales del siglo XVIII (Acueducto San Telmo) (Heredia, 2018, p. 129).

Cabe mencionar que las tuberías de conducción probablemente fueran de hierro fundido al ser las más utilizadas para el suministro agua en las ciudades. En Málaga, de hecho, se utilizaron al menos desde 1876 (Valles, 1980, p. 197) aunque era un material que se graficaba con facilidad, presentando pérdidas, especialmente por

27 Archivo Municipal de Málaga (AMM), 1873, CA-7285, mercado de Atarazanas. Joaquín Rucoba, arquitecto.

las juntas. Estos problemas se fueron solucionando conforme se fueron perfeccionando las válvulas, introduciéndose las bombas, o patentando nuevos elementos como los contadores (G. F. Deacon, 1873, Inglaterra) (Matés, 1995-1996, pp. 181-186).

Figura 3. Detalle de una columna de fundición.
Mercado de las Atarazanas de Málaga.

Fuente: Fotografía de la autora. 2022.

CONCLUSIÓN

En definitiva, hemos podido observar a lo largo de este artículo cómo la regulación de la gestión del agua publicada en el siglo XIX, si bien motivó la construcción de mercados de abastos cubiertos para resolver los problemas de higiene y salubridad que se producían en los mercados al aire libre, delegaba a los ayuntamientos su cumplimiento y a las ordenanzas municipales su consideración, lo que provocaría diversidad de soluciones constructivas.

En términos generales se plantea la hipótesis de que el abastecimiento en un inicio se realizara a través de fuentes de corte más monumental, luego de hierro, con aguas provenientes de manantiales y *a posteriori*, a través de las redes de suministro.

Es probable que fuera habitual la separación de aguas pluviales y residuales. Las primeras, en los mercados de hierro, a través de las columnas de fundición que verterían en tuberías de hierro situadas bajo el pavimento; y las segundas, en caños independientes, también ejecutados bajo el suelo, que recogerían las aguas sucias provenientes de la limpieza del mercado.

BIBLIOGRAFÍA

Bernabeu Mestre, J. & Galiana Sánchez, M.E. (2011). El higienismo ante la urban penalty y las causas del atraso sanitario español, 1881-1923. En *X Congreso Internacional de la AEHE 8, 9 y 10 de Septiembre 2011,* (pp. 1-36). Universidad Pablo de Olavide.

Bianchini, M. & Vitti, M. (2018). Il sistema di smaltimento delle acque nei "Mercati di Traiano". *Antichità altoadriatiche*, volume LXXXVII, 345-368.

Carranza, F. de. & Heredia, V. M. (2006). *Fuentes de Málaga.* Empresa Municipal de Aguas de Málaga, S.A.

Fernández Paradas, M. & Matés Barco, J.M. (2019). Presentación: Los servicios públicos y la modernización de la ciudad (siglos XIX y XX). *Historia Contemporánea*, 59, 11-20.

Gamero Gutiérrez, F. J. (2019). *Cartografía, morfología y estructura de las antiguas conducciones de abastecimiento de aguas a la ciudad de Córdoba (Sierra Morena Central, España)* [Tesis doctoral, Universidad de Córdoba].

García Faria, P. (1885). *Saneamiento de Barcelona [Texto impreso]: condiciones higiénicas de la urbe: su mejoramiento, disminución de la mortalidad de sus habitantes y aumento de la vida media de los mismos : memoria / por Pedro García Fária ; [precedida de un prólogo por Luis Góngora].* Estab. Tip. de los Sucesores de M. Ramírez y Cª.

Heredia Flores, V. M. (2018). El abastecimiento de agua en Málaga (1860-1930): De negocio privado a servicio público. In J. M. Matés Barco y J. J. P. Rojas Ramírez (coords.), *Agua y Servicios Públicos en España y México* (pp. 121-154). UJA Editorial.

Matés Barco, J. M. (1995-1996). El problema del agua en la segunda industrialización. *Revista de la Facultad de Humanidades de Jaén*, 4-5(2), 157-193.

Matés Barco, J. M. (1997). La trayectoria de los abastecimientos de agua potable (1800-1985). *Derecho y opinión*, 5, 341-372.

Matés Barco, J. M. (2016). La regulación del suministro de agua en España: siglos XIX y XX. *Revista de Historia Industrial*, 61, 15-47.

Matés Barco, J. M. (2017). El servicio público de abastecimiento de agua en España (siglos XIX y XX): El proceso de acumulación de competencias de los ayuntamientos. *Revista Brasileira de História & Ciências Sociais – RBHCS*, 9(18), 36-57.

Navascués Palacio, P. (2016). Ingeniería, hierro y arquitectura en el siglo XIX. En P. Navascués Palacio y B. Revuelta Pol (coord.), *"De Re Metallica": ingeniería, hierro y arquitectura* (pp. 11-42). Fundación Juanelo Turriano.

Palomares-Alarcón, S. (2013). *Arquitectura industrial: mercados de abastos en la provincia de Jaén y otros ejemplos andaluces.* Fundación Caja Rural de Jaén.

Palomares-Alarcón, S. (2014). Arquitectura Industrial: el Mercado de Abastos de Alcaudete. En Palazón Botella, Mª Dolores y López Sánchez, Mónica (coord.), *Actas de las III Jornadas de Patrimonio Industrial Activo celebradas en Murcia*, 15-16 noviembre 2013 (pp. 159-167). Jóvenes vinculados al Patrimonio Industrial.

Palomares-Alarcón, S. (2015). La transformación del tejido urbano en el mercado de Andújar. En *Actas del III Congreso Internacional sobre Documentación, Conservación, y Reutilización del Patrimonio Arquitectónico y Paisajístico. Valencia,*

23, 24 y 25 de octubre de 2015 (pp. 937-944). Universitat Politècnica de València Editorial.

Palomares-Alarcón, S. (2016). Los mercados en el hilo conductor de la obra del arquitecto Julio de Saracíbar. *Atrio. Revista de Historia del Arte*, 22, 104-117.

Palomares-Alarcón, S. (2022). Los primeros mercados municipales construidos en Andalucía (siglo XIX). Arquitectos y proyectos. *MDCCC 1800*, 11, 171-184.

Perdigó i Solà, J. (2019). La municipalización del servicio de abastecimiento de agua en la actualidad. *El cronista del Estado Social y Democrático de Derecho*, 81, 12-21.

Ruz Márquez, J. L. (2012). La plaza porticada de Berja. *Farua*, 15, 281-290.

Sanz Monsalve, P. (1905). *Memoria de Higiene de la Ciudad de La Carolina*. Imprenta de los sucesores de Hernando. Calle de Quintana, núm. 81.

Torremocha, A. (7 de diciembre de 2019). Monumentos y edificios históricos de Algeciras. Las fuentes públicas (siglos XVIII y XIX). *Europasur*. https://www.europasur.es/algeciras/fuentes-publicas-siglos-XVIII-XIX-Monumentos-edificios-historicos_0_1416458341.html

Valles Ferrer, J. (1980). *Abastecimientos municipales de agua en Andalucía*. Publicaciones de la Universidad de Sevilla.

Villar Chamorro, F., Castro Valdivia, M. y Matés Barco, J. M. (2019). Crecimiento urbano y abastecimiento de agua potable en España: el protagonismo de las empresas privadas (1840-1950). *Posición*, 1, 1– 21.

La influencia de la regulación de la gestión del agua en la construcción de los mercados de abastos andaluces (s. XIX)

Resumen. Aunque existen mercados cubiertos desde la Antigüedad como los mercados de Trajano (Roma), en el sur de Europa la actividad comercial se desarrolló principalmente al aire libre hasta que no comenzó el *boom* de la construcción de los mercados municipales durante el último tercio del siglo XIX, la mayoría, inspirados en *Les Halles* de París. De entre los motivos que justificaron la edificación de estos edificios cubiertos de forma más sistematizada, podemos citar, por un lado, las necesidades de la ciudad industrial cuyo crecimiento acelerado requería nuevos servicios públicos para sus ciudadanos, y, por otro lado, la mejora de las condiciones higiénicas, ya que la comercialización se realizaba al exterior en condiciones insalubres. En este contexto, en este artículo se analiza la regulación de la gestión del agua publicada en este periodo y su influencia en la proyección y construcción de los primeros mercados construidos en Andalucía.

Palabras clave: Agua; Mercados de abastos; Historia de la Arquitectura; Andalucía; s. XIX.

The influence of the regulation of water management in the construction of Andalusian food markets (19th century)

Abstract. Although covered markets have existed since antiquity, such as the markets of Trajan (Rome), in southern Europe commercial activity was developed mainly in the open air until the construction boom of municipal markets began in the last third of the 19th century, most of them inspired by *Les Halles* in Paris. Among the reasons that justified the construction of these covered buildings in a more systematic way, we can cite, on the one hand, the needs of the industrial city whose accelerated growth required new public services for its citizens, and, on the other hand, the improvement of hygienic conditions, since marketing was carried out outdoors in unhealthy conditions. In this context, the main aim of this article is to analyse the regulation of water management published in this period as well as its influence on the design and construction of the first municipal markets built in Andalusia.

Keywords: Water; Municipal Markets; History of Architecture; Andalusia; 19th century.

A influência da regulamentação da gestão da água na construção de Mercados alimentares andaluzes (século XIX)

Resumo. Embora existam mercados cobertos desde a antiguidade, tais como os mercados de Trajano (Roma), no sul da Europa a actividade comercial desenvolveu-se principalmente ao ar livre até ao início do *boom* da construção dos mercados municipais no último terço do século XIX, a maioria dos quais inspirados nas *Les Halles* de Paris. Entre as razões que justificaram a construção destes edifícios cobertos de uma forma mais sistemática, podemos citar, por um lado, as necessidades da cidade industrial cujo crescimento acelerado exigiu novos serviços públicos para os seus cidadãos, e, por outro lado, a melhoria das condições higiénicas, uma vez que a comercialização estava a ser feita ao ar livre em condições insalubres. Neste contexto, este artigo analisa a regulamentação da gestão da água publicada neste período e a sua influência na concepção e construção dos primeiros mercados municipais construídos na Andaluzia.

Palavras-chave: Água; Mercados municipais; História da Arquitectura; Andaluzia; século XIX.

16.

PROPUESTAS DE JOSÉ DEL PRADO Y PALACIO PARA EL ABASTECIMIENTO Y TRATAMIENTO DEL AGUA EN ENTORNOS RURALES Y URBANOS (1900-1917)

Luis Garrido-González
Universidad de Jaén
María Luz de-Prado-Herrera
Universidad de Málaga

INTRODUCCIÓN

En algunas de sus publicaciones, el ingeniero agrónomo Prado y Palacio dedicó sus reflexiones, como agricultor y político en ejercicio, a la mejora de la gestión de las aguas de riego en Andalucía y de las aguas residuales en la ciudad de Madrid, de la que fue alcalde en dos ocasiones. Eso se reflejó en una serie de publicaciones en las que defendía su gestión pero que también avanzaba propuestas dentro de un planteamiento regeneracionista sobre la política hidráulica.

Al análisis y comentario de sus contenidos en lo que se refiere a las aguas se ocupa el presente trabajo, con alguna derivada respecto a los servicios públicos urbanos y, especialmente, referente al suministro de gas en Madrid. Tras esta introducción, sigue un apartado dedicado al breve estudio de la figura e importancia de José del Prado y Palacio. En tercer lugar, se presentan sus trabajos sobre los regadíos en la provincia de Jaén y se analizan en el entorno andaluz y español durante las dos primeras décadas del siglo xx. Se pasa, en un cuarto apartado, al análisis de sus aportaciones para solucionar el problema de las aguas residuales en la ciudad de Madrid, donde anticipa posiciones ecologistas de tanta actualidad ahora en relación con la sostenibilidad ambiental de las grandes urbes, no solo en España sino a escala mundial. Finalmente, se resumen algunas conclusiones.

BREVE PANORÁMICA SOBRE LA FIGURA DEL INGENIERO PRADO Y PALACIO: SU IMPORTANCIA COMO TÉCNICO, POLÍTICO Y EMPRESARIO

Hacia 1886, con 21 años, había iniciado su carrera política dentro del Partido Conservador, al amparo primero de Cánovas del Castillo y después de Francisco Silvela. Pero siempre se dedicó, además de a la política, a completar su formación y su carrera profesional. Así lo demuestra el que en 1891, cuando fue elegido alcalde de la ciudad de Jaén, estaba comisionado por la dirección general de Agricultura para realizar un estudio por toda Andalucía sobre la modernización del cultivo del olivo y la fabricación de aceite. Una vez finalizada su breve etapa como alcalde en 1892, en los años siguientes volvió a ser comisionado para estudiar la situación del olivo y el aceite en Francia e Italia. Así, se fue convirtiendo poco a poco en un experto en la temática olivarera y en un buen técnico en el sector de la industria agroalimentaria (Garrido, 2021, pp. 351-54).

Fue siete veces diputado a Cortes entre 1899 y 1914, y pasó a partir de 1915 a ser senador vitalicio por nombramiento real. Respecto a sus principales cargos políticos, cabe destacar sus nombramientos como director general de Agricultura en 1903; subsecretario del Ministerio de Gobernación en 1914; alcalde de Madrid en 1915 y 1917; consejero numerario del Instituto Nacional de Previsión en 1918; consejero de la Corona en 1919; ministro de Instrucción Pública y Bellas Artes en 1919; presidente del Consejo de Instrucción Pública y Bellas Artes en 1922; jefe de la delegación del Senado y el Congreso en la Asamblea de acción interparlamentaria celebrada en Viena en 1922 y presidente del Instituto Nacional de Comercio e Industria en 1922. Con la proclamación de la Dictadura de Primo de Rivera, se retiró de la primera línea política y se dedicó a sus negocios.

Es posible que su preocupación por la difusión del regadío surgiese a raíz de la experiencia que le tocó vivir a causa de la terrible sequía de 1895-99 que, unida a la plaga de la mosca del olivo hasta 1903, perjudicó, según su intervención en el Diario de Sesiones (DS) del Congreso de los Diputados, a la que consideraba la única verdadera riqueza agrícola de la provincia de Jaén, al hundir en la ruina a sus propietarios y sumir en el hambre a sus clases trabajadoras[1]. Pero no cabe duda de que, como resultado de su colaboración en las tareas gubernamentales, contribuyó a dar un giro a la política agraria española en las primeras décadas del siglo XX desde posiciones regeneracionistas (Gómez-Mendoza, 1992, pp. 236, 241). Una actitud que no se puede separar del famoso Desastre del 98 español, como se comprueba en varias de sus otras obras: *El porvenir de una región* publicada en 1897; *El socialismo agrario* en *Andalucía y la Reforma del Servicio Agronómico del Estado* de 1901 y, por supuesto, en *Hagamos patria* editada en 1917.

Como empresario desarrolló varias facetas: una dedicada a una empresa periodística con la publicación del periódico *La Regeneración* (Jaén, 1897-1926); otra vinculada a la actividad agraria y, concretamente, al cultivo en regadío y a la producción y comercialización de aceite de oliva de calidad; y, por último, a una empresa turística de baños termales en Jabalcuz, cerca de la ciudad de Jaén (Garrido, 2021, pp. 351-53).

Su principal empresa agraria fue llevar la administración y dirección de la finca Rincón de San Ildefonso, que dio nombre a su título de marqués, cuando le fue concedido por Alfonso XIII. Se trataba de una explotación en cuyo centro se situaba la hacienda El Pilar, una gran mansión construida a unos cuatro kilómetros de la estación de tren de Espelúy (Jaén). El principal valor añadido de la finca, que había heredado de su madre en 1908, estaba en que disponía de tierras de regadío al pasar por ella el río Guadalquivir. Esto vinculó definitivamente a Prado y Palacio con una clara apuesta por el regadío. Además amplió la explotación mediante la compra a su hermana y a otros propietarios colindantes, entre los que se encontraba el duque de Medinaceli, con lo que consiguió consolidar un gran latifundio de 2.000 hectáreas, incluidas las de regadío. En esta empresa agraria puso Prado y Palacio su máximo interés y conocimientos como ingeniero agrónomo. Se hizo un ferviente defensor del regadío, sobre el que teorizó, como quedó plasmado en el subtítulo de la segunda edición de su libro, *El porvenir de una región (riegos posibles de la*

1 Diario de Sesiones (DS) Congreso, 12 febrero 1906, pp. 2.501-2.502.

provincia de Jaén), publicado en 1900. Eso explica que acometiese en 1911 la primera captación privada de las aguas del Guadalquivir, utilizando una pequeña presa, desde la que una bomba extraía unos 100 litros de agua por segundo (Garrido, 2021, p. 352).

No es frecuente que las personas dedicadas a la política escriban libros para desarrollar y divulgar sus ideas. Son más de acción que teóricos. Pero este no fue el caso de Prado, quien llegó a tener una abundante obra publicada, entre libros, folletos y discursos dados a la imprenta, o sus abundantes colaboraciones en el periódico de su propiedad, *La Regeneración*, así como en la revista *Don Lope de Sosa*, que también financiaba (Garrido, 2021, p. 353).

Por lo que respecta a lo que aquí nos preocupa, las soluciones que propone son sencillas: a partir de un buen conocimiento de la realidad económica y social de España, aplicar un plan hidráulico y forestal (Garrido, 2021, p. 353). En segundo lugar, se aproxima a los temas de la gestión urbana de los servicios, a los que se enfrentó, sin duda, como alcalde de Jaén en una ocasión (1890-1891) y como alcalde de Madrid en dos ocasiones (1914-1915 y 1917). Tenía una visión global de la política municipal, por lo que la enfocó en varios sentidos: simplificar los impuestos municipales de Madrid, unificándolos en uno solo; aumentar las subvenciones estatales directas a Madrid, para mejorar su vida y "decoro" como él considera que se merecía por ser la capital de España; garantizar el abastecimiento de pan, creando una fábrica de harinas, una panadería y silos municipales para almacenar los trigos; y, por último, sanear el abastecimiento de aguas del canal de Lozoya y, sobre todo, evitar el riego de huertas con aguas residuales, que contaminaban los alimentos y transmitían epidemias (Garrido, 2021, p. 354).

LAS APORTACIONES TEÓRICAS Y PRÁCTICAS DE PRADO Y PALACIO SOBRE LOS REGADÍOS

Tuvo siempre una visión optimista de España, que se puede denominar como "un optimismo geográfico reformista", en el sentido que Alfonso Ortí aplica a Costa (1984, pp. 67-8). Según Prado y

Palacio, con una adecuada política hidráulica el desigual régimen pluvial de la península que provocan las prolongadas sequías o las repentinas inundaciones se podrían corregir, redistribuyendo las aguas para que resultasen "suficientes para sostener una vegetación intensamente productiva sobre toda la superficie nacional" (Prado, 1917a, pp. 67-68). Aquí se muestra un firme seguidor de Costa, al plantear "cruzar [la España peninsular] de un sistema arterial hidráulico", utilizando para ello un red de pantanos y canales para "crear" Naturaleza. Ese concepto de red está inspirado por Costa. En 1880 ya lo había sugerido con su idea de la política hidráulica que explicó en su famoso discurso en Barbastro de 1892, según desveló años después en 1908 (Costa, 1975, p. 259; Fernández-Clemente, 2004, pp. 5-8).

En efecto, Prado y Palacio estaría dentro de la corriente denominada "El regeneracionismo Hidráulico". Y ¡cómo no!, en el movimiento de "Ingenieros para la gran idea" (Mairal, 2007, pp. 103-5). Según Prado, la política hidráulica debía asegurar un doble aprovechamiento del agua, para suministrar energía y para riego, por lo que le atribuye el "apelativo simbólico de toda una orientación nacional, de toda una política" (Prado, 1917a, p. 65). Sobre la misma asegura que "habrá de reconocerse y proclamarse que un problema cuya solución abarca las más apremiantes necesidades de la industria agrícola y los más urgentes apremios de la industria fabril, es más que un problema: es, parte esencialísima de «*el problema*»" (Prado, 1917a, p. 67, cursivas en el original). En otras palabras, resulta muy interesante su alabanza de una política de carácter estatal, siendo como era Prado un político que se autoproclama reformista. Posiblemente, como consecuencia de considerarse discípulo y seguidor de las teorías de economía social del ingeniero de minas francés Le Play. Lo leía en original al dominar el francés y, como él, pretende corregir los efectos más negativos de la economía de mercado (Garrigós, 2001; 2003). Eso explica que pusiese gran parte de su esperanza en la redención por el trabajo y en la reputación adquirida dentro de las células sociales básicas. Pero como partidario, igualmente, de las ideas del economista historicista alemán Federico List, que defendía el nacionalismo económico, Prado y Palacio piensa que hay que fomentar los principios morales del equilibrio social, recobrando la confianza en las fuerzas nacionales, inculcando en el pueblo el afán de crear riqueza y dándole una verdadera educación industrial. De esta manera, Prado espera que se pueda resolver al mismo tiempo, por medio de la política hidráulica, las dificultades del regadío y de la obtención de fuentes energéticas suficientes. Considera que de esa forma se seguiría el camino de otros países con condiciones parecidas a España, pero que son más prósperos. Además, se abandonaría el "continuo vagar, en un constante y estéril verbosismo, anotador y crítico de todos nuestros males, sandio e impotente para todo remedio, para todo esfuerzo positivo, de obra redentora (Prado, 1917a, p. 68).

Para una tarea realmente nacional, en opinión de Prado, no es suficiente con un plan de canales y pantanos, aunque estos se fundamenten en el indispensable conocimiento preciso de las cuencas fluviales de todo el territorio. Es necesario ser sumamente precavido a la hora de diseñar el orden de prioridad en la ejecución de las obras y, especialmente, habrá que considerar con la mayor exactitud la rentabilidad económica del regadío en cada actuación. Por tanto, considera necesario que debían ir:

> acompañados, en cada caso, del estudio agrológico, social y comercial de la zona regable, que es el que determinará *siempre* las condiciones económicas del riego proyectado, su utilidad o su fracaso, su posibilidad o imposibilidad industrial, que es el todo porque saber que en un tal sitio un tal río ofrece una cerradura de márgenes, convenientes para apoyar una presa y hacer un embalse de tantos metros cúbicos de capacidad, con tal coste, y que bajo el canal de conducción, que va a tener tal presupuesto de ejecución, existe una zona *regable* de tantas hectáreas, que es lo que, hasta hoy, nos dicen, cuando más, los *Planes de obras hidráulicas* de la Dirección de Obras públicas, es, tan solo, un dato esencial del gran problema, que no será, ni podrá ser jamás, resuelto racional y debidamente si al estudio de las obras de presas y canales que son parte de *los medios*, no se acompaña el más arduo y complejo de las determinantes del rendimiento del riego en cada obra, que *es el fin.* ¡Cuántos descréditos, cuántas lamentables equivocaciones,

> cuántos despilfarros, cuántos fracasos se hubieran evitado procediendo en esta forma siempre! (Prado, 1917a, pp. 85-6, cursiva en el original).

Es decir, Prado articula sus ideas hidráulicas regeneracionistas en función de la imprescindible investigación de la zona "regable"; pero no solo a eso, que es a lo que se limitan regularmente los proyectos técnicos de la Dirección General de Obras Públicas. Es necesario observar también los condicionantes del riego en cada obra; lo cual exige la concurrencia de los distintos recursos y esfuerzos, la coordinación, si no la fusión directa, de los cuerpos técnicos de funcionarios del Estado involucrados en el programa hidráulico (Gómez-Mendoza, 1992, p. 243). Además, era imprescindible, no solo según Prado y Palacio, sino en opinión de otros, que la obra hidráulica resolviera previamente o, al menos, casi al mismo tiempo la recuperación del patrimonio forestal de España. Esta es la clave imprescindible para la ordenación adecuada de zonas arboladas, sin la que sería inútil que se acometieran empresas de canales y pantanos. En palabras de Prado, es urgente la "*transformación, lo más rápida y económica posible, de la España seca en España húmeda.* Estas mejoras, que todos conocen, tienen por objeto la *repoblación y ordenación forestal* en las divisorias de todos nuestros ríos, y *la ordenación, encauzamiento y aprovechamiento agrícola e industrial de las aguas* en todas nuestras cuencas fluviales" (Prado, 1917a, p. 112, cursivas en el original).

En resumen, la política hidráulica, por ser una empresa grande, racional y geográficamente fundada, necesita de la acción hidrológico-forestal. No puede excluir ninguno de los factores que integran la realidad:

> bien puede decirse que en ella tiene señalado un puesto el Ingeniero de montes en la parte alta de los mismos para evitar los arrastres y las impetuosas avenidas; el de obras públicas en el sitio en que haya de construirse el pantano o canal; y en la llanura el Ingeniero agrónomo para señalar los campos que más provecho hayan de reportar del riego, designar y dirigir los cultivos y determinar el

> negocio industrial agrícola, que es la esencia de todo el problema (Prado, 1917a, pp. 119-20).

Por otra parte, en sus diversas colaboraciones en el periódico *El Imparcial*, cuyo propietario y director era Rafael Gasset Chinchilla, que llegaría a ministro de Agricultura, Industria, Comercio y Obras Públicas (Fomento), y con el que Prado y Palacio será director general de Agricultura en 1903, defiende también una decidida política de regadíos, cuyos artículos recopiló en un libro que tuvo como principal objetivo analizar los problemas sociales en Andalucía entre finales del siglo XIX y el nuevo siglo (Prado, 1901, p. 13). Precisamente, en *El Imparcial*, se había publicado el 25 de abril de 1899 un artículo titulado "Para la nueva política. El voto del Sr. Sagasta", donde este último intentaba mejorar sus relaciones con Gasset. Seguramente, influenciado por Prado y Palacio, al que apoya también en aquellos momentos la campaña publicística de Gasset en pro de las infraestructuras de riego como medio de regeneración nacional, censurando la inercia de los gobiernos del momento (Sánchez-Illán, 1998, p. 234). En la práctica, Prado y Palacio hace una seria denuncia en 1901 al referirse a la escasa extensión que ocupa el regadío en la provincia de Jaén, de apenas unas 5.000 ha (Prado, 1901, p. 23). Y, refiriéndose al conjunto del territorio español, arrecia en sus críticas a los gobiernos de turno por la razón de que España:

> es solar surcado de ríos que, si de miserable estiaje en su mayoría, son de aprovechamiento sencillo para los riegos por la facilidad que ofrecen sus rápidos cauces y los repliegues y quebradas de la topografía general para su embalse en pantanos; es solar rodeado de mares que nos ponen en barata comunicación con todos los mercados del mundo; (...) si comenzamos *todos, a una, resueltamente*, por caminos de honradez, de laboriosidad constante y bien meditada, caminos de salvación, diametralmente opuestos a los que nos han conducido a la ciénaga en que nos encontramos en todos los órdenes de la vida, pero especialísimamente en los seguidos por nuestras clases directoras y por los gobiernos en general (Prado, 1901, pp. 25-6, cursivas en el original).

En la segunda parte de ese libro de 1901, reproduce una proposición de ley de bases sobre la reforma del servicio agronómico del Estado, que presentó en el Congreso de los Diputados el 16 de julio[2]. En la misma incluye como apartado 4 el "servicio de hidrología agrícola", detallando su constitución y funcionamiento, en el que considera que se debe compartir competencias dentro de una comisión mixta integrada por ingenieros de Caminos, de Montes y Agrónomos, con los mismos cometidos que venía repitiendo (Prado, 1901, pp. 53-6).

Pero otra de sus intenciones, con esa proposición de ley, era atribuirles más competencias a los ingenieros agrónomos, cuerpo de funcionarios al que pertenecía Prado. La prueba de ello es que, como se recoge en la base XXX, el servicio hidrológico nacional que se propone crear para el aprovechamiento de las agua públicas que abastecen a las ciudades, a las zonas rurales o a las industrias, incluye un servicio de hidrología agrícola desempeñado por ingenieros agrónomos. Estos deben realizar los estudios pertinentes para extender las praderas artificiales en altitud al objeto de aprovechar y regularizar las aguas de los deshielos, torrenteras, etc.; así como las posibles ubicaciones de pantanos, diques y depósitos, aprovechando el relieve existente, para que se puedan utilizar, no solo como embalses que retengan las posibles avenidas, sino también para transformar las tierras de secano en regadío. Los agrónomos son los señalados para estudiar los aforos y derivaciones de aguas de los cauces naturales y canales artificiales ya construidos para aumentar el regadío, respetando siempre "la propiedad de aguas adquirida". Igualmente, los ingenieros agrónomos deben investigar el ahorro en el consumo de agua de riego, adaptándolo a las condiciones climáticas y al tipo de suelos, para evitar una sobrexplotación que superase un máximo de concesiones adaptado a dichas condiciones. Serán los agrónomos los que realicen los estudios topográficos para establecer la red de distribución secundaria; las estadísticas para calcular el rendimiento de los cultivos de regadío; estudios agronómicos de las aguas naturales en función de su formación geológica, limos que arrastran y composición química; y, finalmente, el saneamiento, drenaje y

2 DS Congreso, 16 julio 1901, nº 30, apéndice 19.

desecación de marismas que sean calificadas de utilidad pública agrícola o higiénica.

Para la realización de los anteriores cometidos, propone crear siete centros agronómico-hidrológicos en los que en cada uno estarían destinados tres ingenieros agrónomos y el personal auxiliar necesario –sin determinar–, y que denomina igual que las grandes cuencas hidrográficas como centro agronómico-hidrológico del Miño; Duero; Tajo; Guadalquivir; Guadiana; Júcar-Segura; y Ebro, en lo que no es nada original. Por último, establece que la jefatura del servicio se situaría en el centro agronómico-hidrológico, desempeñada por un ingeniero jefe del servicio agronómico e inspector del cuerpo (Prado, 1901, pp. 53-4).

Es probable que los planteamientos de Prado y Palacio influyesen en la llamada "política hidráulica", que pretendía extender las tierras de regadío, y que retomó su buen amigo el ministro Rafael Gasset en 1902 con el primer Plan de Obras Hidráulicas. Del cual se ha dicho que fue ambicioso, pero sin los necesarios estudios previos, y que al asignar a los particulares o empresas de riego las obras por el sistema de concesiones, no alcanzó el éxito esperado, lo que dio lugar a las leyes de 7 de julio de 1905, de auxilio a pequeños regadíos, y de 7 de julio de 1911, que cambió esencialmente el régimen anterior (Maqueda, 1968, pp. 74-5). El Estado termina asumiendo, en exclusiva, el coste total de las obras de transformación en regadío, aunque en este supuesto el 50 % de ese coste debe ser reintegrado por los regantes beneficiarios en 50 años, mediante unas cuotas que se incluyen en la tarifa de aguas que pagan.

Precisamente, cuando en 1900-1901 Prado y Palacio se preocupa por primera vez por los regadíos en la provincia de Jaén, es cuando se va a poner en marcha, apenas un par de años después, tal como indicó el tecnócrata franquista Maqueda (1968, p. 91) "el Primer Plan Nacional de Obras Hidráulicas, que, iniciado en 1902, es un estudio general de nuestras posibilidades, y en el que se programa un total de 296 obras, para dominar una superficie de 1.496.000 hectáreas, con un presupuesto de 193 millones de pesetas". En realidad, el Plan no es más que un catálogo de posibles obras, que resultaron un fiasco; porque en su mayoría no estuvieron ni proyectadas ni estudiadas, siendo desechadas posteriormente por imposibilidades técnicas, y solo algunas se ejecutaron por el sistema de concesiones, pero con gran lentitud. En opinión de Maqueda, la mejor prueba del fracaso del Plan de 1902 es que en el Plan Extraordinario de Obras Públicas de 1916, se limitan mucho más los objetivos de las tierras puestas en regadío (Maqueda, 1968, p. 92). Pero este último apenas pasó de su formulación y fue modificado en 1919. En realidad, los bienintencionados planes hidráulicos proyectados desde los inicios del siglo xx, incluidos los de Prado y Palacio, sobre todo, para ampliar los regadíos, no pasan de ser meros intentos, al no estar en disposición de ser ejecutados, y ni siquiera llegan a ser formalmente aprobados y, por tanto, en condiciones de ser puestos en práctica.

En realidad, para Prado: "La necesidad del riego artificial como medio supletorio en los casos de insuficiencia o mala distribución de las lluvias, ha sido reconocida siempre y en todas partes" (Prado 1900: 35), y al igual que para Maqueda: "En las condiciones de España, una agricultura altamente productiva y tecnificada es solo posible prácticamente en los regadíos" (Maqueda, 1968, p. 101). Una cuestión que ya ha defendido en 1900 Prado y Palacio adelantándose a los hechos futuros, aunque con una visión catastrófico-pesimista influida por el 98: "las clases productoras se desequilibran, el socialismo se impone, el horizonte desaparece en tinieblas" (Prado, 1900, pp. 22-23), a lo que añade Maqueda, desde el punto de vista de la tecnocracia desarrollista franquista que: "La necesidad de los regadíos nace de consideraciones de tipo económico y social, es decir, de la necesidad de atender a la demanda de sus productos, tanto por parte del mercado interior como exterior, y de resolver los problemas sociales que el campo tiene planteados" (Maqueda, 1968, p. 102).

Pero ya mucho antes Prado y Palacio se muestra a favor de un tipo de agricultura tecnificada y productivista para la provincia de Jaén con un fuerte intervencionismo estatal (Prado, 1900, pp. 27-29). Algo que muchos años después, todavía compartía Maqueda, aunque añadía una serie de consideraciones a favor de la difusión de la economía social (Maqueda, 1968, p. 105).

No obstante, para Prado, lo principal siempre son las grandes obras hidráulicas, que las analiza en relación al caso de Jaén, en un trabajo publicado en su primera edición en 1897 y en una segunda corregida en 1900, que es la que se utiliza aquí. Pues bien, en dicha obra realiza primero unas "consideraciones técnicas sobre la construcción de los pantanos", en segundo lugar, estudia sus "condiciones económicas", y en último lugar su "aplicación a nuestra provincia de Jaén" (Prado, 1900, pp. 41-43).

Respecto a la financiación, se muestra un claro defensor de la empresa pública, puesto que el capital privado nunca es suficiente para asumir los grandes costes que suponen la construcción de pantanos. En su opinión, "el interés individual, lejos de ser omnipotente, como pretenden algunas escuelas economistas", debe ocupar su lugar sin superar los costes de producción que les permitan obtener unos excedentes de explotación que les resulten rentables para no irse a la ruina. En consecuencia, propone que las empresas de riegos se pueden agrupar en dos tipos: a) las que sean factibles por el interés privado, en forma colectiva o individual; b) las que solo sean realizables por el Estado. La iniciativa privada únicamente considera que puede ser económicamente posible para implantar el regadío, cuando pueda hacer frente a los gastos anuales de explotación del negocio, pagar interés y amortizar el capital invertido en las obras. Eso solo es posible si obtiene suficientes ingresos procedentes del canon pagado por los regantes y de lo que perciba por la cesión de aguas. Por el contrario, el Estado obtiene beneficios de esta clase de proyectos, porque aparte del canon directo que el Tesoro ingresa, percibe vía impuestos directos o indirectos la proporción correspondiente a la riqueza creada con los nuevos regadíos (Prado, 1900, pp. 53-54). Algo que siempre siguió defendiendo en el Congreso de los Diputados[3].

Finalmente, presenta Prado y Palacio cómo sería la aplicación de su proyecto de extensión del regadío en la provincia de Jaén. Propone la construcción de una red de pantanos que recogerían las aguas de 12 afluentes y subafluentes del Guadalquivir, en cuyas tierras en dichos años de 1897-1901, calcula que apenas están en régimen de regadío unas 10.000 ha, aunque el total de la provincia de Jaén realmente era de 29.000 ha regadas (Prado, 1900, pp. 63, 65-66). Sin embargo, de

3 DS Congreso, 23 diciembre 1905, pp. 1.639-1.640, 1.642.

realizarse su proyecto, calcula que se pueden alcanzar unas 300.000 ha en regadío, para las que se requieren unos 300 millones de m3 suministrando 2 riegos de 500 m3/ha, e incluso poniéndose en el escenario más pesimista, que solo se pueda embalsar agua de esos 12 ríos durante 6 meses, por permanecer secos la otra mitad del año (Prado, 1900, p. 67), cosa que asegura que jamás sucede. Al final de los 6 meses, piensa que es factible acumular más de 379 millones de m3, que cubrirían un poco más de las necesidades hídricas para el regadío que se plantea (Prado, 1900, p. 68). Es evidente que su propuesta está en el límite máximo a poco que en un año determinado se prolongase la sequía más de lo previsto, como en efecto suele suceder en la provincia de Jaén, al igual que en otras del resto de España. En cualquier caso, si se construían en 10 años los 30 embalses con sus canalizaciones, que precisan una inversión de 150 millones de pesetas corrientes (Prado, 1900, p. 73), el Estado o la empresa concesionaria se podía encontrar con un retorno de 15 millones de pesetas, de los que asignando 6 millones para administración y conservación, se obtiene un ingreso líquido como producto del canon de 9 millones de pesetas; es decir, una rentabilidad del 6 % del capital de 150 millones que se invirtiesen en la construcción de dicha red de pantanos (Prado, 1900, pp. 74-75).

De hecho, en una de sus intervenciones en el Congreso de los Diputados en diciembre de 1905, en la que se mostró en contra del dictamen sobre la sección 8ª del presupuesto de gastos del Ministerio de Fomento, ocupado por Rafael Gasset, asegura que:

> El agua es un factor esencialísimo de la producción, pero el agua no es la producción misma ni puede serlo jamás; el agua por sí sola no creará nunca un aumento de riqueza, ni grande ni chico; el agua con otros elementos tan importantes como este, el agua con la modificación de los cultivos, el agua con el abono, el agua con la selección de semillas, el agua con las labores profundas, el agua, en una palabra, con toda la transformación progresiva en el orden del cultivo, sí será factor del aumento, y un aumento importantísimo, de la riqueza, aunque no tanto, desgraciadamente, como S. S. cree; pero creer que todo el problema es ese, creer que todo el problema

> está en eso, esto, señor Gasset, permítame que se lo diga con toda la modestia propia de mis modestos medios, yo entiendo que es un error de S. S.
>
> Porque, en último resultado, todo el aumento de regadío que puede efectuarse en nuestro país, aun suponiendo que todo lo concebible fuera realizable, y realizable con éxito, sería, Sres. Diputados, un aumento de un doble de lo actual. Todo el regadío actual fijo y eventual es próximamente de un millón o millón y medio de hectáreas[4].

Evidentemente, no se llevaron a término sus planes, y Prado queda muy descontento. Años después, en enero de 1912, gobernando todavía el liberal José Canalejas, en una conferencia que pronuncia en Barcelona en la sede del Instituto Agrícola Catalán de San Isidro dice que la "*política hidráulica* de nuestros actuales gobernantes" está "por desgracia desacreditada" (Prado, 1912, p. 10, cursiva en el original). No se ha realizado "la *repoblación y ordenación forestal* en las divisorias de todos nuestros ríos, y *la ordenación, encauzamiento y aprovechamiento agrícola de las aguas* en todas nuestras cuencas fluviales". Porque con "la tala de las llanuras primero y de las cordilleras después, aquel problema fue presentándose con claridad, hasta que la destrucción llegó a ser tan excesiva, que puso de manifiesto la beneficiosa influencia que ejercen los montes en el régimen de las aguas, en la producción de las lluvias, en la templanza de los climas y en la salubridad pública" (Prado, 1912, pp. 18-19, cursiva en el original.). Esta última, la salud pública es, verdaderamente, un tema del que se empieza a preocupar cada vez más, y se trata del otro aspecto de su faceta política en relación a las aguas residuales y de abastecimiento urbano, al que dedica sus esfuerzos en sus dos períodos como alcalde de Madrid en 1914-15 y 1917.

Pero volviendo a la conferencia, Prado y Palacio hace referencia de nuevo a la política hidráulica de 1912, para reafirmarse en lo defendido en anteriores escritos; aunque con cierto tono autocrítico asegura que se ha hablado en exceso de la llamada *política hidráulica*, quizás

4 DS Congreso, 22 diciembre 1905, p. 1.614.

demasiado voluntarista, que no se puede reducir a construir canales y pantanos. Reclama una absoluta amplitud de miras, y que tampoco se prescinda del concurso –en una clara actitud corporativista– de los distintos cuerpos de ingenieros de montes, obras públicas y agrónomos (Prado, 1912, pp. 23-24). Además, donde no sea posible la repoblación forestal recomienda que se haga un sistema de pantanos, o mejor de "pequeños depósitos de carácter rural situados a medias altitudes" para la formación de praderas artificiales, que fomentan no solo la ganadería, sino que también contribuyan a la división, infiltración y evaporación de las precipitaciones en dichas zonas. Así y todo, considera que el plan de canales y pantanos proyectado por el cuerpo de obras públicas, puede mejorar el aprovechamiento de estas aguas (Prado, 1912, p. 28). Y añade, nada menos que en Barcelona, las siguientes palabras:

> Pero por lo mismo que no negamos la utilidad de dichas obras, y por lo mismo que desearíamos llegar a lo que sin peligro de que se nos desmienta podemos calificar UTOPIA IRREALIZABLE, cual sería transformar la feraz Andalucía en el canalizado, fértil y rico valle del Po, creemos fundamental establecer como premisa precisa el *que no debe aceptarse ningún plan de obras de construcciones hidráulicas, sin admitir antes la necesidad de que colectivamente, no por tal o cual Cuerpo técnico, sino por lodos los Cuerpos de Ingenieros españoles que tienen y deben tener intervención en esta compleja cuestión de obras de irrigación, se estudie, medite y proponga el plan racional que en cada una de las cuencas deba emprenderse para repoblar, encauzar, dirigir, embalsar y aprovechar*, utilizando económica y convenientemente las aguas de España.
>
> Tal es la única forma viable de poder llevar a la práctica un proyecto general de obras de riego que resolviera la cuestión hidráulica en nuestro país, con probabilidades de éxito (Prado, 1912, pp. 29-30, mayúsculas y cursivas en el original).

TRATAMIENTO Y APROVECHAMIENTO DE LAS AGUAS RESIDUALES A PRINCIPIOS DEL SIGLO XX

En los últimos años se ha puesto de relieve en la investigación la importancia del estudio de las aguas residuales urbanas como transmisoras de enfermedades epidémicas y su tratamiento para evitarlas, que tradicionalmente ha sido un servicio local que prestaban los municipios. En la actualidad la depuración de aguas residuales está completamente regulada por las directivas europeas que los ayuntamientos españoles deben respetar en su integridad (Matés, 2008, p. 210). Así, los problemas originados por la contaminación de las aguas son numerosos y de gran calibre como atestiguan los trabajos sobre la región zuliana (Venezuela) donde hubo un abandono total por parte de las autoridades y de la población de la conservación del agua, como igualmente sucedió en Chiapas (México) entre 1880 y 1912, donde aparecieron enfermedades hídricas como las fiebres tifoideas, los procesos diarreicos, la disentería, la enteritis, etc., que resultaron muy relevantes en las causas de morbilidad y mortalidad (Caruana, 2014, pp. 311-312), o en el caso de las aguas de Jalisco (México), donde el agua superficial venía contaminada por la población urbana que generaba aguas residuales, a la que hay que añadir la actividad pecuaria y las aguas residuales industriales (Herráiz, 2014. pp. 309-310). Lo mismo se va a ver en este apartado para el caso de Madrid entre 1914 y 1917, donde también se generaron procesos de contaminación en ríos, arroyos, pozos, etc., pues todos ellos son los medios de aprovisionamiento de agua que utilizaban los madrileños, siendo su alcalde José del Prado y Palacio en dos períodos distintos, respectivamente, de 14 y 6 meses.

Dentro del proceso de modernización de las ciudades españolas, se va a imponer el saneamiento de las aguas potables para suministro de la población (Larrinaga & Matés 2011). El verdadero problema consiste en las epidemias de tifus y cólera que, de hecho, aceleran la búsqueda de soluciones para resolver la evacuación de las aguas residuales (Matés, 2016, p. 28). Todo comenzó a mediados del siglo XIX cuando se originó un grave problema de saneamiento en Londres por el colapso del río Támesis. Ese puede ser un buen ejemplo de unas situaciones críticas que luego van a padecer muchas grandes ciudades como París, Lisboa o Madrid. Realmente, en Francia hasta finales del siglo XIX, no se promueve un intento decidido de resolver el problema de las aguas residuales. Pero es que en América Latina las pautas son relativamente similares. Las ciudades de tipo medio, entre 20.000 y 50.000 habitantes, comienzan a mejorar el sistema de abastecimiento de agua y las redes de alcantarillado. De manera gradual se eliminan las fosas sépticas y la construcción de la red se extiende incluso entre las poblaciones rurales. Se trata de evacuar eficientemente el agua de la lluvia y las residuales. Hasta entonces el método tradicional se basaba en ríos y arroyos. Desde un punto de vista tecnológico, los sistemas de alcantarillado están menos desarrollados que las redes de distribución de agua potable. Pero, las epidemias de tifus y cólera aceleran el proceso al objeto de solucionar la evacuación de las aguas residuales (Matés, 2018, p. 45).

Sin embargo, en el caso de Madrid pese a ser la capital de España, como en el de Barcelona con la que se pueden establecer comparaciones, los resultados siguen siendo muy defectuosos todavía a la altura de las tres primeras décadas del siglo XX (Matés, 1994, pp. 64-5), aunque van entrando poco a poco las empresas privadas concesionarias (Matés, 2004, pp. 171-3). En lo que coinciden, por supuesto, con la progresiva participación de los ayuntamientos en la gestión municipal de los servicios urbanos antes de la Primera Guerra Mundial y durante ella (Matés, 2000, p. 30); siendo numerosos municipios del Reino Unido los adelantados en llevar directamente la gestión de algún servicio público[5].

El caso de Barcelona tiene ciertas concomitancias con el de Madrid. Coinciden ambas con el inicio de la Gran Guerra, pero las dificultades económicas y gerenciales del Ayuntamiento de Barcelona se agravan con la epidemia de tifus del otoño de 1914. Proviene de las filtraciones existentes en el Acueducto Bajo de Montcada, de propiedad municipal. Esta situación obliga al ayuntamiento a construir una nueva red y a establecer un control exhaustivo de la potabilidad del agua. Al igual que sucedió en Madrid en 1915 y 1917, los análisis

5 Para una comparación con el contexto europeo y EE UU, Matés (2001, pp. 137-141).

realizados por el laboratorio municipal detectan la contaminación en las aguas suministradas por el Acueducto de Montcada. Resulta evidente que las defunciones causadas por el tifus se producen entre los vecinos residentes en las calles aledañas a las fuentes del Acueducto, ya que sus conducciones reciben filtraciones de aguas residuales. Ante tal situación el ayuntamiento se ve obligado a tomar medidas cortando el suministro. Esta circunstancia es aprovechada por la *Sociedad General de Aguas de Barcelona*, para instalar fuentes provisionales y renovar todo el sistema de distribución de Aguas de Montcada. Se construye una nueva cañería a presión de cemento armado y tuberías de hierro colado que permiten la llegada del agua a todos los pisos; se sustituye la vieja red de cañerías de barro y tubos de plancha asfaltada, así como el arcaico sistema de repartidores (Matés, 2019, pp. 186-7).

En Málaga, entre 1909 y 1915, con el gobierno municipal controlado por la Conjunción Republicano-Socialista, se transforma el modelo de gestión privada con la municipalización de 1913, que no tiene efectos inmediatos en la modernización definitiva del servicio. Solo gracias a la gestión en los dos últimos años de ese período, del ingeniero José Bores Romero, se emprende un plan de actuación con una nueva traída de aguas, nuevo alcantarillado y la resolución de los aprovechamientos residuales para los cultivos agrícolas y las industrias, que aún afectaban a los manantiales (Heredia, 2013, p. 115).

Algo parecido se puede decir respecto a Sevilla, donde las aguas no potables del río Guadalquivir, desde comienzos del siglo xx, se hacen malsanas para el regadío a causa del incremento de los vertidos residuales al mismo. Sevilla, pese a los diversos intentos por mejorar el suministro, va a seguir deficientemente abastecida, hasta el punto de que, de tener una media de 100 l/hab/día a principios del siglo xx, pasa entre 1915 y 1920 a una cantidad de entre 65 y 70. Es decir, la escasez en el abastecimiento de agua, y de mala calidad, en el período de estudio, es uno de los males endémicos de la ciudad (Matés, 2020, p. 15).

Lo cierto es que en España la depuración de las aguas residuales se plantea con retraso respecto al resto de Europa occidental. Hasta las primeras décadas del siglo xx no se aplican "filtros percoladores" con sedimentación previa ni "lodos activados" (Matés & Clar, 2008, p. 602).

LAS PROPUESTAS DE JOSÉ DEL PRADO Y PALACIO COMO ALCALDE DE MADRID PARA LA SOLUCIÓN DE LOS PROBLEMAS DE ABASTECIMIENTO Y CONTAMINACIÓN POR AGUAS RESIDUALES EN 1914-1917

En línea con lo visto anteriormente para otras ciudades españolas, Prado y Palacio afronta el caso de Madrid.

PRIMER MANDATO COMO ALCALDE DE MADRID (17 DE SEPTIEMBRE DE 1914 AL 12 DE DICIEMBRE DE 1915)

En su primer período como alcalde de Madrid será muy activo. Hace público un estudio fechado el 3 de noviembre de 1915, en el que presenta al gobierno los datos que le facilitan los servicios técnicos del propio ayuntamiento, solicitando una subvención extraordinaria acorde con lo que denomina como "indispensable a su vida y a su decoro" como la capital de España. En dicho trabajo, parte de la idea de que el Ayuntamiento de Madrid debe proporcionar una serie de servicios públicos, que por otra parte su ley orgánica le tiene encomendados (Prado, 1915a, p. 3); entre otros, corregir las deficiencias que se observen en la higiene y salubridad[6]. Pese a lo cual, reconoce que en los últimos 18 años se han mejorado las condiciones de salubridad, como lo demuestra la caída de la tasa bruta de mortalidad madrileña hasta un 25,2‰ en 1914, aunque la media española es aún mejor, del 22,1 (Estadísticas, 2005, p. 125). Esto lo atribuye, entre otras medidas adoptadas, a los 250 km de nuevo alcantarillado, a la construcción de los colectores del Abroñigal, del parque del Oeste y del Carcabón; al saneamiento de algunas conducciones de agua potable; a las diversas disposiciones municipales sobre los sistemas de evacuación de materias fecales

6 Hay que tener en cuenta que en esas mismas fechas se produce un debate en el Senado, al que pertenecía Prado, simultaneando su cargo como alcalde, sobre la potabilidad del agua de Madrid, DS Senado, 11 noviembre 1915, pp. 82-86.

de las viviendas; a la apertura del parque del Oeste y de otros 50 jardines públicos, unido a la plantación de nuevo arbolado. Todo lo cual, argumenta Prado y Palacio, ha hecho que el ayuntamiento madrileño tenga que dedicar cuantiosas inversiones para su ejecución (Prado, 1915a, p. 3).

Además, añade en su informe que los servicios de fontanería han mejorado gracias a la renovación total del sistema de bocas de riego. Una cuestión que representa un precedente de lo que hoy se conoce como "tarifa plana". Se había conseguido firmar un contrato con el Canal de Isabel II, mediante el cual se pagaba una cantidad fija anual para la realización y el mantenimiento de la fontanería y las nuevas bocas de riego. También se han reformado los urinarios públicos, construido dos evacuatorios subterráneos y aumentado las fuentes públicas en el extrarradio de la capital. Por otra parte, gracias a la firma de contratos y permutas con el Canal antedicho, se abastece de agua con presión a las zonas altas de Madrid (Prado, 1915a, p. 4).

Un esfuerzo complementario durante los 18 años anteriores fue dotar de financiación suficiente al laboratorio químico municipal para que pudiera realizar su función sanitaria, que considera, lógicamente, de vital importancia para la salubridad pública. En especial, se realizan análisis químicos y bacteriológicos de las aguas de beber para comprobar su potabilidad. En cambio, reconoce que en esos años anteriores el servicio de limpiezas y riegos siguió siendo uno de los más defectuosos por la escasez de recursos para su mejora. De hecho, es una de las "reformas urbanas" para cuya realización solicita el apoyo financiero del Gobierno central. Sobre todo, para la renovación de los medios de transporte que permitan la conducción rápida en grandes masas de los residuos de la población y nuevos medios mecánicos para el barrido y el baldeo de las calles (Prado, 1915a, p. 5).

En consecuencia, considera imposible afrontar todos los gastos necesarios para administrar la ciudad de Madrid, que cuenta con un presupuesto ordinario de 31 millones de pesetas corrientes, y que solo se ha incrementado en un 8,7 % desde 1897; aunque reconoce que también contaba con un presupuesto extraordinario de 37 millones, que se obtienen gracias a la concesión de varios empréstitos. Algo que le permite evitar subir los impuestos a los habitantes madrileños

(Prado, 1915a, p. 6). Pero con el estallido del conflicto europeo en 1914 han surgido serios problemas de financiación, que solo con la ayuda del Banco de España se han afrontado (Prado, 1915a, p. 7). El verdadero problema está en que no puede continuar con las grandes reformas urbanas ya iniciadas. En especial, el saneamiento general del subsuelo. Si hasta ese momento el ayuntamiento ha conseguido atender la conservación y reparación del alcantarillado con entre 400 y 500 mil pesetas anuales, al multiplicarse por 6 las canalizaciones subterráneas y ampliarse la pavimentación de las calles con mejores materiales y a precios más altos, necesita acceder a créditos más cuantiosos. Pero es inevitable, ya que se trata de un servicio que no se puede abandonar ni demorar su realización –que calcula en más de 15 años–, no por el ornato, sino por la salubridad pública. O sea, la considera absolutamente necesaria y reclama al gobierno "llevar a cabo las reformas que se indican, tanto por lo que Madrid merece, como por lo que representa". En esa línea argumental, Prado y Palacio, (1915a, p. 8) alega que "España no puede negar a Madrid el auxilio que le solicite el Ayuntamiento de la Corte, para terminar las grandes reformas urbanas".

A continuación, expone las necesidades de financiación que considera principales en cinco grupos, de los que solo se analizan aquí los referidos al suministro de aguas potables y al tratamiento de las residuales, que se incluyen en el 3º "Sanidad municipal", y el referente a obras públicas municipales del 5º, en el que alude a la cuestión de las aguas (Prado, 1915a, pp. 10, 15, 18), objeto del presente estudio.

En efecto, en el grupo 3º se dedica un primer apartado a la estación de depuración de aguas fecales. Sobre las mismas considera que en todos los países más avanzados, en aplicación de las leyes de protección de los cauces públicos, se ha impuesto el tratamiento para la depuración de sus aguas "residuarias" antes de su vertido a los ríos o al mar. Y, respecto a las corrientes de las alcantarillas que recogen los vertidos por la utilización de los fertilizantes, se impone su depuración antes de utilizarlas en la agricultura. En este sentido, considera que se podrían expropiar grandes extensiones de terrenos donde se utilizarían las aguas "residuarias", con lo cual convertiría en campos de producción lo que son "verdaderos desiertos". En resumen, solicita una inversión de 2 millones de pesetas al gobierno para la construcción de las estaciones, fosas sépticas, lechos bacterianos y campos de utilización agrícola (Prado, 1915a, p.10).

En ese mismo grupo tercero incluye la reforma de las antiguas canalizaciones y conducciones de agua. La cuestión es que el abastecimiento de aguas potables será uno de los problemas más importantes al afectar a la calidad de la salud pública de los vecinos. Cierto es que Madrid disponía, según el informe, de uno de los mejores abastecimientos en el ámbito internacional; pero por las condiciones especiales de situación de los embalses y de los terrenos por donde discurren las torrenteras que abastecen las presas, en determinadas épocas del año la pureza de las aguas deja bastante que desear. Motivo por el cual considera imponderable que se disponga de otros caudales de aguas independientes del Canal de Lozoya, para que se resolviese una potencial crisis sanitaria en caso de epidemia. De tal manera, considera que los "llamados antiguos Viajes", por diversas causas que él estima no son reseñables, pero entre las que sí menciona la falta de medios económicos del ayuntamiento, se encuentran en un estado deplorable, y que de no acudir a solucionarlo de un modo eficaz y rápido corre el peligro de perderse uno de los caudales de agua de más calidad y de mejor condición de potabilidad de los disponibles. Motivo este y, posiblemente, porque era gratuito o más barato que las aguas de Lozoya, asegura que son las preferidas por las clases trabajadoras madrileñas.

En 1914-1915 funciona una red de 124 kilómetros de galería de captación y distribución de las antiguas conducciones –"Viajes"–, para cuya reparación se calculan 2,4 millones de pesetas. De hecho, al ayuntamiento le preocupa la "absoluta pureza" de su consumo. Motivo por el que utiliza su propio laboratorio municipal, que realiza a diario los análisis químicos y bacteriológicos pertinentes, al objeto de garantizar la excelencia del agua en las tuberías de conducción. Para ello, selecciona una serie de materiales y de procedimientos que eviten las posibles filtraciones, ya que se comprobó que las aguas tratadas con ozono o cualquier otro medio de esterilización pueden contaminarse desde las estaciones esterilizadoras hasta el punto de entrada en las fincas o en las fuentes públicas distribuidas por todo Madrid.

En el grupo 5º sobre las obras públicas municipales se preocupa de los Baños públicos, al considerar que el Ayuntamiento de Madrid debe encargarse no solo de la salubridad, sino también de la higiene personal de sus vecinos y, especialmente, de las clases populares. Para lo cual ha programado la construcción de cuatro edificios en distintos barrios madrileños destinados a baños populares que calcula pueden costar 400 mil pesetas (Prado, 1915a, pp. 10-11).

Igualmente, plantea la construcción de un paseo sobre el arroyo Abroñigal ante el peligro que supone para la salubridad pública al recoger las aguas residuales de las fincas situadas en sus márgenes. El ayuntamiento ha comenzado a recoger dichas aguas en un colector cubierto y ha proyectado un paseo desde la calle López de Hoyos hasta puente de las Ventas que, además, serviría de enlace de dos barrios de la capital, para el que se necesita una inversión de 1.315.475 pesetas. Por último, propone la canalización del río Manzanares desde Puerta de Hierro hasta el puente de la Princesa, aguas abajo del nuevo matadero municipal de la Arganzuela, que abarca algo menos de 1,5 km, y una extensión en muelles a ambas orillas inferior a 3 km. La presa de compuertas móviles se emplazaría unos metros aguas abajo del puente de Segovia y presupuesta que su financiación no excedería de los 3 millones de pesetas (Prado, 1915a, p. 15).

En resumen, termina pidiendo al gobierno que presente un proyecto de ley para conceder al Ayuntamiento de Madrid, que preside Prado y Palacio, una subvención por "capitalidad de la Nación" de 5 millones de pesetas al año con la que afrontar todas las obras de mejoras urbanas y pagar los intereses y la amortización de capital de un empréstito de 50 millones de pesetas que Prado y Palacio pretende solicitar para sufragar "las citadas reformas, tan urgentes para Madrid" (Prado, 1915a, p. 16).

Asimismo, intenta suprimir 21 impuestos vigentes por un nuevo impuesto que propone denominar como "impuesto territorial de Madrid" (Prado y Palacio, 1915b, p. 3), gracias al cual se informa que en 1914-1915 el arbitrio por ocupación del subsuelo con cañerías para tomas de agua ascendía a 72.613 pesetas y el de canalones y bajadas de aguas a 23.878 (Prado, 1915b, p. 5). Pero quizás una de las propuestas más interesantes de Prado y Palacio como alcalde de Madrid en 1915 es la que dirige al ministro de Gobernación el también conservador como él, José Sánchez Guerra. Le solicita una disposición de carácter general para evitar el peligro del riego de huertas con aguas residuales procedentes del alcantarillado. Se trata de evitar las altas tasas brutas de mortalidad que persisten pese a la instalación de un sistema de aislamiento de redes evacuatorias de las fincas por medio de sifones; la mejora de pavimentos; el aumento del arbolado; la propaganda a favor de vacunaciones contra la viruela y la diftérica; las desinfecciones; el sistema de aislamiento para combatir el contagio en casos de enfermedades peligrosas (Prado, 1915c, p. 3). Además, se están instalando nuevas tuberías para la conducción de aguas de los "viajes antiguos de la Villa" a las estaciones que funcionan hace años. Se espera de esta forma facilitar la depuración de dichos "viajes" por medio del ozono.

En todo caso, todas estas y otras importantes reformas en orden a la higiene y salubridad ya han producido beneficios positivos para la salud del vecindario de Madrid. Pero la lentitud en su saneamiento debe atribuirse a causas sociales y a deficiencias de la higiene, aunque entre los problemas de esta última que más se estudian en todas partes por los científicos y las administraciones sea la pureza de las aguas potables. Este era el problema principal desde que se había demostrado las numerosas enfermedades que tenían su origen en la contaminación de las aguas, que eran las que propagaban los gérmenes nocivos para la salud humana. Ante esta realidad, según asegura Prado y Palacio, era consciente de que, tanto el Ayuntamiento de Madrid como el Ministerio de Gobernación, debían hacer grandes esfuerzos por sanear las aguas que caían, respectivamente, bajo su jurisdicción administrativa. Era indudable que cuanto afectaba a la salubridad de la capital de España provocaba una preocupación constante y, si se quería lograr exigía para resolverla grandes trabajos y recursos (Prado, 1915c, p. 4).

En este sentido, explica que las aguas madrileñas conducían numerosas clases de gérmenes y patógenos, siendo los más peligrosos los de tipo intestinal que contagian las fiebres tifoideas, las diarreas y enteritis entre mayores de dos años. Reconoce, igualmente, que en Madrid hacía tiempo que no se registraban epidemias de tifus; pero que, en comparación con otras capitales europeas, ese síndrome y sus similares fiebres paratíficas provocan mayor mortalidad y surgen con más frecuencia. Motivo por el cual es imprescindible una labor de divulgación propagandística contra esta causa de contaminación para atenuar sus efectos perniciosos. Por tanto, es necesario vigilar la pureza de las aguas potables; pero también otras causas ocultas del mismo peligro sobre las que no se había ejercido una eficaz intervención del Gobierno central. Se refiere Prado y Palacio a las verduras que se vendían para el consumo público y que se ingerían crudas, especialmente, las lechugas, cuyas plantas se regaban en las huertas de Madrid y en los municipios cercanos con aguas residuales procedentes del alcantarillado. La mejor prueba de ello era que en el laboratorio municipal de Madrid de una muestra de 30 lotes de lechugas procedentes de distintos puntos de venta en diferentes mercados de los barrios, en 23 casos se habían encontrado presencia de bacterias intestinales, como el "bacterium coli-commune" y el "bacilus lactis aerógenes", de lo que, inmediatamente, fue informado como alcalde. No era nuevo este tema para Prado y Palacio, ya que conocía perfectamente que, a las mismas puertas de la capital, sin garantías de ninguna clase, se estaban dedicando al riego directo las aguas vertidas por el alcantarillado. La cuestión de fondo es que considera que para prohibir los riegos en estas condiciones piensa que resulta más conveniente una legislación gubernamental de mayor rango que, por principios básicos en materia de higiene, proscribiese los riegos en dichas condiciones. Argumenta, no obstante, que no es suficiente una disposición municipal de la que quedan al margen una multitud de localidades de las cercanías que abastecen al mercado madrileño, y donde se riega con aguas residuales de la misma procedencia. Tampoco resulta eficaz una medida localista, porque no soluciona la salubridad en las restantes poblaciones (Prado, 1915c, pp. 4-5). En definitiva, termina su informe solicitando "suprimir la utilización directa en el riego de huertas, con aguas procedentes del alcantarillado". Para lo inmediato, pronto se solucionó el problema, al repararse las arquetas del paseo de la Castellana que servían para los antiguos registros, que tenían un metro de largo, y al colocar un nuevo trozo de tubería de esas dimensiones bastó para que la infección no volviera a producirse. Las fuentes se habilitaron otra vez para el consumo público[7].

SEGUNDO MANDATO COMO ALCALDE DE MADRID (17 DE JUNIO AL 25 DE DICIEMBRE DE 1917)

Este segundo mandato, mucho más breve que el anterior, no le impide desarrollar toda su capacidad de trabajo para retomar una de sus principales preocupaciones como gestor y administrador público en la alcaldía de Madrid. Eso le permite rendir cuentas publicando un informe sobre su gestión municipal, a modo de balance, en el que agradece la colaboración recibida tanto del PSOE por la izquierda, como por la que denomina "Defensa social" desde la derecha (Prado, 1917b, p. 5).

En todo caso, en este breve período no se ocupa del abastecimiento de aguas, más allá de una breve referencia en el apartado I dedicado a "Obras acometidas y próximas a terminación", donde hace alusión a la terminación de las obras de la Plaza de España, en la que se instalaron una red de distribución de agua para el nuevo parque y unas bocas de riego (Prado, 1917b, p. 7). También se preocupa en el apartado II de la "Higienización de viviendas pobres", donde informa de un error cometido, cuando en algunas casas se autorizó la colocación de una placa de la Junta técnica municipal de Salubridad e Higiene que no les correspondía, porque estaban en condiciones verdaderamente pésimas. En realidad, las placas se pusieron en cumplimiento de un antiguo Bando sobre aislamiento por medio de sifones. Pero, efectivamente, la ambigüedad del contenido de dichas placas, inducía a pensar que se trataba de casas saludables bajo todos los aspectos higiénicos de las viviendas. Por ese motivo, Prado y Palacio tenía el propósito de reformar completamente la Junta. A su entender, ni sobre esos aspectos ni en relación a la inspección, incluidos los inspectores municipales de Salubridad e Higiene, se cumplía en Madrid su misión sanitaria correctamente. Es decir, considera en su informe

7 DS Senado, 4 diciembre 1915, p. 703.

que no existe una verdadera inspección médica municipal respecto a las enfermedades infecciosas (Prado, 1917b, p. 9).

Para finalizar, en su rendición de cuentas sobre los seis meses que estuvo en 1917 como alcalde de Madrid, hace referencia a la problemática del suministro y fábrica de gas (Prado, 1917b, pp. 11-13), que, al ser complementaria a los abastecimientos urbanos, es interesante aludir a ella en el presente trabajo. En su informe, en realidad, habla de la rescisión e incautación de la Fábrica de Gas de Madrid, que termina siendo incautada por el ayuntamiento y su gestión y administración pasa a estar municipalizada (Prado, 1917b, p. 13), gracias a lo cual, Prado y Palacio creyó, en función de los informes técnicos y de los beneficios, que se pensaban obtener en el primer año, que el alumbrado por gas resultase gratis para el Ayuntamiento de Madrid.

CONCLUSIONES

No cabe duda de que la labor realizada por José del Prado y Palacio fue inmensa. Sus planteamientos ayudaron a encontrar soluciones para el regadío y la puesta en marcha de una relativa modernización de los cultivos agrícolas gracias a la aplicación de abonos y fertilizantes y, sobre todo, a la expansión de los cultivos de riego.

Por otra parte, su gestión como alcalde de Madrid, le permitió mejorar el abastecimiento de aguas potables y la depuración de las aguas residuales para evitar la contaminación de los alimentos y mejorar la higiene y salubridad de los madrileños, aparte de adecentar la capital de España y sanear la gestión y administración del suministro de energía eléctrica y de gas, con lo que pretendía acercarla a las grandes ciudades europeas, como París, Viena o Roma.

Es cierto que su gestión tuvo claroscuros no exentos de polémicas; pero, dada su condición de ingeniero regeneracionista y tecnócrata nunca dudó de que el futuro estaba en la modernización tanto de los cultivos de regadío en las zonas rurales como en la mejoras de los servicios públicos de abastecimientos urbanos, en los que se había de compaginar la gestión privada y la pública, en especial allí donde no llegaba o no le resultaba rentable a la iniciativa privada. Buena prueba de ello es que no dudó, pese a ser un político conservador partidario de la libre empresa y de las bondades del mercado de libre competencia, en municipalizar el servicio de suministro de gas en Madrid, incautándose de la Fábrica de Gas de Madrid en 1917 (Fernández-Paradas & Rodríguez-Martín 2019; Rodríguez-Martín 2021, 2022). Si bien, a partir de 1922 volvió a manos privadas.

BIBLIOGRAFÍA

Caruana-de-las-Cagigas, L. (2014). Reseña: Agua, territorio y medio ambiente. Políticas públicas y participación ciudadana. Coords. Jesús-Raúl Navarro-García, Jorge Regalado-Santillán y Alejandro Tortolero. Universidad de Guadalajara (México) & ATMA-CSIC, 2013. *TsT. Transportes, servicios y telecomunicaciones*, 26, 311-314.

Costa, J. (1975). *Política hidráulica (misión social de los riegos en España), apéndice y notas por Fernando Sáenz-Ridruejo*. Colegio de Ingenieros de Caminos, Canales y Puertos.

Estadísticas (2005). *Estadísticas históricas de España: siglos XIX-XX*. BBVA. https://www.fbbva.es/wp-content/uploads/2017/05/dat/DE_2006_estadisticas_historicas.pdf (29/01/2023)

Fernández-Clemente, E. (2004). De la utopía de Joaquín Costa a la intervención del Estado: un siglo de obras hidráulicas en España. *Contribuciones a la Economía*, mayo, 1-65. https://www.eumed.net/ce/2004/efc-jcosta.pdf (consulta: 25/01/2023)

Fernández-Paradas, M. & Rodríguez-Martín, N. (2019). «Una aventura con fatales consecuencias». La incautación de la fábrica del gas de Madrid y la municipalización del servicio público de alumbrado (1917-1922). *Hispania*, 261, 157-187.

Garrido-González, L. (2021). José de Prado y Palacio (1865-1926). Mucho más que un político conservador en el Jaén de la Restauración: regeneracionista, empresario y tecnócrata. En M.D. Rincón-González (Coord.), *Personajes jahencianos* (pp. 345-354). Universidad de Jaén.

Garrigós-Monerris, J.I. (2001). *Pierre-Guillaume-Frédéric Le Play (1806-1882): Biografía intelectual, metodología e investigaciones sociológicas* [Tesis doctoral, Universidad de Alicante].

Garrigós-Monerris, J.I. (2003). Frédéric Le Play y su círculo de reforma social. *Papers*, 69, 133-146.

Gómez-Mendoza, J. (1992). Regeneracionismo y regadíos. En A. Gil-Olcina, & A. Morales-Gil (Coords.), *Hitos históricos de los regadíos españoles* (pp. 231-262). MAPA (Ministerio de Agricultura, Pesca y Alimentación).

Heredia-Flores, V.M. (2013). Municipalización y modernización del servicio de abastecimiento de agua en España: el caso de Málaga (1860-1930). *Agua y Territorio*, 1, 103-118. https://revistaselectronicas.ujaen.es/index.php/atma/article/view/1038/876 (consulta: 25/01/2023)

Herráiz, C. (2014). Reseña: *El debate del agua en Jalisco y Andalucía. Coords.* Jesús-Raúl Navarro-García y Jorge Regalado-Santillán. Junta de Andalucía, Consejería de Cultura, 2006. *TsT. Transportes, servicios y telecomunicaciones*, 26, 308-310.

Larrinaga, C. & Matés-Barco, J.M. (2011). La modernizzazione delle città spagnole: il servizio di approvvigionamento di acqua potabile (1870-1936). *Memoria e Ricerca*, 36, 29-44.

Mairal-Buil, G. (2007). Las paradojas de la política del agua en España. *Panorama Social*, 5, 102-115. https://www.funcas.es/wp-content/uploads/Migracion/Articulos/FUNCAS_PS/005art08.pdf (21/01/2023)

Maqueda-Valbuena, A.M. (1968). Los regadíos en España. Su evolución, estructura y programación. *Revista de Economía Política*, 49, 69-107.

Matés-Barco, J.M. (1994). El abastecimiento de agua de Barcelona: de las tentativas municipalizadoras al predominio de la empresa privada (1800-1990). *Revista de la Facultad de Humanidades de Jaén*, 3 (2), 57-79.

Matés-Barco, J.M. (2000). La conquista del agua: importancia urbana y económica. *Boletín del Instituto de Estudios Giennenses*, 174, 29-55.

Matés-Barco, J.M. (2001). El servicio de abastecimiento de agua potable: estado de la cuestión. *TsT. Transportes, servicios y telecomunicaciones*, 1, 135-158.

Matés-Barco, J.M. (2004). The Development of Water Supplies in Spain. 19th and 20th Centuries. En A. Giuntini, P. Hertner, & G. Núñez (Eds.), *Urban Growth on Two Continents in the 19th and 20th Centuries: Technology, Networks, Finance and Public Regulation* (pp. 165-177). Comares, https://www.researchgate.net/publication/328078029_The_Development_of_Water_Supplies_in_Spain_19th_and_20th_Centuries (consulta 25/01/2023)

Matés-Barco, J.M. (2008). Empresas, sociedad y servicios públicos: del Estado prestador al Estado regulador. *Revista empresa y humanismo*, 11, 187-230. https://dialnet.unirioja.es/servlet/articulo?codigo=2510667 (consulta: 25/01/2023)

Matés-Barco, J.M. (2016). La regulación del suministro de agua en España: siglos XIX y XX. *Revista de Historia Industrial*, 61, 15-47.

Matés-Barco, J.M. (2018). De la regulación a la privatización y viceversa: la gestión del agua en España y Reino Unido. En J.M. Matés-Barco, & J.J.P. Rojas-Ramírez (Eds.), *Agua y servicios públicos en España y México* (pp. 29-68). Universidad de Jaén.

Matés-Barco, J.M. (2019). El abastecimiento de agua a Barcelona (1850-1939): origen y desarrollo de las compañías privadas. *Historia Contemporánea*, 59, 161-194.

Matés-Barco, J.M. (2020). El suministro de agua (siglos XIX y XX). *AH. Andalucía en la historia*, 68, 14-20.

Matés-Barco, J.M. & Clar-Moliner, E. (2008). Los abastecimientos urbanos y los usos industriales del agua. En V. Pinilla-Navarro (Ed.), *Gestión y usos del agua en la cuenca del Ebro en el siglo XX* (pp. 563-605). Prensas Universitarias de Zaragoza.

Ortí, A. (1984). Política hidráulica y cuestión social: orígenes, etapas y significados del regeneracionismo hidráulico de Joaquín Costa. *Agricultura y Sociedad*, 32, 11-107.

Prado y Palacio, J. de. (1897). *El porvenir de una región con una carta prólogo del Excmo. Sr. D. Francisco Silvela*. Est. Tip. de D. Tomás Rubio y Campos, impresor de la Real Casa.

Prado y Palacio, J. de. (1900). *El porvenir de una Región. (Riegos posibles de la provincia de Jaén). Con una carta prólogo del Excmo. Sr. D. Francisco Silvela.* Segunda edición, corregida. Librería de Fernando Fé.

Prado y Palacio, J. de. (1901). *El socialismo agrario* en *Andalucía y la Reforma del Servicio Agronómico del Estado. Dedicado al Excmo. Sr. D. Francisco Silvela.* Ricardo Fé, impresor.

Prado y Palacio, J. de. (1912). *Conferencia del Excmo. Sr. D. José del Prado y Palacio en el Instituto Agrícola Catalán de San Isidro, el día 29 de enero de 1912*. Imprenta de Prudencio Pérez de Velasco.

Prado y Palacio, J. de. (1915a). *Exposición que eleva al gobierno de S. M. el alcalde presidente del Ayuntamiento de Madrid, Excmo. Sr. D. José del Prado y Palacio, en solicitud de que se le conceda al Ayuntamiento de la Capital de España una subvención indispensable a su vida y a su decoro.* [firmado 3 noviembre 1915] Imprenta municipal.

Prado y Palacio, J. de. (1915b). *Bases generales para el estudio de un nuevo impuesto (en sustitución de veintiún impuestos municipales vigentes) que presenta al Excmo. Ayuntamiento de Madrid el Excmo. Sr. D. José del Prado y Palacio, Alcalde-Presidente.* [firmado 16 noviembre 1915] Imprenta municipal.

Prado y Palacio, J. de. (1915c). *Instancia que eleva al Excmo. Sr. Ministro de la gobernación al alcalde presidente del Ayuntamiento de Madrid Excmo. Sr. D. José del Prado y Palacio en solicitud de una disposición de carácter general que evite el peligro del riego de huertas con aguas residuarias procedentes de alcantarillado.* [firmado 27 noviembre 1915] Imprenta municipal.

Prado y Palacio, J. de. (1917a). *Hagamos patria. Estudio político y económico de problemas nacionales de inaplazable solución.* Tipografía Artística.

Prado y Palacio, J. de. (1917b). *Al Excmo. Ayuntamiento de Madrid. Cuatro meses de gestión municipal.* Imprenta municipal.

Rodríguez-Martín, N. (2021). «Ni luz, ni carbón, ni autoridad». La crisis del alumbrado público y del suministro de gas en Madrid durante la Primera Guerra Mundial. *Historia Social,* 101, 23-42. https://www.jstor.org/stable/48621940 (consulta: 31/01/2023)

Rodríguez-Martín, N. (2022). *Madrid sin luz. La Primera Guerra Mundial y la crisis energética en la capital de España (1914-1922)* [Tesis doctoral, Universidad de Málaga].

Sánchez-Illán, J.C. (1998). El ascenso político de la élite periodística: Rafael Gasset, primer ministro de Agricultura, Industria, Comercio y Obras Públicas. *Studia histórica, H.ª Contemporánea,* 16, 221-45.

Propuestas de José del Prado y Palacio para el abastecimiento y tratamiento del agua en entornos rurales y urbanos (1900-1917)

Resumen: Se estudia la obra publicada por José del Prado y Palacio sobre los problemas planteados para la puesta en regadío de las tierras de cultivo en la provincia de Jaén (Andalucía, España) y sobre el aprovechamiento de las aguas residuales para el riego de las huertas cercanas a la ciudad de Madrid. El período de estas publicaciones abarca desde 1900, en que publica su primer trabajo sobres estos temas, y llega hasta 1917 en que publica el último. Las interesantes soluciones sugeridas y el rigor de sus conocimientos destacan en dichas aportaciones, que se anticiparon a los problemas actuales de la sostenibilidad del medio ambiente y su compatibilidad con un crecimiento económico sustentable.

Palabras clave: riego, aguas residuales, Jaén, Andalucía, Madrid.

Proposals by José del Prado y Palacio for water supply and treatment in rural and urban environments (1900-1917)

Abstract: It studies the work published by José del Prado and Palacio on the problems posed for the irrigation of farmland in the province of Jaén (Andalusia, Spain) and on the use of wastewater for irrigation of orchards near the city of Madrid. The period of these publications covers from 1900, when he published his first work on these subjects, and reached 1917 when he published the last. The interesting solutions suggested and the rigor of their knowledge stand out in these contributions, which anticipated the current problems of environmental sustainability and its compatibility with sustainable economic growth.

Keywords: irrigation, wastewater, Jaén, Andalusia, Madrid.

Propostas de José del Prado y Palacio para o abastecimento e tratamento de água em ambientes rurais e urbanos (1900-1917)

Resumo: Estuda-se o trabalho publicado por José del Prado y Palacio sobre os problemas da irrigação de terras agrícolas na província de Jaén (Andaluzia, Espanha) e sobre o uso de águas residuais para irrigação de fazendas de pomares perto da cidade de Madrid. O período dessas publicações vai de 1900, quando publica sua primeira obra sobre esses temas, até 1917, quando publica a última. As interessantes soluções sugeridas e o rigor dos seus conhecimentos destacam-se nestes contributos, que anteciparam os problemas actuais da sustentabilidade ambiental e a sua compatibilidade com o crescimento económico sustentável.

Palavras-chave: irrigação, águas residuais, Jaén, Andaluzia, Madrid.

17.
EL ABASTECIMIENTO DE AGUA EN EL ALJARAFE SEVILLANO: CASTILLEJA DE GUZMÁN COMO EJEMPLO DE LA CRISIS DEL MODELO DE GESTIÓN DE LA OFERTA DURANTE LA SEQUÍA DE 1991-1995

Jesús Raúl Navarro-García
Instituto de Historia (IH, CSIC)

EL CAMBIO DE MODELO EN LA GESTIÓN HÍDRICA DEL ALJARAFE SEVILLANO Y LA CRISIS POR LA SEQUÍA DE LOS NOVENTA

El colapso de la gestión municipal del abastecimiento de agua en la comarca del Aljarafe vino determinado por toda una serie de circunstancias naturales y provocadas por el hombre (utilización del acuífero autóctono con agua dura y salobre, expansión demográfica y urbanística acelerada desde los años setenta, incremento de la demanda, acumulación de procesos contaminantes por la escasa profundidad del acuífero y todo un cambio cultural y económico en torno al consumo hídrico) (IGME, 1997; García Martín, 2014; Delgado Bujalance, 2004, 2005, 2006 y 2012; Del Moral, 2002) que hicieron inviable en la década de los sesenta del siglo pasado el modelo de gestión local de recursos hídricos endógenos, proceso facilitado por los avances tecnológicos. Un claro ejemplo de todo ello es que el volumen de agua que se preveía necesitar en 1977 en el área metropolitana de Sevilla era de 500 litros por habitante y día, cuando la realidad es que el consumo disminuyó tras las crisis de 1975-1976, 1981-1983 y 1992-1995 (Del Moral, 2002).

El nuevo abastecimiento que surge en El Aljarafe debido a la crisis del sistema clásico arranca de 1961 con el uso de recursos superficiales de las vertientes de Sierra Morena (Rivera de Huelva, Rivera de Cala y, más recientemente, del río Viar). Abre un periodo marcado también por una gestión mancomunada de los municipios del Aljarafe a través de la Mancomunidad de Agua del Aljarafe primero y luego a través de ALJARAFESA[1] (Empresa Mancomunada del Aljarafe, S. A.) (Navarro García, 2023a) –con el apoyo económico-técnico de la Diputación Provincial de Sevilla y de la Confederación Hidrográfica del Guadalquivir, CHG– así como por la creación del Sistema General de Abastecimiento a Sevilla y zona de influencia (Del Moral, 2002), que incluía a la comarca del Aljarafe (Navarro, 2006, 2007 y 2009, y 2023a, 2023b y 2023c).

Pero el cambio de modelo no resolvió los problemas de abastecimiento. Unas veces por el crecimiento demográfico y urbanístico y, en otras, por situaciones climáticas de sequía (Pita López, 1986 y 1987), como la experimentada a mediados de los setenta, en los ochenta y en 1991-1995. Las tarifas se incrementaron y la gestión se hizo mucho más compleja y dependiente de políticas e inversiones estatales cuyo origen arranca de normativas franquistas sobre auxilio a ayuntamientos (1944, 1950 y 1952) (EMASESA, 1997 b, p. 9; Del Moral, 2002; García Valiñas, 2003).

En los años setenta la sequía obligó a utilizar aguas del embalse de Cala que se trasvasaron al canal derivado de La Minilla, del embalse de Peñaflor a través del canal de riego del Valle inferior del Guadalquivir y del embalse del Pintado a través de acequias hasta la estación de tratamiento de La Algaba (EMASESA, 1976 y 1997a, pp. 9-32). Estas soluciones no fueron obstáculo para que los pueblos del Aljarafe recordaran sus recursos endógenos. En 1976, por ejemplo, el ayuntamiento de Castilleja de Guzmán analizó el agua

1 ALJARAFESA es la empresa con personalidad jurídica propia que gestiona el servicio de agua a los municipios mancomunados del Aljarafe. Se constituyó como tal el 2 de junio de 1981, fruto de la transformación experimentada por la Mancomunidad del Aljarafe. A partir de los años ochenta la Ley Reguladora de las Bases de Régimen Local (2 de abril de 1985) y el real decreto legislativo de 18 de abril de 1986 marcaban los requisitos de su Plan de Actuación. A finales de esa década su presupuesto consolidado rondaba los quinientos millones de pesetas, de los que 428 correspondían a ALJARAFESA y 72 eran de la Mancomunidad, financiando las inversiones del Plan Cuatrienal de la Diputación y los gastos de funcionamiento de la Entidad Local (Memoria firmada por el presidente de la Mancomunidad Municipal del Aljarafe, 25 de febrero de 1988. Archivo Municipal de Castilleja de Guzmán, en adelante AMCAG, legajo 25). En 1983 se constituye también la Mancomunidad Guadalquivir, que integra a 27 municipios para el tratamiento de residuos y recogida selectiva casi con los mismos integrantes (https://manguadalquivir.es/la-mancomunidad/ (Navarro García, 2023a). AMCAG, s.e. 1º de agosto, 24 de noviembre y 10 de diciembre de 1981, 3 de abril y 27 de diciembre de 1982, y s.e. 29 de junio de 1988).

del pozo, de propiedad municipal, por la gravedad del suministro de agua a domicilio. Este pozo era el antiguo del que se abastecía la localidad y se pretendía con él "suplir las restricciones anunciadas por la Mancomunidad de Agua del Aljarafe para los meses de junio a septiembre"[2].

Figura 1. Cornisa del Aljarafe desde el nordeste

Fuente: Fotografía del autor.

Durante la sequía de 1991-1995 la CHG creó una Mesa de Sequía[3] –en mayo de 1992– por la escasez de las reservas de agua (EMASESA, 1997 a y b, y 1998; Del Moral, 2002; Llamas, 1997; Lorenzo Lacruz, 2012). De esa Mesa formaban parte representantes de Emasesa, ALJARAFESA, Dirección General de Obras Hidráulicas (Junta de Andalucía) y CHG, debiendo estudiar, analizar y vigilar los recursos hidráulicos para que los organismos titulares y responsables de la gestión del abastecimiento adoptaran las medidas necesarias en sus servicios y se pudieran alcanzar los objetivos que acordara la Mesa. En noviembre aconsejó a Emasesa y ALJARAFESA efectuar cortes de agua para ahorrar un 25 % en el consumo del Sistema General de Abastecimiento que dotaba a las dos empresas. ALJARAFESA restringió el uso durante ocho horas diarias a pesar de la complejidad del abastecimiento en la comarca[4]. A principios de 1993 el

2 AMCAG. Sesión extraordinaria del Ayuntamiento de Castilleja de Guzmán (en adelante s.e.), 16 de junio de 1976.

3 La CHG era el órgano de cuenca responsable de los recursos hídricos que abastecían Sevilla y El Aljarafe

4 Declaraciones del vicepresidente de ALJARAFESA, José Sierra Garzón, en "ALJARAFESA aumentará el horario de restricciones de agua en El Aljarafe" [enero de 1993]

volumen útil almacenado en los pantanos que abastecían a Sevilla y al Aljarafe era de unos quince hm³, a los que se añadían otros tantos del Pantano de Cala. Junto a las tomas de emergencia, se garantizaba el abastecimiento solo para tres o cuatro meses[5]. El director gerente de ALJARAFESA, Carlos Moreno, reconocía en enero de 1993 que desde hacía un mes el suministro de agua se hacía con agua de río, ya fuera directamente o del Gergal, que no dejaba de ser agua del río almacenada en verano del 1992 gracias a las instalaciones realizadas por la CHG y la Junta de Andalucía interconectando La Minilla y Cala con El Gergal.

Tabla 1. Embalses que suministran agua al área metropolitana de Sevilla

Embalse	Río	Capacidad máxima en hm³	Año de entrada en funcionamiento
Cala	Rivera de Cala	58	1927
La Minilla	Rivera de Huelva	60	1957
Aracena	Rivera de Huelva	127	1970
El Gergal	Rivera de Huelva	35	1979
Zufre	Rivera de Huelva	168	1991 (1987)
Melonares[6]	Viar	180	2018

Fuente: EMASESA, 1997 y 1998.

Además de estos embalses, la CHG gestionó, en torno a 1993 –ante el Ministerio–, obras por valor de unos mil millones de pesetas para utilizar agua del Pintado y ampliar así las reservas tres meses más. Es otra muestra de cómo la base del abastecimiento se alejaba del Aljarafe. ALJARAFESA solo confiaba cubrir un 15 % del consumo

(AMCAG, 25).

5 Declaraciones del director gerente de ALJARAFESA, Carlos Moreno Pacheco, en "ALJARAFESA aumentará el horario de restricciones de agua en El Aljarafe" [enero de 1993] (AMCAG, 25).

6 Sobre su construcción y el debate del abastecimiento al área metropolitana es indispensable Del Moral (2002), Del Moral *et* al (s. f.), y González Quesada y Guerra-Librero Castilla, 2017.

con recursos propios procedentes de sondeos de emergencia[7]. En este momento, ALJARAFESA era una empresa pública responsable del abastecimiento de agua a 23 pueblos de la Mancomunidad de Municipios del Aljarafe, con 220.000 habitantes abastecidos.

La sequía tensionó las relaciones entre ALJARAFESA y Emasesa, en plena crisis del recurso hídrico[8], cuando algunos grupos políticos del Ayuntamiento de la capital acusaron al Aljarafe de consumos "suntuarios" e indirectamente a ALJARAFESA por no actuar con responsabilidad. La respuesta de su vicepresidente José Sierra Garzón no se hizo esperar[9]. En un escrito difundido entre los alcaldes de los municipios a los que abastecía, acusaba a los responsables de Emasesa de filtrar a los grupos de la oposición en el ayuntamiento de Sevilla y a la prensa noticias responsabilizando a ALJARAFESA "de las grandes carencias de agua que padecemos como consecuencia de la sequía y que no tienen otra explicación que la incapacidad manifiesta de control que Emasesa tiene para racionalizar su propio abastecimiento". Lejos de asumir responsabilidades, el vicepresidente de ALJARAFESA duda de que Emasesa esté adoptando medidas eficaces para reducir los consumos en su área, pues suponían el 90 % del agua consumida en el área metropolitana. Sierra Garzón afirma que "Es fácil controlar el consumo de ALJARAFESA ya que existe un contador de cabecera a través del cual se nos factura el agua bruta, pero ¿quién controla a Emasesa?... pues nos tememos que nadie y hemos de fiarnos de los datos que ella misma aporta"[10].

7 Declaraciones del director gerente de ALJARAFESA, Carlos Moreno Pacheco, en "ALJARAFESA aumentará el horario de restricciones de agua en El Aljarafe" [enero de 1993] (AMCAG, 25).

8 El problema se fue agravando. La presidencia de la CHG convocó la Mesa de Sequía el 11 de enero de 1993, incrementándose las restricciones horarias (Artículo "ALJARAFESA aumentará el horario de restricciones de agua en El Aljarafe" [enero de 1993], AMCAG, 25).

9 Oficio dirigido al alcalde-presidente del Ayuntamiento de Castilleja de Guzmán, Tomares, 8 de enero de 1993. AMCAG, 25.

10 ALJARAFESA realizaba un corte total y efectivo del suministro en sus redes por lo que no era preciso controlar si había o no consumo en las Comunidades de Propietarios, como ocurría en Sevilla. La apertura y cierre de las válvulas que daban abastecimiento a los municipios era competencia municipal (Oficio del director administrativo de ALJARAFESA, Nicolás Martínez López, a los alcaldes, Tomares, 3 de mayo de 1993. AMCAG, 25).

El vicepresidente de ALJARAFESA afirma haberse cumplido las previsiones de ahorro gracias a la mentalización ciudadana y a la colaboración de los ayuntamientos integrados en la Mancomunidad de Municipios del Aljarafe.

Este conflicto entre las dos empresas por protagonizar el relato del ahorro es muy interesante. Emasesa y el ayuntamiento de Sevilla calificaban de derroche el consumo del Aljarafe en un artículo que apareció en *ABC* el 5 de enero[11]. El vicepresidente del Consejo de Administración de ALJARAFESA afirmaría luego que tales comentarios solo podían "provenir de una persona ignorante en la materia y nunca de persona responsable de dichos organismos o al menos conocedoras de las relaciones Emasesa-ALJARAFESA y del consumo del Aljarafe y de Sevilla capital"[12], palabras que poco tenían que ver con las acusaciones anteriores de que eran los responsables de Emasesa quienes filtraban estas informaciones.

La información aparecida en *ABC* el día 8 de enero sobre la supuesta diferencia de ahorro en el consumo de agua entre Sevilla y El Aljarafe también será criticada por Sierra Garzón, que considera infundadas y carentes de rigor técnico pues no es comparable el consumo entre las dos zonas al ser el consumo del Aljarafe un 10 % del consumo de Sevilla y ser el consumo "per cápita" de la capital el doble que el del Aljarafe[13]. Se vislumbra ya el roce entre las dos empresas cuando el vicepresidente de ALJARAFESA menciona que

> se comete un grave error al indicar que ALJARAFESA se surte del agua de Emasesa ya que ni Emasesa es propietaria del agua, ni ALJARAFESA se surte de Emasesa (..) ya que el agua no pertenece a Emasesa sino que por ser pública es el órgano de cuenca, es decir, la CHG, quien otorga las correspondientes concesiones de caudales, no existiendo ni habiendo existido nunca ningún concierto firmado entre Emasesa y ALJARAFESA. El abastecimiento de

11 "El ayuntamiento quiere que se aumenten las sanciones", *ABC*, p. 45. https://www.abc.es/archivo/periodicos/abc-sevilla-19930105.html

12 Artículo "El consumo del Aljarafe y los recursos para el abastecimiento". AMCAG, 25.

13 "El consumo del Aljarafe y los recursos para el abastecimiento". AMCAG, 25.

agua del Aljarafe, por derecho propio, utiliza las instalaciones del sistema general del abastecimiento de agua que gestiona Emasesa[14].

Sale al paso de afirmaciones inverosímiles para el mes de enero como usar agua potable para riego y piscinas pues además se usaban los pozos y las tarifas del tercer bloque eran disuasorias. También era muy probable que el incremento del consumo en invierno se debiera a la población que acudía a su segunda residencia[15] para Navidad y al desplazamiento de personas desde la capital que podía cifrarse en más de cien mil desde 1983, incrementando así el consumo comarcal[16].

En 1993 aunque se reforzarán las limitaciones del uso del agua, el 3 de mayo se suprimirán por ALJARAFESA debido a una serie de medidas de emergencia adoptadas por la administración central y autonómica[17]:

- Nueva captación y ozonización de las instalaciones de la toma de Emergencia II
- Tubería de interconexión del Gergal con el canal de La Minilla y la toma de Emergencia III, que empezó a construirse en 1993, con una inversión de más de cuatro mil millones de pesetas. Esta toma de Emergencia III, financiada por la CHG y la Junta de Andalucía, incorporaba recursos almacenados en la cuenca alta del Guadalquivir, por encima de la presa de Alcalá del Río. Unos recursos que si bien eran insuficientes para asegurar los regadíos de la cuenca sí que lo eran para garantizar el abastecimiento del área metropolitana por más de un año.
- Captaciones en el acuífero Niebla-Gerena y Gerena-Cantillana, con aguas aptas para consumo humano salvo en algunos sectores por salinidad o nitratos (Unidad hidrogeológica Niebla-Posadas

14 "El consumo del Aljarafe y los recursos para el abastecimiento". AMCAG, 25.
15 Del vicepresidente de ALJARAFESA al alcalde de Castilleja de Guzmán, Tomares, 8 de enero de 1993. AMCAG, 25.
16 "El consumo del Aljarafe y los recursos para el abastecimiento". AMCAG, 25.
17 Del director administrativo de ALJARAFESA, Nicolás Martínez López, a los alcaldes, Tomares, 3 de mayo de 1993 (AMCAG, 25).

04.13-05.49) a través de instalaciones propias de emergencia[18] (https://acortar.link/Mfl6uz, https://acortar.link/XxXMcO y https://acortar.link/Ho7QCs).

Figura 2. Sistema de agua bruta (captación, aducción y transporte) para Sevilla y área metropolitana (https://acortar.link/PkKRRz)

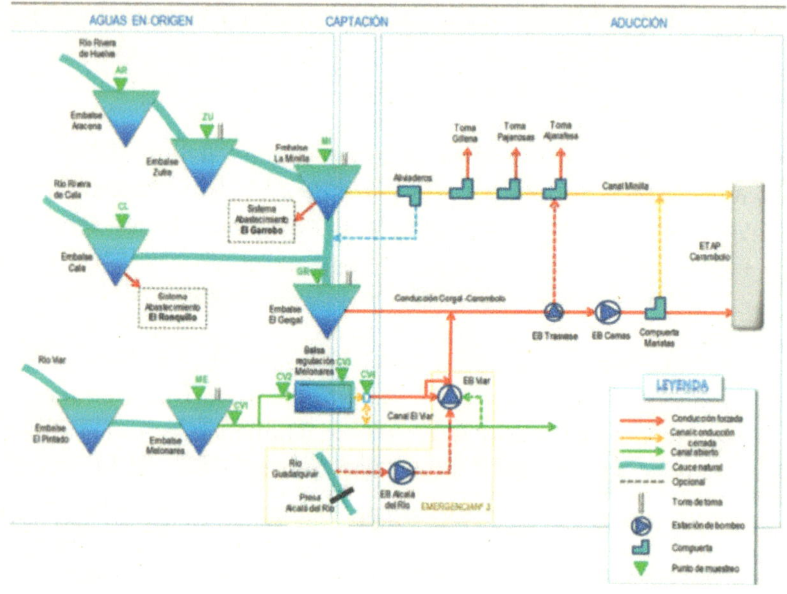

Fuente: www.emasesa.com

18 La alta demanda entre 1990-1995 aumentó las captaciones y sondeos, ocasionando un descenso del acuífero (IGME, 1997).

Figura 3. Esquema de abastecimiento a la zona metropolitana de Sevilla

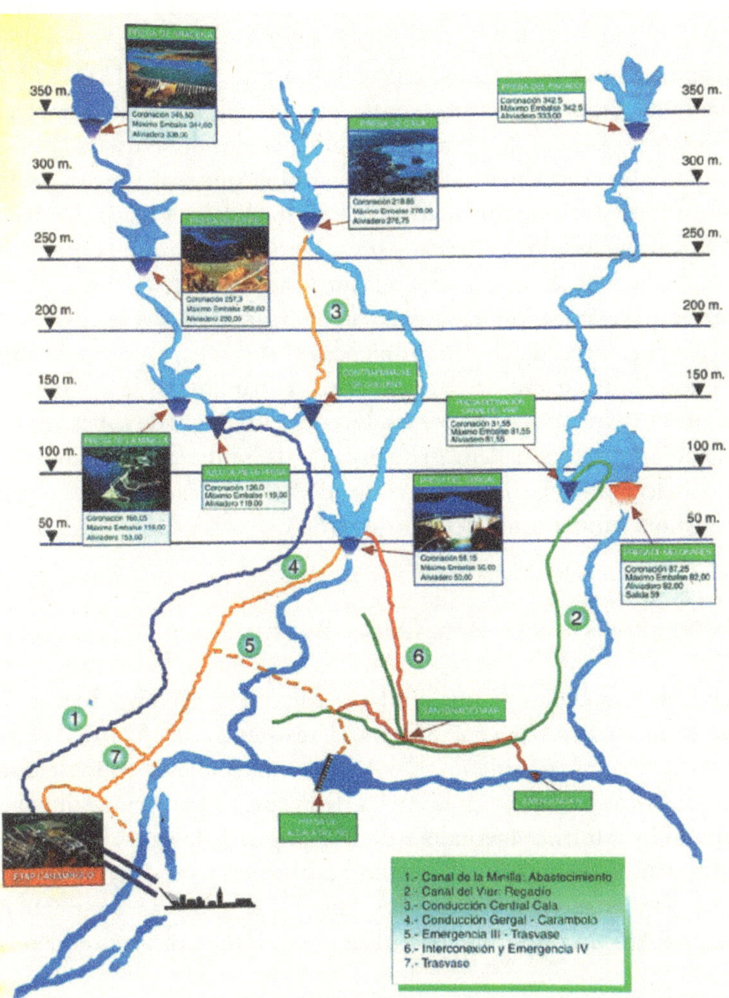

Fuente: EMASESA, 1997 b, 23[19].

19 La infraestructura aljarafeña puede verse mejor en Consorcio Provincial de Aguas de Sevilla (s.f.), p. 10.

Estas medidas permitieron que la Mesa de Sequía –en mayo de 1993– restableciera el suministro continuo al garantizarse los recursos hídricos. La Presidencia de la Mancomunidad de Municipios del Aljarafe, al frente de la que estaba Miguel Ángel Pino, acogiéndose al acuerdo previo del Consejo de Administración de ALJARAFESA, dará un bando[20] el 3 de mayo en el que, además de restablecer el suministro continuo de agua, se consolida la idea de su uso racional y responsable como bien escaso e insustituible que es. En este sentido, hay un reconocimiento tácito de que las medidas adoptadas hasta ese momento han sido adecuadas para garantizar el consumo doméstico y el industrial así como para administrar los recursos disponibles, razón que explica que todavía se mantengan toda una serie de normas obligatorias de ahorro publicadas el 11 de enero y el 19 de abril de aquel mismo año de 1993 en forma de bandos y que afectaban a consumos domésticos no esenciales como los riegos de zonas verdes, el baldeo de calles, el llenado de piscinas, la limpieza de automóviles, el almacenamiento de agua o el uso de fuentes ornamentales o para consumo humano sin cierre automático.

LA DIFÍCIL GESTIÓN DE LA DEMANDA DE AGUA

Que estas medidas, y otras similares, calaron en el comportamiento de la sociedad es buena muestra la insistencia de ALJARAFESA para que los ayuntamientos del Aljarafe no recibieran promociones urbanísticas ni otorgaran licencias de Primera Ocupación sin haber obtenido informes favorables de la compañía de agua, pues de lo contrario se generaban importantes problemas para el Ayuntamiento y para el servicio, ya que los usuarios no podrían contratar ni ALJARAFESA responsabilizarse de su gestión[21]. Los ayuntamientos

20 AMCAG, 25.

21 Reglamento de Prestación del Servicio de Abastecimiento de Agua (orden de la Consejería de Interior, 28 de mayo de 1981) y Reglamento de Prestación del Servicio de Saneamiento (acuerdo de la Comisión Gestora de la Mancomunidad de Municipios del Aljarafe, 30 de noviembre de 1988). Del director gerente de ALJARAFESA, Carlos Moreno, al alcalde de Castilleja de Guzmán, Tomares, 28 de septiembre de 1993. AMCAG, 25.

integrados en ALJARAFESA debían, por tanto, solicitar un informe sobre las condiciones de abastecimiento y saneamiento antes de recibir una urbanización, del otorgamiento de una licencia de ocupación y "antes de aprobar cualquier instrumento de desarrollo urbanístico u otorgamiento de licencia de obra"[22].

En los años noventa del siglo pasado, Castilleja de Guzmán –abastecida por ALJARAFESA y ubicada a escasos kilómetros de la capital andaluza– experimenta un gran incremento demográfico desde los poco más de doscientos habitantes de la década de los setenta y ochenta[23] –una cifra que contrastaba muy poco con los 163 que tenía la localidad en el año 1900– a los 360 en 1991, los 1870 de 2001 y los 2860 habitantes del 2021. Esto la convierte –dada su pequeña extensión– en la sexta localidad del Aljarafe con mayor densidad demográfica (1437 habitantes/km^2), por detrás tan solo de Castilleja de la Cuesta, Tomares, Gines, Mairena del Aljarafe y Bormujos.

La construcción de muchas de estas viviendas fue paralela a la sequía de 1991-1995, poniendo a prueba todo un sistema de abastecimiento y saneamiento (España Villanueva, 2015) en el que desde 1982 el Plan General de Infraestructura Hidráulica, auspiciado por la Consejería de Obras Públicas y Transporte de la Junta de Andalucía, el Ministerio de Obras Públicas y ALJARAFESA, supone un ambicioso programa de inversiones de 31 000 millones de pesetas[24] que pretende solucionar la falta de instalaciones e infraestructuras hidráulicas, garantizar el abastecimiento y solucionar el grave problema sanitario comarcal. La urgencia de plazos se debía tanto al

22 Del director gerente de ALJARAFESA, Carlos Moreno, al alcalde de Castilleja de Guzmán, Tomares, 28 de septiembre de 1993. AMCAG, 25.

23 El caso de Castilleja de Guzmán no es único, como comentamos al inicio de este artículo. Al tema se han dedicado muchas páginas. Mencionaremos aquí que, si bien en 1956 el suelo urbano-alterado en El Aljarafe no llegaba al 2 %, en 2007 ya era el 17,5 % (García Martín, 2014, p. 37). AMCAG, s.e. 2 de febrero de 1975, 6 de febrero de 1977, 4 de febrero de 1979, 13 de noviembre de 1981 y 4 de marzo de 1987.

24 El Plan se inició a instancias de la Mancomunidad de Municipios del Aljarafe, debiendo contribuir ALJARAFESA con 12 500 millones (Telefax del vicepresidente de ALJARAFESA, José Sierra Garzón, al alcalde de Castilleja de Guzmán, Tomares, 4 de marzo de 1996. AMCAG, 25). El plan de 1982 se amplió con otros convenios marcos con la Junta de Andalucía –en 1987 y 1992–, este último ya en plena sequía. En dichos convenios se permitía la implantación de un Canon de Mejora a favor de ALJARAFESA para financiar parcialmente estas obras a las que quedaba obligada.

hecho de que las obras de los emisarios y colectores generales del saneamiento integral del Aljarafe los hubiera comenzado la Junta de Andalucía –haciendo indispensables por tanto las obras en los municipios para poder integrarlos en el sistema hidráulico general– como a la crisis de la sequía de los noventa, que obligó a tomar agua directamente del Guadalquivir, agravando las consecuencias sanitarias de la contaminación fluvial (EMASESA, 1997 a y b, 1998). Con los 13 000 millones de inversión prevista para obras de abastecimiento se construyeron estaciones de tratamiento, depósitos y conducciones generales, depósitos locales y conducciones comarcales y locales[25]. En saneamiento el esfuerzo fue aún mayor (18 000 millones) pues El Aljarafe vertía "libre y desordenadamente cerca de los núcleos urbanos" sus aguas residuales[26] cuando a mediados de los noventa ya se habían ejecutado unos ocho mil quinientos[27]. Los logros en saneamiento no empezaron a ser relevantes hasta finales de esa década, cuando se acabaron los colectores que vertían al Guadiamar (depuradoras de Villamanrique de la Condesa y Aznalcázar) y al Guadalquivir (depuradora de Palomares del Río). La renovación y construcción de los nuevos colectores municipales de alcantarillado supondrían casi dos mil millones de pesetas que ALJARAFESA los iría materializando sin aportaciones municipales, en función de las prioridades técnicas que la Junta de Andalucía estableciese según su programa de obras.

Junto a estas fuertes inversiones públicas, ALJARAFESA asumiría el servicio de alcantarillado de las poblaciones dependientes el 1º de enero de 1989, a iniciativa de la Comisión Gestora de la Mancomunidad de Municipios del Aljarafe. ALJARAFESA asumiría la prestación

25 En 1996 estaban ejecutados 6800 millones de los 13 000 previstos.

26 Desconocemos la suerte que corrió la subvención concedida por la Diputación Provincial de Sevilla al ayuntamiento de Castilleja de Guzmán para una depuradora, dentro del Plan ordinario de cooperación 1972-1973, por 691 000 pesetas, cantidad importante pues el presupuesto municipal en 1974 era de 458 000 pesetas (AMCAG, s.e. 7 de junio de 1972 y 30 de marzo de 1974).

27 Telefax del vicepresidente de ALJARAFESA, José Sierra Garzón, al alcalde de Castilleja de Guzmán, Tomares, 4 de marzo de 1996. AMCAG, 25. A finales de los setenta, Castilleja de Guzmán tenía como necesidad prioritaria prolongar el desagüe del alcantarillado en el arroyo de los Alfileres (AMCAG, s.e. 12 de diciembre de 1977 y 4 de febrero de 1979).

del servicio de conservación, administración, mejora y ampliación de las instalaciones municipales de alcantarillado, saneamiento y depuración de aguas negras, ejecutando los estudios y proyectos técnicos, jurídicos, sociales, financieros y administrativos que hicieran viable el acuerdo y efectiva la asunción del servicio. En octubre de 1988 ya estaban estos estudios ultimados, sometiéndose a la Comisión Gestora para su aprobación y tramitación. En consecuencia, los ayuntamientos debían tener en cuenta para sus presupuestos que ya ALJARAFESA cobraría directamente a los usuarios, a partir de 1989, el servicio conforme a los precios que para su prestación tuviera aprobados para todo el territorio de la Mancomunidad[28].

Tabla 2. Plantas depuradoras del Aljarafe, con las localidades a las que prestan sus servicios

Palomares	Aznalcázar	Villamanrique de la Condesa	Plantas propias
Albaida del Aljarafe, Olivares, Salteras, Valencina de la Concepción, Villanueva del Ariscal, Espartinas, Gines, Bormujos, Umbrete, Benacazón, Bollullos de la Mitación, Almensilla, Mairena del Aljarafe, Palomares del Río, La Algaba, Santiponce, Castilleja de Guzmán, Castilleja de la Cuesta, Tomares y Gelves	Sanlúcar la Mayor, Huévar, Aznalcázar	Pilas, Villamanrique de la Condesa	Castilleja del Campo, Carrión de los Céspedes, Gerena y Aznalcóllar

Fuente: https://www.aljarafesa.es/instalaciones/saneamiento

28 Del director gerente de ALJARAFESA, Carlos Moreno, al secretario del ayuntamiento de Castilleja de Guzmán, Castilleja de la Cuesta, 6 de octubre de 1988. AMCAG, 25.

Todos estos acontecimientos se entrecruzan con propuestas de un crecimiento urbanístico desbocado para una población que apenas llegaba a los 350 habitantes en 1991. Hoy en día el espacio urbano de Castilleja de Guzmán es de 45 ha, con uno urbanizable de 93, cuando el POTA andaluz limita este último al 40 % del urbanizado. Esta expansión urbanística se ha visto acompañada de un modelo constructivo de viviendas unifamiliares adosadas, que necesitan mucho suelo para la cantidad de población que soportan y que originan paisajes y realidades caóticas, criticadas hasta la saciedad (García Brenes y Fernández Cañero, 2011; García Martín, 2013; Rosa Jiménez, 2003) aunque con escaso éxito dados los procesos y las dinámicas seguidos por el urbanismo del Aljarafe. En ellos han prevalecido los intereses privados frente a lo público, la nula protección del patrimonio y del suelo rústico, así como la debilidad de las identidades locales, diluidas con la llegada masiva de nuevos residentes (Benavides Solís, 2007; Navarro García, 2023b y 2023c; Delgado Bujalance & García García, 2009; García Martín, 2014, pp. 38-39 y 45)[29].

Como mencionamos en algún otro trabajo, en los años setenta ya se estaba experimentando un importante crecimiento demográfico en las localidades ubicadas en el primer cinturón del Aljarafe, el más próximo a la ciudad (Navarro García, 2023a). Es por ello que la Mancomunidad de Agua del Aljarafe planteó a finales de aquella década la ampliación del ramal oriental de suministro de agua[30], solución técnica que bien pudo estar acompañada de consumos excesivos de agua[31]. En este contexto, el ayuntamiento de Castilleja de Guzmán estuvo en condiciones de asegurar que dispondría del agua necesaria para el abastecimiento de la población existente en el perímetro de su suelo urbano dada la limitadísima población que en ese momento tenía y siempre que hubiera disponibilidad de agua en los depósitos de cabecera[32]. Se obligaba también a contratar con los

29 Lo de Castilleja de Guzmán no es excepción. García Martín asegura que entre 1999 y 2003 las superficies urbanas emergentes equivalían a la superficie urbana alterada de 1956.

30 AMCAG, s.e. 5 de febrero de 1978.

31 AMCAG, s.e. 21 de julio de 1979.

32 En 1971 el consumo de agua en Castilleja de Guzmán supuso un desembolso de 22 839 pesetas (AMCAG, s.e. 27 de abril de 1972). El presupuesto total de la localidad era

promotores inmobiliarios los suministros de agua procedentes del refuerzo del citado ramal para las necesidades de sus promociones (1440 litros por vivienda y día) y para el número de viviendas por el que cada promotor hubiera hecho su aportación, reconociéndose a cada promotor adherido a la ejecución de dicha obra el derecho con el carácter de transferible a terceros siempre que se transmitiera junto con el suelo, siendo de cuenta de los promotores las obras de acometidas desde el ramal principal o secundario, la conducción y depósito precisos para el abastecimiento de agua a sus promociones. Por último, el ayuntamiento se comprometía a no tramitar petición de suministro que se refiriera a promociones urbanísticas fuera del suelo urbano y que perjudicara el derecho de suministro a los promotores adheridos.

Las tentativas de auge inmobiliario en Castilleja de Guzmán arrancan al menos de los años setenta, siendo un claro ejemplo de especulación urbanística. En esos años el incremento fue muy limitado por la carencia de suelo. El gran tirón demográfico en la localidad se produce entre 1991 y 2001, pasando de los 360 habitantes (y 197 viviendas) a los 1870. En 1976, por ejemplo, se aprobó el PGOU que incluía como mínimo un total de quinientas viviendas[33], cifra que nada tenía que ver con la cesión de suelo que se hizo tan solo dos años antes para construir viviendas destinadas a vecinos necesitados[34] y con que aún en 1981 se estuvieran normalizando las cesiones gratuitas de los solares procedentes de la parcela donada a fin de dotarla de servicios de agua, luz y alcantarillado, trazado viario y zona de recreo[35]. En 1982 ya estaba planteado el Plan Parcial de Ordenación Urbana de la finca Divina Pastora[36], aprobándose cuatro años después el Plan Especial de Reforma Interior (PERI), el cual se sometería a alegaciones en torno a mediados de ese año,

por entonces 291 000 pesetas (AMCAG, s.e. 24 de junio de 1972).

33 Benavides Solís (2007), muy crítico con los planes del Aljarafe, afirma que han esterilizado el suelo para satisfacer las necesidades del dinero inmobiliario. AMCAG, s.e. 1º de febrero de 1976.

34 AMCAG, s.e. 10 de febrero de 1974. Francisco Camino Sánchez cedió para ello unos cinco mil metros cuadrados.

35 AMCAG, s.e. 12 de septiembre de 1981.

36 AMCAG, s.e. 27 de febrero de 1982.

aprobándose provisionalmente ese mismo verano[37]. En 1987, ante la posibilidad de firmar el ayuntamiento el Pacto Andaluz por la Naturaleza promovido por la Federación Ecologista-Pacifista aquel deja muy claro que tratarán de apoyarlo en la medida de lo posible, armonizando ese propósito "con las necesidades y desarrollo urbanístico de nuestra población", claro indicio de hacia donde iban las prioridades del municipio (Benavides Solís, 2007)[38]. Todavía a finales de los ochenta el ayuntamiento seguía solicitando la cesión gratuita de solares para hacer viviendas unifamiliares destinadas a vecinos y naturales de Castilleja de Guzmán. Mientras tanto –en la urbanización Divina Pastora– Muñoz y Domínguez S.A. presentaba un proyecto de 27 viviendas de Protección Oficial y locales comerciales[39]. Parece, por tanto, que si bien en un primer momento (años setenta y ochenta) el esfuerzo se dirigió a encontrar suelo para los naturales de la localidad[40], a finales de los ochenta los proyectos de urbanización se aceleraron y se materilizaron varios de casi un centenar de viviendas unifamiliares de Muñoz y Domínguez S.A. en "Divina Pastora"[41], calle General Franco, Monte Lirio y de Nueva Formación[42], facilitando este proceso la circunstancia de que el ayuntamiento hubiera incorporado al patrimonio municipal solares cedidos por Muñoz y Domínguez, S.A.[43] que luego el ayuntamiento cedió para la construcción de viviendas unifamiliares.

A principios de 1989 la Urbanizadora sevillana Osuna, S.A., con sede por aquel entonces en la plaza de Cuba de la capital andaluza, pretendía edificar en los terrenos de la finca Divina Pastora nada menos que 1315 viviendas, estando legitimada gracias a un convenio que había firmado con el propietario de la mencionada finca, el torero Francisco Camino Sánchez. Incluso ya se habían mantenido –ante la falta de suministro de agua potable–conversaciones y reuniones

37 AMCAG, s.e. 2 de abril y 19 de julio de 1986.
38 AMCAG, s.e. 22 de noviembre de 1987.
39 AMCAG, s.e. 10 de enero de 1987.
40 Hoy en día la población de Castilleja de Guzmán nacida en el municipio solo supone el 10 % de la localidad, porcentaje equiparable al de la mayor población de la comarca: Mairena del Aljarafe (García Martín, 2014, p. 34).
41 AMCAG, s.e. 17 de enero y 31 de agosto de 1988, y 18 de marzo de 1989.
42 AMCAG, s.e. 22 de diciembre de 1989.
43 AMCAG, s.e. 25 de febrero y 13 de marzo de 1989.

en el ayuntamiento de Castilleja de Guzmán para tratar el convenio con ALJARAFESA a fin de cubrir el suministro de agua ya que la inmobiliaria no tenía "inconveniente en adquirir el compromiso que posteriormente se puntualice acerca de dicha conducción"[44]. En abril de aquel año (1989), el presidente del Consejo de Administración de ALJARAFESA, el alcalde de Castilleja de Guzmán (Juan Antonio Escribano Otero), los herederos de Manuel Lissen Hidalgo, Astolfi, S.A., Ecisol S.A. y Muñoz y Domínguez Construcciones S.A.–promotores integrados en el PGOU–, junto a un representante de Francisco Camino, suscribieron un convenio para ejecutar las instalaciones de Abastecimiento y Saneamiento del Plan General de Ordenación Urbana de Castilleja de Guzmán[45], derivándose una serie de obligaciones económicas para los promotores a fin de costear la redacción, expropiaciones y ejecución de los proyectos, así como para ALJARAFESA, que debía coordinar y prestar asistencia técnica. El convenio no llegó a concretarse pues Francisco Camino no pagó la cuota que le correspondía y en 1996, cuando ya había concluido la gran sequía de 1991-1995, aún estaba pendiente de ejecutarse por falta de acuerdo entre los promotores afectados, debiéndose distribuir entre ellos de forma individual las obras que inicialmente se iban a acometer de forma conjunta. Es probable que en ello influyera la decisión de la Comisión Provincial de Urbanismo de Sevilla de suspender las Normas Subsidiarias del Planeamiento de Castilleja de Guzmán el 29 de noviembre de 1989 pues había que introducir en ellas modificaciones sustanciales. Esto implicaba también que quedara sin validez el Proyecto de Ampliación y Abastecimiento de Agua y que no pudiera ejecutarse[46]. En febrero de 1990 el gerente de ALJARAFESA decía que era posible rehacer el proyecto de abastecimiento y saneamiento en función de la modificación del número

44 Escrito de Antonio Camarero Arenas, aparejador y representante de Osuna S.A., al alcalde de Castilleja de Guzmán, Sevilla, 17 de febrero de 1989. AMCAG, 25.

45 Del director gerente de ALJARAFESA, Carlos Moreno, al alcalde de Castilleja de Guzmán, 28 de mayo de 1996 (AMCAG, 25). AMCAG, s.e. 10 de abril de 1989.

46 Reunión de seguimiento del Plan de Abastecimiento y Saneamiento de Castilleja de Guzmán, 21 de febrero de 1990. AMCAG, 25. Asistió el alcalde de Castilleja de Guzmán, el presidente y el gerente de ALJARAFESA, así como representantes de Astolfi S.A., Ecisol S.A. y Francisco Camino Sánchez.

de viviendas, pero habría que esperar la aprobación de las normas subsidiarias para contar con un documento de planeamiento estable, evitando así gastos extra a los promotores[47].

Figura 4. Evolución del casco urbano de Castilleja de Guzmán en torno a la Hacienda Divina Pastora-Palacio de los Guzmanes[48] y expansión en los últimos años

47 Reunión de seguimiento del Plan de Abastecimiento y Saneamiento de Castilleja de Guzmán, 21 de febrero de 1990. AMCAG, 25.

48 Bienes de Interés Cultural desde julio de 2005, junto a la torre contrapeso de la hacienda y los jardines del Palacio, del paisajista francés Forestier. Sobre la problemática patrimonial en El Aljarafe, Cornejo Ortiz (2007).

Fuente: https://jardinessinfronteras.com/2022/03/12/castilleja-de-guzman-forestier-y-el-jardin/ y Google Earth.

El Ayuntamiento tuvo que formular otro documento, ajustado a los parámetros urbanísticos fijados en noviembre de 1989. Aprobado el 1º de junio del año siguiente[49], señalaba que habría que perfeccionar algunas normas subsidiarias relacionadas con la mejora de las normas de protección de los restos arqueológicos –por tratarse de uno de los asentamientos calcolíticos más importante de Europa– y de la cornisa, previendo hacer en los planes parciales las reservas de

49 Del jefe del departamento de Urbanismo de la Consejería de Obras Públicas y Transportes de la Junta de Andalucía al alcalde de Castilleja de Guzmán, Sevilla, 7 de junio de 1990. AMCAG, 25. El Plan Parcial que se desarrollaría en el sector 2 debería compatibilizar los usos comerciales terciarios y los residenciales en los 15 000 m² destinados a estos usos "potenciando la implantación de los usos terciarios".

equipamiento estipuladas en el Reglamento de Planeamiento de la Ley sobre el Régimen del Suelo y Ordenación Urbana.

El 3 de diciembre de 1990 los promotores requirieron la firma de un nuevo convenio con el que poder llevar a término las instalaciones de abastecimiento y saneamiento para las viviendas que pensaban construir, facultando a ALJARAFESA que encargara –por cuenta y cargo de dichos promotores– las reformas de los proyectos para así garantizar el servicio a las viviendas que construyeran dentro del PGOU. Los promotores aún se mostraron conformes en mantener el anterior convenio y en que las cantidades que aún tenían depositadas para costear las expropiaciones se destinaran a las reformas de los proyectos[50] pues también al municipio le beneficiaba hacer de una vez todas las instalaciones precisas para el desarrollo urbanístico permitido. En función de este acuerdo el ayuntamiento se comprometía a no autorizar el suministro de agua y la conexión al saneamiento a los promotores que no se adhirieran al convenio para realizar el proyecto de abastecimiento y saneamiento ni hubieran depositado las cantidades correspondientes en función del número de construcciones que fueran a llevar a cabo[51].

Sorprende que en el trasfondo de todas estas acciones por fomentar la construcción masiva en una población tan pequeña como Castilleja de Guzmán subyace una insuficiencia crónica de agua e instalaciones hidráulicas, como reconocía su ayuntamiento desde 1988[52]. Se hicieron varios proyectos de Ampliación del Abastecimiento de Agua a Castilleja, asumidos por los promotores, que vinieron a coincidir con la sequía de 1991-1995. El tercero y definitivo fue de 1992, ya que los anteriores debieron modificarse al variar el número

50 Reunión en Castilleja de la Cuesta, el 3 de diciembre de 1990, del alcalde de Castilleja de Guzmán, ALJARAFESA, apoderados de Astolfi, S.A., Ecisol S.A., Muñoz y Domínguez Construcciones S.A. y herederos de Manuel Lissen. AMCAG, 25.

51 Astolfi S.A., Ecisol S.A., Promociones del Guadalquivir S.A. y los herederos de Lissen se reservaban el derecho a que si otras empresas pagaban más tarde su parte se les aplicaría el IPC relativo al tiempo que hubiera transcurrido desde la ejecución de las obras por las mencionadas y se les reembolsaría a estas últimas las partes que hubieran pagado de más en su momento por asumir el pago (Reunión de la Comisión de Seguimiento del Plan de Abastecimiento y Saneamiento de Castilleja de Guzmán, 11 de diciembre de 1990. AMCAG, 25).

52 Del director gerente de ALJARAFESA, Carlos Moreno, al alcalde de Castilleja de Guzmán, 28 de mayo de 1996 (AMCAG, 25).

de viviendas previstas, que había quedado en 859. El PSOE-A estuvo de acuerdo en construir el depósito de abastecimiento de agua lo antes posible por las deficiencias que tenía el abastecimiento de la población en este tiempo clave de falta de recursos. No obstante, dudaba mucho de su viabilidad ya que los promotores o estaban en suspensión de pagos o carecían de voluntad para cumplir sus compromisos urbanísticos[53]. Pese al voto del PSOE el proyecto se aprobó por unanimidad, incluyéndolo en el Plan Municipal de Obras, siguiendo el Convenio firmado tres años antes por ALJARAFESA, ayuntamiento y promotores, y notificando los porcentajes de participación. No obstante, para el ayuntamiento y las constructoras el gran problema era solucionar el abastecimiento de agua antes de urbanizar. Además, se abrían expedientes de acreditación de incumplimiento de obligaciones urbanísticas por los propietarios de terrenos afectados tanto por el Plan Parcial residencial y terciario "Divina Pastora" (Francisco Camino Sánchez) como por el Estudio de Detalle de la zona de crecimiento del casco urbano (ECISOL S.A., PROMOTORA INMOBILIARIA y Herederos de Lissen) con el fin de que estos últimos aportaran el informe arqueológico preciso para formular el Plan Parcial Calle Real (PPI).

En el pleno municipal de 15 de octubre de 1992 el propio consistorio eximiría de responsabilidad a ALJARAFESA por las deficiencias del servicio. Poco después, el 5 de noviembre, el Consejo de Administración de ALJARAFESA acordó hacer las obras de Nueva Conducción de Abastecimiento de Castilleja de Guzmán, tramo I, desde la derivación de Valencina de la Concepción a la ubicación del futuro depósito regulador y acometida al existente. Una solución transitoria que tan solo aseguraba el abastecimiento a la población que ya vivía en Castilleja de Guzmán, pero nunca a la que llegara con los planes de expansión, como muy bien explicaba el director gerente de ALJARAFESA:

> Igualmente le informamos que, como quiera que solamente se efectúa parte de la conducción general de abastecimiento prevista,

53 AMCAG, s.e. 25 de abril de 1992.

> la nueva capacidad de abastecimiento al pueblo, una vez queden concluidas las obras indicadas, permitirá garantizar los consumos de las viviendas existentes actualmente en la localidad y nunca el abastecimiento a la totalidad de los planes urbanísticos previstos por ese Ayuntamiento, por lo que, en evitación de que se vuelvan a producir situaciones como las acaecidas en los últimos años, ponemos desde este momento en su conocimiento que ALJARAFESA no atenderá ninguna petición de suministro de actuación urbanística que no haya sido informada favorablemente por esta Empresa previamente a la concesión de licencia de obra a la misma[54].

Al tiempo que el aumento demográfico de la zona metropolitana incrementaba la demanda de suelo urbanizable en municipios como Castilleja de Guzmán, el Plan General de Obras Hidráulicas Aljarafe 2000, fruto del convenio marco con la Junta de Andalucía, empezó a dotar a la comarca de una infraestructura hidráulica adecuada para la demanda futura en abastecimiento y saneamiento a través de arterias generales de distribución de agua y grandes colectores de evacuación que afectaban tanto al sistema general comarcal como al local. En 1993, en los inicios de lo más duro de la sequía, la empresa CONTUCAR, S. L. iba a acometer la obra necesaria para el abastecimiento de agua potable en el nuevo suelo urbanizable de Castilleja de Guzmán definido –como hemos visto– por las Normas Subsidiarias ya redactadas por ese entonces y en trámite de aprobación[55]. También en marzo de aquel año de 1993 el ayuntamiento de Castilleja de Guzmán solicitará de ALJARAFESA viabilidad de prestación de servicios hidráulicos para una promoción de 48 viviendas de Protección Oficial en el Caserío de la Divina Pastora o de San Basilio, para lo cual ALJARAFESA debía conocer la necesidad de consumo de la promoción y el promotor la normativa

54 Del director gerente de ALJARAFESA, Carlos Moreno, al alcalde de Castilleja de Guzmán, Tomares, 16 de diciembre de 1992. AMCAG, 25.

55 Del director gerente de ALJARAFESA, Carlos Moreno, al alcalde de Castilleja de Guzmán, Tomares, 5 de julio de 1993. AMCAG, 25. La instalación que debía hacerse discurría paralela a la carretera de Valencina de la Concepción a Castilleja de Guzmán (Proyecto del jefe del gabinete técnico de ALJARAFESA, 2 de julio de 1993).

de las instalaciones[56]. Un ejemplo más detallado de la actividad y de la presión inmobiliaria en la que vivía El Aljarafe en plena crisis de la sequía, a finales de 1995, la tenemos cuando ALJARAFESA hizo el informe de viabilidad hidráulica para el Plan Parcial Divina Pastora, con un máximo de 800 viviendas. Además del problema de falta de agua, los promotores debían de cumplir toda una serie de requisitos marcados por la ley y que eran de carácter técnico, administrativo y económico. Entre ellas, la presentación a ALJARAFESA de las necesidades y el proyecto de instalaciones hidráulicas, las conducciones de abastecimiento y colectores de evacuación de vertidos de aguas residuales y pluviales de la promoción sin perjudicar el suministro y la evacuación existentes. Estas instalaciones –a las que estaban obligados los promotores– pasaban a formar parte de la red general de los municipios, siendo ALJARAFESA la única facultada para explotarlas. Los promotores también debían abonar una serie de derechos económicos establecidos en 1988 y 1993 por ALJARAFESA, los llamados Canon de Mejora y Cuota de Inversión[57], destinados a participar en los esfuerzos económicos acometidos por la administración. El Canon de Mejora será pronto foco de fricción entre promotores y administración. Pese a que la normativa de la Junta de Andalucía se apoyaba en un decreto ley de 1952 que permitía el auxilio a ayuntamientos y mancomunidades a través de recargas tarifarias como el Canon de Mejora (artículo 3, apartado c) el 6 de febrero de 1996 el Tribunal Supremo lo declaró inconstitucional pese a que lo tenían implantado casi todos los sistemas de abastecimiento del país como medio "para atender las grandes obras de infraestructura que los servicios demandan para salir de la precariedad en la [que] estaban no hace muchos años"[58]. En una pa-

56 Oficio del director gerente de ALJARAFESA, Carlos Moreno, al alcalde de Castilleja de Guzmán, Tomares, 30 de marzo de 1993. AMCAG, 25.

57 Boletín Oficial de la Junta de Andalucía, 8 de enero de 1988, y Boletín Oficial de la Provincia de Sevilla, 20 de diciembre de 1993, tras la respectiva orden de la Consejería de Obras Públicas y Transporte de 28 de diciembre de 1987 y acuerdo de la Comisión Gestora de la Mancomunidad de Municipios del Aljarafe de 23 de noviembre de 1993. Del director gerente de ALJARAFESA, Carlos Moreno, al alcalde de Castilleja de Guzmán, 16 de octubre de 1995 (AMCAG, 25).

58 Telefax del vicepresidente de ALJARAFESA, José Sierra Garzón, al alcalde de Castilleja de Guzmán, Tomares, 4 de marzo de 1996. Dada la trascendencia de la

labra, las obras del Plan General de Obras Hidráulicas necesitaban de este Canon para garantizar los servicios de abastecimiento y saneamiento en una coyuntura de escasez de agua y crecimiento demográfico comarcal[59]. En el fondo, como muy bien señalaba la propia ALJARAFESA, el recurso que inició un promotor y la patronal sevillana de la construcción (Asociación Empresarial Sevillana de Constructores y Promotores de Obras, GAESCO), que presidía en ese momento Francisco Javier de Aspe, pretendía que fuesen tan solo los vecinos quienes soportaran el peso de las inversiones. Ellos, en cambio, se beneficiarían de la urbanización consiguiente sin aportar nada. Incluso ALJARAFESA temía que los promotores hubieran repercutido ya su canon en las viviendas y ahora volvieran a cobrarlo gracias a la sentencia. La guerra estaba abierta entre los unos y la otra. Unos porque deseaban utilizar a los afectados a través de las Asociaciones de Consumidores y Usuarios y la otra por recuperar el cobro de un canon que empezó siendo de 37 500 pesetas por vivienda, hacia 1988, y de 52 500 en 1996[60]. La cantidad recaudada por este concepto en El Aljarafe se estimaba en dos mil millones de pesetas y su eliminación podía suponer un cierto parón en el Plan de Inversiones de Infraestructura Hidráulica de la comarca, así como en su propio desarrollo urbanístico, apenas unos meses después de concluir la dura sequía de principios de los noventa. De ahí el tono de la comunicación de ALJARAFESA al alcalde de Castilleja de Guzmán comunicándole lo siguiente:

> En tal sentido, ALJARAFESA no puede garantizar los servicios hidráulicos a las nuevas viviendas que están en ejecución o se ejecuten en ese término municipal, hasta tanto los promotores afectados no cumplan con sus obligaciones en cuanto a la ejecución de las instalaciones hidráulicas, hecho que ese Ayuntamiento deberá

sentencia, ALJARAFESA estudiará llevar el caso al Constitucional, solicitando de ASA (Asociación de Abastecimientos de Agua y Saneamientos de Andalucía), AEAS (Asociación Española de Abastecimientos de Agua y Saneamiento) y AGA (patronal del sector) la intervención en el caso.

59 Telefax del vicepresidente de ALJARAFESA, José Sierra Garzón, al alcalde de Castilleja de Guzmán, Tomares, 4 de marzo de 1996.

60 *ABC*, 1º de marzo de 1996. AMCAG, 25.

> tener presente a los efectos de la autorización de cualquier nueva actuación urbanística e incluso para la expedición de las oportunas licencias de Primera Ocupación, debiendo solicitar de esta Empresa, en ambos casos, el preceptivo informe como acto previo a dichas actuaciones[61].

Y es que los problemas que hubo en el marco de este desarrollo urbanístico fueron habituales en Castilleja de Guzmán, tanto en el abastecimiento como en el saneamiento. Un ejemplo claro fueron los problemas del sistema de alcantarillado de la promoción de 47 viviendas ("El mirador de Sevilla") de Control Urbanístico, S.L. al que la Jefatura de Explotación de ALJARAFESA propuso su modificación y reparación si quería el promotor que se recepcionaran. Como los promotores no pudieron obtener un aval bancario, a la empresa no le quedó otro recurso que acometer ella misma las reparaciones dejando las viviendas al menos mes y medio sin abastecimiento ni saneamiento. Los ayuntamientos debían mediar entre promotores y ALJARAFESA a fin de que esta última prestara los servicios, siquiera en condiciones de precariedad y provisionalidad, por un tiempo determinado, "hasta tanto quede solventada por el promotor la problemática planteada con la reforma del alcantarillado"[62]. Era el eterno problema entre los promotores ansiosos por entregar las viviendas y proceder a su venta, los municipios por no enfrentar problemas con los compradores de una vivienda sin agua[63] y una empresa pública que debía mantener cierto control para garantizar un servicio de abastecimiento y saneamiento de calidad. Algunos han calificado este proceso como

61 Del director gerente de ALJARAFESA, Carlos Moreno, al alcalde de Castilleja de Guzmán, 28 de mayo de 1996. AMCAG, 25.

62 Comisión de Gobierno del Ayuntamiento de Castilleja de Guzmán, 10 de diciembre de 1996. AMCAG, 25.

63 El ayuntamiento, al final, quedaba siempre como garante del seguimiento de las obras del promotor y de suplirlo en caso de incumplimiento. Comisión de Gobierno del Ayuntamiento de Castilleja de Guzmán, 10 de diciembre de 1996. AMCAG, 25.

"terrorismo cultural" o "fundamentalismo del ladrillo" (Benavides Solís, 2007). A la vista de los resultados, quizás tengan razón.

REFERENCIAS BIBLIOGRÁFICAS

Benavides Solís, J. (2007). Castilleja de Guzmán. Singularidad social urbana cultural histórica territorial paisajística en inminente peligro. https://adta.es/actuaciones/municipal/castilleja/2007%2007%2022%20CastillejaGuzmanUnaSingularidadUurbana.pdf

Consorcio Provincial de Aguas de Sevilla. (Ed.) (s.f.). Ciclo integral urbano de la provincia de Sevilla. http://www.cpaguasdesevilla.org/export/sites/consorciodeaguas/.galleries/documentos-entidades/Expo-Agua-2.0-BAJA.pdf

Cornejo Ortiz, S. (2007). *Del conocimiento a la protección del patrimonio en pequeños municipios: El Aljarafe sevillano* [Tesis doctoral, Universidad de Sevilla]. https://idus.us.es/handle/11441/71326

Del Moral, L. (Coord.). (2002). *El sistema de abastecimiento de agua de Sevilla: análisis de situación y alternativas al embalse de Melonares*. Fundación de la Nueva Cultura del Agua.

Del Moral, L. Riesco Chueca, P., Sancho Royo, F. & Marqués Sillero, R. (s.f.). *El embalse de los Melonares, ejemplo de obra superflua: datos para un debate pendiente*. https://core.ac.uk/download/pdf/132461942.pdf

Delgado Bujalance, B. (2004). *Cambio de paisaje en el Aljarafe durante la segunda mitad del siglo XX*. Diputación Provincial de Sevilla.

Delgado Bujalance, B. (2005). Actores y factores de la configuración del paisaje del Aljarafe sevillano en un contexto metropolitano: una aproximación desde la ecología política. *Xeográfica: revista de xeografía, territorio e medio ambiente, 5*, 19-41. http://hdl.handle.net/10347/3738

Delgado Bujalance, B. (2006). Transformaciones rápidas en los paisajes metropolitanos del Aljarafe sevillano. *Ería, 70*, 161-173. https://dialnet.unirioja.es/servlet/articulo?codigo=2291955

Delgado Bujalance, B. (2012). *El cambio de paisaje en la cornisa oriental del Aljarafe (Sevilla)* [Tesis doctoral, Universidad de Sevilla].

Delgado Bujalance, B. & García García, A. (2009). Una aproximación a los nuevos paisajes de la metápolis en Andalucía. *Scripta Nova*, *XIII* (297). http://www.ub.es/geocrit/sn/sn-297.htm

EMASESA (1976). *Sevilla no esperó a la lluvia (El abastecimiento de Aguas de Sevilla y su zona de influencia durante la sequía de 1974-75-76)*. EMASESA.

EMASESA (1997a). *Crónica de una sequía. 1992-1995*. EMASESA.

EMASESA (1997b). *El final de la sequía. 1996-1997*. EMASESA.

EMASESA (1998). *Manual de sequía*. EMASESA.

España Villanueva, M. R. (2015). *Valoración del nivel de integración agua-territorio en los instrumentos de planificación de tres ámbitos subregionales andaluces* [Tesis doctoral, Universidad de Granada]. https://digibug.ugr.es/handle/10481/39988

García Brenes, M. D. & Fernández Cañero, R. (2011). Ruptura de la sostenibilidad en la comarca del Aljarafe (Sevilla). La dialéctica olivar-urbanización. *Scripta Nova*, *15*, 348-386.

García García, A., Fernández Salina, V. & Andrés Zambrana, L. (2011). Luces y sombras de los espacios públicos del Aljarafe sevillano. *eDap: documentos de arquitectura y patrimonio*, *3-4*, 120-127.

García Martín, M. (2013). *Percepciones y valoraciones sociales del territorio en las aglomeraciones urbanas: paisaje y lugar en el Aljarafe (Sevilla)* [Tesis doctoral, Universidad de Sevilla]. https://dialnet.unirioja.es/servlet/tesis?codigo=192736

García Martín, M. (2014). Transformaciones territoriales recientes en el Aljarafe sevillano: de la vocación rural a la interpretación metropolitana. *Cuadernos Geográficos*, *53* (2), 25-53. https://revistaseug.ugr.es/index.php/cuadgeo/article/view/2152/3054

García Valiñas, M. A. (2003). *Tarificación óptima para el servicio de agua en las ciudades. Aplicación a tres municipios españoles* [Tesis doctoral, Universidad de Oviedo].

González Quesada, R. & Guerra-Librero Castilla, A. (2017). *Experiencias en la incorporación de un nuevo recurso (Embalse de Melonares) al abastecimiento de Sevilla y su área metropolitana*. XXXIV Jornadas Técnicas de AEAS.

IGME (1997). Acuífero: Aljarafe. Unidad hidrogeológica: Aljarafe (05.50), en *Catálogo de acuíferos con problemas de sobreexplotación o salinización*. https://aguas.igme.es/igme/publica/libro93/lib93.htm

Llamas, M. R. (1997). Consideraciones sobre la sequía de 1991 a 1995 en España. *Ingeniería del agua*, *4* (1), 39-50. https://polipapers.upv.es/index.php/IA/article/view/2714/2699

Lorenzo Lacruz, J. (2012). *Las sequías hidrológicas en la península ibérica: Análisis y caracterización espacio temporal, influencias climáticas y el efecto de la gestión hidrológica en un contexto de cambio global* [Tesis doctoral, Universidad de Zaragoza]. https://zaguan.unizar.es/record/9913/files/TESIS-2012-146.pdf

Navarro García, J. R. (2006). Agua y enfermedad en El Aljarafe durante la crisis del sistema de abastecimiento clásico (1900-1950). En J. R. Navarro García & J. Regalado Santillán (Coords.), *El debate del agua en Jalisco y Andalucía* (pp. 95-152). Consejería de Cultura-Junta de Andalucía.

Navarro García, J. R. (2007). *Entre el recuerdo y la Historia. Agua y salud en El Aljarafe en la primera mitad del siglo XX*. ALJARAFESA.

Navarro García, J. R. (2009). El saneamiento en la comarca sevillana del Aljarafe en la primera mitad del siglo XX. *Anduli*, *8*, 99-120.

Navarro García, J. R. (2023a). Los inicios de la gestión mancomunada del agua en la comarca sevillana de El Aljarafe en la segunda mitad del siglo XX. En M. Castro-Valdivia y M. Fernández-Paradas (eds)., *La gestión sostenible de los servicios públicos: Agua en Andalucía (1800-2020)*, Tirant Lo Blanch.

Navarro García, J. R. (2023b). Water supply in the El Aljarafe District (Seville province, Spain): a historical perspective. En J. M. Matés-Barco y M. Vázquez-Fariñas (eds.), *Ecological Crisis and Water Supply: The Case of Andalusia in the Spanish Hydrological Contex*, Brill.

Navarro García, J. R. (2023c). Abastecimiento de agua en la comarca sevillana de El Aljarafe (España): una perspectiva histórica (en prensa).

Pita López, M. F. (1986). *Sequías en el Bajo Guadalquivir* [Tesis doctoral, Universidad de Sevilla]. https://idus.us.es/handle/11441/60721

Pita López, M. F. (1987). El riesgo potencial de sequía en Andalucía. *Revista de Estudios Andaluces*, *9*, 11-40. https://doi.org/10.12795/rea.1987.i09.01

Rosa Jiménez, C. J. (2003). *Transformaciones metropolitanas en el Territorio Cultural del Aljarafe* [Tesis doctoral, Universidad de Sevilla]. https://idus.us.es/handle/11441/50519

El abastecimiento de agua en El Aljarafe sevillano: Castilleja de Guzmán como ejemplo de la crisis del modelo de gestión de la oferta durante la sequía de 1991-1995

Resumen: La gestión municipal del agua en las poblaciones de El Aljarafe, en la provincia española de Sevilla, se basó durante siglos en los recursos autóctonos de la comarca. Cuando este sistema entró en crisis en la segunda mitad del siglo xx fue sustituido por otro que se fundamentaba en el uso de recursos foráneos y en una gestión mancomunada del agua. No obstante, el nuevo sistema de gestión y el uso de recursos pertenecientes a otras cuencas hidrográficas no fueron suficientes para hacer frente al incremento de la demanda y a la disminución de la oferta por la sequía de 1991-1995.

Palabras clave: gestión del agua, España, Sevilla, El Aljarafe

Water Supply in El Aljarafe, Seville: Castilleja de Guzmán as an Example of the Crisis of the Supply Management Model during the 1991-1995 Drought

Abstract: For centuries, the municipal water management system in the towns of El Aljarafe, in the Spanish province of Seville, was based on the region's native resources. When this model went into crisis in the second half of the 20th century, it was replaced by another one based on the use of foreign resources and joint water management. However, the new management system and the use of resources from other river basins were not enough to cope with the growing demand for water and its decreasing availability due to the 1991-1995 drought.

Keywords: Water management, Spain, Seville, Aljarafe.

O abastecimento de água no Aljarafe sevilhano: Castilleja de Guzmán como exemplo da crise do modelo de gestão da oferta durante a estiagem de 1991 – 1995

Resumo: A gestão municipal da água das comunidades de *El Aljarafe*, na província espanhola de Sevilha, esteve baseada durante séculos nos recursos autóctones da comarca. Quando este sistema de gestão entrou em crise na segunda metade do século xx, ele foi substituído por outro que se fundamentava no uso de recursos alóctones e uma gestão compartilhada da água. Contudo, o novo sistema de uso e gestão dos recursos pertencentes a outras bacias hidrográficas não foram suficientes para resistir ao incremento da procura e da diminuïção da oferta hídrica em decorrência da estiagem de 1991-1995.

Palavras chave: Gerência de água, Espanha, Sevilha, Aljarafe.

18.

LA GESTIÓN DEL AGUA EN EL SECTOR DEL OLIVAR DESDE UNA PERSPECTIVA HISTÓRICA: EVOLUCIÓN DEL ÚLTIMO SIGLO Y RETOS FUTUROS

Juan Antonio Parrilla González
Universidad de Jaén

INTRODUCCIÓN

La gestión del agua en el olivar ha sido un tema de vital importancia desde el siglo XIX con las tesis del *regeneracionismo*. Esta corriente de pensamiento elevó la política hidráulica al eje central de las actuaciones del Estado y a partir de ahí se articularon intervenciones sectoriales para superar el atraso económico español. En el caso del sector oleícola, se torna fundamental hablar de las políticas de riego en los olivares españoles a partir del siglo XX, desarrollando el ejemplo claro de la provincia de Jaén, el territorio olivarero más extenso del mundo con más de 66 millones de olivos y considerado el bosque humanizado más grande del planeta. Jaén ha sido un ejemplo de provincia olivarera que ha evolucionado en la gestión del agua destinada a explotaciones agrícolas, con diversas etapas reseñables y dedicadas exclusivamente a la gestión hidráulica en el cultivo del olivar. Este importante hito hace que el ejemplo de Jaén como provincia de ámbito rural, orientada al monocultivo del olivar y con importantes ejemplos de inversiones hidráulicas sea utilizado en este capítulo.

Así, a lo largo de la historia, Jaén ha experimentado una evolución tardía en la modernización no solo de su industria oleícola, sino también en términos de gestión agraria, y la vertebración de las políticas de regadío y obras hidráulicas han sido la principal causa de evolución, en una provincia que posee limitaciones, especialmente orográficas, considerando que Jaén es llamada “la pequeña Suiza”, con una configuración actual de cuatro grandes espacios naturales y dificultades en el desarrollo de comunicaciones y obras públicas, que han pesado en la evolución histórica de este territorio para lograr un modelo agrario avanzado.

A pesar de estas importantes limitaciones, este territorio objeto de estudio contempla diversas iniciativas para la gestión del agua, la modernización de los riegos y su desarrollo como potencia oleícola mundial. Entre ellas, se menciona tomando como referencia la tesis de Gallego-Simón (2010) sobre "*Transformación en regadío, colonización y desarrollo rural en la provincia de Jaén*", estudios previos que se desarrollan a lo largo de este capítulo, como la planificación y desarrollo de las comisiones de Riego y Agricultura tras las mociones presentadas en la Asamblea Magna Provincial de Jaén en 1925; los planes de D. Manuel Lorenzo Pardo de 1932 que también afectaron de manera importante al desarrollo hidráulico de este territorio olivarero; los estudios de Arias-Quintana de 1951 desarrollados por la Universidad de Madrid al socaire de la propia Diputación de Jaén que suponen un importante punto de partida para conocer las infraestructuras hidráulicas disponibles; el "Concurso de Memorias para la mejora agropecuaria de la provincia de Jaén" desarrollado en los años 50 y promovido por el Instituto Nacional de Colonización en colaboración con la Diputación Provincial de Jaén y, sin duda, la iniciativa de mayor calado en cuanto a inversión y planificación para la modernización y gestión del agua en territorio olivarero: el Plan de obras, colonización, industrialización y electrificación de la provincia de Jaén, conocido popularmente como "Plan Jaén", que es el eje vertebrador de estas políticas hidráulicas hasta que a partir de los años 70 se diluye tras numerosos retrasos y falta de inversión efectiva. Finalmente, las competencias e iniciativas hidráulicas se desarrollan en diferentes ámbitos autonómicos y por regiones hidrográficas a través de los llamados Planes Hidrográficos. El desarrollo de todas estas iniciativas y a pesar de que el avance de los regadíos y la gestión del agua en el olivar está por debajo de lo esperado, hacen que Jaén se consolide como un gran reservorio de agua de la Cuenca Alta del Guadalquivir y constituya un magnífico ejemplo de superación de las barreras orográficas, algo que desgraciadamente no se ha trasladado a otros ámbitos de la economía provincial (Rico-Amorós, 2008; Gallego-Simón, 2010).

Se presenta así a lo largo de este capítulo, por un lado, las importantes iniciativas y oportunidades que se han desarrollado durante el último siglo y que van en contraste con las dificultades orográficas, culturales y sociales para el desarrollo del cultivo del olivar a través de la red hidrográfica andaluza. Por otro lado, frente a estas iniciativas se encuentran las limitaciones del olivar y la presión económica ejercida por los mercados que han desembocado en el desarrollo de explotaciones de olivar moderno difícilmente compatibles con el olivar de Jaén y con la gestión eficiente del agua. De esta manera, se plantea como objetivo de este capítulo, conocer las principales iniciativas de gestión del agua en territorios olivareros como Jaén y plantear los retos de gestión del agua para modernizar y desarrollar las políticas agrarias y vertebradoras del territorio a través de los Planes Hidrológicos.

LA GESTIÓN DEL AGUA PARA EL RIEGO DEL OLIVAR EN LA PROVINCIA DE JAÉN: PRINCIPALES INICIATIVAS EN EL SIGLO XX

Si se consideran las limitaciones mencionadas anteriormente, resulta lógico que la implantación del regadío sea considerada de manera lógica en olivares y cultivos hortofrutícolas de las Vegas que ofrece la provincia de Jaén. De acuerdo con las tesis de Gallego-Simón (2010), las posibilidades de desarrollo del regadío en Jaén se concentraban en las oportunidades que ofrecían las estrechas vegas del Guadalquivir y algunos de sus afluentes de la margen izquierda, en las oportunidades surgidas a partir de la regulación de su cabecera a través de una red de pantanos, y en las opciones poco investigadas de alumbramiento de aguas subterráneas. Sin embargo, esas dificultades derivadas de una topografía difícil en el Alto Guadalquivir irían desapareciendo en su curso medio y bajo. La expansión del regadío y la gestión del agua en un territorio rural y atrasado como la provincia de Jaén, se convirtió durante el siglo XX en la principal vía para la reducción de altas tasas de paro en un área con la tasa de analfabetismo más alta de España y con un déficit formativo en torno a la gestión agraria del olivar, el aprovechamiento agropecuario y la generación de riqueza a través de un cultivo oleícola modernizado, productivo y rentable.

La corriente de pensadores ligada el regeneracionismo, que como máximo exponente se encuentra Joaquín Costa, hizo que el Estado situase en el eje Central de sus políticas, las grandes preocupaciones y necesidades agrarias, especialmente de aquellas zonas que suponían la España atrasada. En 1902 se desarrolla por primera vez la planificación hidráulica de Jaén con el llamado "Plan Gasset" y se articula la base de lo que será el desarrollo y gestión de las políticas del agua en torno a Jaén como provincia agraria que ofrecía un potencial crecimiento del olivar como monocultivo productivo y rentable. De hecho, se puede afirmar que la administración pública, como interventores y ejecutores de los principales proyectos hidrográficos, tenían claro el protagonismo y la expansión del olivar y el importante papel que se podría desarrollar en la provincia de Jaén como eje vertebrador del territorio, generador de empleo y de prosperidad. En este punto, se produce un interesante proceso a tener en cuenta para comprender la configuración del olivar y de la gestión del agua en este territorio. Por un lado, desde "arriba", en el que el Estado plantea de manera escrupulosa una planificación de construcción de obras públicas hidráulicas como pantanos, canales de gran recorrido para aumentar las zonas regables y la transformación de las dificultares orográficas en grandes oportunidades gracias al aprovechamiento de los efectos de la gravedad para la generación de energía eléctrica y reducir así los gastos del riego. Por otro lado, y como se puede leer más adelante, desde "abajo" o desde el propio territorio, con la generación de Asambleas, Mociones y Comisiones que persiguen como objetivo mejorar la planificación agraria, ganadera, forestal e hidráulica de la provincia, destacando como máximo exponente la institución denominada "Asamblea Magna Provincial" que a lo largo del siglo XX pasará a denominarse Diputación Provincial de Jaén.

Todas estas iniciativas persiguen y tienen como objetivo prioritario la construcción de un gran pantano que sirva de regulador hidrológico y pueda dirigir y gestionar el agua en distintos puntos de la provincia y para distintos usos. Así, el primer atisbo de construcción se refleja en el Plan de Obras para la Reconstrucción Nacional de 1916, con un ambicioso proyecto de riego en jóvenes hectáreas (ha) de olivar en torno a las 4000 ha y las 16.000 ha. de acuerdo con la información técnica suministrada por Gallego-Simón (2010). Todas estas mejoras, aunque suponían grandes avances, no representaban apenas el 13% de la superficie regable de la Cuenca del Guadalquivir, que en 1933 apenas representa 33.750 ha, muy lejos de cuencas como la del Ebro (187.000 ha).

A nivel local, tras las primeras inversiones reales de 1916, en la dictadura del general Primo de Rivera, aparecen movimientos políticos y sociales comprometidos con el desarrollo territorial del olivar a través del agua con la intención de elaborar planes de desarrollo provincial. Así, en 1924 la "Asamblea Magna Provincial" (Hoy Diputación Provincial de Jaén), presenta una Moción, que tomada como referencia en los estudios de historia y geografía del Dr. Gallego-Simón y el archivo provincial de la Diputación Provincial de Jaén[1] puede leerse un fragmento de la moción presentada por D. Ángel Méndez Orbegozo:

> Por último ... entre los elementos naturales de riqueza, contamos en nuestra provincia con uno de inestimable valor, que pasa inadvertido puesto que no se utiliza, y es el Guadalquivir; que cruza la provincia, sin que fertilice más predios que los ribereños; y ese rio que pudiera motivar un buen sistema de riegos aumentando extraordinariamente nuestra riqueza, con un desarrollo considerable de la producción, á nadie preocupa y sus aguas discurren hasta perderse sin beneficio de consideración. Ejemplo de la enorme riqueza que proporcionan los riegos, la tenemos sin salir de nuestra patria, en las Provincias de Levante y Valencia y Murcia confirman con la abundancia de sus productos su bienestar y engrandecimiento.

Esta Moción presentada, da como resultado la creación en 1925 de un conjunto de comisiones y reuniones cuya finalidad es el estudio,

1 "Asamblea Magna Provincial". Año 1.924. Documento nº. 3629/4. Archivo de la Diputación Provincial de Jaén, en Gallego-Simón, 2010.

la puesta en marcha de iniciativas de carácter local y la mejora territorial. En concreto, en cuanto a la gestión del agua en el olivar, se constituye la Comisión de Riegos y Agricultura, compuesta por la Jefatura de Obras Públicas, el Servicio Agronómico de Jaén, el Distrito Forestal de Jaén y la aportación de numerosos profesionales en materias como el riego, los posicionamientos agrarios y territoriales y la gestión del olivar, cuya institución encargada es la Cámara Agraria Provincial. De estas Comisiones constituidas por un nutrido grupo de profesionales y técnicos, se concluye como eje de trabajo la necesidad de lograr un óptimo aprovechamiento de los recursos hidráulicos de la cuenca alta del río Guadalquivir, claramente infrautilizados hasta entonces. En línea de concretar las actuaciones contempladas a principios del siglo XX a nivel nacional, se trata, en primer lugar, de regular la cabecera de esta gran arteria fluvial de la Andalucía interior a través de la construcción en la Sierra de Segura de un gran pantano, el Tranco de Beas; a partir de ahí y aprovechando agua de otros pantanos en proyecto como la Cimbarra y el Malagón, se ejecutaría la canalización de sus aguas hasta alcanzar la comarca de la Loma y la ciudad de Linares. Este ambicioso proyecto hidráulico se complementaba con la construcción de un nuevo pantano sobre el río Rumblar, que procurase la expansión del área regable sobre la porción más occidental de la provincia, además de la regulación del río Jandulilla, en el margen izquierdo del Guadalquivir. Así queda reflejada en esta Comisión un trabajo planificador de carácter local que recoge las necesidades de la gestión del agua como arteria principal para regular el olivar y llegar a todas las zonas regables de este territorio.

Tal y como se ha mencionado anteriormente, ya en la II República, uno de los grandes planes que da continuidad al "Plan Gasset" es el plan "Lorenzo Pardo" que se define como una gran intervención en materia de avance de regadío en el olivar. Este Plan Hidrológico de calado nacional coincide con la gran Reforma Agraria de 1932 y supone articular posibles soluciones para resolver los problemas del paro agrario que acusaba gravemente dicha reforma agraria (Garrido González, 1979; 2001). El principal objetivo de este plan estaba definido claramente años atrás y definido por las Comisiones de Agricultura y Riegos para "concentrar los esfuerzos del Estado en la creación de nuevos regadíos sobre el valle inferior del río, con mayores posibilidades agronómicas, a partir de la regularización del Guadalquivir en su cabecera y para la obtención de energía a partir de saltos y pantanos". Entre las nuevas superficies regables propuestas en el Plan de 1932, en la provincia de Jaén podemos localizar una readaptación del canal del Jandulilla, que suponen 2.000 ha más de riego, el pantano y canal del Rumblar, con 6.000 ha, y el del Tranco de Beas, que suponen para el valle inferior del Guadalquivir un total de 80.000 nuevas ha (Plan Nacional de Obras Hidráulicas, 1933).

En 1933 había varias obras emblemáticas que aún no habían sido abordadas tal y como puede verse en la tabla 1:

Tabla 1. Principales obras de riego no ejecutadas en el Plan Nacional de Obras Hidráulicas de 1933.

Denominación de la obra hidráulica	Situación en 1933	Objetivos de esta obra
Pantano de la Lóbrega y canal del Rumblar.	Aprobado parcialmente pero aún no habían iniciado las obras.	Con esta inversión se pretende dar riego a 10.000 ha de olivar de los términos municipales de Bailén, Villanueva de la Reina, Andújar y Marmolejo.
Pantano de Valquemado o de Yeguas.	En estudio.	Pantano para regularizar la cabecera del Guadalquivir.
Canal del Guadalquivir: construcción del pantano del Guadalmena y del Pantano del Salto del Fraile en el rio Guadalén.	Desechado.	Pretende dar riego a 50.000 ha dispuestas a lo largo del Guadalquivir.
Canal de la Loma de Úbeda.	Desechado.	Canal construido a través del Tranco de Beas para dar riego a 10.000 ha de olivar de la comarca de La Loma.

Pantanos de la Cimbarra y de Malagón.	Desechado.	Pantano que proporciona agua a 7.000 ha de olivar de los términos de Linares, Jabalquinto, Ibros, Lupión y Torreblascopedro.
Tomas Directas del Jándula	Construido parcialmente.	Se realizaron tres pantanos o tomas directas a partir del río Jándula. El Pantano del Jándula se construyó para dar abastecimiento de agua a Marmolejo, Arjonilla y Lopera. De aquí, el segundo pantano denominado de Las Cárceles sirvió para fines energéticos, el tercero denominado del Saltadero del Fraile no se construyó.

Fuente: elaboración propia a partir de Gallego-Simón (2010).

En el periodo 1936-1939 hubo una completa paralización de las obras y planes hidrológicos. Teniendo en cuenta que Jaén era una provincia localizada en el bando republicano, la paralización de las obras y la devastación supuso un duro golpe para la economía giennense. Tras los conflictos bélicos, y con una región devastada, el impulso de los regadíos se convierte, sin duda alguna, en otro de los ejes de actuación del nuevo Régimen, para ello, a través de los mecanismos económicos autárquicos puestos en marcha en los años 40, sería la Diputación de Jaén la encargada de promover su propio desarrollo endógeno. A finales de los años 40, y aprovechando la mano de obra disponible en la etapa de posguerra, buena parte de los embalses proyectados en el primer tercio del siglo xx habían sido ejecutados.

El hecho de contar con una infraestructura previa fruto de la planificación territorial y de las inversiones del Estado en sus diferentes etapas durante la primera mitad del siglo xx, hizo posible la implantación de iniciativas agro-industriales. Así, sobre las nuevas zonas de riego, y con un cultivo del olivar cada vez más predominante, se desarrollan cultivos agrarios alternativos y emergentes como el algodón (Cepansa y Cooperativa Provincial), la remolacha (Azucarera de Linares-Baeza) o los productos hortofrutícolas (Sacove). Muchos de estos negocios no sobreviven debido principalmente a las barreras sociales, culturales y la expansión olivarera que se asienta ya como un gran monocultivo y genera nuevos retos en la gestión económica del franquismo, entre ellos la estacionalidad del paro, la necesidad de incrementar hectáreas de zonas regables y la colonización frente a la emigración producida en esta provincia durante las distintas etapas de la dictadura.

En los años 50 se ponen en marcha dos grandes iniciativas para el desarrollo de la gestión y uso del agua y el planteamiento de soluciones ante los retos sociales y económicos de la provincia de Jaén. Así, las dos iniciativas más importantes se basan, por un lado, en el desarrollo de los estudios y diagnóstico de la provincia de Jaén, encargados por la Diputación Provincial de Jaén y realizados por José Joaquín Arias Quintana (1951) emitiendo un informe sobre la supremacía del olivar y la necesidad de distribuir y gestionar mejor los cultivos a través de un riego eficiente. Por otro lado, la Diputación Provincial de Jaén, en colaboración con el Instituto Nacional de Colonización, convocaron un "Concurso de Memorias para la mejora agropecuaria de la provincia de Jaén". En estas Memorias, distintos técnicos y profesionales realizan estudios para la mejora y proyección de este territorio. En materia de regadío destacan que la provincia dispone a mediados de siglo de 40.000 ha de olivar de riego y que la mayoría del olivar de Jaén dispone de riegos eventuales, escasos, poco productivos y por debajo de la capacidad real de abastecimiento de agua para el desarrollo rentable de este cultivo.

La conclusión final es la de articular políticas que puedan estimular las obras públicas hidráulicas de la provincia de Jaén, que contribuyesen a regular caudales y suministrar energía eléctrica suficiente para las elevaciones necesarias de agua, ya que las limitaciones orográficas siguen presentes en dichos estudios, y, la creación de nuevas áreas pobladas en torno a pantanos o localizaciones de agua capaces de abastecer un área determinada. De esta forma, se desarrollaron los estudios para la creación de poblaciones en la Estación Ferroviaria de Jódar, Garcíez, Puente del Obispo o Puente de la Cerrada. Gallego-Simón (2010) puntualiza que estas soluciones tienen una doble intencionalidad, ya que, además de servir de núcleos de población que gestionasen y dirigiesen en agua de zonas productoras de aceite de oliva, también al implantar el ferrocarril en estos puntos, la logística creada daría salida a las mayores producciones obtenidas por un mejor uso del agua.

Cabe destacar, que la acumulación de infraestructuras y de conocimiento supone un importante impulso de las grandes iniciativas nacionales del franquismo en los momentos previos a la etapa franquista del *desarrollismo* en los años 60. De esta manera y promovido por el Instituto Nacional de Colonización con una partida presupuestaria del Estado destinada al desarrollo de la provincia de Jaén, y, sobre todo, al desarrollo y la articulación de políticas hidráulicas en torno al olivar, nace el "Plan de Obras, Colonización, Industrialización y Electrificación de la Provincia de Jaén" en 1953, que se conoce popularmente como "Plan Jaén". El Plan Jaén, junto con el "Plan Badajoz", se consideran las dos grandes iniciativas de desarrollo socioeconómico para territorios específicos. Estos planes tuvieron continuidad hasta los años 70. El elemento propagandístico fue crucial para su continuidad durante casi dos décadas, y los retrasos en las ejecuciones hicieron que estos ambiciosos planes se diluyeran hasta desaparecer, de hecho, en 1975 solo se habían acometido un 40% de las nuevas hectáreas de regadío previstas en el Plan, mientras que en 1978 apenas se habían instalado 2.000 familias en las zonas regables, entre colonos y obreros agrícolas (Instituto de Estudios Económicos, 1975).

En el Plan Jaén, una de las grandes partidas presupuestarias y principales estrategias de desarrollo provincial se sustentaban en la regulación de los aprovechamientos hidráulicos. Así, las inversiones planteadas aumentaban la capacidad de riegos para olivar a 55.000 ha. que comprendían 40.000 ha ya existentes a las que habría que sumar 3.500 ha de ellas en la Zona Regable del Rumblar, 7.300 ha a partir del Guadalquivir y el Guadalimar, y el resto repartidas por toda la provincia. Además, el Plan Jaén sirvió para identificar 38.500

ha de riegos eventuales, procedentes por lo general de arroyos y manantiales situados en zonas de sierra, y habitualmente muy precarios, por lo que podrían ejecutarse posteriores mejoras en estos territorios con la finalidad de hacer más eficiente el uso del agua en el olivar.

Tal y como señala Araque-Jimenez (1983) y Gallego-Simón (2010), el estancamiento que experimenta el desarrollo del Plan Jaén en la segunda mitad de los años sesenta, y el estallido de la crisis económica de 1973, son factores que sin duda suscitan la aparición de los primeros análisis críticos, que inciden ya de modo claro en las deficiencias iniciales del plan, lo que desemboca en unos resultados claramente divergentes a los deseados en un principio.

A partir de los años 80, el apoyo de la Administración Pública a la transformación privada ha sido otra constante de la política de regadíos española, que afecta principalmente a aquellos regadíos cuya transformación era fácil y económica, la mayoría de ellos regadíos mediante pozos, sumando un total de 88.000 ha de olivar en superficie regable (Junta de Andalucía, 1995). De esta forma, la iniciativa privada juega un papel importante para el desarrollo de los territorios oleícolas, atendiendo a la nueva lógica económica del capitalismo la gestión de estas explotaciones y en la que olivares intensivos y superintensivos se abren paso frente a los cultivos tradicionales. En este sentido, la política y gestión de zonas regables, especialmente con influencia en zonas agrícolas se traduce en una política del uso del agua especialmente complejo ya que estas nuevas explotaciones consideradas de olivar moderno (intensivo y superintensivo) y que hoy, según Vilar Hernández (2018) representan un 26% de la configuración de olivar en el mundo, se abren paso en una provincia tradicionalmente olivarera como es Jaén.

Además, el Plan Nacional de Regadío (2008) plantea la búsqueda de nuevos mercados tanto dentro de la UE como en países terceros, sobre todo teniendo en cuenta la consolidación de importantes cifras de producción, estimando los resultados económicos de la aplicación del riego al olivar como productivos y rentables. Tanto con regadíos de baja intensidad y aplicando técnicas de goteo, como en regadíos más intensivos, incluso con plantaciones y poda en espaldera, la seguridad de la producción y el incremento de la misma compensa los costes de su instalación.

Se puede concluir en este epígrafe que, fruto de esta evolución histórica y de la lógica de los intereses del mercado, las políticas agrarias y la gestión del agua para su destino en zonas productoras oleícolas, hacen que la situación que vive el olivar andaluz, y especialmente el gienense, se encuentre en una gran encrucijada, en la que, como se destacó al inicio de este capítulo, la compleja orografía de la provincia de Jaén dificulta la adaptación a grandes explotaciones de riego, a la vez que dificulta la transformación del olivar tradicional a olivares intensivos y superintensivos, que precisan, además, y como veremos más adelante, de mayores dotaciones de agua, por lo que el debate está servido en un tema actual que se apoya en la historiografía y en la gestión desde principios del siglo XX para dar respuesta a la supervivencia de una gran población rural anclada en el cultivo del olivar como retenedor de población, generador de efectos positivos al medio-ambiente y capacidad para ser un espacio de vida sostenible, pero que la configuración económica actual hace inviable.

A continuación, en el siguiente apartado se desarrollan los retos y los planteamientos para la gestión del agua en el olivar, atendiendo a esta lógica económica y a la situación de uno de los territorios olivareros más extensos del mundo, la provincia de Jaén, como ejemplo tomado para desarrollar este capítulo.

EL AGUA PARA RIEGO DEL OLIVAR EN LA ACTUALIDAD: RETOS Y PLANTEAMIENTOS PARA SU GESTIÓN

Tal y como se menciona anteriormente, la situación actual y la configuración de distintas infraestructuras y conocimiento a lo largo del tiempo hacen que se planteen soluciones y retos ante el paradigma del nuevo siglo XXI. En la producción oleícola mundial, el olivar moderno surge como cultivo emergente y solución a los altos costes que plantea el olivar tradicional, debido principalmente a la alta mecanización. Mientras que el olivar tradicional supone una inversión de jornales y en muchos casos la situación orográfica es difícil (olivar tradicional en pendiente) tal y como ocurre en la provincia de Jaén, el olivar moderno o en seto plantea una solución mecanizada y rápida para la recolección, con el empleo mínimo de jornales (AEMO, 2010).

De acuerdo con las definiciones planteadas por el Plan Nacional de Regadíos (2008), se pueden identificar tres sistemas básicos de cultivo:

- Olivicultura tradicional en zonas con limitaciones agronómicas de clima y suelo y de difícil reconversión a otro cultivo, que han sobrevivido al abandono por la mayor rentabilidad derivada de las ayudas comunitarias; sólo desde un punto de vista medioambiental o paisajístico estos olivares serían sostenibles. Este tipo de olivar tradicional es el predominante en la provincia de Jaén.
- Olivicultura tradicional mejorable, en zonas con limitaciones agronómicas superables, y cuya productividad va mejorando con la aplicación de mejoras tecnológicas y de regadío.
- Olivicultura intensiva, principalmente de plantaciones recientes (de los últimos 50 años), cuyo modelo productivo se aproxima al de los frutales, con elección de variedades, material vegetal seleccionado para acortar el período improductivo, elección de densidades de plantación, riego localizado, fertirrigación y control fitosanitario, empleo de maquinaria en recolección, etc.; estas plantaciones requieren grandes inversiones y una dimensión suficiente para el empleo racional de los medios de producción, pero consiguen buena rentabilidad productiva y económica. Este tipo de olivicultura es predominante de olivares modernos que atienden a las nuevas exigencias económicas de los mercados.

Esta lógica económica de implantación de nuevas superficies destinadas a olivar moderno choca con la lógica que la provincia de Jaén ha desarrollado históricamente por varios motivos:

- El primero de ellos se refiere a las limitaciones orográficas ya que este tipo de cultivos carece de pendiente y la provincia de Jaén no ofrece esas condiciones para su implantación.
- En cuanto a la gestión del agua, existe un gran problema de disponibilidad de este recurso. El olivo tradicional, a pesar de

ser un cultivo de secano, responde al riego incluso a dosis muy reducidas, en especial en zonas y años de baja pluviometría (Solé Riera, 1990). Las dotaciones que establece el Plan Hidrográfico actual en cuanto a la gestión del agua y del olivar supone una dotación para olivar tradicional de 1.500 m3/ha/año, lo que supone un ejemplo de eficiencia en consumo de agua y en retorno social y ambiental ya que este olivar tradicional es un sumidero de CO_2 por lo que contribuye a paliar emisiones de efecto invernadero. En el caso de las explotaciones de olivar moderno (superintensivas e intensivas) la dotación de agua será 2 veces superior, en torno a los 2500-3500 m3/ha/año.

- Existencia de una gran cantidad de explotaciones olivareras en precario sin regularizar debido a la participación privada. Se calcula que aproximadamente existen desde el año 1998, 50.000 ha de riego en precario y sin concesión definitiva desde el Plan Hidrológico de 1998, tal y como puede verse en la figura 1. Esto supone un gran riesgo para la gestión hidrográfica del olivar ya que no hay control ni medidas que puedan mejorar estas explotaciones.

Figura 1. Hectáreas de Riego autorizado (en negro) y Ha de Riego en precario (en gris).

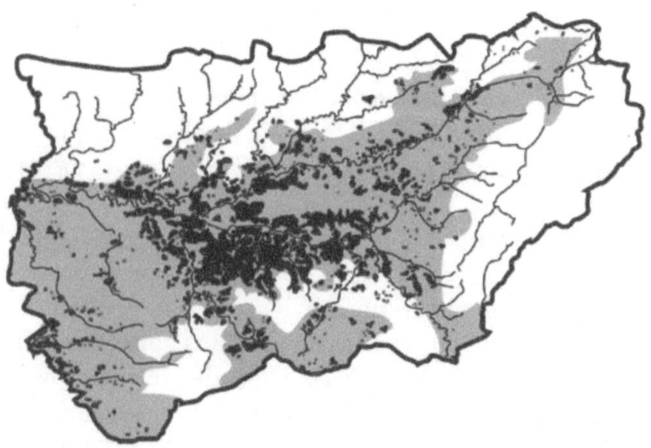

Fuente: Agua y Olivar en la Provincia de Jaén. Unión de Pequeños Agricultores, 2022.

El nuevo borrador del Plan Hidrológico Nacional representa un conjunto de estrategias destinadas al cumplimiento de objetivos ambientales y de la D.M.A. (Directiva Marco del Agua, 2000) para luchar contra el cambio climático, sin embargo, el desarrollo territorial y el agua como eje vertebrador del territorio, como ha sido históricamente el agua y el olivar en la provincia de Jaén, es un aspecto que no tiene en cuenta dicho documento.

De este modo, no se tiene en consideración el elemento histórico del agua para articular el monocultivo del olivar, por lo que el reto actual que plantea este borrador afecta negativamente a la provincia de Jaén puesto que la reconversión a otros cultivos no es viable. La revisión dotacional de agua en otros cultivos también es un aspecto clave que genera un grave perjuicio para el olivar tradicional y para los cultivos de la provincia de Jaén, ya que los incrementos podrían suponer 2500 m3/ha/año a 3500 m3/ha/año, lo que supondría aumentar la dotación de agua para estos cultivos en detrimento del cultivo tradicional y con una escasez de agua provocado en mayor parte por el cambio climático, especialmente, si tenemos en cuenta que el olivar moderno no genera empleo y por lo tanto no es un cultivo retenedor de población.

Ante esta situación, se plantean propuestas para la mejora de la gestión del agua en el olivar. A continuación, se enumeran las siguientes

- Activación de un plan de regularizacion del olivar de la provincia: Regularización definitiva de esas 50.000 has en precario (se puede observar en la figura 1 una gran extensión sin regularizar en color gris) con una dotación de entre 1.200 y 1.500 m3/ha/año, haciendo uso de las revisiones de concesiones previstas en la Ley de Aguas española. Esta excepción se podría amparar por razones sociales, ambientales e históricas encuadrables dentro de los previsto en el artículo 4.7 de la D.M.A. (Directiva Marco del Agua)
- Mantenimiento de la dotación máxima del olivar superintensivo en 2.500 m3/ha/año para mantener la sostenibilidad de este recurso en las zonas olivareras.

- Implementación del control volumétrico de consumos en relación con el canon de riego: Esto es, que se pague por consumo, y no por superficie cómo hasta ahora. Se estaría dando cumplimiento a los requerimientos de Europa (D.M.A.) y se fomentaría el uso eficiente del recurso.

En definitiva, el uso eficiente del agua en el olivar se centra no solo en el control de los recursos hídricos, sino también en la gestión de pantanos, canales y comunidades de riego como infraestructuras y en el manejo de explotaciones compatibles con la orografía disponible. Todo ello, sumado a políticas públicas orientadas al desarrollo sostenible de estos recursos sin comprometer el futuro de los territorios y la emigración hacia otros territorios, hará que el olivar sea un medio de vida rentable social, ambiental y económicamente.

CONCLUSIONES

A lo largo de este capítulo se ha estudiado la importancia de la gestión del agua a lo largo del siglo XX para los territorios olivareros, tomando como referencia en este estudio la provincia de Jaén. Desde las tesis del regeneracionismo, la "ley Gasset" pone en el centro del desarrollo socio-económico español el agua, especialmente para fomentar el desarrollo de regiones atrasadas. Esta ley supuso las bases de las posteriores iniciativas estatales para el desarrollo hidrográfico del olivar. Otro aspecto importante a tener en cuenta es la contribución de iniciativas locales para desarrollar el territorio empleando una gestión eficiente del riego, una mayor inversión en infraestructuras y una planificación territorial en torno al eje agua-olivar en la provincia de Jaén. Destaca también la Ley Hidrográfica Nacional de 1933 y el Plan Jaén como motores de inversión y desarrollo estatal para desarrollar la gestión del agua y las superficies regables de olivar.

La lógica del capitalismo y el poder económico de los mercados resalta la importancia de la iniciativa privada que desemboca en un creciente número de hectáreas de olivar que en la actualidad siguen en precario, y la instalación de nuevos cultivos de olivar moderno que chocan con el desarrollo histórico de la provincia de Jaén, especialmente por limitaciones como la orografía o la utilización eficiente del agua. Finalmente, se desgranan las principales conclusiones del Plan Hidrográfico Nacional que actualmente se encuentra en fase de revisión y aprobación, aportando soluciones ante el reto de la gestión del agua en el olivar que garantice la sostenibilidad cumpliendo con la D.M.A. (Directiva Marco del Agua), con la Ley del Agua, y con los principios de sostenibilidad social, ambiental y económica.

BIBLIOGRAFÍA

AEMO. (2010). *Aproximación de costes al cultivo del olivar.* Asociación de Municipios del Olivo en Seminario Carcabuey.

Agua y Olivar en la Provincia de Jaén. (2022). Seminario UJA-CEP. Universidad de Jaén.

Araque Jiménez , E. (1983). *La política de colonización en la provincia de Jaén. Análisis de sus resultados.* Instituto de Estudios Giennenses-C.S.I.C.-Diputación Provincial.

Arias Quintana, J. J. (1951). *Una investigación sobre las causas y remedios del paro agrícola y otros problemas de la economía de Jaén.* Cuadernos de Información Económico-Social, 1. Excma. Diputación Provincial de Jaén.

Directiva Marco del Agua, DMA. (2000). En: https://www.miteco.gob.es/es/agua/temas/planificacion-hidrologica/marco-del-agua/default.aspx Último acceso el 30-01-2023.

Gallego-Simón, V. J. (2010). *Transformación en regadío, colonización y desarrollo rural en la provincia de Jaén: cincuenta años de planificación territorial frustrada (1925-1975)* [Doctoral dissertation, Universidad de Jaén].

Garrido González, L. (1979). *Colectividades agrarias en Andalucía: Jaén (1931-39).* Siglo xxi (reed. en 2003).

Garrido González, L. (2001). Historia económica del olivar en la provincia de Jaén en el siglo xx. *Observatorio económico de la provincia de Jaén*, 55 (monografía nº 14), 115-192.

Instituto de Estudios Económicos (1975). *Evaluación de los resultados económicos de los planes de Badajoz, Jaén y Tierra de Campos. Madrid.*

Junta de Andalucia (1995). *Manual de Estadísticas Agrarias y Pesqueras.* Ed Consejería de Agricultura y Pesca.

Plan Nacional de Obras Hidráulicas (1993). Madrid: Ministerio de Obras Públicas, Transportes y Medio Ambiente.

Plan Nacional de Regadíos (2008). En: https://www.mapa.gob.es/es/desarrollo-rural/temas/gestion-sostenible-regadios/plan-nacional-regadios/texto-completo/ Último acceso el 30-01-2023.

Rico Amorós, A. (2008). El sector agrario español y su adaptación a la Política Agraria Comunitaria en los últimos veinte años. En E. Araque Jiménez, V.J. Gallego Simón, J. D. Sánchez Martínez y B. Valle Buenestado, *Las agriculturas españolas y la Política Agraria Comunitaria: 20 años después* (pp. 15-43). Universidad Internacional de Andalucía.

Sole Riera M.A. (1990). The influence of auxiliary drip irrigation with low quantities of water in olive trees in Las Garrigas (cv. Arbequina). *Acta Horticulturae,* 286, 307-310.

Vilar, J., & Pereira, J. E. (2018). *La olivicultura internacional Difusión histórica, análisis estratégico y visión descriptiva.* Fundación Caja Rural de Jaén.

La gestión del agua en el sector del olivar desde una perspectiva histórica: evolución del último siglo y retos futuros

Resumen. El agua es un recurso necesario para el desarrollo de la actividad oleícola. La transformación de los paisajes del olivar en los últimos 50 años propicia una gestión orientada hacia cultivos intensivos y superintensivos que requieren un mayor uso del agua, lo que hace inviables muchas explotaciones. Además, el cultivo tradicional del olivar abandona el cultivo de secano para optimizar la producción de aceites de oliva gracias a la mecanización en la recolección y la aplicación de técnicas de irrigación más eficientes. En este capítulo se analiza la evolución de los usos del agua en el olivar en el último siglo, prestando especial atención a los últimos 50 años con la modernización de los cultivos y tomando como referencia la provincia de Jaén, principal región productora de aceites de oliva del mundo, y, además, se plantean retos futuros para utilizar de manera eficiente el uso del agua en el sector oleícola de acuerdo con la información prevista en el último borrador del Plan Hidrográfico Nacional, la Directiva Marco del Agua (D.M.A.) y su influencia en el cultivo del olivar.

Palabras clave: olivar, aceite de oliva, agua, regadío, Plan Hidrológico Nacional.

Water management in the olive oil sector from an historic perspective: last century evolution and futures challenges

Abstract. Water is a necessary resource for the development of olive oil activity. The transformation of olive grove landscapes in the last 50 years creates good conditions for a management oriented towards intensive and super-intensive farms that require a greater use of water. This situation makes many farms unviable. In addition, the traditional cultivation of the olive grove abandons rainfed systems to optimize the production of olive oil thanks to the mechanization of harvesting and the application of more efficient irrigation techniques. This chapter analyzes the evolution of the uses of water in the olive grove in the last century, with special attention to the last 50 years with the modernization of farms and taking as a reference the province of Jaén, the main olive oil producing region in the world, and, after that, the future challenges for the efficient use of water in the olive oil sector are considered in accordance with the information provided in the latest draft of the National Hydrographic Plan, the Water Framework Directive (D.M.A.) and its influence on the olive oil cultivation.

Keywords: olive grove, olive oil, water, irrigation, National Hydrological Plan

A gestão da água no setor do olival numa perspetiva histórica: evolução do século passado e desafios futuros

Resumo. A água é um recurso necessário para o desenvolvimento da atividade oleícola. A transformação das paisagens de olival nos últimos 50 anos favorece uma gestão orientada para plantações intensivas e superintensivas que requerem um maior aproveitamento de água, o que inviabiliza muitas fazendas de oliveiras. Além disso, o cultivo tradicional do olival abandona o cultivo de sequeiro para otimizar a produção de azeites graças à mecanização da colheita e à aplicação de técnicas de irrigação mais eficientes. Este capítulo analisa a evolução dos usos da água no olival no último século, dando especial atenção aos últimos 50 anos com a modernização das plantações e tomando como referência a província de Jaén, principal região produtora de azeite de do mundo, e, além disso, colocam-se os desafios futuros para uma utilização eficiente da água no setor oleícola de acordo com a informação disponibilizada na última versão do Plano Hidrográfico Nacional, a Diretiva Quadro da Água (D.M.A.) e a sua influência nas plantações da oliveira.

Palavras-chave: olival, azeite de oliva, água, irrigação, Plano Hidrológico Nacional.

19.
GESTIÓN DE AGUAS RESIDUALES URBANAS Y OLIVAR DE REGADÍO EN EL SUR DE ESPAÑA

Ana García Moral
Leticia Gallego Valero
Encarnación Moral Pajares
Universidad de Jaén

INTRODUCCIÓN

La provincia de Jaén, situada en el sureste de España, se incluye entre las zonas de Europa que se enfrentan a un mayor nivel de estrés hídrico, tal y como recoge la figura 1, lo que condiciona negativamente la cantidad de agua dulce disponible. Paralelamente, la demanda mantiene un crecimiento progresivo debido, por un lado, al aumento de las tierras regadas dedicadas a la producción de aceituna para almazara (Paniza-Cabrera, García-Martínez y Sánchez-Martínez, 2015) y, en menor medida, al crecimiento de la población, justificado por el desarrollo socioeconómico y nuevos patrones de consumo (Morote-Seguido, 2017).

En 2020, Jaén concentra el 21,66% de las tierras agrícolas dedicadas al cultivo de aceituna para almazara de la península ibérica. La superficie en producción de olivar de regadío en este territorio asciende a 232.613 ha, habiendo registrado un incremento del 63,09% desde principios del siglo XXI (MAPA, 2022). La productividad de las explotaciones de olivar regado es mucho más elevada que en secano (Testi et al., 2010), con diferencias que pueden alcanzar un 162% en años de sequía. Ante la situación descrita, el aprovechamiento de las aguas residuales tratadas para riego se plantea como un objetivo necesario para el crecimiento de la producción agraria y el aumento de la renta de los ciudadanos de la provincia. No obstante, los efluentes hídricos siguen siendo un recurso infravalorado (WWAP, 2017). Una mejor gestión de las aguas residuales, incluida la recuperación y la reutilización segura del agua y otros componentes clave, ofrece muchas oportunidades (Melgarejo, 2009). Esto es especialmente cierto en el contexto de una economía circular, en el que el desarrollo económico se equilibra con la protección de los recursos y la sostenibilidad ambiental (Frérot, 2014). Varios motivos justifican la reutilización del agua residual tratada como medio para aumentar la cantidad de recursos hídricos disponibles y, muy concretamente, para el riego agrícola (Winpenny et al., 2013). El agua regenerada constituye un recurso alternativo que ofrece garantía de seguridad desde el punto de vista sanitario y ambiental (Dirección General del Agua, 2020).

Figura 1. Nivel de estrés hídrico previsto para 2030 en la provincia de Jaén.

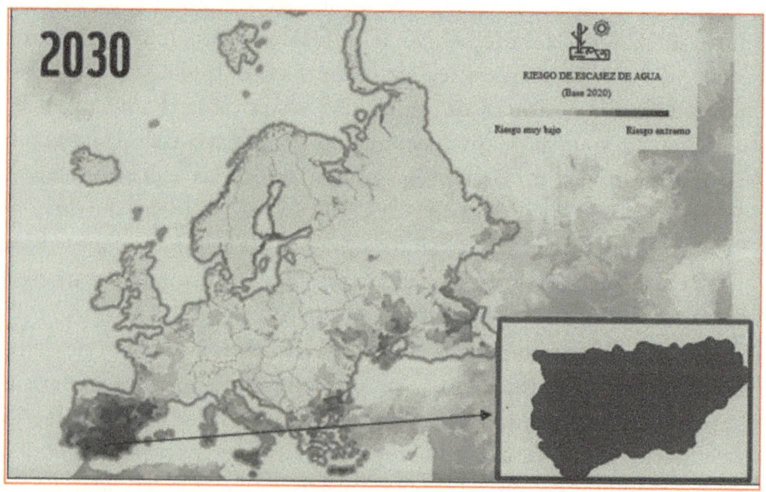

Fuente: WWF, 2023.

A partir de los argumentos expuestos se plantean las siguientes cuestiones de investigación:

1. ¿Qué condiciones cumplen las aguas residuales de la provincia de Jaén?; ¿Qué volumen de aguas residuales son tratadas, de acuerdo con lo que establece la Directiva 91/271/CEE (ARU)?

2. ¿Qué volumen de agua depurada se reutiliza en el sector agrícola provincial?

3. ¿Cuál es la demanda de agua para riego en el olivar jiennense?; ¿Qué porcentaje de esta demanda es atendida con efluentes hídricos tratados?

La información que fundamenta esta investigación procede de diferentes fuentes. Los datos sobre la situación que presentan las estaciones de depuración de aguas residuales (EDARs) de la provincia de Jaén se obtienen de la Encuesta de Infraestructuras y Equipamientos Locales del Ministerio de Política Territorial y Función Pública. Las estimaciones sobre volumen de agua depurada en la provincia se realizan a partir de la información que proporciona el estudio empírico de Moral-Pajares et al., (2020). Las estadísticas sobre efluentes hídricos utilizados en el riego agrícola proceden de la Confederación Hidrográfica del Guadalquivir (CHG). El Instituto Nacional de Estadística (INE) ofrece información sobre volumen de agua depurada, agua reutilizada y destino del agua reutilizada por regiones y a nivel nacional, siendo el anuario estadístico del Ministerio de Agricultura y Pesca (MAPA) y la Encuesta sobre Superficies y Rendimientos Cultivos (ESYRCE) las fuentes de las que proceden los datos provinciales, regionales y nacionales sobre hectáreas de olivar de aceituna de almazara de secano, de regadío, productividad y tipo de riego.

La estructura de la exposición que sigue se divide en tres apartados. En primer lugar, se presenta la situación de la depuración de aguas residuales urbanas en la provincia de Jaén en 2020 y el volumen de aguas residuales tratadas que se dedica al riego agrícola, comparando los datos de la provincia con los que se refieren a la Comunidad Autónoma andaluza y al conjunto del Estado. En segundo lugar, se describe la evolución del olivar de regadío en Jaén, se trata su productividad, se cuantifica la demanda de agua para riego y se identifica el porcentaje que es satisfecho por efluentes hídricos tratados. Finalmente se presentan las conclusiones.

DEPURACIÓN DE AGUAS RESIDUALES URBANAS EN LA PROVINCIA DE JAÉN

La Directiva 91/271/CEE establece las medidas necesarias que los Estados miembros deben adoptar para garantizar que los efluentes urbanos[1], reciban un tratamiento adecuado antes de su vertido a las aguas continentales o marinas, con el propósito de reducir los niveles de contaminación de las aguas superficiales que provienen de una aglomeración urbana[2]. Concretamente, el art. 4 de dicha Directiva recoge que los Estados miembros velarán porque las aguas residuales urbanas que entren en los sistemas colectores sean objeto, antes de verterse, de un tratamiento secundario o de un proceso equivalente, en las siguientes circunstancias:

- a más tardar el 31 de diciembre del año 2000 para todos los vertidos que procedan de aglomeraciones que representen una carga de más de 15.000 h-e[3];
- a más tardar el 31 de diciembre del año 2005 para todos los vertidos que procedan de aglomeraciones que representen una carga de entre 10.000 y 15.000 h-e;
- a más tardar el 31 de diciembre del año 2005 para los vertidos en aguas dulces o estuarios que procedan de aglomeraciones que representen una carga de entre 2.000 y 10.000 h-e.

La transposición de la Directiva 91/271/CEE al Derecho español, se realiza a través del Real Decreto-Ley 11/1995, por el que se establecen las normas aplicables al tratamiento de las aguas residuales

1 Según el art. 2.1, D. 91/271/CEE, se consideran como tales las aguas residuales domésticas o la mezcla de las mismas con aguas residuales industriales y/o aguas de escorrentía pluvial.

2 Esta se define como una zona geográfica formada por uno o varios municipios, o por parte de uno o varios de ellos, que por su población o actividad económica constituya un foco de generación de aguas residuales que justifique su recogida y conducción a una instalación de tratamiento o a un punto de vertido final (artículo 2.d del Real Decreto-Ley11/1995).

3 Habitantes equivalentes (h-e) es una unidad de contaminación de las aguas vertidas, considerando tanto las domésticas, según la población del núcleo urbano, como las que proceden de las diferentes actividades económicas que se desarrollan en el municipio (industria, ganadería, etc.). La Directiva 91/271/CEE establece que 1 h-e tiene

urbanas. En este RD-Ley se fijan los plazos para sistemas colectores y depuración. Por su parte, el Real Decreto 509/1996, desarrolla el contenido del anteriormente citado, mediante la incorporación de los Anexos incluidos en la Directiva 91/271/CEE, que no habían sido incorporados inicialmente, y contiene los valores que deben cumplir los vertidos a la salida de la EDAR, el criterio de conformidad y los criterios para declarar zonas sensibles.

A nivel local, el art. 25.2 c) de la Ley de las Bases de Régimen Local 7/1985, de 2 de abril, atribuye a todos los municipios competencias en materia de abastecimiento de agua potable a domicilio, evacuación y tratamiento de aguas residuales. Por su parte, la Ley 5/2010, de 11 de junio, de Autonomía Local de Andalucía, en su art. 9.4, dedicado a las competencias municipales, determina que los municipios andaluces tienen como competencias propias la ordenación, gestión, prestación y control de los diferentes servicios en el ciclo integral del agua de uso urbano, entre los que se incluyen:

c) El saneamiento o recogida de las aguas residuales urbanas y pluviales de los núcleos de población a través de las redes de alcantarillado municipales hasta el punto de interceptación con los colectores generales o hasta el punto de recogida para su tratamiento.

d) La depuración de las aguas residuales urbanas, que comprende su interceptación y el transporte mediante los colectores generales, su tratamiento y el vertido del efluente a las masas de agua continentales o marítimas.

De las normas expuestas resulta clara la responsabilidad y el deber de los Ayuntamientos con relación al saneamiento, que incluye el alcantarillado (o recogida) y la depuración de las aguas residuales, para garantizar el menor impacto posible sobre las masas de agua receptoras (Moral-Pajares et al., 2021). En el cuadro 1 se presenta la situación en la que se encuentra el servicio de depuración de aguas residuales en la provincia de Jaén en 2020. El total de centros urbanos en los que se generan efluentes con una carga estimada de 2.000 o

una carga orgánica biodegradable con una demanda bioquímica de oxígeno de cinco días (DBO_5) equivalente a 60 gramos de oxígeno día.

más h-e y en los que se presta el servicio de depuración de aguas residuales urbanas son 46, siendo la población atendida de 493.455 habitantes. Entre ellos, se incluyen términos municipales en los que existen varios núcleos de población, como es el caso de Úbeda, en cuyo territorio se localizan 6 EDARs en funcionamiento.

Tabla 1. Servicio de depuración aguas residuales en los municipios de la provincia de Jaén en 2020.

	Municipios con carga contaminante de 2.000 o más h-e			
	Número	%	Población	%
Con servicio de EDAR	46	47,42	493.455	78,15
Sin servicio de EDAR	26	26,80	116.542	18,46
	Municipios con carga contaminante de menos de 2.000 h-e			
Con servicio de EDAR	11	11,34	8425	1,33
Sin servicio EDAR	14	14,43	12959	2,05
Total	97	100,00	631381	100,00

(*) Según la última información disponible.

Fuente: Encuesta de Infraestructuras y Equipamientos Locales del Ministerio de Política Territorial y Función Pública. Elaboración propia.

En 2020, 29 años después de la aprobación de la Directiva ARU, 26 núcleos de población jiennenses con una carga contaminante superior a 2.000 h-e no disponen de este servicio y vierten sus aguas negras sin depurar. Destacan, especialmente, los casos de los centros urbanos de Martos y Torredonjimeno, en la sierra sur de Jaén, con un volumen de población acumulada de 37.975 habitantes y un montante de vertidos diarios estimados de 3,9 hectómetros cúbicos. Las localidades de la provincia con efluentes vertidos con una carga contaminante de menos de 2.000 h-e suman 25. De ellas, una minoría, 11, se localizan en espacios protegidos, de acuerdo con la Consejería de Medio Ambiente de la Junta de Andalucía (Junta de Andalucía, 2023), y cuentan con instalaciones para la depuración de aguas residuales urbanas. En conjunto, el total de efluentes hídricos generados en la provincia se estiman en 48,63 hm^2/año, siendo un

79,49% los que han pasado por algún tipo de tratamiento antes de su vertido a las masas de agua.

En la gestión del servicio de depuración de aguas residuales de los municipios de la provincia de Jaén se advierten distintas posibilidades: (i) el Ayuntamiento, responsable del servicio, puede ocuparse directamente de su administración, explotación y mantenimiento; (ii) la creación de una empresa municipal que se encargue del ciclo integral del agua, incluyendo la depuración de aguas residuales; (iii) la concesión de la actividad a una compañía privada; (iv) el recurso a una empresa mixta (pública-privada), responsable de la explotación de la EDAR municipal. En esta última posibilidad se incluye la creación de la Sociedad Mixta del Agua Jaén, S.A. (SOMAJASA), una entidad de ámbito provincial constituida por la Excma. Diputación Provincial de Jaén y la empresa Acciona Agua, S.A. que se ocupa de la administración y explotación de una decena de depuradoras en el territorio provincial.

Figura 2. EDAR de Quesada.

Fuente: Fotografía de las autoras.

En los municipios de la provincia predominan las instalaciones controladas por instituciones públicas (Confederación Hidrográfica del Guadalquivir, ayuntamientos, y empresas municipales), lo que ocurre en el 72% de los casos. Las depuradoras municipales gestionadas por entidades totalmente privadas son minoría, estando preferentemente localizadas en centros urbanos de más de 15.000 h-e, como es el caso de la capital jiennense.

Los datos que proporciona la Encuesta de Infraestructuras y Equipamientos Locales del Ministerio de Política Territorial y Función Pública sobre la situación de las EDARs instaladas en la provincia de Jaén en 2020 permiten afirmar que en un 49,12% de los casos el sistema en funcionamiento es inadecuado, predominado la decantación, sin tratamiento secundario que permita reducir los niveles de contaminación química y biológica (DQO, DBO, respectivamente) a través de distintos procesos y sin tratamiento de fangos. Además, en el 52% de las depuradoras en funcionamiento los costes de gestión son elevados.

REUTILIZACIÓN DE AGUAS RESIDUALES URBANAS PARA RIEGO AGRÍCOLA

El marco legal para la reutilización de aguas depuradas en España lo fija el Real Decreto 1620/2007 de 7 de diciembre de 2007, definiendo el concepto de reutilización y de agua regenerada, tratando los aspectos relativos al régimen jurídico de la concesión y/o autorización y, asimismo, estableciendo las condiciones de calidad que debe cumplir el agua regenerada, sus usos permitidos y prohibidos y el régimen de responsabilidades en relación al mantenimiento de la calidad. Concretamente, el artículo 2 del citado Real Decreto recoge que la reutilización de las aguas servidas es la aplicación, antes de su devolución al dominio público hidráulico y al marítimo terrestre, para un nuevo uso privativo de las aguas que, habiendo sido utilizadas por quien las derivó, se han sometido al proceso o procesos de depuración establecidos en la correspondiente autorización de vertido y a los necesarios para alcanzar la calidad requerida en función de los usos a que se van a destinar. En 2010, el Ministerio de Medio Ambiente y Medio Rural y Marino publicó la Guía para la aplicación de este Real Decreto. De acuerdo con lo anterior, los requisitos de calidad exigidos a las aguas reutilizadas para riego de cultivos leñosos, entre los que se incluye el olivar son los que se recogen en la tabla 2.

Tabla 2. Criterios de calidad de las aguas reutilizadas para el riego de cultivos leñosos.

Uso del agua previsto	Valor Máximo Admisible (VMA)				
	Nematodos intestinales	Escherichia COLI	Sólidos en Suspensión	Turbidez	Otros criterios
Calidad 2.3 Riego localizado de cultivos leñosos que impida el contacto del agua regenerada con los frutos consumidos en la alimentación humana	1 Huevos/10 L	10.000 UFC/100mL	35 mg/L	No se fija límite	Otros contaminantes contenidos en la autorización de vertido aguas residuales: se deberá limitar la entrada de estos contaminantes al medio ambiente. En el caso de que se trate de sustancias peligrosas deberá asegurarse el respeto de las NCAs. *Legionella spp.* 100 UFC

Fuente: Real Decreto 1620/2007 de 7 de diciembre, BOE núm. 294, de 08/12/2007.

El 25 de mayo de 2020 se aprueba el Reglamento (UE) 2020/741 relativo a los requisitos mínimos para la reutilización de aguas residuales. Esta norma fija la categoría D para la calidad de las aguas vertidas reutilizadas en cultivos destinados a la industria y a la producción de energía y semillas, entre los que se incluye el olivar. La nueva normativa exige una calidad del agua para su reutilización superior a la entregada por las actuales EDARs, que cumplen con los requisitos mínimos de la Directiva ARU, requiriendo la ejecución de inversiones en nuevos tratamientos e implicando mayores costes de explotación (ver figura 3).

En la provincia de Jaén, las comunidades de regantes, responsables de gestionar el agua para el riego agrícola, pertenecen a dos organismos de cuenca, la Confederación Hidrográfica del Guadalquivir (en la que se incluye un 99,4% del total) y la Confederación Hidrográfica del Segura. No obstante, solo en el primer caso se han aprobado concesiones para el uso de aguas servidas para riego en la provincia. Estas suman 22 en 2020, con un montante total asignado de 9,86 hm^3 (CHG, 2022). Conviene tener en cuenta que, tal y como recoge la Memoria del Plan Hidrográfico de la Demarcación Hidrográfica del Guadalquivir 2015-2021, la cuenca presenta una tasa elevada de reutilización indirecta debido a su estructura en espina de pez, por lo que implícitamente se reutilizan los efluentes en usos aguas abajo. Mediante el vertido de las aguas servidas a los cursos de agua y su dilución con el caudal circulante, aquellas son reutilizadas ocasionalmente en puntos aguas abajo de los cauces para aprovechamientos urbanos, agrícolas e industriales.

Figura. 3. Diagrama del tratamiento de aguas residuales en una EDAR con sus elementos característicos.

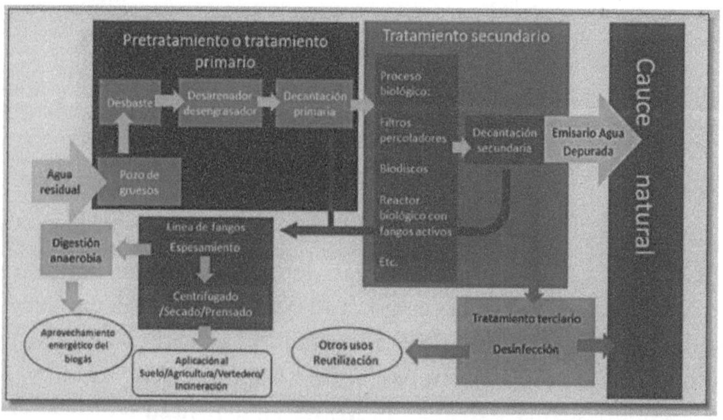

Fuente: AEAS, 2017.

La información que proporciona la Confederación Hidrográfica del Guadalquivir, los datos que elabora el INE a nivel nacional y regional, sobre aguas depuradas reutilizadas y destino de las reutilizadas, y los estimados a partir del estudio empírico de Moral-Pajares et al. (2020) han permitido calcular el porcentaje de aguas residuales tratadas que en 2020 se utilizan para riego en el sector agrícola, tanto en el conjunto nacional como por comunidades autónomas y en la provincia de Jaén. Estos datos se representan en la figura 4. No se han considerado las regiones en las que el porcentaje de aguas residuales tratadas reutilizadas para el riego agrícola es cero, tal y como acontece en Aragón, Asturias, Castilla-León, Extremadura, Galicia, Madrid, Navarra, País Vasco, La Rioja, Ceuta y Melilla.

El regadío jiennense es destino de algo más del 25% del total de aguas vertidas tratadas, presentando un porcentaje muy superior al imputable al conjunto de la Comunidad Autónoma andaluza y al total nacional. Los datos permiten justificar un adecuado nivel de reutilización y aprovechamiento de este recurso, que contrasta con los valores que presenta la comunidad limítrofe de Castilla La Mancha, con un 2,63%, o Extremadura, con un porcentaje de reutilización nulo. No obstante, Murcia, con un 78,86%, y Valencia con casi un 40% de las aguas regeneradas empleadas en el riego agrícola, mantienen una posición aventajada, que debe servir de estímulo para el sector jiennense.

Figura 4. Volumen de aguas residuales tratadas reutilizada para el riego agrícola a nivel nacional, por Comunidades Autónomas y en la provincia de Jaén en 2020.

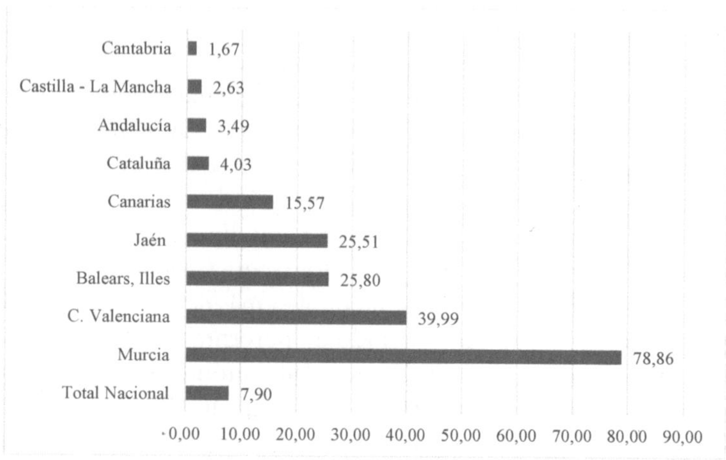

Fuente: CHG, 2012; INE, 2023; Moral-Pajares et al., 2020.

OLIVAR DE REGADÍO EN LA PROVINCIA DE JAÉN

Analizada la oferta de efluentes hídricos depurados que se utilizan en el sector agrícola provincial, en este apartado se trata de concretar las características de la demanda: tipo de cultivos regados, importancia del olivar de regadío, evolución de la superficie de olivar regado, tipo de riego empleado y productividad del cultivo.

En la figura 5 se representa la distribución de la superficie cultivada de regadío en la provincia en 2010 y 2020, considerando los cultivos que estimamos representativos, tomando como tales, aquellos que ocupan una extensión superior a 2.000 ha, un 1% del total en 2010. Los datos constatan la marcada especialización oleícola que presentan las tierras de regadío en esta provincia. Si en 2010, un 91,55% de la superficie agraria regada estaba dedicada al olivar de aceituna para almazara, en 2020 este porcentaje se eleva al 91,55%.

Figura 5. Distribución de las hectáreas de regadío de la provincia de Jaén por tipo de cultivo en 2010 y 2020 (%).

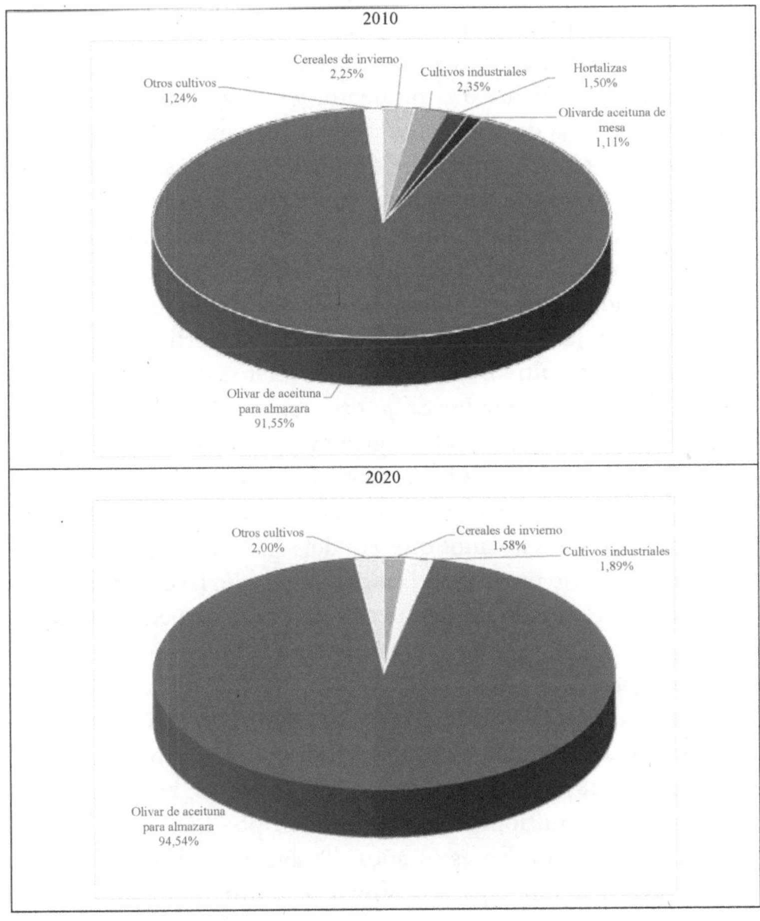

Nota: No se dispone de información estadística para años anteriores a 2010.
Fuente: SIMA, 2022. Elaboración propia.

Entre 2010 y 2020, algo más de 3.500 hectáreas de superficie agrícola regada dedicada a la producción de cultivos herbáceos y no herbáceos en 2010 parte del aumento ocurrido en la superficie agrícola regada dedicada a esta producción es resultado de la sustitución de otros cultivos tradicionales en la provincia como el algodón, el trigo y distintos cultivos herbáceos como la patata, el espárrago, el melón, la berenjena, el tomate o el pimiento, y cultivos leñosos, como el olivar de aceituna de mesa, el cerezo y la higuera.

La tabla 3 recoge la distribución entre regadío y secano de la superficie de olivar de aceituna para almazara en la provincia de Jaén, su peso en el total de la Comunidad Autónoma andaluza y a nivel nacional. Los datos vuelven a confirmar la elevada especialización del regadío jiennense en la producción oleícola. En 2000, con 142.627 ha de regadío, Jaén concentra el 65,35% de la superficie de la región dedicada a este cultivo y el 55,22% del total nacional. Progresivamente la provincia ha reducido su peso tanto a nivel nacional como en el conjunto de Andalucía, registrando una cuota del 55,20% y un 44,81% en el total regional y nacional, respectivamente, en 2020; viendo mermada su participación en más de diez puntos porcentuales en ambos casos, en los años que van del siglo XXI.

En el territorio provincial el cultivo de regadío ha crecido, en gran parte, como resultado de que tierras de olivar que eran de secano se transforman en regadío y, en menor medida, porque parte de la superficie dedicada a otros cultivos pasan a ser de olivar de aceituna para almazara. La evolución descrita determina un incremento considerable de la demanda de recursos hídricos en el olivar jiennense, que pasan de 183,99 hm3 en 2000, a 236,84 hm^3 en 2010 y a 300,07 hm^3 en 2020, multiplicando su volumen por 1,63 en el período temporal analizado. En estos años, las aguas residuales utilizadas para el riego del olivar pasan a sumar 9,86 hm^3, representando un 3,29% del total de la demanda en 2020, y permitiendo regar una extensión de 7.644 ha.

La mayor productividad asociada al regadío respecto del secano, gracias a la mayor eficiencia en el uso del agua alcanzada por el intenso proceso de modernización de los sistemas de riego ocurrida desde principios del siglo XXI, ha conducido a la ampliación de la superficie regada de aquellos cultivos con elevadas productividades económicas por unidad de riego como es el caso del olivar en la cuenca del Guadalquivir (Expósito y Berbel, 2017) y en otras zonas de España (Morales-Gil & Hernández-Hernández, 2010).

Tabla 3. Superficie de olivar de aceituna para almazara en la provincia de Jaén y participación en el total de Andalucía y España en 2000, 2005, 2010, 2015 y 2020.

	Jaén (ha)			Jaén/Andalucía (%)			Jaén/España (%)		
	secano	regadío	total	secano	regadío	total	secano	regadío	Total
2000	424.240	142.627	566.867	39,58	65,35	43,94	23,19	55,22	27,15
2005	385.369	174.816	560.185	35,51	62,97	41,10	20,39	52,81	25,22
2010	385.789	183.595	569.384	34,91	62,67	40,73	20,55	51,51	25,50
2015	313.214	270.862	584.076	32,46	58,46	40,90	18,10	50,05	25,71
2020	354.262	232.613	586.875	32,53	55,20	38,85	19,37	44,81	25,00
Var. 2000-2020	-69.978	89.986	20.008	-7,05	-10,15	-5,09	-3,82	-10,41	-2,15

Fuente: MAPA, 2021.

En la tabla 4 se recoge la superficie de olivar irrigado en las provincias españolas que mantienen una cuota superior al 0,5% en el total nacional, en 2020. Los datos evidencian que, en todos los casos, a excepción de Lleida, el aumento del regadío ha sido muy intenso, con incrementos de dos dígitos. Fuera de la región andaluza sobresalen Tarragona y Badajoz, que han conseguido más que triplicar su extensión de olivar regado, contando en 2020 con 13.266 y 16.499 ha, respectivamente. Destacan también las provincias castellano-manchegas de Albacete, Ciudad Real y Toledo que suman 18.672 ha en 2020, un 3,60% del total nacional, seguidas de Alicante y Valencia con una extensión de 9.930 ha.

Las provincias andaluzas son, sin embargo, en las que más ha aumentado en términos absolutos la extensión de superficie regada y particularmente, Jaén que pasa de 142.627 ha a principios del siglo XXI a contar con 232.613 ha en 2020, registrando una variación positiva del 63,09%. Le sigue Córdoba y Sevilla con aumentos pronunciados, superiores a las 30.000 ha, y Granada que incrementa el olivar irrigado en 26.897 ha. Málaga y Huelva, con una menor extensión dedicada a este cultivo, también presentan aumentos importantes.

Tabla 4. Superficie en producción de olivar de aceituna para almazara regado en las principales provincias productoras españolas en 2000, 2010 y 2020.

	2000		2010		2020	
	hectáreas	%	hectáreas	%	hectáreas	%
Lleida	11.137	4,31	5.796	1,63	9.169	1,77
Tarragona	0	0,00	11.038	3,10	13.266	2,56
Albacete	1.214	0,47	5.729	1,61	8.962	1,73
Ciudad Real	0	0,00	898	0,25	5.018	0,97
Toledo	0	0,00	1.150	0,32	4.692	0,90
Alicante	1.815	0,70	3.990	1,12	5.250	1,01
Valencia	0	0,00	2.810	0,79	4.680	0,90
Badajoz	500	0,19	4.300	1,21	16.499	3,18
Almería	7.200	2,79	11.429	3,21	14.195	2,73
Córdoba	18.015	6,97	18.184	5,10	50.946	9,81
Granada	32.600	12,62	36.877	10,35	59.497	11,46
Huelva	693	0,27	6.985	1,96	4.430	0,85
Jaén	142.627	55,22	183.595	51,51	232.613	44,81
Málaga	4.653	1,80	5.916	1,66	13.866	2,67
Sevilla	11.501	4,45	28.238	7,92	42.956	8,27
Resto de España	26.348	10,20	29.491	8,27	33.089	6,37
Total España	258.303	100,00	356.426	100,00	519.128	100,00

Fuente: MAPA, 2021.

La información estadística de la tabla 4 vuelve a confirmar la marcada especialización oleícola que presentan las tierras de regadío en Jaén. Una tendencia que se repite, aunque con menor intensidad, en los territorios limítrofes de Granada y Córdoba y que hace a gran parte del sector agrario andaluz muy dependiente de lo que ocurra en el mercado mundial del aceite de oliva. Un mercado que en alguno de los últimos años viene mostrando signos evidentes de sobreproducción a nivel mundial (Moral-Pajares & Lanzas-Molina, 2020), lo que influye muy negativamente en el precio del producto final y, paralelamente, en la renta de los agricultores oleícolas.

En el análisis de los tipos de riego aplicados en el olivar de la provincia, partimos de la información que proporciona la ESYRCE, que distinguen cuatro sistemas:

(i) Riego por superficie o gravedad, caracterizado por el reparto del agua en la superficie de la parcela aprovechando la fuerza de la gravedad. El agua utiliza la superficie como sistema de distribución, siendo modalidades de este sistema el riego a manta, en surcos alcorques, etc.

(ii) Riego por aspersión, en el que la distribución del agua es mediante tuberías a alta presión hasta los mecanismos de aspersión fijos.

(iii) Riego de tipo automotriz, caracterizado por la distribución del agua mediante tuberías de alta presión hasta los mecanismos de aspersión que se desplazan de forma autónoma.

(iv) Riego localizado, suele ser por goteo, en este caso el agua se distribuye en el suelo a través de orificios emisores o goteros.

En 2020, un 53,71% del total de tierras de regadío de España poseen tecnología de riego localizado, siendo Andalucía la segunda región con mayor porcentaje de terreno con este sistema, con un 79,01%, solo por detrás de Región de Murcia, que presenta un 85,60%. Entre las provincias andaluzas, Jaén es la que figura con un mayor volumen de hectáreas con este tipo de riego. Concretamente, en el cultivo de aceituna para almazara se emplea en un 98,97% de los casos, siendo inexistente el sistema automotriz y por aspersión, y minoritario el riego por gravedad, empleado en un 1,03% de la superficie de olivar.

El riego localizado suministra el recurso hídrico, mojando solo una parte del suelo de cultivo, aquella en la que se desarrollan las raíces, permitiendo que el agua y los nutrientes estén disponibles en el suelo en las condiciones óptimas para ser extraídos por la planta, y en un nivel prácticamente constante, sin fluctuaciones que puedan afectar la producción final del cultivo. Para Alcón-Provencio et al. (2006) el riego por goteo presenta importantes ventajas frente al de gravedad, ya que permite la reducción de forma considerable de la evaporación de agua del suelo y las pérdidas por percolación y, como consecuencia, garantiza el incremento de la eficiencia de aplicación de agua. Este tipo de riego permite la fertirrigación y disminuye riesgos fitosanitarios y la proliferación de malas hierbas (Pizarro, 1996). Además, si se automatiza reduce el uso de mano de obra.

Para poder responder a la pregunta planteada en el inicio de este apartado sobre el mayor rendimiento del olivar de regadío jiennense frente al de secano, que explica, en gran parte, la evolución del olivar irrigado en la provincia de Jaén y, asimismo, que un 25,51% de las aguas residuales se destinen al riego agrícola, se ha elaborado la tabla 5, que presenta el rendimiento (kg/ha, por año) del olivar de aceituna para almazara de secano y regadío en Jaén, Andalucía y España en 2000, 2005, 2010 y 2020. Asimismo, se ha estimado la ratio rendimiento del regadío/rendimiento en secano.

Tabla 5. Rendimiento (kg/ha) del olivar de aceituna para almazara en secano y regadío y ratio rendimiento regadío/secano (%) en Jaén, Andalucía y España en 2000, 2005, 2010, 2015 y 2020.

	Jaén			Andalucía			España		
	Secano	Regadío	Regadío/ secano	Secano	Regadío	Regadío/ secano	Secano	Regadío	Regadío/ secano
2000	3.755	4.455	1,19	3.023	4.253	1,41	2.061	3.870	1,88
2005	1.260	3.313	2,63	1.701	3.452	2,03	1.360	3.245	2,39
2010	4.238	6.000	1,42	3.494	5.601	1,60	2.588	5.115	1,98
2015	2.345	6.150	2,62	2.896	5.714	1,97	2.233	5.448	2,44
2020	3.648	6.100	1,67	3.370	6.109	1,81	2.589	5.684	2,20
2000-2020	3.105	5.242	1,69	3.005	5.040	1,68	2.110	4.456	2,11

Fuente: MAPA, 2021.

La información estadística confirma, en primer lugar, un mayor volumen de producción para las hectáreas de regadío de forma generalizada, que en función del precio del producto y del rendimiento del fruto para la obtención de aceite se transformará en mayores ingresos para el agricultor. Como media, para el conjunto del periodo analizado, en España, las tierras de olivar regadas producen un total de kilogramos de aceituna que duplica los obtenidos en secano. En Andalucía y Jaén las diferencias entre secano y regadío, aunque importantes, son inferiores a las que se producen a nivel nacional.

En segundo lugar, la productividad por superficie cultivada en la provincia jiennense es ligeramente superior a la que presenta el conjunto de Andalucía y, sobre todo, en regadío. Entre 2000 y 2020, el cultivo regado en Jaén presenta un valor promedio de 5.242 kg/ha, cuando en la región esta variable obtiene una cuantía media de 5.040 kg/ha. En la provincia de Jaén, la cosecha de aceituna para almazara recolectada por hectárea en regadío es, en conjunto, un 69% mayor que la obtenida en secano. En determinados ejercicios, sin embargo, este porcentaje es superado con creces y la ratio estimada puede ser superior a un 2,50, tal y como se puede deducir de la información representada en la figura 6.

Los datos analizados presentan, no obstante, un elevado coeficiente de variación, especialmente en el caso de Jaén, como consecuencia de las fluctuaciones de este cultivo, muy condicionado por las condiciones climatológicas. En regadío, los resultados de producción por hectárea cultivada en Jaén presentan un rango de variación, de 6.582 kg/ha, con un máximo de 8.147 kg/ha en 2013, un año de buena cosecha en términos generales, en el que la producción provincial ascendió a 3,6 millones de toneladas, representando un 49,17% y un 41,06% del total regional y nacional, respectivamente. Frente a esa realidad, en 2012 se obtiene un rendimiento de 1.565 kg/ha, el valor mínimo de la serie.

Figura 6. Rendimiento (kg/ha) del olivar de aceituna para almazara en Jaén entre 2000 y 2020.

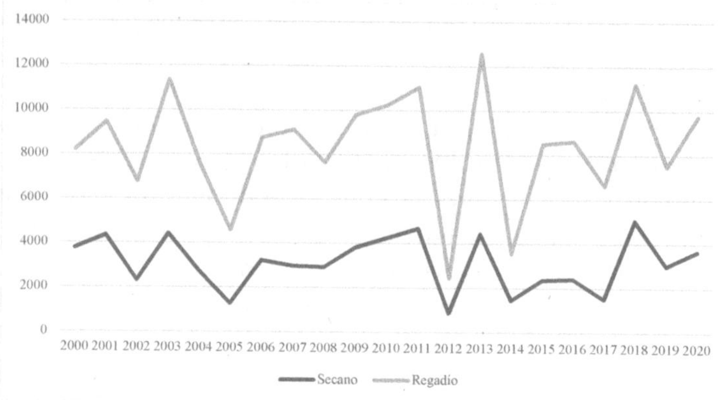

Fuente: MAPA, 2021.

CONSIDERACIONES FINALES

A partir del análisis realizado en las páginas precedentes, y de acuerdo con las cuestiones de investigación planteadas en la introducción, es posible afirmar, en primer lugar, que en 2020 determinados territorios de la UE-27 no cumplen con la Directiva ARU de 1991. La provincia de Jaén, en el sureste de Europa, con un volumen de vertidos hídricos estimado de 48,6 hm^3/año, vierten a las masas de agua un 20,49% de efluentes hídricos sin tratar, al no contar los centros urbanos emisores con infraestructuras adecuadas para la depuración de las aguas servidas, tal y como exige la Directiva ARU. Paralelamente, suman 38,64 hm^3/año las aguas vertidas tratadas. En segundo lugar y de acuerdo con la información empírica revisada, es posible afirmar que hay territorios en la UE-27 que están desarrollando importantes iniciativas para aprovechar las aguas residuales tratadas para el riego del campo. Concretamente, en la provincia de Jaén, se emplean en 2020, 9,86 hm3 de aguas residuales para el riego del olivar de aceituna para almazara, siendo un 25,51% el porcentaje de vertidos hídricos tratados que se dedica a tal fin. Este porcentaje supera con creces el valor medio de reutilización que presenta el conjunto de la Comunidad Autónoma andaluza y el total nacional, con valores para 2020 de un 3,49% y un 7,40%, respectivamente. La reutilización exige el tratamiento adecuado de los efluentes y el uso de los recursos regenerados. A partir de una demanda estimada de agua para riego del olivar en la provincia de Jaén de 300,07 hm^3/año, las aguas residuales que se emplean en el campo suponen un 3,29% del total.

La escasa disponibilidad de recursos hídricos en el sureste de España, en el que se localiza la provincia de Jaén, que concentra la mayor extensión de superficie de olivar de aceituna para almazara de regadío de la península ibérica, plantea como necesidad el tratamiento adecuado de los efluentes hídricos urbano y su reutilización en el riego agrícola. El uso de aguas servidas tratadas para el riego del olivar jiennense reduce la presión sobre los recursos hídricos tradicionales, contribuye a mejorar la productividad de las explotaciones agrarias, propicia el desarrollo de la economía circular, genera beneficios ambientales y debe incluirse en la estrategia de adaptación al cambio climático, contribuyendo a paliar los efectos de la escasez hídrica. Por tanto, a pesar del elevado porcentaje de reutilización de aguas servidas que presentan determinados territorios de la UE, como es el caso analizado, resulta necesario abordar las deficiencias que tiene la gestión de este recurso, que condiciona la reutilización. En primer lugar, se deben aumentar el volumen de aguas tratadas, con nuevas instalaciones en municipios que siguen vertiendo sin tratar. En segundo término, se deben desarrollar nuevas inversiones para modernizar las plantas en funcionamiento e implantar sistemas de tratamientos secundarios y terciarios, tal y como exige la nueva normativa europea sobre calidad de las aguas reutilizada. En tercer lugar, resulta necesario acometer las actuaciones necesarias para fomentar el uso de este recurso hídrico no convencional en el riego agrícola, para lo que es fundamental el papel de las autoridades locales y las comunidades de regantes, permitiendo reducir la presión sobre los recursos hídricos tradicionales. En este sentido, conviene que las administraciones públicas y las empresas colaboren para conseguir recursos financieros que permitan llevar a cabo las inversiones necesarias y se propicie la capacitación y transferencia de tecnología para un mejor aprovechamiento de las aguas residuales urbanas en el sector oleícola jiennense.

BIBLIOGRAFÍA

AEAS (Ed.) (2017). *Informe sobre aguas residuales en España.* Asociación Española de Abastecimiento de Agua y Saneamiento. https://www.aeas.es/images/publicaciones/informacion-sector/2017_-_Informe_depuracin_AEAS_Da_mundial_del_agua_2017.pdf

Alcón-Provencio, F.J., De Miguel Gómez, M.D. & Fernández Zamudio, M. A. (2006). Modelización de la difusión de la tecnología de riego localizado en el Campo de Cartagena. *Revista Española de Estudios Agrosociales y Pesqueros, 210*, 227-245. http://hdl.handle.net/10317/967

CHG (Ed.) (2015). *Plan hidrográfico de la Demarcación Hidrográfica del Guadalquivir 2015-2021.* Confederación Hidrográfica del Guadalquivir. https://www.chguadalquivir.es/descargas/PlanHidrologico2015-2021/Planes_2DO_Ciclo/Guadalquivir/MEMORIA_PHD_GUADALQUIVIR.pdf

CHG (Ed.) (2012). *Plan hidrográfico de la Demarcación Hidrográfica del Guadalquivir 2022-2027.* Confederación Hidrográfica del Guadalquivir. https://www.chguadalquivir.es/tercer-ciclo-guadalquivir

Dirección General del Agua (Ed.) (2020). *Fomento de la reutilización de las aguas residuales.* Informe de la Dirección General de Aguas.

EEA (2023). *Annual water stress for present conditions and projections for two scenarios.* https://www.eea.europa.eu/data-and-maps/figures/annual-water-stress-for-present

Expósito García, A. & Berbel Vecino, J. (2017). Evolución de la productividad del agua en el proceso de cierre de la cuenca del Guadalquivir. En J. Berbel. y C. Gutiérrez-Martín, (Eds.), *Efectos de la modernización de regadíos en España.* Cajamar-Caja Rural.

Frérot, A. (2014). Economía circular y eficacia en el uso de los recursos: un motor de crecimiento económico para Europa. *Cuestión de Europa, 331*, 1-10.

INE (2023). *Instituto Nacional de Estadística.* https://www.ine.es/

Junta de Andalucía (2023). *Relación de espacios protegidos Red Natura 2000 en Andalucía: ZEC y ZEPA.* https://www.juntadeandalucia.es/medioambiente/portal/web/guest/areas-tematicas/espacios-protegidos/espacios-protegidos-red-natura-2000/relacion-espacios-protegidos-red-natura-2000-zec-zepa

Morote-Seguido, Á. F. (2017). *Factores que inciden en el consumo de agua doméstico. Estudio a partir de un análisis bibliométrico.* Estudios Geográficos, LXxviii, 282, 257-281.

MAPA (2021). *Anuario de estadísticas 2021.* MAPA. https://www.mapa.gob.es/estadistica/pags/anuario/2021/ANUARIO/AE_2021.pdf

Melgarejo, J. (2009). Efectos ambientales y económicos de la reutilización del agua en España. *Revista económica de Castilla-la Mancha, 15*, 245-270.

Moral-Pajares, E., Gallego-Valero. L., Sánchez Pérez, J.A. y Román Sánchez, I. (2020). *Protección del medio ambiente y verido de aguas residuales: análisis de la gestión del proceso de depuración de los efluentes hídricos urbanos de la provincia de Jaén.* Instituto de Estudios Giennenses.

Moral-Pajares, E., Gallego-Valero, L. y Román-Sánchez, I. M. (2019). Cost of urban wastewater treatment and ecotaxes: Evidence from municipalities in southern Europe. *Water, 11*(3), 423. https://doi.org/10.3390/w11030423

Moral-Pajares, E., Gallego-Valero, L. García-Moral, F. y Román-Sánchez, I. M. (2021). Depuración de Aguas Residuales y uso de Aguas Regeneradas: Un Análisis Descriptivo del Caso de la Provincia de Jaén. *Agua y Territorio/Water and Landscape, 17*, 77-91. https://doi.org/10.17561/at.17.4988

Morales-Gil, A. & Hernández-Hernández M. (2010). Mutaciones de los usos del agua en la agricultura española durante la primera década del siglo XXI. *Investigaciones Geográficas, 51*, 27-51. http://dx.doi.org/10.14198/INGEO2010.51.02

Moral-Pajares, E. y Lanzas-Molina, J.R. (2020). Comercio exterior de los aceites de oliva. En M. Parras-Rosa, (Ed.), *Informe anual de coyuntura del sector oleícola.* Caja rural de Jaén.

Paniza-Cabrera, A., García-Martínez, P. y Sánchez-Martínez, J. D. (2015). Análisis de la expansión del olivar en la provincia de Jaén a través de fuentes cartográficas (1956-2007). *Anales de geografía de la Universidad Complutense, 35*(1), 119-137. https://doi.org/10.5209/rev_AGUC.2015.v35.n1.48966

Pizarro, F. (1996). *Riegos localizados de alta frecuencia.* Mundi Prensa.

Winpenny, J., Hinz, I . & Koo-Oshima, S. (2013). *Reutilización del agua en la agricultura: ¿Beneficios para todos?.* Organización de las Naciones Unidas para la alimentación y la agricultura.

SIMA (2022). *Sistema de Información Multiterritorial de Andalucía.* https://www.juntadeandalucia.es/institutodeestadisticaycartografia/sima/index2.htm

Testi et al (2010). Riego. En J.A. Gómez-Calero (Ed.), *Sostenibilidad de la producción de olivar en Andalucía.* Instituto de Agricultura Sostenible (CSIC). https://www.ias.csic.es/sostenibilidad_olivar/Sost_2009/Sostenibilidad_de_la_Producci%F3n_de_Olivar_en_Andaluc%EDa3.pdf

WWAP (Ed.) (2017). *Informe Mundial de las Naciones Unidas sobre el Desarrollo de los Recursos Hídricos. Aguas residuales: El recurso desaprovechado* Programa Mundial de Evaluación de los Recursos Hídricos de las Naciones Unidas, UNESCO.

WWF (2023). *Water Risk Filter.* https://www.wwf.es/

Gestión de aguas residuales urbanas y olivar de regadío en el sur de España

Resumen. La situación de estrés hídrico que caracteriza al sur de España condiciona la productividad de su sector agrícola. La reutilización de aguas residuales urbanas constituye una fuente adicional de recursos hídricos que pueden ser utilizados en la agricultura. El objetivo de este trabajo es analizar cómo en la provincia de Jaén, en la que se concentra el 34,16% de la producción de aceite de oliva virgen que se produce en el conjunto de la península ibérica y que cuenta con 233.176 ha de olivar de regadío, utiliza las aguas servidas para regar.

Palabras clave: Aguas residuales urbanas, depuradoras, regadío, olivar.

Urban wastewater management and irrigated olive groves in southern Spain

Abstract. The situation ofwater stress that characterises the south of Spain conditions the productivity of its agricultural sector. The reuse of urban wastewater constitutes an additional source of water resources that can be used in agriculture. The aim of this work is to analyse how the province of Jaén, which accounts for 34.16% of the virgin olive oil production in the Iberian Peninsula as a whole and has 233,176 ha of irrigated olive groves, uses wastewater for irrigation.

Keywords: Urban wastewater, wastewater treatment plants, irrigation, olive groves.

Gestão de águas residuais urbanas e olivais irrigados no sul de Espanha

Resumo. A situação de stress hídrico que caracteriza o sul de Espanha condiciona a produtividade do seu sector agrícola. A reutilização das águas residuais urbanas constitui uma fonte adicional de recursos hídricos que podem ser utilizados na agricultura. O objectivo deste trabalho é analisar como as águas residuais são utilizadas para irrigação na província de Jaén, que representa 34,16% da produção de azeite virgem na península ibérica como um todo e tem 233.176 ha de olivais irrigados.

Palavras chave: Águas residuais urbanas, estações de tratamento de águas residuais, irrigação, olivais.

1. Estructuras y usos del agua a finales del siglo XV y principios del XVI, a partir de los dibujos del *Livro das Fortalezas* de Duarte d'Armas.

2. Estratégias de gestão da água doce pelas instituições monásticas e conventuais do Noroeste e Centro Litoral de Portugal na segunda metade do século XVIII.

3. La gestión del agua en Évora en la época moderna: vías de investigación.

4. El agua en las "antigas terras de Pannonias": Patrimonio protoindustrial, industrial y humanidades digitales.

8. El Estado Novo de Portugal, sus presas y regadíos: ejemplos mediáticos cercanos a la frontera con España.

9. La gestión del agua en el Císter femenino de Castilla. Poder, administración y emplazamiento.

10. Agua, gestión y conflictos en el Valladolid bajomedieval.

17. El abastecimiento de agua en El Aljarafe sevillano: Castilleja de Guzmán como ejemplo de la crisis del modelo de gestión de la oferta durante la sequía de 1991-1995.

18. La gestión del agua en el sector del olivar desde una perspectiva histórica: evolución del último siglo y retos futuros.

19. Gestión de aguas residuales urbanas y olivar de regadío en el sur de España.